博碩文化

博碩文化

TensorFlow
模型解析與範例大全

陳鴻敏 著

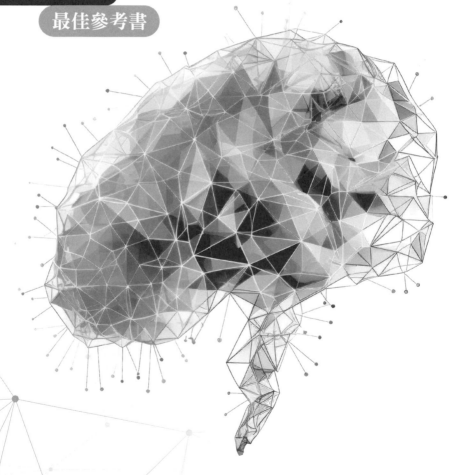

附解說檔及練習題400題

博碩文化

TensorFlow 模型解析與範例大全

作　　者：陳鴻敏
責任編輯：曾婉玲

董 事 長：陳來勝
總 編 輯：陳錦輝

出　　版：博碩文化股份有限公司
地　　址：221 新北市汐止區新台五路一段 112 號 10 樓 A 棟
　　　　　電話 (02) 2696-2869　傳真 (02) 2696-2867

郵撥帳號：17484299　戶名：博碩文化股份有限公司
博碩網站：http://www.drmaster.com.tw
讀者服務信箱：dr26962869@gmail.com
讀者服務專線：(02) 2696-2869 分機 238、519
（週一至週五 09:30 ～ 12:00；13:30 ～ 17:00）

版　　次：2024 年 01 月初版

建議零售價：新台幣 760 元
I S B N：978-626-333-710-7（平裝）
律師顧問：鳴權法律事務所 陳曉鳴 律師

本書如有破損或裝訂錯誤，請寄回本公司更換

國家圖書館出版品預行編目資料

TensorFlow 模型解析與範例大全 / 陳鴻敏著 . -- 初版 .
-- 新北市：博碩文化股份有限公司，2024.01
　面；　公分

ISBN 978-626-333-710-7(平裝)

1.CST: 機器學習 2.CST: 人工智慧

312.83　　　　　　　　　　　　　　　112021575

Printed in Taiwan

博碩粉絲團　歡迎團體訂購，另有優惠，請洽服務專線
　　　　　　(02) 2696-2869 分機 238、519

序 言

　　AI 浪潮席捲全球，並已融入工作及生活之中，如果您想了解人工智慧的運作原理，一窺 AI 的神祕面紗，那麼本書將是您的首選。本書從最簡單的神經網路模型著手，然後逐步引領讀者探索各種類型的網路層，並提供大量的範例（超過 400 個），讓您做中學，這是目前公認最有效的學習方式，因為唯有透過實際的操作才易領悟其抽象之原理。

　　這是一個講求證照的時代，一證在手，身價翻倍，尤其是 Google 的證照，如能獲取，則無論是求職或升遷，勢必猶如神助。Tensorflow 是目前最受歡迎的機器學習架框，Uber、Twitter、Airbnb、Netflix、英特爾、谷歌、亞馬遜及特斯拉等各大公司也都使用 Tensorflow 來解決業務問題。如果您想參加 TensorFlow 認證考試，可藉助本書各章隨附的習題，勤練之後必定功力大增、輕易過關。

　　本書先介紹神經網路的運作原理，然後深入探討分類辨識、迴歸分析、圖像辨識、圖像資料擴增、預訓練模型、時間數列預測、文本分類及文本生成等人工智慧應用的領域。不同領域需用不同的網路層來建構模型，但有些工具（或程序）是共用的，例如損失函數、激發函數、優化器、標籤編碼、單熱編碼、正規化、標準化、學習率、正向傳播、反向傳播及梯度下降法等，故本書將它們集中於附錄 A（電子檔）。這些工具（或程序）是機器學習的基礎，也是困難之所在，但唯有徹底了解這些基本觀念，才能厚植人工智慧的實力，AI 這條路才能走得更為長遠。

　　AI 當然是一門科學，但如何解說（無論是口授或書面）卻是一門藝術，故若教師或作者願意花時間去強化其授課（或撰寫）藝術，必有助於莘莘學子窮究真理、登堂入室。人工智慧涉及各種不同的演算方法，對於初學者或非本科系的學子是一大挑戰，為使讀者有個清晰的概念，本書特別繪製了獨門的示意圖，並利用 Excel 的工作表來展現其運算過程，將抽象概念具體化。例如反向傳播及梯度下降法，SimpleRNN、LSTM 及 GRU 之運作方式，stateful、momentum 及 Nesterov 等參數的用法，彩色圖像之卷積處理程序、自注意力機制之運作原理等，相信 User 閱讀之後，必能明其堂奧、豁然開朗。

閱讀本書需具備 Python 語言及其編輯器（例如 PyCharm）之基本知識，並備妥相關工具（Python 及相關編輯器多屬開源軟體，可免費下載安裝）。若是 TensorFlow 的初學者，建議您從第一章開始，了解神經網路模型的運作原理，然後依循章節的順序，逐章消化吸收。若已具基礎，目標在於認證考試之通過，則無需依序閱讀，勤練各章隨附的習題即可。如果實作中碰到疑惑之處，例如該用哪一種激發函數或該如何設定神經元數量等，請隨時查閱附錄 A 的問答集，或相關章節之解說。最後感謝您購買本書，並祝您在最短時間內通過認證。

陳鴻敏 謹誌

目 錄

Chapter 01 神經網路之概念 001

1.1 神經網路模型簡介 002

1.2 神經網路模型運作解析 005

    1.2.1 二分類辨識 005

    1.2.2 多分類辨識 012

1.3 模型訓練的資訊 017

1.4 神經網路工作程序 024

1.5 應考須知 029

    1.5.1 取得應考資訊 030

    1.5.2 報名方式 031

    1.5.3 準備考試環境 033

    1.5.4 考試注意事項 035

1.6 如何使用本書範例檔 037

Chapter 02 結構化資料的分類辨識 039

2.1 傳統的分類辨識方法 041

    2.1.1 k 最近鄰分類演算法 041

    2.1.2 單純貝氏分類演算法 042

    2.1.3 決策樹演算法 042

    2.1.4 隨機森林演算法 043

2.1.5　線性判別分析 044

2.1.6　線性判別分析＋隨機森林演算法 046

2.1.7　羅吉斯迴歸 047

2.2　神經網路模型的分類辨識方法 048

習題 051

Chapter 03　迴歸分析 071

3.1　傳統迴歸分析法 073

3.2　神經網路模型在簡單迴歸分析的用法 075

3.3　神經網路模型在多元迴歸分析的用法 076

習題 079

Chapter 04　圖像辨識 099

4.1　圖像基本原理 100

4.2　圖片及影片的基本操作 104

4.2.1　Pillow 套件的基本用法 104

4.2.2　OpenCV 套件的基本用法 110

4.2.3　TensorFlow 套件處理圖像的方法 112

4.2.4　Color Channel 顏色通道的意義 114

4.2.5　影片的基本操作 115

4.3　傳統圖像辨識法的缺點 119

4.4　卷積神經網路說明 121

4.4.1　卷積處理 122

4.4.2 池化處理 125

4.4.3 彩色圖片之卷積處理 127

4.5 在 TensorFlow 中使用卷積層 131

4.5.1 kernel_size 卷積核大小 133

4.5.2 strides 滑動步長 133

4.5.3 padding 填充方式 133

4.5.4 filters 濾鏡數量 139

4.6 在 TensorFlow 中使用池化層與展平層 141

4.7 卷積層與池化層的種類 143

4.8 開放數據集 144

4.8.1 結構化資料集的查看及匯出 145

4.8.2 文本資料集的查看及匯出 147

4.8.3 圖像資料集的查看及匯出 151

4.8.4 圖片資料匯出為 Excel 檔 156

4.8.5 讀取 Excel 檔的圖片資料 157

習題 160

Chapter 05 圖像資料的擴增 179

5.1 圖像擴增的意義 180

5.2 圖像擴增的方法 181

5.3 圖檔之讀取與分類 188

5.4 圖像資料產生器的特殊用途之一 192

5.5 圖像資料產生器的特殊用途之二 194

習題 198

Chapter 06　預訓練模型的使用 215

6.1　預訓練模型簡介 216

6.1.1　VGGnet 216

6.1.2　Inception Net 217

6.1.3　ResNet 217

6.1.4　MobileNet 217

6.1.5　DenseNet 217

6.1.6　Nasnet 218

6.2　預訓練模型的用法之一 218

6.3　預訓練模型的用法之二 221

6.4　預訓練模型的用法之三 223

6.5　預訓練模型的比較 225

6.6　遷移學習原理 228

習題 235

Chapter 07　時間數列預測 261

7.1　時間數列的類型 262

7.2　時間數列預測法 264

7.3　時間數列預測步驟 265

7.4　時間步與時間數列之切割 269

7.4.1　切割方式 1 270

7.4.2　切割方式 2 273

7.4.3　切割方式 3 275

7.4.4　切割方式 4 278

7.4.5 切割方式 5 280

7.4.6 切割方式 6 283

7.5 循環神經網路的模式 284

7.6 循環神經網路之原理 285

7.6.1 SimpleRNN 簡單循環網路 286

7.6.2 Long Short-Term Memory 長短期記憶模型 288

7.6.3 Gated Recurrent Unit 閘門循環單元神經網路 292

7.6.4 Bidirectional Recurrent Network 雙向循環網路 295

7.7 循環神經網路的關鍵參數 297

7.7.1 activation 與 recurrent_activation 的差異 297

7.7.2 return_sequences 如何設定 298

7.7.3 輸出層的 units 如何設定 299

7.7.4 input_shape 如何設定 300

7.7.5 stateful 的用途 300

7.7.6 return_state 的用途 308

7.7.7 其他參數的用途 311

習題 313

Chapter 08 文本分類 331

8.1 文本處理步驟 332

8.2 移除停用詞 333

8.3 斷詞器 333

8.4 嵌入層與詞向量 338

8.5 預訓練的詞向量 343

8.6　文本分類的意義與程序 347

8.7　文本分類資料集簡介 349

8.7.1　英國廣播公司的新聞資料集 349

8.7.2　電影評論資料集 350

8.7.3　路透社新聞資料集 360

8.7.4　真假新聞資料集 361

8.7.5　雙主題之真假消息資料集 362

8.8　文本預訓練模型之運用 364

8.9　文本分類的進階處理 366

習題 368

Chapter 09　文本生成 383

9.1　文本生成概要 384

9.2　文本預處理 385

9.3　建構模型兩種 389

9.4　文本生成自訂函數 391

9.5　文本生成之斷句 394

9.6　自然語言處理的新發展 395

習題 396

附　錄　　附錄內容請至博碩官網下載

附錄 A　觀念解析

QA_01　最佳模型非最佳？

QA_02　如何儲存最佳模型？

QA_03　如何移除文本中的標點符號？

QA_04　如何建立字典？

QA_05　如何切割文本？

QA_06　如何切割歌詞？

QA_07　如何讀取不同編碼的資料檔？

QA_08　如何使用分類分布抽樣？

QA_09　如何移除停用字？

QA_10　如何使用展平層？

QA_11　如何擷取及匯出張量資料集？

QA_12　如何建立張量資料集？

QA_13　如何銜接不同維度的模型層？

QA_14　如何建構 Functional API Model ？

QA_15　如何建構學生神經網路？

QA_16　如何繪製神經網路結構圖？

QA_17　如何重現模型訓練的結果？

QA_18　如何計算 MSE、MAE、MAPE 等誤差？

QA_19　為何要使用交叉熵函數來計算誤差？

QA_20　如何使用批次參數與批次函數？

QA_21　特徵縮放的時機與重要性為何？

QA_22　如何使用 Loss 與 Metrics 參數？

QA_23　正向傳播如何運作？

QA_24　SimpleRNN 之正向傳播如何運作？

QA_25　LSTM 之正向傳播如何運作？

QA_26　GRU 之正向傳播如何運作？

QA_27　如何選擇激發函數？

QA_28　如何使用優化器？

QA_29　層的意義及種類？

QA_30　矩陣乘法的原理與應用為何？

QA_31　反向傳播如何運作？

QA_32　何謂梯度下降法？

QA_33　何謂梯度消失與梯度爆炸？

QA_34　如何解讀圖片的像素值資料？

QA_35　如何建構一個績效良好的神經網路模型？

QA_36　如何使用 ReduceLROnPlateau？

QA_37　如何使用批次正規化層及丟棄層？

QA_38　如何評估模型績效？

QA_39　如何進行標籤編碼與單熱編碼？

QA_40　如何取得每次訓練的權重？

QA_41　如何使用自注意力機制？

附錄 B　Google Colab 使用方法

附錄 C　範例檔清單_程式結構_套件版本

- 本書附錄及範例檔下載網址： URL https://www.drmaster.com.tw/Bookinfo.asp?Book
  ID=mp22358
- 解壓縮密碼： DR269MPA1689

01
CHAPTER

神經網路之概念

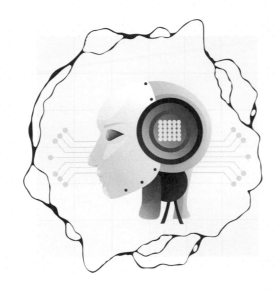

1.1　神經網路模型簡介

1.2　神經網路模型運作解析

1.3　模型訓練的資訊

1.4　神經網路工作程序

1.5　應考須知

1.6　如何使用本書範例檔

Artificial Neural Network 人工神經網路簡稱為「類神經網路」或「神經網路」，是一種模仿生物神經網路（尤其是人類大腦）的結構及功能之數學模型，這種模型稱為 Artificial Neural Network Model 人工神經網路模型，它是 Artificial Intelligence 人工智慧應用的強大工具。

1.1　神經網路模型簡介

　　人工神經網路模型是由一個或多個 Network Layer 網路層所構成，每一個網路層含有一個或多個 Neuron 神經元。圖 1-1 是最簡單的神經網路模型，只有一個網路層，而且該網路層只有一個神經元。圖 1-2 是含有三個網路層的神經網路模型，第一層稱為 Input Layer 輸入層，該網路層含有兩個神經元，一個圓圈代表一個神經元，其編號分別為 i1 及 i2。第二層稱為 Hidden Layer 隱藏層，該網路層含有兩個神經元，其編號分別為 h1 及 h2。第三層稱為 Output Layer 輸出層，該網路層含有三個神經元，其編號分別為 o1、o2 及 o3。網路層的數量決定於需求，可以少到只有一層，也可多到數十或數百層，甚至超過千層。神經元的數量也是如此，除了最後一層的神經元數量決定於任務，其他各層（包括輸入層及隱藏層）的神經元數量都可依需求隨意調整。

> 🧑 **說明**　在分類辨識的任務中，最後一層的神經元數量決定於分類數（例如 iris 鳶尾花資料集有三個品種需要辨識，故 Output Layer 輸出層的 units 神經元數量須設定為 3），在迴歸分析的任務中，最後一層的神經元數量為 1，在時間數列預測的任務中，最後一層的神經元數量決定於預測期數或因變數的變量，後續章節將有更多的說明。

　　越複雜的任務需要越複雜的模型，也就是使用越多的網路層及神經元來建構模型，但其所耗用的資源及時間也越多，也可能產生過擬合的問題。

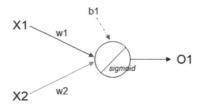

▌圖 1-1　最簡單的神經網路模型

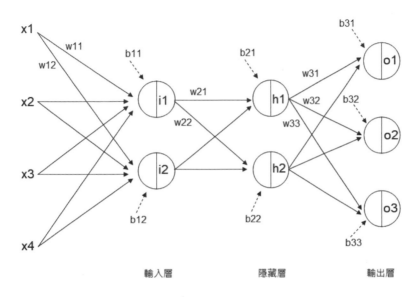

▌圖 1-2　多層的神經網路模型

　　神經元收到外來資訊（如圖 1-1 之中的 X1 及 X2 或圖 1-2 之中的 x1、x2、x3、x4），會經過權重及偏權值的加權運算，運算結果再經過 Activation function 激發函數的轉換（如圖 1-1 之中的 sigmoid 雙曲線函數），然後將其結果傳遞給下一個網路層的神經元繼續處理（或成為最終的輸出）。這個運算過程稱為 Forward propagation 正向傳播（或向前傳播），其中的加權運算可用 General matrix multiplication 一般矩陣乘法來達成，更深入的說明請參考本書附錄 A 的 QA_23 及 QA_30。

　　圖 1-2 之中的每一個神經元都與前一層的神經元（或外來資訊）連結，也就是每一個神經元的輸出（或外來資訊）一定會傳遞給下一個網路層的每一個神經元（最

後一層除外，因最後一層的輸出就是最終結果），這種網路層稱為 Dense Layer 密集層，是神經網路模型中最基本的網路層，其他的網路層有 Convolutional Neural Network Layer 卷積層與 Recurrent Neural Network Layer 循環層等，不同的網路層有不同的運算方式及用途，例如 CNN 卷積層用於圖像辨識，RNN 循環層用於時間數列預測及文本分類等。有關網路層的更多說明請見本書附錄 A 的 QA_29。

密集層的運算方式是將前一層的輸出（或外來資訊）乘以 weight 權重，然後傳往下一層的神經元，每一個神經元將前一層傳遞過來的加權運算結果予以加總，再加上 bias 偏權值，而成為該神經元的輸出（轉換前）。每一個神經元（或外來資訊）運算所用的權重是不同的，如圖 1-1 之中的 w1 及 w2，或圖 1-2 之中的 w11 及 w12 等。權重的大小會影響神經元的輸出，如同生物神經元的運作，相同的外來資訊會受到距離及角度等因素而對神經元產生不同的刺激，刺激不同，輸出的訊息就有差異。偏權值的大小也會影響神經元的輸出，其功能是在對前一層的輸出（或外來資訊）作綜合調整。

每一個神經元接收資訊，並經加權運算後，會先經過 Activation function 激發函數（亦稱為激勵函數或啟動函數）的轉換（調整），再傳遞出去（如圖 1-1 之中的 sigmoid 函數）。這種機制如同生物神經元的處理，生物神經細胞受到的（聲光）刺激要達到某一閾值，才會有所反應，若未達臨界值，則不會傳遞給下一層，在人工神經網路模型中就是使用激發函數來模擬此種功能。圖 2-2 中的每一個神經元也會有一個激發函數，該示意圖為避免過於複雜而影響閱讀，故未標示，而是以圓圈中的一直線來區分，直線左邊代表未經轉換，直線右邊代表經過轉換。

在神經網路模型中，激發函數之轉換還有另一種意義，就是使網路模型能夠處理非線性問題。在神經網路模型中若未使用激發函數，則各個神經元之間的輸出與輸入只存在著線性關係，而在現實世界中，絕大部分問題都屬於非線性問題，所以神經網路模型的運算必須經過激發函數的處理（迴歸分析除外），模型才有實用性。激發函數有多種，例如 Sigmoid、Softmax、Tanh、ReLU 等，有關激發函數的原理及應用時機之深入說明，請見本書附錄 A 的 QA_27。

神經網路模型要經過多次的訓練才具有實用價值（具有極高的辨識率或極低的預測誤差），訓練的目的在找出最適當的權重及偏權值，而此等權重及偏權值無法一

次算出，需經過多次的演算（正向及反向傳播）才能得出，這種多次的演算就稱為多次的訓練（或多次的學習），如同小孩辨識貓狗的能力不是與生俱來的，而是需要經過學習與訓練的。反覆訓練以便找出最適當的權重及偏權值，是神經網路模型運作的關鍵，稍後會有更深入的說明。

神經網路模型不但要經過訓練（學習）才有實用價值，而且要經過深度的學習（Deep learning），所謂「深度」是指模型含有很多的網路層。通常將含有兩個（或以上）隱藏層的神經網路稱為 Deep Neural Networks 深度神經網路，這種多層的模型才能夠處理複雜的問題（例如影像辨識及自然語言處理等）。現今複雜模型所含的網路層可上萬，神經元數量更超過千億，其組成元素之多已不亞於人類大腦的神經細胞。

1.2　神經網路模型運作解析

如前述，神經網路模型運作的關鍵在找出最適當的權重及偏權值，模型運作為何需要權重及偏權值？如何找出這些權重及偏權值？找出之後，模型如何運用它來辨識或預測呢？我們以分類辨識之實例來說明。

1.2.1　二分類辨識

請開啟 Z_Example 資料夾內的「0101_神經網路模型解析之一 .xlsx」，該檔為貓狗辨識方法的解析。請切換至 000 工作表（如圖 1-3），該資料集有 5 個欄位，依序為品種、體重、肩高（腳掌至背部的高度）、類型代號（0 代表貓、1 代表狗）、類型。我們要使用體重及肩高兩個特徵來判斷該寵物為貓或狗。前面 12 筆為訓練集，後面 3 筆為測試集。

	A	B	C	D	E
1	貓狗辨識資料集				
2					
3	訓練集				
4	品種	體重 （公斤）	肩高 （公分）	類型代號	類型
5	Variety	Weight	Height	Type_Code	Type
6	Russian Blue cat	6.0	25.0	0	Cat
7	Scottish Fold	5.9	25.4	0	Cat
8	Siamese cat	5.4	31.0	0	Cat
9	British Shorthair	7.7	35.6	0	Cat
10	Persian cat	6.8	38.1	0	Cat
11	Norwegian Forest Cat	9.0	30.5	0	Cat
12	Pomeranian	3.5	30.0	1	Dog
13	Toy Poodle	3.3	28.0	1	Dog
14	Siberian Husky	27.2	59.7	1	Dog
15	Golden Retriever	34.0	61.0	1	Dog
16	Labrador Retriever	36.0	57.0	1	Dog
17	Great Pyrenees	54.4	81.0	1	Dog
18					
19	測試集				
20	Variety	Weight	Height	Type_Code	Type
21	Border Collie	20.0	56.0	1	Dog
22	Yorkshire Terrier	5.4	23.0	1	Dog
23	American Shorthair	6.8	25.4	0	Cat

▌圖 1-3　貓狗辨識資料集

　　在一般人的認知中，狗的體型比貓大，所以我們先以體重及肩高的乘積來辨識。請切換至 A01 工作表，可看見如圖 1-4 的表格，該表 D 欄是體重乘以肩高的結果，E 欄是辨識結果，肩高與體重的乘積超過 300 者視為狗（代號 1），未超過 300 者視為貓（代號 0），辨識結果有 83.3% 的正確率（格位 D8 ～ F19 有計算公式可參考）。

　　這個辨識率不算差，但也不夠好，不夠好的原因是可用資訊（特徵）有限，如能增加顏色或跳躍高度等資訊，則辨識率會更高。但就算有很高的辨識率，這種辨識法也非常不理想，因為每一種案例都需聘請該領域的專家來尋找規則，如果找不到合適的規則，就變成死路一條而無法辨識。更重要的是，這種規則無法一體適用，例如辨識寵物的體重及肩高，不能用於花卉（或其他物種）的辨識，而需另尋規則，例如花瓣的長寬比例，並訂出每一種類的衡量標準（例如肩高與體重的乘積超過 300 者為狗、花萼的長寬比例小於 1.7 者為山鳶尾）。傳統的辨識方法（早期人工智慧）就是如此，先請專家找出規則，再根據規則來撰寫程式，故難有成效。

▲	A	B	C	D	E	F
1	貓狗辨識之一					
2						
3						
4					正確率 →	
5	12					83.33%
6	A	B	C	D=A*B	E	F
7	體重 （公斤）	肩高 （公分）	類型代號	體重與肩高 之乘積	體重X肩高 之辨識結果	辨識正確
8	6.0	25.0	0	150.0	0	Yes
9	5.9	25.4	0	149.9	0	Yes
10	5.4	31.0	0	167.4	0	Yes
11	7.7	35.6	0	274.1	0	Yes
12	6.8	38.1	0	259.1	0	Yes
13	9.0	30.5	0	274.5	0	Yes
14	3.5	30.0	1	105.0	0	**No**
15	3.3	28.0	1	92.4	0	**No**
16	27.2	59.7	1	1,623.8	1	Yes
17	34.0	61.0	1	2,074.0	1	Yes
18	36.0	57.0	1	2,052.0	1	Yes
19	54.4	81.0	1	4,406.4	1	Yes

▌圖 1-4　貓狗辨識之一

　　如果讓電腦自己去資料中尋找規則，而不是聘請專家來尋找，就可解決前述方法的缺陷。正確地說，也不是完全讓電腦去尋找規則，還是要有一條電腦可遵行的路線，在這條路線上去尋找規則，什麼樣的路線呢？以本例而言，我們提供的資料只有體重、肩高及類型代號等 3 項，電腦只能從這三項資料去尋找規則。這三項資料可分成兩大類，體重及肩高稱為 features 特徵，類型代號稱為 target 目標或 label 分類標籤。我們要根據特徵來判斷目標（分類），故須建立兩者之關係，而迴歸模式是可以嘗試的一種關係。

　　我們可將多元迴歸模式套用到前述的貓狗辨識案例，類型代號是因變數 Y，體重及肩高是自變數 X1 及 X2，電腦的工作就是要在這條路線上找出最適當的迴歸係數與截距。請切換至 A02 工作表，可看見如圖 1-5 的表格，這張表格模擬多元迴歸分析的運算過程，格位 F3 ～ F5 是迴歸係數及截距，我們隨意輸入三個數字，4.5、-1 及 -1.15，格位 F8 ～ F19 是加權運算的結果，亦即迴歸模型之預測值（格位內有計算公式可參考）。我們將這些預測值與實際值（C 欄的類型代號）比較，即可發現，除了第二筆完全相同之外，其餘記錄都有大小不等的誤差（格位 G8 ～ G19）。您可試著在格位 F3 ～ F5 輸入其他數值，加權合計與誤差（格位 F8 ～ G19）兩欄之值隨

即變動，但無論您輸入甚麼數字，各筆資料的預測值與實際值都會有誤差，很難找出適當的迴歸係數及截距，而能使各筆的預測值與實際值都相同，甚至只期望有一半（50%）是相同的都非常困難，這是因為線性迴歸模式是用來預測的，其結果為一串不相同的數值，而我們需要的則是 0 或 1 兩種數值。

	A	B	C	D	E	F	G
1	貓狗辨識之二						
2							
3					體重之係數	4.50	
4					肩高之係數	-1.00	
5		12			截距	-1.15	
6	A	B	C			F	G=C－F
7	體重 （公斤）	肩高 （公分）	類型代號			體重與肩高 之加權合計	誤差
8	6.0	25.0	0			0.9	-0.9
9	5.9	25.4	0			0.0	0.0
10	5.4	31.0	0			-7.9	7.9
11	7.7	35.6	0			-2.1	2.1
12	6.8	38.1	0			-8.7	8.7
13	9.0	30.5	0			8.9	-8.9
14	3.5	30.0	1			-15.4	16.4
15	3.3	28.0	1			-14.3	15.3
16	27.2	59.7	1			61.6	-60.6
17	34.0	61.0	1			90.9	-89.9
18	36.0	57.0	1			103.9	-102.9
19	54.4	81.0	1			162.7	-161.7

▌圖 1-5　貓狗辨識之二

改進辦法就是將加權運算的結果作更進一步的處理，將比較接近於 0 的視為 0，比較接近於 1 的視為 1，如此模型的輸出不是 0 就是 1，即可符合我們的需求。所以我們只要將模型輸出轉換為 0 與 1 之間的數值，再據以判斷辨識結果，就可解決辨識率偏低的問題，那麼該如何轉換呢？

使用 Sigmoid 雙曲線函數（亦稱為 S 函數）來轉換。請切換至 A03 工作表，可看見如圖 1-6 的表格，F 欄是加權計算的結果，G 欄則是使用 S 函數轉換的結果，格位 G8 ～ G19 有轉換公式可參考。

	A	B	C	D	E	F	G	H	I
1	**貓狗辨識之三**								
2									
3					體重之權重	1.502055			
4					肩高之權重	-0.485494			
5		12			偏權值	0.785420		正確率 →	83.33%
6	A	B	C			F	G	H	I
7	體重 （公斤）	肩高 （公分）	類型 代號			體重與肩高 之加權合計	Sigmoid 轉換	分類判定	正確
8	6.0	25.0	0			-2.3	0.088	0	Yes
9	5.9	25.4	0			-2.7	0.064	0	Yes
10	5.4	31.0	0			-6.2	0.002	0	Yes
11	7.7	35.6	0			-4.9	0.007	0	Yes
12	6.8	38.1	0			-7.5	0.001	0	Yes
13	9.0	30.5	0			-0.5	0.377	0	Yes
14	3.5	30.0	1			-8.5	0.000	0	**No**
15	3.3	28.0	1			-7.9	0.000	0	**No**
16	27.2	59.7	1			12.7	1.000	1	Yes
17	34.0	61.0	1			22.2	1.000	1	Yes
18	36.0	57.0	1			27.2	1.000	1	Yes
19	54.4	81.0	1			43.2	1.000	1	Yes

▌圖 1-6　貓狗辨識之三

　　經過 S 函數轉換之值一定會介於 0 ～ 1 之間，F 欄數字越小，轉換後的數字越接近 0，F 欄數字越大，轉換後的數字越接近 1。H 欄根據轉換後之值來判定分類，若轉換後之值 >=0 且 <=0.5，則分類標籤為 0，若轉換後之值 >0.5 且 <=1，則分類標籤為 1，格位 H8 ～ H19 有判斷公式可參考。本例的正確率為 83.33%（I 欄），有關 S 函數的更多說明請見本書附錄 A 的 QA_27。

　　前述的演算過程其實就是 Logistic Regression「羅吉斯迴歸」，羅吉斯迴歸屬於廣義的 Linear Regression「線性迴歸」演算法，兩者都是根據自變數來預測因變數，但是「線性迴歸」是用來預測（因變數為連續型變數）；而「羅吉斯迴歸」則是用來分類（因變數為類別型變數）。這兩種迴歸模式將於第 2 章及第 3 章作更多的說明。神經網路模型可視為一種特殊的迴歸模式，但迴歸模式只是神經網路的一個基本架構，神經網路模型可用更多層的迴歸模式來組合，比迴歸模式複雜許多。

　　將特徵加權運算，再經過激發函數轉換，然後判定分類結果，就是神經網路模型運作的方式。這裡面最關鍵的數字就是格位 F3 ～ F5 的權重及偏權值（相當於迴歸模型中的係數與截距），您可試著改變這些數字，正確率隨即下降，唯有接近範例中的數值，正確率才可能達到最高的 83.33%，足證此等權重及偏權值是最佳的，而模型訓練的目的就是在找出這些數值，這些數值是怎麼產生的呢？

模型訓練之目的在找出最佳的參數（權重及偏權值），所謂最佳就是能使錯誤最少的參數（亦即能使正確率最高的參數），其步驟如下：

STEP 01 計算第一次訓練的誤差。

　　模型開始訓練時無法得知哪個數字最佳，所以會隨機給予（隨機設定初始的權重及偏權值），然後經過正向傳播，算出第一次訓練的誤差，如果一次訓練多筆，則計算其平均誤差。誤差計算方式有多種，常用的有 MSE 均方差、MAE 平均絕對誤差、MAPE 平均絕對誤差百分比、binary_crossentropy 二元交叉熵損失函數、categorical_crossentropy 分類交叉熵、sparse_categorical_crossentropy 稀疏分類交叉熵等，有關此等誤差函數的詳細說明請見本書附錄 A 的 QA_18 及 QA_19。

STEP 02 利用偏微分算出各個參數（權重及偏權值）對誤差的影響程度，這個影響程度稱為 Gradient 梯度，它是參數調整的基礎。

STEP 03 根據梯度來調整各個參數（權重及偏權值）。

　　其計算式如下：

　　原參數－學習率 × 梯度＝更新後參數

　　假設原參數為 3.21、學習率為 0.001、梯度為 -95.6，則更新後參數為 3.21 － 0.001× -95.6=3.3056，也就是增減某一比率的梯度。因為參數對誤差的敏感度很高，故通常調整比率會很小（本例為千分之一），調整後的參數可能比原參數大，也可能比原參數小，但應能使誤差降低，若誤差不降反升，則是調整幅度過大，必須降低學習率。

STEP 04 使用更新後參數進行第二次訓練，計算新的誤差、新的梯度及新的參數。然後使用新的參數進行第三次訓練，如此反覆訓練多次，就可找出最佳的參數（權重及偏權值）。

　　通常網路模型包含多個網路層，每一層的神經元都會有其不同的參數（權重及偏權值），這些參數都需利用前述的方法來調整，而其順序是先調整最後一層（輸出層）的參數，然後調整隱藏層的參數，最後調整輸入層的參數，無論有多少層，都需由最後一層開始調整，然後循著反方向逐層調整，所以這種演算法稱為 Back-propagation Algorithm 反向傳播演算法。Forward propagation 正向傳播是利用參數

（權重及偏權值）來計算模型的輸出，Back Propagation 反向傳播則是使用 Gradient Descent 梯度下降法來調整參數。有關反向傳播及梯度下降法的深入說明，請見本書附錄 A 的 QA_31 及 QA_32。

　　找出最佳的參數（權重及偏權值）之後就可進行測試集的辨識（分類預測），請切換至 B01 工作表，可看見如圖 1-7 的表格，該測試集有 3 筆資料，它們的品種都與訓練集不同，它們的特徵（體重與肩高）也與訓練集不同，但使用訓練集所訓練出來的最佳參數就可有不錯的辨識率。測試集的辨識（分類預測）只需使用正向傳播即可達成，我們在格位 F3 ～ F5 輸入最佳的權重及偏權值，F 欄據以算出加權合計數，G 欄使用 S 函數轉換，H 欄再判定分類結果。

	A	B	C	D	E	F	G	H	I
1	測試集辨識								
2									
3					體重之權重	1.502055			
4					肩高之權重	-0.485494			
5	3				偏權值	0.785420		正確率 →	66.67%
6	A	B	C			F	G	H	I
7	體重（公斤）	肩高（公分）	類型代號			體重與肩高之加權合計	Sigmoid 轉換	分類判定	正確
8	20.0	56.0	1			3.6	0.974	1	Yes
9	5.4	23.0	1			-2.3	0.094	0	No
10	6.8	25.4	0			-1.3	0.209	0	Yes

▌圖 1-7　貓狗辨識 _ 測試集

　　本例的最佳權重及偏權值可使用 Python 程式來產生，範例檔為 Z_Example 資料夾內的「Prg_0101_ 神經網路模型運作原理解析之一 .py」，茲摘要說明如下。

 說明　範例中所使用的物件、方法、屬性、函數及參數等，會於後續章節詳細說明。

❏ 第 1 段：使用 pandas 套件的 read_csv 函數讀取 Cat_Dog_Train.csv 貓狗資料訓練集與 Cat_Dog_Test.csv 貓狗資料測試集。

❏ 第 2 段：使用 pandas 套件的 iloc 切片函數擷取特徵及標籤，並轉成陣列格式。第 2 ～ 3 欄（Weight 及 Height）作為特徵，第 4 欄（Type_Code）作為標籤。使用 iloc 函數擷取的資料格式為 Dataframe，其後接 values 取值函數，即可轉成 Array 格式。

❏ 第 3 段：建構神經網路模型。這個模型只有一個網路層，而且只有 1 個神經元，使用 sigmoid 雙曲線函數作為激發函數，使用 input_dim=2 指定輸入資料的形狀（本例的資料集有 2 個特徵）。

模型建構之後使用 compile 方法進行編譯，優化器選用 Adam，學習率設定為 0.1，損失函數指定為 binary_crossentropy 二元交叉熵，度量列表指定為 accuracy 正確率。另外，我們建立了一個回調函數，可儲存最佳模型，以方便後續的模型評估及預測。

❏ 第 4 段：訓練及評估模型。使用 fit 方法訓練模型，批次大小設定為 1。另外，使用 evaluate 方法來評估模型的績效，評估之前，使用 load_model 載入前述已儲存的最佳模型。本例訓練集的正確率為 83.33%，測試集的正確率為 66.67%。

❏ 第 5 段：使用 predict 方法進行測試集的預測。predict 傳回每一筆的輸出（激發函數轉換後之值），需使用 for 迴圈逐一判斷其值是否大於 0.5，從而決定分類標籤為 0 或 1。

❏ 第 6 段：使用 sklearn 套件的 confusion_matrix 混淆矩陣模組進行交叉分析。從交叉分析表可看出每一種分類的判斷結果（正確與錯誤的數量）。然後使用 sklearn 套件的 accuracy_score 計算測試集的預測正確率。有關交叉分析表的詳細說明請見第 2 章的習題 0201 之提示。

❏ 第 7 段：使用模型的 get_weights 函數取出網路層的權重及偏權值。本例將網路層取名為 layer_1。

1.2.2 多分類辨識

前述範例為二分類之辨識，三分類、四分類，甚至更多的分類該如何辨識？多分類（二種以上的分類）辨識之過程與二分類相同，同樣需經過正向與反向傳播，其差別在激發函數的使用，我們以實例來說明。

請開啟 Z_Example 資料夾內的「0102_神經網路模型解析之二 .xlsx」，該檔為鳶尾花辨識方法的解析。鳶尾花有三種，故屬於三分類的辨識，所用模型也比前一個案例複雜些，其結構如圖 1-8，它有兩個網路層（輸入層與輸出層）及 4 個神經元。圖形最左方的 $X_1 \sim X_4$ 為輸入值，分別代表鳶尾花的四個特徵（花萼的長度、花萼

的寬度、花瓣的長度、花瓣的寬度），w1～w4是特徵資料加權運算的權重，中間的圓圈是輸入層的神經元，該圓圈左上角的b1是加權運算時所用的偏權值，該圓圈右下角的relu是轉換用的激發函數；右方三個圓圈是輸出層的神經元，該等圓圈左上角的b2～b4是加權運算時所用的偏權值，該等圓圈右下角的softmax是轉換用的激發函數，輸入層與輸出層之間的w5～w7是加權運算輸入層之輸出的權重，最右方的O_1～O_3是輸出層三個神經元的輸出。

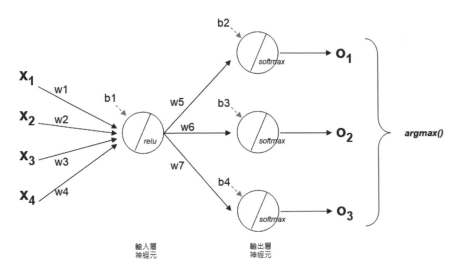

│ 圖 1-8　多分類辨識之網路模型

　　範例檔「0102_神經網路模型解析之二.xlsx」展示了三分類辨識的運作過程，A～D欄是鳶尾花資料集的特徵，共計4欄150筆（圖1-9顯示其部分資料），E欄是品種代號（0、1、2分別代表setosa山鳶尾、versicolor變色鳶尾、virginica維吉尼亞鳶尾）。F3～F7是權重及偏權值，F9～F158是加權運算的結果（格位內有計算公式可參考），此等加權運算之結果需經激發函數的轉換，此處我們使用relu線性整流函數來轉換，它會將小於等於0之值轉成0，大於0之值則不轉換，仍維持原數值（格位內有轉換公式可參考）。因為這一層的輸出並非模型的最終的輸出，所以您可使用其他函數來轉換，甚至不進行轉換，但其效果可能不好（辨識率會降低），甚至發生梯度爆炸，致使權重無法獲得更新，有關relu線性整流函數及激發函數之選用說明，請見本書附錄A的QA_27。

	A	B	C	D	E	F	G
1	鳶尾花分類辨識						
3					花萼長度權重	-0.37258	
4					花萼寬度權重	-1.54187	
5					花瓣長度權重	1.40092	
6					花瓣寬度權重	3.03737	
7	150				偏權值	-1.14462	
8	花萼的長度 A	花萼的寬度 B	花瓣的長度 C	花瓣的寬度 D	品種代號 E	長寬加權合計 F	relu 轉換 G
9	5.1	3.5	1.4	0.2	0	-5.873	0.000
10	4.9	3	1.4	0.2	0	-5.027	0.000
11	4.7	3.2	1.3	0.2	0	-5.401	0.000
12	4.6	3.1	1.5	0.2	0	-4.929	0.000
13	5	3.6	1.4	0.2	0	-5.990	0.000
14	:	:	:	:	:	:	:
15	:	:	:	:	:	:	:
16	6	2.7	5.1	1.6	1	4.461	4.461
17	5.4	3	4.5	1.5	1	3.078	3.078

圖 1-9　鳶尾花辨識之一

　　從圖 1-8 可看出，輸入層的輸出（轉換後）經過加權運算，再傳遞給輸出層的三個神經元，每一個加權運算所用權重是不同的，偏權值也不同，範例檔「0102_神經網路模型解析之二 .xlsx」的 I ～ K 欄展示了加權運算的過程（部分資料如圖 1-10）。這三個加權運算之結果都需經過激發函數的轉換才能成為神經元的輸出，這裡需使用 softmax 歸一化指數函數來轉換，其公式如下：

$$f(x) = \frac{e^x}{\sum\limits_{K=1}^{n} e^{x_k}}$$

　　本範例將其分解為 7 欄來計算（L ～ R 欄），以利了解。它是利用指數函數來轉換輸出層各個神經元的輸出，這個指數函數是以自然常數 e（2.718281828）為底，輸出層神經元的輸出為指數。L ～ N 欄是公式中的分子，O 欄是公式中的分母（L ～ N 欄的合計），分子除以分母的結果顯示於 P ～ R 欄（格位內有公式可參考）。

	神經元 1	神經元 2	神經元 3				
輸出層權重	-10.43422	-0.60074	1.69813				
輸出層偏權值	8.79198	3.55546	-6.37916				
	加權計算 1 I	加權計算 2 J	加權計算 3 K	輸出指數 1 L=e^I	輸出指數 2 M=e^J	輸出指數 3 N=e^K	輸出指數合計 O=L+M+N
	8.792	3.555	-6.379	6,581.268	35.004	0.002	6,616.273
	8.792	3.555	-6.379	6,581.268	35.004	0.002	6,616.273
	8.792	3.555	-6.379	6,581.268	35.004	0.002	6,616.273
	8.792	3.555	-6.379	6,581.268	35.004	0.002	6,616.273
	8.792	3.555	-6.379	6,581.268	35.004	0.002	6,616.273
	:	:	:	:	:	:	:
	:	:	:	:	:	:	:
	-37.758	0.875	1.197	0.000	2.400	3.309	5.709
	-23.324	1.706	-1.152	0.000	5.509	0.316	5.825

▌圖 1-10　鳶尾花辨識之二

　　Softmax 轉換的結果（P ～ R 欄）就是輸出層三個神經元的輸出經過指數函數轉換後之結果的占比，其中比例最大者即為所求。例如圖 1-11 第一筆三個神經元的輸出經過 softmax 函數轉換後的比例依序為 0.99471、0.00529、0.00000，其中最大者為第一個，而輸出層三個神經元依序代表分類標籤 0、1、2，故該筆辨識之結果為 0（setosa 山鳶尾）。又如圖 1-11 最後一筆，三個神經元的占比依序為 0.00000、0.94577、0.05423，其中最大者為第二個，故該筆的辨識結果為 1（versicolor 變色鳶尾）。本例辨識結果有 97.3% 的正確率，T 欄有相關公式可參考。有關 softmax 歸一化指數函數的詳細說明，請見本書附錄 A 的 QA_27。

	Softmax 轉換 1 P = L / O	Softmax 轉換 2 Q = M / O	Softmax 轉換 3 R = N / O	輸出判定 S = max(P:R)	正確與否
				正確率 →	97.3%
9	0.99471	0.00529	0.00000	0	Correct
10	0.99471	0.00529	0.00000	0	Correct
11	0.99471	0.00529	0.00000	0	Correct
12	0.99471	0.00529	0.00000	0	Correct
13	0.99471	0.00529	0.00000	0	Correct
14	:	:	:	:	:
15	:	:	:	:	:
16	0.00000	0.42035	0.57965	2	Error
17	0.00000	0.94577	0.05423	1	Correct

▌圖 1-11　鳶尾花辨識之三

　　上述案例所用的模型有兩個網路層（圖 1-8 之中的輸入層與輸出層），其所需的權重及偏權值亦有兩組，這兩組參數分別位於範例檔「0102_神經網路模型解析之二.xlsx」的格位 F3 ～ F7 及格位 I6 ～ K7，這些最佳參數可用 Z_Example 資料夾內的「Prg_0102_神經網路模型運作原理解析之二.py」來獲得，茲摘要說明如下。

❏ 第 1 段：使用 pandas 套件的 read_csv 函數讀取 iris_code.csv 鳶尾花資料集。

❏ 第 2 段：使用 pandas 套件的 iloc 切片函數擷取特徵及標籤，前面 4 欄作為特徵，第 5 欄（variety）作為標籤。

❏ 第 3 段：建構神經網路模型。這個模型有兩個網路層，第一層（輸入層）只有 1 個神經元，使用 relu 線性整流函數作為激發函數，使用 input_dim=4 指定輸入資料的形狀（本例的資料集有 4 個特徵）。第二層（輸出層）有 3 個神經元（本例的分類標籤有 3 種），使用 softmax 歸一化指數函數作為激發函數。

　　模型建構之後使用 compile 方法進行編譯，優化器選用 Adam，學習率設定為 0.005，損失函數指定為 sparse_categorical_crossentropy 稀疏分類交叉熵，度量列表指定為 accuracy 正確率。另外，我們建立了一個回調函數，可儲存最佳模型，以方便後續的模型評估及預測。

❏ 第 4 段：訓練及評估模型。使用 fit 方法訓練模型，批次大小設定為 1。另外，使用 evaluate 方法來評估模型的績效，評估之前，使用 load_model 載入前述已儲存的最佳模型。本例訓練集的正確率為 97.3%。

❏ 第 5 段：使用模型的 get_weights 函數取出各個網路層的權重及偏權值，本例將第一個網路層取名為 layer_1，第二個網路層取名為 layer_2，這些名稱是在第 3 段建構網路模型時，使用 name 參數設定的。

❏ 第 6 段：將前述產生的最佳權重及偏權值匯出為 Excel 檔，以利使用。從模型取出的權重及偏權值匯出為陣列格式，故本例先將其轉成資料框格式，然後使用 pandas 套件的 ExcelWriter 類別將其匯出為 Excel 檔（一檔內含四張工作表）。

以上所舉的例子為三分類之辨識，其實無論需要辨識的種類是多少，都可使用 softmax 函數來轉換，轉換後的數值代表各種分類的機率，其中機率最大者視為模型辨識之結果。當然，其前提是輸出層的神經元數量必須等於分類數，例如在 iris 鳶尾花資料集之中需要辨識的品種有三種，所以模型輸出層的神經元數量必須設定為 3，如此才能產生每一種分類的機率，然後從中挑選機率最大者作為模型辨識（預測）的結果。

本節以分類辨識為例來說明人工神經網路的運作方式，人工神經網路的能力非僅於此，它還具有圖像辨識、文本分類，文本生成、迴歸分析及時間數列預測等功能，但無論處理何種工作，其基本運作方式都是相同的。都需經過多次正向及反向傳播之演算，以找出最佳的權重及偏權值，這些權重及偏權值使得神經網路模型具有優秀的辨識或預測能力。正向傳播包括特徵資料的加權運算、神經元輸出的轉換及誤差之計算，反向傳播則包括梯度計算及參數（權重及偏權值）之調整等工作。

1.3　模型訓練的資訊

模型建構之後要經過訓練才具實用性，在訓練過程中會產生許許多多的資訊，例如每一次訓練的損失分數及正確率等，觀察這些資訊才知道我們的模型是否夠好，如果不夠好，也可利用這些資訊來調整模型的結構或參數，所以取得這些資訊是非常重要的工作，但要如何取得呢？

模型建構之後使用 summary 函數，例如 MyModel.summary()，可顯示如圖 1-12 的摘要資訊。

> 👨‍🏫**説明** 執行 Z_Example 資料夾內的「Prg_0102_ 神經網路模型運作原理解析之二 .py」，可產生本節所述的資訊。

```
Model: "sequential"

_____
 Layer (type)                Output Shape              Param #
=================================================================
 layer_1 (Dense)             (None, 1)                 5

 layer_2 (Dense)             (None, 3)                 6


=================================================================
Total params: 11
Trainable params: 11
Non-trainable params: 0
```

▌圖 1-12　模型摘要

圖 1-12 左上角顯示 Model: "sequential"，代表神經網路是使用 Sequential 物件所建立的順序式模型。TensorFlow 提供了下列兩種模型建構方式：

Sequential model（順序式模型），它的模型結構是由輸入層、隱藏層（可有多層）、輸出層的順序逐層堆疊而成，一層一層依序執行，只有第一層要指定 input 輸入資料的形狀，其他層的 input 就是上一層的 output。建構方式簡單，也是最常用的模型建構方式。

Functional API model（函數式應用程式介面模型），可以有多個 input 層或 output 層，結構可以有分叉，適於複雜模型的建構。使用 summary() 函數所顯示的摘要資訊會以 Model: "model" 開頭，更多的說明請見本書附錄 A 的 QA_14。

Model: "sequential" 之後為各個網路層的資訊，包括 Layer(type) 網路層的名稱及型態、Output Shape 輸出形狀、Param # 參數等三欄的資訊。網路層的內定名稱，依序為 dense、dense_1、dense_2 等，但您可在模型建構時使用 name 參數自訂各個網路層的名稱，圖 1-12 之中將第一個網路層命名為 layer_1，第二個網路層命名

為 layer_2。網路層名稱之後以中括號顯示其型態，圖 1-12 之中顯示 (Dense)，表示它是一種 Dense layers 密集層，亦稱為 Fully-connected layers 完全連接層，也就是該層所有神經元與前一層及後一層的所有神經元都會相互連結，這是最常用的網路層。其他型態有 Conv2D 二維卷積層、MaxPooling2D 二維最大池化層、Dropout 丟棄層、Flatten 展平層、LSTM 長短期記憶層、GRU 閘門循環單元等。

第二欄的資訊為 Output Shape 輸出形狀，圖 1-12 之中顯示的 (None, 1)，代表第一層的輸出形狀為 n 列 1 行的二維陣列，(None, 3) 代表第二層的輸出形狀為 n 列 3 行的二維陣列。

第三欄的資訊為 Param 參數的數量，所謂參數就是指 weight 權重及 bias 偏權值。第一層網路的參數有 5 個，這是因為本範例的訓練集之特徵有四個，每一個特徵都要對應輸入層的神經元，故有 4 個權重，另外輸入層神經元有一個偏權值，故共計有 5 個參數（4 個權重＋1 個偏權值），請見圖 1-8 模型結構圖即可了解。第二層網路的參數有 6 個，這是因為上一層的輸出神經元有 1 個，本層（輸出層）的神經元有 3 個，故有 3 個權重，另外有三個偏權值（每一個神經元各一個），故有 6 個參數（3 個權重＋3 個偏權值）。

模型摘要的左下角有 3 項資訊，Total params 參數的總數量（本例有 5+6=11 個），Trainable params 可訓練的參數數量（本例有 11 個），Non-trainable params 非可訓練的參數數量（本例有 0 個），為什麼有 Non-trainable params？通常我們自行設計的模型，每一個參數都會被使用，也就是在訓練過程中不斷調整這些權重及偏權值，以便建構一個最佳的神經網路模型，但有一種情況是無需調整權重及偏權值的。在後續的章節中，我們會使用預訓練模型（一種已經訓練好的模型）來進行分類預測，此時我們直接使用該等模型所訓練出來的大部分權重及偏權值，而不重新訓練（重新尋找最佳的參數），以便節省大量的處理時間，並提高正確率。我們只需訓練某些網路層的權重及偏權值（通常是最後數層），此時 Total params 就會被劃分為 Trainable params 及 Non-trainable params 兩種。

在模型 fit 訓練指令中，我們可利用 verbose 參數來指定每一次訓練績效的顯示方式，該參數有三個參數值可用，1 是內定值，它會動態方式顯示每一次訓練的耗用時間、loss 損失分數及 accuracy 正確率等資訊（如圖 1-13）。若 verbose 設為 2，則是以靜態方式顯示 loss 損失分數及 accuracy 正確率等資訊（如圖 1-14）。若無需顯

示每一次訓練的資訊，則將 verbose 設為 0 即可。動態方式與靜態方式的區別在哪？如果您的資料量不大，或是訓練速度非常快，則肉眼看不出其中的差別，我們稍後再深入解釋。

在圖 1-13 之中，每一次訓練有兩列資訊，第一列是訓練次數，例如 Epoch 1/120 是指總共訓練 120 次，目前是其中的第一次訓練，Epoch 2/120 則代表第二次訓練，餘類推。第二列顯示批次數，其後是若干個等號（置於中括號之中），接著是該批次訓練的耗用時間、損失分數及正確率等資訊。當資料量非常大的時候，如果將全部資料一次丟入模型去訓練，則可能會發生記憶體不足的狀況，所以 TensorFlow 有分批訓練的機制，您可在 fit 訓練指令中利用 batch_size 參數來設定每一批次的資料量，其內定值為 32。假設您的訓練集有 80 筆資料，並將 batch_size 設為 32，則 TensorFlow 會將訓練集分為 3 個批次來處理，第一批次為第 1 ～ 32 筆，第二批次為第 33 ～ 64 筆，第三批次為最後的 16 筆。

請見圖 1-15 的最後一列顯示 39/92，它表示訓練集資料被分成 92 個批次來處理，目前正在訓練的是其中第 39 批次，其後可看見數個等號之後的 > 符號，不斷地向前移動（如果 verbose 參數設為 1），其後是該批次訓練的耗用時間、損失分數及正確率等資訊，這三個資訊也是動態的，亦即當下一批次訓練完成後，前一批次的資訊會被蓋掉。當該次 Epoch 訓練完成後，會顯示最後一批次的資訊（圖 1-15 的第二列 92/92）。如果 verbose 參數設為 2，則不會顯示每一批次的訓練資訊，只有當該次訓練的 92 批次都訓練完成後，顯示最後一批次的資訊。

説明 訓練次數分為 epoch 及 batch 兩種，epoch 是指訓練集全部資料訓練過一次稱為一個 epoch（週期），如果資料集的資料量很大，則可分批執行，以免記憶體不足。例如 iris 鳶尾花資料集有 150 筆，我們將其分為 5 批（每一批 30 筆）來訓練，則每訓練完 30 筆，稱為一個 batch（批次），共計要訓練 5 個批次才能將全部資料訓練完。如果我們將模型 fit 訓練的 epochs 參數設定為 7，batch_size 批次大小設定為 30，則共需訓練 7X(150÷30)=35 個批次，稱為 Iteration 迭代 35 次。batch_size 的設定會影響模型績效（損失或正確率會不同），故需適當地設定。

```
Epoch 1/120
150/150 [==============================] - 0s 734us/step - loss: 2.3162 - accuracy: 0.3267
Epoch 2/120
150/150 [==============================] - 0s 839us/step - loss: 1.2064 - accuracy: 0.1867
Epoch 3/120
150/150 [==============================] - 0s 734us/step - loss: 1.0970 - accuracy: 0.3133
Epoch 4/120
150/150 [==============================] - 0s 734us/step - loss: 0.9491 - accuracy: 0.6200
Epoch 5/120
150/150 [==============================] - 0s 734us/step - loss: 0.8034 - accuracy: 0.5867
Epoch 6/120
150/150 [==============================] - 0s 734us/step - loss: 0.7056 - accuracy: 0.5867
```

▌圖 1-13　模型訓練資訊 _ 動態顯示

```
Epoch 1/120
150/150 - 0s - loss: 2.3162 - accuracy: 0.3267 - 469ms/epoch - 3ms/step
Epoch 2/120
150/150 - 0s - loss: 1.2064 - accuracy: 0.1867 - 109ms/epoch - 729us/step
Epoch 3/120
150/150 - 0s - loss: 1.0970 - accuracy: 0.3133 - 94ms/epoch - 625us/step
Epoch 4/120
150/150 - 0s - loss: 0.9491 - accuracy: 0.6200 - 94ms/epoch - 625us/step
Epoch 5/120
150/150 - 0s - loss: 0.8034 - accuracy: 0.5867 - 94ms/epoch - 625us/step
Epoch 6/120
150/150 - 0s - loss: 0.7056 - accuracy: 0.5867 - 94ms/epoch - 625us/step
Epoch 7/120
150/150 - 0s - loss: 0.6501 - accuracy: 0.5733 - 109ms/epoch - 729us/step
```

▌圖 1-14　模型訓練資訊 _ 靜態顯示

```
Epoch 1/10
92/92 [==============================] - 30s 315ms/step - loss: 1.5402 - accuracy: 0.4033
Epoch 2/10
92/92 [==============================] - 29s 311ms/step - loss: 1.1069 - accuracy: 0.5535
Epoch 3/10
92/92 [==============================] - 29s 312ms/step - loss: 0.9498 - accuracy: 0.6291
Epoch 4/10
92/92 [==============================] - 29s 311ms/step - loss: 0.7733 - accuracy: 0.7054
Epoch 5/10
39/92 [=========>....................] - ETA: 16s - loss: 0.6499 - accuracy: 0.7620
```

▌圖 1-15　模型訓練資訊 _ 動態顯示批次訊息

此外，如果在程式中，利用 tf.keras.callbacks 套件的 ModelCheckpoint 函式建立了可儲存最佳模式的回調函數，則會顯示如圖 1-16 第三列的資訊：

Epoch 1: loss improved from inf to 2.31619, saving model to D:/Test_BM_0102.h5

其大意是說該次訓練的損失已從無限大進步至 2.31629，最佳權重已存入模型檔案（本例取名為 Test_BM_0102.h5）。若某次訓練沒有進步，則不會更新最佳模型檔的內容，並顯示如下的訊息：

Epoch 120: loss did not improve from 0.06519。

```
Epoch 1/120
 69/150 [===========>................] - ETA: 0s - loss: 3.4929 - accuracy: 0.3333
Epoch 1: loss improved from inf to 2.31619, saving model to D:/Test_BM_0102.h5
150/150 [============================] - 1s 1ms/step - loss: 2.3162 - accuracy: 0.3267
Epoch 2/120
149/150 [===========================>.] - ETA: 0s - loss: 1.2078 - accuracy: 0.1879
Epoch 2: loss improved from 2.31619 to 1.20640, saving model to D:/Test_BM_0102.h5
150/150 [============================] - 0s 1ms/step - loss: 1.2064 - accuracy: 0.1867
Epoch 3/120
148/150 [===========================>.] - ETA: 0s - loss: 1.1020 - accuracy: 0.3041
Epoch 3: loss improved from 1.20640 to 1.09695, saving model to D:/Test_BM_0102.h5
150/150 [============================] - 0s 2ms/step - loss: 1.0970 - accuracy: 0.3133
```

▌圖 1-16　模型訓練資訊 _ 儲存最佳模型的訊息

模型 fit 訓練結果可儲存於指定的變數之中，然後再將其顯示於螢幕或匯出為 Excel 檔，範例程式如表 1-1。程式第 1 列將訓練結果儲存於物件變數 TrainingRecords（名稱可自訂），然後使用 history 屬性取出每一次訓練的損失及正確率。程式第 3 行顯示變數 TrainingRecords 的內容，程式第 4 行顯示變數的型態為 dict 字典格式，故可「以鍵取值」，指定字典中的 key 鍵為 loss（如程式第 5 列），就可顯示每一次訓練的損失，指定字典中的 key 鍵為 accuracy（如程式第 6 列），就可顯示每一次訓練的正確率。

▌表 1-1　程式碼：取出訓練記錄

01	TrainingRecords=MyModel.fit(x=X_Train, y=Y_Train, epochs=8)
02	
03	print(TrainingRecords.history)

04	print(type(TrainingRecords.history))
05	print(TrainingRecords.history['loss'])
06	print(TrainingRecords.history['accuracy'])
07	
08	print(np.argmin(TrainingRecords.history['loss'])+1)
09	print(np.argmax(TrainingRecords.history['accuracy'])+1)

　　另外，我們需要知道哪一次訓練能產生最小的損失及最大的正確率，您無需逐一比較，只要使用 numpy 套件的 argmin 及 argmax 函數即可。函數 min 可從陣列、串列或字典等容器中取出最小值，函數 max 可從陣列、串列或字典等容器中取出最大值。但因我們想知道的是最小損失是在第幾次訓練所產生，所以不能使用 min 函數，而是要使用 numpy 套件的 argmin 函數，如表 1-1 的第 8 列程式，它可從字典中的 loss 串列搜尋最小值，然後傳回該值的索引順序，因為索引順序從 0 起算，故加 1，即為訓練次數。同樣，如果我們想知道的是最大正確率是在第幾次訓練所產生，不能使用 max 函數，而是要使用 numpy 套件的 argmax 函數，如表 1-1 的第 9 列程式，它可從字典中的 accuracy 串列搜尋最大值，然後傳回該值的索引順序，因為索引順序從 0 起算，故加 1，即為訓練次數。arg 是 argument 的英文縮寫，意即一組變量，argmin 字面上的意義就是從一組變量取出最小值。

　　模型訓練完成之後可使用 evaluate 方法進行評估，以了解模型的績效（損失分數及正確率等）。模型可分成原始模型及最佳模型兩種，範例檔「Prg_0102_ 神經網路模型運作原理解析之二 .py」之中的 MyModel 為原始模型，如果使用該模型進行評估，則會使用最後一次訓練所產生的權重及偏權值來進行辨識（或預測），其績效不一定是最好的。範例檔「Prg_0102_ 神經網路模型運作原理解析之二 .py」之中的 My_BestModel 為最佳模型，該模型是使用 tf.keras.callbacks.ModelCheckpoint 回調函數所產生的，如果使用該模型進行評估，則會使用最佳的權重及偏權值來進行辨識（或預測），其績效是最好的。

　　圖 1-17 第 3 列是使用最佳模型評估後所顯示的正確率（100%），第 6 列是使用原始模型評估後所顯示的正確率（97.5%），最後一列是驗證集的正確率。

説明 在分類辨識問題中，訓練集是用來訓練模型的資料集，以便找出最佳的權重及偏權值，驗證集則是用來評估模型績效，兩者都會有分類標籤。測試集是我們要利用模型來進行辨識的對象，故其分類標籤是未知的。測試集與驗證集最大的差別是，測試集沒有分類標籤，而驗證集有分類標籤，然而在實務上，兩個名稱常被混用，故只要了解其差異即可，而無需過於計較。

```
3/3 [==============================] - 0s 8ms/step - loss: 0.0164 - accuracy: 1.0000
訓練集損失分數（使用最佳模型）： 0.016
訓練集正確率（使用最佳模型）： 1.000
3/3 [==============================] - 0s 0s/step - loss: 0.0245 - accuracy: 0.9750
訓練集損失分數（使用最後一次的訓練結果）： 0.024
訓練集正確率（使用最後一次的訓練結果）： 0.975
1/1 [==============================] - 0s 0s/step - loss: 0.0372 - accuracy: 0.9500
驗證集損失分數： 0.037
驗證集正確率： 0.950
```

▌圖 1-17　評估模型績效

1.4　神經網路工作程序

　　使用神經網路進行辨識或預測等工作，通常需經過下列 12 道程序，但不是每一種工作都須使用此等程序，有些程序可省略（或無需要），有些程序的前後順序可能顛倒，茲說明如下：

1. 資料讀取。

2. 資料檢視與檢查。

3. 資料格式轉換。

4. 資料形狀轉換。

5. 資料預處理。

6. 資料劃分。

7. 建構模型。

8. 模型編譯。

9. 建立回調函數。

10. 模型訓練。

11. 模型評估。

12. 模型預測。

資料讀取方式端視資料格式而定，常用的資料格式為 csv 逗號分隔文字檔及 tensor 張量，其他格式有 txt、xlsx、json 等。常用的資料讀取工具有 pandas 套件的 read_csv 與 read_excel 函數，Python 內建的 open 指令（讀取 txt 檔），tensorflow_datasets 開放數據集的 load 或 builder 函數，tf.keras.datasets 小型 NumPy 資料集的 load_data()，tf.keras.utils.get_file 從遠端下載解壓檔並予以解壓縮，tf.keras.preprocessing.image.load_img 或 image_dataset_from_directory 可讀取 jpg 等格式的圖片檔。

　　csv 及 xlsx 等格式的資料讀取後，可用 print 指令將其內容與結構等資訊顯示於螢幕。tensor 張量資料集的查看比較麻煩，詳細說明請見本書附錄 A 的 QA_11。圖片檢視需取出其像素值資料，然後使用 matplotlib 套件的 imshow 函數來顯示。

　　另外需進行 Data cleaning 資料清理（亦稱為資料淨化或資料清洗），需要清理的資料可分成五類，第一類是不合法的字元（亂碼或特殊符號等），第二類是資料型態不一致，例如文字與數字夾雜於同一欄，第三類是極端值或不合理的數值（例如年齡為負數），第四類是重複的資料（影響分析結果），第五類是 Missing value 缺失值（空值）。使用 pandas 套件的 isna().sum() 函數可檢查資料框各欄是否有空值，若有，可使用 pandas 套件的 dropna 函數刪除整筆資料，這是最簡易的處理方式。若不想刪除，則需填補適當之值，然而當缺失值很多時會相當麻煩，而且何謂適當，並不容易拿捏。實務上可使用平均值、最大值、最小值、零值來填補，或依其趨勢或特徵來推估一個填補值。

　　説明　資料清理在實務上是非常重要的一項工作，因為資料不正確，則模型即使再好，也難以產生好的績效（高的辨識率或精準的預測）。但資料清理也是一項辛苦而耗時的工作，故認證考試不會在此刁難，通常會提供無需清理的資料集。

　　資料沒問題之後，需轉換成模型可接受的資料格式與資料形狀。可用格式有 array 陣列、dataframe 資料框、tensor 張量等，欲轉成陣列格式可用 numpy 套件的 array 或 asarray，欲轉成資料框格式可用 pandas 套件的 DataFrame，至於張量的轉換比較麻煩，詳細說明請見本書附錄 A 的 QA_11。除了資料格式之外，資料形狀也須合乎模型之要求，結構化資料的分類辨識、迴歸分析、文本分類及文本生成需使用二維的格式，灰階圖片與黑白（單色）圖片的識別使用二維格式，彩色圖片辨識使用三

維格式（高度、寬度、通道數），時間數列預測亦需使用三維格式（樣本數、時間步、變量）。numpy 套件 reshape 函數可轉換資料形狀，張量資料集使用 batch 函數建立批次，則可將資料格式由二維轉成三維。

　　資料在丟入模型之前，通常會進行 Data preprocessing 資料預處理，資料預處理與前述資料清理不同，資料清理之目的在提高分析結果的可信度，資料預處理之主要目的則在提高模型訓練的效率。資料預處理的首要工作是進行 Feature Scaling「特徵縮放」，特徵縮放的方法有多種，其中最常用的方法為 Normalization 正規化及 Standardization 標準化，前者將各觀測值縮放至某一區間（例如 0～1 之間），後者將各觀測值縮放至均值為 0、標準差為 1 的範圍內。特徵縮放有兩個好處，第一是加快收斂（可在較少的訓練次數之下達到期望的結果），第二是避免因原始數據之間的量級差距過大而導致分析結果的失真。有關特徵縮放的更多說明請見本書附錄 A 的 QA_21。資料預處理另一項工作是 Label Encoding「標籤編碼」，所謂「標籤編碼」就是將字串轉成數字代碼，例如 iris 鳶尾花資料集的 variety 品種欄有 3 種鳶尾花的名稱，它們是 setosa 山鳶尾、versicolor 變色鳶尾、virginica 維吉尼亞鳶尾（都是文字），必須轉換成數字代碼 0、1、2，否則神經網路模型無法運算。另一種編碼方式稱之為 One-Hot Encoding 單熱編碼（或稱獨熱編碼），每一種編碼都是以 0與 1 組成的向量來表示，例如 setosa 山鳶尾的單熱編碼為 [1. 0. 0.]，versicolor 變色鳶尾的單熱編碼為 [0. 1. 0.]，virginica 維吉尼亞鳶尾的單熱編碼為 [0. 0. 1.]。在神經網路模型中使用單熱編碼，可提高模型的運算效率。標籤編碼可使用 sklearn 套件的 LabelEncoder 類別，單熱編碼可使用 tensorflow 套件的 to_categorical 或 one_hot 函數。有關標籤編碼與單熱編碼的更多說明，請見本書附錄 A 的 QA_39。

　　資料處理之後需要劃分 features 特徵與 labels 標籤，讓神經網路模型知道何者是因，何者是果。在監督式學習中，標籤是我們要辨識（預測）的事物，特徵則是有關標籤的描述，猶如迴歸分析之中的自變數與因變數，兩者之間存在著某種關係。以 iris 鳶尾花辨識為例，花萼及花瓣的長寬資料是特徵，品種則是標籤。如果資料集的格式為 dataframe 資料框，則可用 iloc 或 loc 切片函數來擷取特徵與標籤，如果資料集的格式為陣列，則可用中括號切片法，指出所需的行列索引。

　　另外，我們需從訓練集之中劃分出一部分資料作為驗證集，以便模型訓練時可利用驗證集來評估其績效，從而找出最佳的權重及偏權值。訓練集與驗證集的劃分，

同樣可使用前述的 iloc 函數或 loc 函數或中括號切片法，但為了使數據更合理而不會偏於某種類別，通常會使用 sklearn 套件的 train_test_split 函數進行分層抽樣。若使用 tensorflow 的開放數據集，則可於資料 load 載入時，使用 split 參數來劃分訓練集與驗證集。

資料備妥之後，就可開始建構神經網路模型，首先應根據任務（工作種類）來選定網路層的種類及其數量，然後層層堆疊即可構築順序式模型，但須設定適當的激發函數及神經元數量，因為它們會影響訓練效率。如有需要可設定初始權重及偏權值，但通常不作任何設定，而是隨機產生（內定方式）。另外，在第一個網路層需指定輸入資料（訓練集特徵）的形狀，若未指定或指定不正確，模型都無法訓練。

模型建構之後，需經過 compile 編譯才能使用，這個程序的主要工作是指定 loss 損失函數、optimizer 優化器、metrics 度量列表之內容。誤差計算是調整權重及偏權值的第一步，也就是需要知道預測值與實際值的差距，有了差距才能計算梯度（權重對誤差的影響程度），梯度產生後，才能據以調整權重及偏權值。誤差計算的方式有很多種（例如 mse、mae 及 sparse_categorical_crossentropy 等），模型編譯時需使用 loss 參數來定，但該指定哪一種損失函數來計算誤差呢？更多的說明請見本書附錄 A 的 QA_22。

神經網路模型利用梯度下降法來找出最適當的權重及偏權值，梯度下降法亦有多種，這些方法被納入 TensorFlow 之後，稱為 Optimizer 優化器，包括 SGD、Adam、RMSprop、Adagrad 等，模型編譯時須使用參數 optimizer 指定其中的一種。不同的優化器有不同的計算方法及 Hyperparameter 超參數（例如 learning_rate 學習率），Optimizer 是神經網路的關鍵計算，不同的案例可能需用不同的優化器，才會產生較佳的模型。更多的說明請見本書附錄 A 的 QA_28。

loss 參數指定的損失函數是用來計算誤差的大小，一次只能指定一個，metrics 度量列表則是用來設定績效衡量的指標，一次可以指定多個，除了 mse 及 mae 等損失函數之外，還可指定 accuracy 正確率，這些指標會在整個訓練過程中被記錄下來（每一次訓練的損失或正確率），但該等數據不會影響權重及偏權值的更新，更多的說明請見本書附錄 A 的 QA_22。

在模型訓練之前，我們可先建立一些 Callback function 回調函數（亦稱為回呼函式），它可在訓練過程中儲存模型、記錄資訊（例如每一次訓練的正確率及權重

等）、降低學習率及提早結束訓練等，此等功能可幫助我們調整模型之參數，並有助於了解神經網路的運作方式。Callback 就是 Call then Back 呼叫之後又返回的意思，回調函數被主函數經由參數的呼叫，而執行特定任務（例如前述，記錄每次訓練的正確率），執行之後返回主函數，繼續主函數的工作。在模型 fit 訓練時，可利用 callbacks 參數指定某一回調函數，回調函數執行完畢後會回到 fit 函數，繼續執行訓練工作或其後的指令。通常模型訓練會反覆執行多次（決定於 epochs 參數），故回調函數也會被呼叫多次，因而如前述的特定任務也會被執行多次。常用的回調函數如下述。

使用 tf.keras.callbacks.ModelCheckpoint 所建立的回調函數可儲存最佳模型檔，實際範例請見 Z_Example 資料夾內的「Prg_0101_神經網路模型運作原理解析之一.py」第 3 段。ModelCheckpoint 類別所建立的回調函數亦可在每一次訓練（或每一批次）儲存一個 h5 模型檔（每個模型的權重不同），實際範例請見 AI_1040E.py 及本書附錄 A 的 QA_40。

使用 tf.keras.callbacks.ReduceLROnPlateau 所建立的回調函數可在訓練過程中逐漸降低學習率。使用固定不變的學習率，有可能因調整幅度過大而跳過最佳的權重，降低學習率可避免此缺點。實際範例請見 AI_0307.py 的第 3 段。

使用 tf.keras.callbacks.EarlyStopping 所建立的回調函數可提早結束訓練。可利用此回調函數監控訓練績效，如果連續多次訓練，模型績效都沒進步（損失為降低或正確率沒提高），就會停止訓練，剩餘未完成的訓練不再執行，以免讓費時間。實際範例請見 AI_0307.py 的第 3 段。

使用 tf.keras.callbacks.CSVLogger 所建立的回調函數可將每一次訓練的正確率及損失儲存為 csv 檔，實際範例請見 AI_1040A.py 的第 3 段。

使用 tf.keras.callbacks.LambdaCallback 可建立自定義的回調函數，實際範例請見 AI_1040B.py 的第 3 段，它可儲存每一次訓練開始（或每一次訓練結束）的權重及偏權值。本書附錄 A 的 QA_40 有更詳細的說明。

回調函數建立之後，就可使用 fit 方法展開模型的訓練，其語法如下：

```
MyModel.fit(x=X_Train, y=Y_Train, validation_data=(X_Test, Y_Test),
epochs=30, batch_size=32, callbacks=[M_BestModel], verbose=1)
```

x 參數指定訓練集的特徵，y 參數指定訓練集的標籤，如果訓練資料為張量資料集，則無需分別指定。validation_data 參數指定驗證集的特徵與標籤，特徵與標籤之間以逗號分隔，並將兩者置於括號中。epochs 參數指定訓練次數。batch_size 參數指定批次大小（內定值為 32）。callbacks 參數指定所需的回調函數，需置於中括號之內，回調函數若有多個，則以逗號分隔。verbose 參數指定訓練資訊的顯示方式。

　　模型訓練之後，可用 evaluate 方法評估其績效（損失分數或正確率），評估對象可為訓練集或驗證集。模型可為原始模型或最佳模型，後者產自 ModelCheckpoint 類別所建立的回調函數，最佳模型檔可用 load_mode 函數載入。亦可使用 sklearn 套件的 confusion_matrix 混淆矩陣模組來進行交叉分析，交叉分析可將各種類別預測的正確數與錯誤數以表格呈現。另外，正確率的計算亦可使用 sklearn 套件的 accuracy_score 函數。

　　模型調校滿意之後，即可使用 predict 方法進行測試集的預測（辨識）。需注意的是，如果訓練集的特徵經過縮放（正規化或標準化），則測試集的特徵亦需使用同樣的方式來縮放，而且預測結果需進行反轉（逆變換），實際範例請見 AI_0232.py 第 5 段。

　　對於初學者而言，上述說明可能過於抽象，無法理解真正的意涵，故本書建議，先有個概念即可，後續章節會有更詳細的說明，也建議多練習題，唯有經由實作才能掌握神經網路運作的精隨。

1.5　應考須知

　　欲參加 TensorFlow Developer Certificate 開發者認證考試，可從官網取得所需資訊：URL https://www.tensorflow.org/certificate?hl=zh-TW。

1.5.1　取得應考資訊

進入前述網頁之後，敲「查看候選者手冊」鈕，可看見 TensorFlow Developer Certificate Candidate Handbook（pdf 檔可下載）。該手冊之主要內容如下：

1. 應考者所需的技能，包括使用 Python 編寫程式、使用 TensorFlow 2.x 版建構模型，以便完成圖片分類、自然語言處理及時間數列預測等任務。

2. 認證考試是在 PyCharm 整合式開發環境中進行（需安裝 TensorFlow Exam 插件，詳後述），考試時間 5 小時。

> **說明**　考試是在網路上進行，有五道題目，可以 Open book，參閱相關資料；考試重點在模型的建構，模型績效越好（損失低或正確率高），則分數越高。

3. 應考者需提供的身分證件，例如含有照片的護照或駕照等。

4. 考試前需先報名，並繳交 100 美元的費用。報名後，可在 6 個月之內的任何時間參加考試。

> **說明**　只有一次機會，若未通過，則需另行報名及繳費，才能再次參加。

5. 第一次考試若未能通過，則需等待 14 天之後才能再次報考。第二次考試若未能通過，則需等待兩個月之後才能再次報考。第三次考試若未能通過，則需等待一年之後才能再次報考。

6. 考試之後會接到 E-mail 通知，若通過認證，則會收到 Digital Certificate 數位證書及 Badge 電子徽章，並可加入認證持有者網頁。

> **說明**　通過認證後，可將證書及徽章添加到您的簡歷及 GitHub、LinkedIn、Twitter 等網頁，讓需要專業人才的公司可找到您。證書的有效期為 36 個月。

1.5.2　報名方式

STEP 01 開啟 Google 瀏覽器之後，請先使用 Gmail 帳戶登入，然後進入前述的開發者認證官網，再敲「開始測驗」鈕，之後再於開啟的網頁中（如圖 1-18）敲「PURCHASE THE EXAM」鈕，可看見如圖 1-19 之說明，閱讀之後請敲 NEXT 鈕。

> **說明**　通過認證且證書未過期或未通過認證且未到達等待期，則會顯示不能購買的訊息。

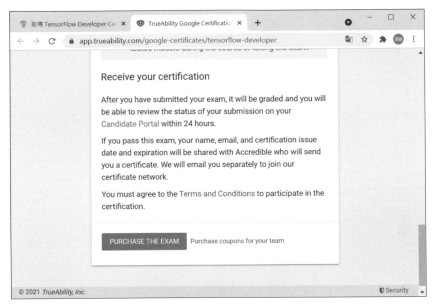

▌圖 1-18　認證報名之一

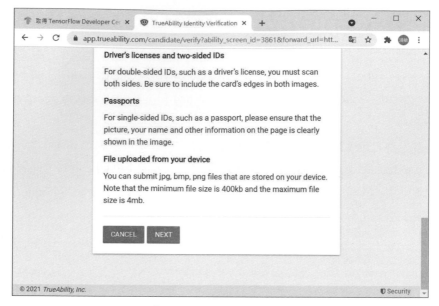

圖 1-19　認證報名之二

STEP 02 隨後螢幕顯示如圖 1-20 的畫面，敲選左方的圖示，可點選護照圖片檔，敲選右方的圖示，可點選駕照圖片檔，兩者擇一即可，但須含有照片及姓名的 jpg 等格式之圖檔。圖檔選定之後，敲 Upload 鈕。

圖 1-20　認證報名之三

STEP 03 證件上傳後，需拍攝應考者的臉部照片，請開啟網路攝影機，然後敲紅色圓形照相機圖示，即可拍照。若不滿意，可重拍，滿意之後敲 FINISH 鈕。拍照

完成後，進入繳費畫面，請輸入信用卡資料，即可完成報名手續。隨後會收到已報名的確認 E-mail，並告知應考的注意事項。

1.5.3 準備考試環境

認證考試需使用 Python3.8.0 版、TensorFlow 2.10.x 版、PyCharm 最新版（使用 Professional 專業版或 Community Edition 免費版均可，但不要使用 Anaconda 插件）。當然，一個穩定的網路連線也是必要的。詳細說明可從下列網址取得（此說明文件為 pdf 檔，可下載保存）：[URL] https://www.tensorflow.org/extras/cert/Setting_Up_TF_Developer_Certificate_Exam.pdf。

應考之前需先安裝 TensorFlow Exam 考試插件，其方法如下：

[STEP] 01 進入 PyCharm 之後，先在功能表上敲 File、Close Project，關閉專案，切換至如圖 1-21 的畫面，請敲視窗左方的 Plugins 鈕，可看見如圖 1-22 的視窗。在該視窗的上方有兩個按鈕，Marketplace 與 Installed，敲 Installed 可看見已安裝的插件，敲 Marketplace 可看見待安裝的插件。為快速找到所需插件，可在視窗上方的搜尋列（放大鏡小圖示的右方）輸入關鍵字（本例為 tensorflow），然後按 [Enter] 鍵，視窗右方會出現 TensorFlow Developer Certificate，此時請敲 Install 鈕（綠底白字），即可開始安裝插件。

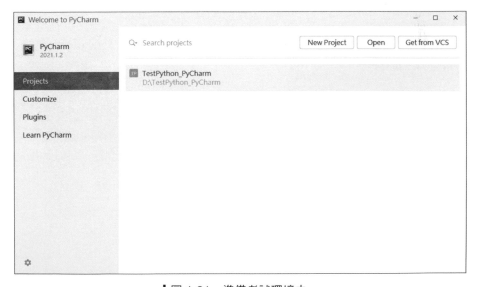

▌圖 1-21　準備考試環境之一

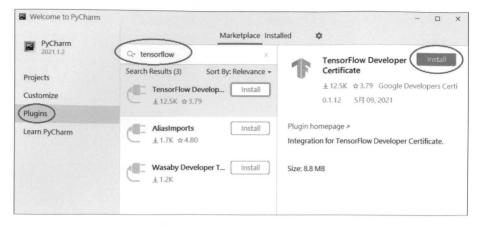

▌圖 1-22　準備考試環境之二

STEP 02 安裝之後，螢幕出現如圖 1-23 的畫面，此時請敲 Restart IDE 鈕（綠底白字），
螢幕出現如圖 1-24 的確認畫面，敲 Restart 鈕，重新啟動 PyCharm 之後會
回到如圖 1-21 的畫面。請敲所需專案（本例為 TestPython_PyCharm），進
入 PyCharm 之後在視窗上方（功能表下方），可看見 Start Exam 按鈕（如圖
1-25），代表插件安裝成功。

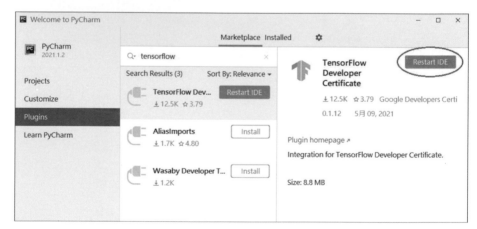

▌圖 1-23　準備考試環境之三

▌圖 1-24　準備考試環境之四

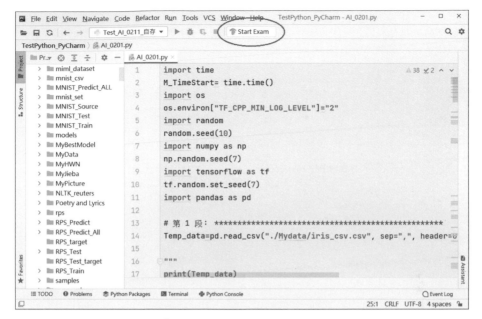

│圖 1-25　準備考試環境之五

1.5.4　考試注意事項

完成報名手續及插件之安裝後，就可選個黃道吉日，上場應考。應考前請先登入 Google 帳戶，再進入 TensorFlow 認證官網（網址如本章 1.5 節開始處所示），敲「開始測驗」鈕，螢幕顯示如圖 1-26 之視窗，此時請敲左下角的 REDEEM 鈕，然後進入 PyCharm，敲 Start Exam 鈕，系統詢問您是否可關閉其他專案，回答 Yes 之後，系統開始安裝考試環境（如圖 1-27，安裝 tensorflow、tensorflow-datasets、pillow 等套件於考試專案），安裝完成，即可開始測驗。考試專案不可能安裝所有的套件，如果需要使用特殊的套件（例如 sklearn 套件等），可於考試時加裝。

認證專案之畫面與自行建立的專案相同，左方為程式名稱（題目），右方為註解（題目說明）及程式撰寫區。開始測驗之後，視窗上方的 Start Exam 按鈕會變成 End Exam，敲該鈕可看見考試的剩餘時間，例如 0:17 hours left，表示剩餘 17 分鐘。每一題完成後至少要按一次 Submit and Test mode「提交及測試模型」，它會將 h5 模型檔上傳至測試中心，並回傳評分結果，例如 1/5、2/5、3/5……等，最高分為 5/5。若該題曾經評分過，則按鈕的字樣會變成 Re-Submit and Test model。您可修改及提交多次，儘量讓分數達到 5/5。

説明 敲視窗右上角的 assistant 標籤頁，即可看見 Submit and Test model 鈕。

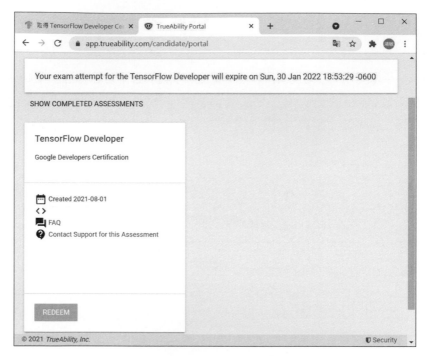

▌圖 1-26 買回考試權

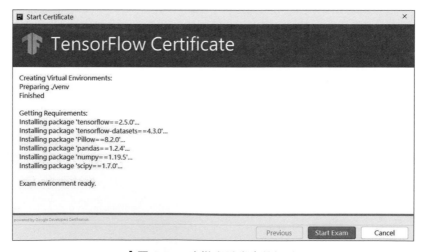

▌圖 1-27 安裝考試專案的插件

TensorFlow 認證考試的評分標準在於模型的好壞,而非程式撰寫的能力,也就是說只要您所建構的模型具有高的正確率(或低的損失分數),就可獲得高分,即使您所撰寫的程式不是很漂亮(程式碼不夠簡潔、耗時較多),也不會影響認證的通過。

影響模型好壞的因素很多,包括訓練次數、批次大小、激發函數、損失函數、神經元數量、模型層的選用(例如 CNN、RNN、Embedding、Dropout、Flatten 等)。訓練模型的資料需要先進行適當的處理,例如切割序列、標準化(或正規化)、單熱編碼及格式轉換等,雖然這些處理也不列入評分,但若處理不當是沒辦法訓練模型的。模型訓練之後,還需懂得如何評估模型的好壞,這樣才能提交一個好的模型,進而通過認證。

認證考試的主要範圍在圖像辨識、文本分類及時間數列預測等任務,無論是哪一種類型的題目,最後都是要我們上傳一個模型,而無需上傳程式。模型建構不難,但要了解模型背後的原理並非易事,例如梯度下降法、卷積神經網路及循環神經網路的運作方式等。雖然對於這些原理不十分清楚,也能通過認證,但多理解一些,AI 這條路才能走得更遠,對於通過認證之後的實務應用,也會有加分作用。本書附錄 A「觀念解析」就是著墨於神經網路的深水區,以問答的形式呈現,期望讀者閱讀之後,能夠釐清原本模糊的概念,並厚植 AI 的實力。

1.6 如何使用本書範例檔

本書提供的範例檔超過 400 個,其中 200 個為習題的範例,其餘 200 多個為解說用的檔案,它們大多為 Python 程式,少部分為 Excel 及 gif 動畫檔。

習題範例的檔名以 AI_ 開頭,例如 AI_0201.py,代表它是第 2 章第一個習題之解答,您可在 Exercise 資料夾找到它們。讀者可用 Pyhton 編輯器開啟此等範例檔,例如 PyCharm、Visual Studio Code、Spyder、Jupyter Notebook 等,但本書建議使用 PyCharm,因為認證考試使用此環境(至少需熟習此開發環境)。請將習題範例檔拷貝至您已建立的專案資料夾來使用,但若您的專案尚未納入所需套件,則須

先行安裝。部分範例耗時較多，建議改於 GPU 的環境中執行，若無 GPU，可借用 Google Colab，其用法請參考附錄 B。

解說用的檔案多數為 Python 程式，它們的檔名以 Prg_ 開頭，例如 Prg_0702_時間數列切割範例之一 .py，代表它是第 7 章第二個解說檔。部分解說檔使用 Excel 建立，它們的檔名以「章號＋序號」開頭，例如 0401_CNN_ 解說之一 .xlsx，代表它是第 4 章第一個解說檔。解說檔位於 Z_Example 資料夾，請用 Python 編輯器或 Excel 開啟它們。附錄 A「觀念解析」亦有許多解說用的檔案，因為該等檔案可作為練習之用，故其檔名多以 AI_ 開頭，少部分以 Prg_ 開頭，前者存放於 Exercise 資料夾，後者存放於 Z_Example 資料夾。

Python 程式所需的資料檔位於 MyData 資料夾，請將該資料夾複製於您已建立的專案資料夾之下。為避免版權爭議，部分資料檔需由 User 自行下載，習題範例檔的開頭處會說明下載位址及安裝方法。部分習題的最佳模型檔（副檔名 h5）位於 MyBestModel 資料夾，如有需要，請將該資料夾複製於您已建立的專案資料夾之下，程式中可用 tf.keras.models.load_model 載入該等模型檔。

建議讀者別急著查看習題的範例程式，先行試作，再與解答比較，這樣才能練就出模型建構的好實力。

Python 的優點很多，不但免費，還有眾多的套件可選用，然而它也帶來一些困擾。其中之一就是版本更新的速度很快，之前習慣的語法，在新版中可能無法繼續使用。同一個 Python 程式在不同的環境中若無法執行（或出現警告訊息），最可能的原因就是所用套件的版本不同，此時有兩種解決辦法，一種是在您的專案中將所需套件進行 Version downgrade 版本降級，使用原開發環境的版本。另一種是在您的專案中將所需套件更新至最新版本，同時修改程式的語法，雖然後者較麻煩，但卻可與時俱進、跟上潮流。本書範例檔所用套件的版本編號請見附錄 C 的最後一頁。

結構化資料的分類辨識

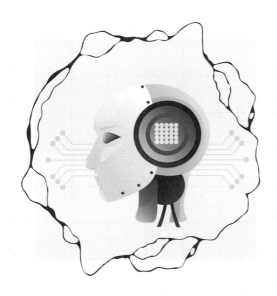

2.1　傳統的分類辨識方法　　　2.2　神經網路模型的分類辨識方法

Classification Identification 分類辨識是神經網路模型的主要功能之一，例如辨識圖片中的花卉是屬於哪一品種，向日葵、鬱金香，亦或是玫瑰？又如，根據花萼及花瓣的長寬資料來辨識鳶尾花的種類，山鳶尾、變色鳶尾，還是維吉尼亞鳶尾？分類辨識的資料可分為 Structured 及 Unstructured 兩大類，其辨識方式也不相同。Structured Data「結構化資料」有固定的欄位、固定的格式、固定的順序與固定的佔用大小、這類資料基本上就是很有條理的。Unstructured Data「非結構化資料」比較紛亂，格式不統一，例如圖片、文本及影音等。

結構化資料的資訊可以透過表單來呈現，也就是透過行列組成的表格來顯現，每一直行（欄位）代表一種特殊的屬性，每一橫列則為該屬性的相關資料。iris 鳶尾花資料集就屬於結構化資料，它是神經網路模型應用的經典資料集，使用文書處理軟體或 Excel 讀取它，就可看見該資料集有 sepal.length 花萼的長度、sepal.width 花萼的寬度、petal.length 花瓣的長度、petal.width 花瓣的寬度、variety 品種等 5 個欄位，每一個欄位代表一種屬性（在神經網路領域中稱之為 features 特徵），每一橫列代表一筆資料的完整資訊，例如第一筆為 5.1、3.5、1.4、0.2、Setosa，就是測量某一朵鳶尾花的花萼及花瓣長寬所得出的結果，而其品種為 setosa 山鳶尾，本例最後一欄 variety 品種就是我們辨識的結果，在神經網路領域中稱之為 label 分類標籤。

所有不是結構化資料的資料都可被歸類為 Unstructured Data 非結構化資料，其形式包括了文字、聲音、圖片、影像等。非結構化資料的辨識將於後續的章節說明，例如第 4 章的圖像辨識，第 8 章的文本分類辨識等。本章所要探討的是結構化資料的分類辨識。

結構化資料分類辨識的應用非常廣泛，而不僅僅是實體物件的辨識（是某一種東西而非他種東西），它可用於各種預測，例如根據貸款申請人的資料（職業、收入、年齡等）來預測其違約的風險，又如以個人的體檢資料（血壓、胰島素、身體質量指數及年齡等）來預測其罹患糖尿病的可能性。

2.1　傳統的分類辨識方法

在神經網路模型成熟之前，就已經有許多演算法可進行結構化資料的分類辨識，例如 k-Nearest Neighbour Classification「K 最近鄰分類」、Naive Bayes Classification「單純貝氏分類」、Decision Tree「決策樹」、Random Forest Algorithm「隨機森林演算法」、Linear Discriminant Analysis「線性判別分析」及 Logistic Regression「羅吉斯迴歸」等。雖然這些演算法與 TensorFlow 的認證考試無關，但這些方法可作為神經網路模型之比較，如果您所建構的神經網路模型之辨識績效低於這些演算法，那麼就該修改模型，例如變更網路層的結構或參數值。

在 Python 中，我們可使用 sklearn 套件來執行傳統的分類辨識方法（需先安裝 scikit-learn 套件），本節以 7 個範例說明相關的演算法，都以 iris 鳶尾花資料集作為對象。該資料集為英國統計學家 Ronald Fisher 爵士在 1936 年所完成的調查，記錄了三種鳶尾花的花瓣及花萼之長寬數據，共 150 筆資料。

2.1.1　k 最近鄰分類演算法

k-Nearest Neighbor Classification「k 最近鄰分類演算法」，簡稱 KNN，該法先在訓練集之中找出 k 個距離最近的資料，然後以該 k 筆資料中最多的分類，作為測試集之分類；k 的數量可由 User 自行決定，距離則以「歐氏距離」計算。範例檔位於 Z_Example 資料夾內的「Prg_0201_sklearn 套件之分類分析_01.py」，茲說明如下，其摘要程式如表 2-1。

❏ 第 1 段：從 sklearn 套件載入 iris 鳶尾花資料集。

❏ 第 2 段：擷取特徵與標籤。使用關鍵字 data 可取出該資料集的特徵（4 欄），使用關鍵字 target 可取出該資料集的分類（0、1、2 分別代表山鳶尾、變色鳶尾、維吉尼亞鳶尾）。

❏ 第 3 段：使用 sklearn 套件的 train_test_split 函數劃分訓練集與測試集，iris 鳶尾花資料集有 150 筆，其中 20%（30 筆）列入測試集，其餘 80%（120 筆）列入訓練集。

❑ 第 4 段：使用 sklearn 套件的 StandardScaler 定標器進行特徵資料標準化，將各觀測值轉換到均值為 0，標準差為 1 的範圍內。

❑ 第 5 段：執行「k 最近鄰分類演算法」，如表 2-1 第 1 ～ 3 列。先匯入 KNeighborsClassifier 分類器，將 n_neighbors 鄰居參數值設定為 3，然後使用分類器的 fit 方法進行演算，括號內指定處理對象，本例為訓練集的特徵（已標準化）及訓練集的分類。

❑ 第 6 段：預測及交叉分析。使用分類器的 predict 方法進行預測（分類辨識），括號內指定處理對象，本例為測試集的特徵（已標準化），如表 2-1 第 4 列。完成預測之後，使用 sklearn 套件的 confusion_matrix 函數進行交叉分析，另使用 sklearn 套件的 accuracy_score 函數計算正確率。

2.1.2　單純貝氏分類演算法

Naive Bayes Classification「單純貝氏分類」是利用 Bayes' Theorem 貝氏定理計算「條件機率」，從而決定樣本的分類結果。名稱中的 naive（單純）是指其方法中會假設變數之間沒有相關，亦即解釋變數（特徵）之間是獨立的。單純貝氏分類的想法是根據「先驗機率」求出「後驗機率」，再依據「後驗機率」分佈作出統計推斷。範例檔位於 Z_Example 資料夾內的「Prg_0202_sklearn 套件之分類分析 _02.py」，茲說明如下，其摘要程式如表 2-1。

> 👨‍🏫**說明**　第 1、2、3、4、6 段與前述 k 最近鄰分類演算法相同。

❑ 第 5 段：執行「單純貝氏分類演算法」，如表 2-1 第 6 ～ 8 列。先從 sklearn 套件匯入 GaussianNB 類別，然後建立單純貝氏分類演算法物件（本例取名 My_NBC），然後使用該物件的 fit 方法進行演算，括號內指定處理對象，本例為訓練集的特徵（已標準化）及訓練集的分類。

2.1.3　決策樹演算法

Decision Tree「決策樹演算法」按照資料的屬性（特徵）劃分資料，並將其分類過程以樹狀結構呈現，它的形狀就像一顆倒長的大樹，樹根在上，樹葉在下，我們

稱之為決策樹。categorical variables 類別型變數或 continuous variables 連續型變數
都可處理。範例檔位於 Z_Example 資料夾內的「Prg_0203_sklearn 套件之分類分析
_03.py」，茲說明如下，其摘要程式如表 2-1。

❏ 第 5 段：執行「決策樹分類演算」，如表 2-1 第 11 ～ 13 列。先從 sklearn 套件匯
入 DecisionTreeClassifier 類別，然後建立決策樹分類演算法物件（本例取名 My_
DT），然後使用該物件的 fit 方法進行演算，括號內指定處理對象，本例為訓練
集的特徵（已標準化）及訓練集的分類。

2.1.4 隨機森林演算法

Random Forest algorithm「隨機森林演算法」，它是以「決策樹」為基礎的演算
法，是決策樹分類演算法的再進化。與「決策樹」相同之處是：按照資料的屬性（特
徵）劃分資料，並建立分類的規則。與「決策樹」不同之處是：「隨機森林」並非
只有一顆「決策樹」，而是由多棵樹木組成的森林，測試集的每一樣本都透過森林
中的每棵樹來進行預測，如果有 1000 棵樹木，就有 1000 個預測分類，然後經由多
數決（亦即眾數）來決定整個森林的預測結果。假如某一隨機森林有 5 棵決策樹，
它們對某個觀測值的預測分類分別為 0、0、1、1、1，那麼該隨機森林的輸出結果
（預測分類）將會是 1。若目標變數為連續型資料，則隨機森林的輸出結果將會是
該 5 棵決策樹的預測值之平均數。隨機森林的分類能力會比單顆決策樹的能力來得
大，但其條件是：a. 各個分類器（單顆決策樹）之間需有差異性。b. 每個分類器（單
顆決策樹）的準確度必須大於 50%。範例檔位於 Z_Example 資料夾內的「Prg_0204_
sklearn 套件之分類分析 _04.py」，茲說明如下，其摘要程式如表 2-1。

❏ 第 5 段：執行「隨機森林演算法」，如表 2-1 第 16 ～ 18 列。先從 sklearn 套件匯
入 RandomForestClassifier 類別，然後建立隨機森林演算法物件（本例取名 My_

RFC），然後使用該物件的 fit 方法進行演算，括號內指定處理對象，本例為訓練集的特徵（已標準化）及訓練集的分類。

▌表 2-1　程式碼：sklearn 套件之分類分析之一

01	from sklearn.neighbors import KNeighborsClassifier as KNN
02	My_KNN=KNN(n_neighbors=3)
03	My_KNN.fit(Train_X_std, Y_train)
04	y_pred=My_KNN.predict(Test_X_std)
05	
06	from sklearn.naive_bayes import GaussianNB
07	My_NBC=GaussianNB()
08	My_NBC.fit(Train_X_std, Y_train)
09	y_pred=My_NBC.predict(Test_X_std)
10	
11	from sklearn.tree import DecisionTreeClassifier
12	My_DT=DecisionTreeClassifier()
13	My_DT.fit(Train_X_std, Y_train)
14	y_pred=My_DT.predict(Test_X_std)
15	
16	from sklearn.ensemble import RandomForestClassifier
17	My_RFC=RandomForestClassifier()
18	My_RFC.fit(Train_X_std, Y_train)
19	y_pred=My_RFC.predict(Test_X_std)

2.1.5　線性判別分析

Linear Discriminant Analysis「線性判別分析」，簡稱 LDA，此法是透過投影（映射）的方式，將觀測點投影到維度更低的空間中而達到降維之目的，例如三維降成二維，並盡可能拉大不同類數據的距離，且縮小同類數據的距離，使降維後的資料更容易被區分。降維也能有效的節省運算成本（避免耗用過多的記憶體及計算時間）。sklearn 套件的 LinearDiscriminantAnalysis 類別具有 Dimension reduction 降維

及 Classification 分類的功能，本節先說明分類功能，下一節先再說明降維功能。範例檔位於 Z_Example 資料夾內的「Prg_0205_sklearn 套件之分類分析 _05.py」，茲說明如下，其摘要程式如表 2-2。

> 👨‍🏫 **説明** 第 1、2、3、4 段與前述 k 最近鄰分類演算法相同。

❑ 第 5 段：執行「線性判別分析演算法」，如表 2-2 第 1 ～ 3 列。先從 sklearn 套件匯入 LinearDiscriminantAnalysis 類別，然後建立線性判別分析演算法物件（本例取名 My_LDA），然後使用 n_components 指定降維數，此參數值不能為 0，亦不能大於等於分類標籤數或特徵數（以較小者為準），本例分類標籤數為 3，特徵數為 4，故參數值必須小於 3（亦即 1 或 2）。降維之後再使用該物件的 fit 方法進行演算，括號內指定處理對象，本例為訓練集的特徵（已標準化）及訓練集的分類。

❑ 第 6 段：預測及交叉分析。使用分類器的 predict 方法進行預測（分類辨識），括號內指定處理對象，本例為測試集的特徵（已標準化），如表 2-2 第 4 列。完成預測之後，使用 sklearn 套件的 confusion_matrix 函數進行交叉分析，另使用 sklearn 套件的 accuracy_score 函數計算正確率。

▍表 2-2　程式碼：sklearn 套件之分類分析之二

01	from sklearn.discriminant_analysis import LinearDiscriminantAnalysis as LDA
02	My_LDA=LDA(n_components=1)
03	My_LDA.fit(Train_X_std, Y_train)
04	y_pred=My_LDA.predict(Test_X_std)
05	
06	from sklearn.discriminant_analysis import LinearDiscriminantAnalysis as LDA
07	My_lda=LDA(n_components=1)
08	LDA_train=My_lda.fit_transform(Train_X_std, Y_train)
09	LDA_test=My_lda.transform(Test_X_std)
10	
11	from sklearn.ensemble import RandomForestClassifier
12	My_classifier=RandomForestClassifier(max_depth=2, random_state=0)

13	My_classifier.fit(LDA_train, Y_train)
14	y_pred=My_classifier.predict(LDA_test)
15	
16	from sklearn.metrics import confusion_matrix
17	from sklearn.metrics import accuracy_score
18	My_cm=confusion_matrix(Y_test, y_pred)
19	print('交叉分析: ', My_cm)
20	print('正確率: ', accuracy_score(Y_test, y_pred))

2.1.6 線性判別分析＋隨機森林演算法

如前一節所述，sklearn 套件的 LinearDiscriminantAnalysis 類別具有降維及分類的功能，本節使用該類別進行降維，然後再使用隨機森林演算法進行分類識別。範例檔位於 Z_Example 資料夾內的「Prg_0206_sklearn 套件之分類分析 _06.py」，茲說明如下，其摘要程式如表 2-2。

說明　第 1、2、3、4 段與前述 k 最近鄰分類演算法相同。

❏ 第 5 段：執行「線性判別分析」，如表 2-2 第 6 ～ 9 列。先從 sklearn 套件匯入 LinearDiscriminantAnalysis 類別，然後建立線性判別分析演算法物件（本例取名 My_lda），然後使用 n_components 指定降維數，接著使用該物件的 fit_transform 方法進行降維，括號內指定處理對象，本例為訓練集的特徵（已標準化）及訓練集的分類。fit_transform 先根據訓練集的特徵及標籤建立降維的模式，然後進行訓練集特徵的降維。測試集特徵的降維也是根據此模式，而無需另建模式，故測試集特徵的降維使用 transform 方法，如表 2-2 第 9 列，transform 只做轉換（不建模式），括號內無需分類標籤。

❏ 第 6 段：預測及交叉分析，如表 2-2 第 11 ～ 20 列。先從 sklearn 套件匯入 RandomForestClassifier 類別，然後建立隨機森林演算法物件（本例取名 My_classifier），再使用該物件的 fit 方法進行隨機森林分類，括號內指定處理對象，

本例為訓練集的特徵（已標準化且降維）及訓練集的分類。隨後使用該物件的 predict 方法進行預測（分類辨識），括號內指定處理對象，本例為測試集的特徵（已標準化且降維），如表 2-2 第 14 列。完成預測之後，使用 sklearn 套件的 confusion_matrix 函數進行交叉分析，另使用 sklearn 套件的 accuracy_score 函數計算正確率，如表 2-2 第 16 ～ 20 列。

2.1.7　羅吉斯迴歸

Logistic Regression「羅吉斯迴歸」屬於廣義的 Linear Regression「線性迴歸」演算法，都是根據自變數來預測因變數，但是「線性迴歸」是用來預測一個連續的值（因變數為連續型變數），例如氣溫升高 1 度時，用電量會增加多少；而「羅吉斯迴歸」則是用來分類（因變數為類別型變數），例如根據胰島素、體重、糖化血色素等數據來判斷五年內是否會罹患糖尿病（是或否）。Linear Regression「線性迴歸」將於第 3 章詳述，本節簡介 Logistic Regression「羅吉斯迴歸」之用法，範例檔位於 Z_Example 資料夾內的「Prg_0207_sklearn 套件之分類分析_07.py」，茲說明如下，其摘要程式如表 2-3。

❏ 第 1 段：從 sklearn 套件載入 iris 鳶尾花資料集。

❏ 第 2 段：擷取特徵與標籤。使用關鍵字 data 可取出該資料集的特徵（4 欄），使用關鍵字 target 可取出該資料集的分類（0、1、2 分別代表山鳶尾、變色鳶尾、維吉尼亞鳶尾）。

❏ 第 3 段：使用 sklearn 套件的 train_test_split 函數劃分訓練集與測試集，iris 鳶尾花資料集有 150 筆，其中 20%（30 筆）列入測試集，其餘 80%（120 筆）列入訓練集。

❏ 第 4 段：使用 sklearn 套件的 StandardScaler 定標器進行特徵資料標準化，將各觀測值轉換到均值為 0，標準差為 1 的範圍內。

❏ 第 5 段：執行「羅吉斯迴歸演算法」，如表 2-3 第 1 ～ 3 列。先匯入 LogisticRegression 分類器，將 max_iter 最大迭代參數值設定為 10000，其他參數都使用內定值（可略而不寫），例如 solver 求解器參數的內定值為 lbfgs，multi_class 多分類參數內定值為 auto。然後使用分類器的 fit 方法進行演算，括號內指定處理對象，本例為訓練集的特徵（已標準化）及訓練集的分類。

❑ 第6段：預測及交叉分析。使用分類器的 predict 方法進行預測（分類辨識），括號內指定處理對象，本例為測試集的特徵（已標準化），如表 2-3 第 4 列。完成預測之後，使用 sklearn 套件的 confusion_matrix 函數進行交叉分析，另使用 sklearn 套件的 accuracy_score 函數計算正確率。

▌ 表 2-3　程式碼：sklearn 套件之分類分析之三

01	from sklearn.linear_model import LogisticRegression
02	MY_LogR=LogisticRegression(max_iter=10000)
03	My_LogR.fit(Train_X_std, Y_train)
04	y_pred=My_LogR.predict(Test_X_std)
05	print("測試集實際分類標籤: ", Y_test)
06	print("測試集預測分類標籤: ", y_pred)

2.2　神經網路模型的分類辨識方法

前一節介紹了傳統的分類辨識方法，每一種方法都是建立在複雜而嚴謹的演算法之上。相對而言，神經網路模型的分類辨識法就簡單多了，它只需經由訓練（正向及反向傳播），找出最佳的權重及偏權值，就能使神經網路模型具有分類辨識的能力。比較麻煩的是，辨識不同類型的資料，所需的模型結構及參數可能不同，而且可能需要經過多次的試誤，才會找出最適當的配置。

> 🧑‍🏫 **說明**　正向傳播之說明請見本書附錄 A 的 QA_23，反向傳播之說明請見本書附錄 A 的 QA_31。

我們以實例來說明，同樣以鳶尾花的辨識為例，範例檔位於 Z_Example 資料夾內的「Prg_0208_ 神經網路模型的分類辨識法 .py」，茲說明如下，其摘要程式如表 2-4。

說明 第 1、2、3、4 段與前述 k 最近鄰分類演算法相同。

❏ 第 5 段：建立神經網路模型。這個模型是由 3 個密集層所建構的 Sequential Model 順序型模型（如表 2-4 第 1 ～ 4 列），第一層有 32 個神經元，使用 relu 線性整流函數作為激發函數，使用 input_dim=4 指定輸入資料的形狀（本例的資料集有 4 個特徵）。第二層有 16 個神經元，同樣使用 relu 線性整流函數作為激發函數。第三層有 3 個神經元（本例的資料集有 3 種分類標籤），使用 softmax 歸一化指數函數作為激發函數。

模型建構之後使用 compile 進行編譯，優化器選用 Adam，損失函數指定為 sparse_categorical_crossentropy 稀疏分類交叉熵，度量列表指定為正確率（如表 2-4 第 5 ～ 6 列）。另外，我們建立了一個回調函數，可儲存最佳模型，以方便後續的模型評估及預測（如表 2-4 第 7 ～ 8 列）。

❏ 第 6 段：訓練及評估模型。因為我們希望模型能夠對驗證集有最高的辨識能力，所以在 fit 方法中，使用了 validation_data 參數指定驗證資料的特徵與分類標籤，同時在回調函數之中將 monitor 監控參數指定為 val_accuracy 驗證集的正確率，如此，最佳模型的儲存會以驗證集的績效為準，模型訓練時，只有當驗證集（而非訓練集）的績效有進步時，才會去更新最佳模型（如表 2-4 第 9 ～ 11 列）。另外，使用 evaluate 方法來評估模型的績效（如表 2-4 第 13 ～ 14 列），評估之前，使用 load_model 載入前述已儲存的最佳模型（如表 2-4 第 12 列）。本例訓練集的正確率為 97.5%，測試集的正確率為 100%，足證此神經網路模型具有極高的辨識能力。

▍表 2-4　程式碼：神經網路模型的分類辨識

01	Mymodel=tf.keras.models.Sequential()
02	Mymodel.add(tf.keras.layers.Dense(units=32, activation='relu', input_dim=4))
03	Mymodel.add(tf.keras.layers.Dense(units=16, activation='relu'))
04	Mymodel.add(tf.keras.layers.Dense(units=3, activation='softmax'))
05	Mymodel.compile(optimizer=tf.keras.optimizers.Adam(learning_rate=0.001),
06	loss='sparse_categorical_crossentropy', metrics=['accuracy'])
07	M_BestModel=tf.keras.callbacks.ModelCheckpoint("D:/Test_BM_0208.h5",

08	monitor='val_accuracy', mode='auto', verbose=1, save_best_only=True)
09	TrainingRecords=Mymodel.fit(x=Train_X_std, y=Y_train,
10	validation_data=(Test_X_std, Y_test), epochs=32,
11	batch_size=1, callbacks=[M_BestModel], verbose=1)
12	My_BestModel=tf.keras.models.load_model('D:/Test_BM_0208.h5')
13	M_loss_1, M_accuracy_1=My_BestModel.evaluate(Train_X_std, Y_train)
14	M_loss_2, M_accuracy_2=My_BestModel.evaluate(Test_X_std, Y_test)
15	print('訓練集正確率: %.4f' % M_accuracy_1)
16	print('測試集正確率: %.4f' % M_accuracy_2)

習 題

試題 0201

　　請建構神經網路模型，以便能對 iris_csv.csv 鳶尾花資料集進行分類辨識。請先打亂資料次序，再將 30% 的資料列入測試集，需進行標籤編碼，但無需單熱編碼，特徵無需標準化。測試集的正確率需大於 95%。範例檔為 AI_0201.py，提示如下：

❑ 第 1 段：使用 pandas 套件的 read_csv 函數讀取資料檔。

❑ 第 2 段：使用 pandas 套件的 sample 抽樣函數來打亂資料框的資料順序，參數 frac 可指定抽樣的比例，本程式之目的並非抽樣，而是要重排資料的順序，故將 frac 參數設定為 1，抽取 100%。Sample 函數之後，再接 reset_index 函數重設索引，其 drop 參數設為 True，丟棄原先的索引。

❑ 第 3 段：使用 pandas 套件的 iloc 切片函數擷取特徵及標籤，前 4 欄列入特徵，第 5 欄列入標籤。然後使用 sklearn 套件的 LabelEncoder 類別進行標籤編碼，將分類標籤（Setosa、Versicolor、Virginica）轉成數字代碼（0、1、2），以利模型的運算。

❑ 第 4 段：劃分訓練集與測試集，並轉成陣列格式。前面 105 筆列入訓練集，後面 45 筆列入測試集。pandas 套件的 values 屬性可將資料框轉成陣列格式。劃分之後的資料可顯示於螢幕，並匯出為 Excel 檔，但此段程式已標示為附註，有需要再啟動。

❑ 第 5 段：建構神經網路模型。此模型有三層，第一層需使用 input_shape=(4,) 指定輸入資料的形狀（特徵有 4 欄），神經元數量設定為 32，激發函數設定為 relu。第二層的神經元數量設定為 16，激發函數設定為 relu。第三層（輸出層）的神經元數量設定為 3，激發函數設定為 softmax。模型 compile 編譯使用 Adam 優化器，學習率設定為 0.001，損失函數使用 sparse_categorical_crossentropy 稀疏分類交叉熵。另使用 ModelCheckpoint 類別建立回調函數，以便訓練時能夠儲存最佳模型，monitor 監控參數設定為 val_accuracy，亦即驗證集的正確率提高時，才會更新最佳模型。

❑ 第 6 段：使用 fit 方法訓練模型，需使用 validation_data 參數指定驗證集。另使用 evaluate 方法評估模型。

❑ 第7段：使用 predict 方法進行測試集的預測。predict 傳回每一筆每一類別的機率，搭配 numpy 套件的 argmax 函數找出最大機率的索引順序，即為所需的預測分類代號（0、1、2 三者之一）。

❑ 第8段：使用 sklearn 套件的 confusion_matrix 混淆矩陣模組進行交叉分析。

本例之混淆矩陣如下：

[[14 0   0]

 [0   15 2]

 [0   0   14]]

本例的分類標籤有 3 種，故交叉分析之結果會產生如上的二維矩陣（3 列 3 行），由左上至右下對角線上的數字為預測正確的數量（14、15、14），其他位置都是預測錯誤的數量。本例測試集共計 45 筆，其中預測正確的有 14+15+14=43 筆，預測錯誤的有 2 筆。下圖為混淆矩陣的示意圖：

	預測 0	預測 1	預測 2
實際 0	14	0	0
實際 1	0	15	2
實際 2	0	0	14

粗線框為混淆矩陣，有 3×3=9 個元素，每一直欄為預測值，由左至右依序為預測標籤 0、1、2，每一橫列為實際值，由上至下依序為實際標籤 0、1、2。

❑ 第 1 個元素：實際值為 0 且預測值為 0 的數量，本例為 14。

❑ 第 2 個元素：實際值為 0 且預測值為 1 的數量，本例為 0。

❑ 第 3 個元素：實際值為 0 且預測值為 2 的數量，本例為 0。

❑ 第 4 個元素：實際值為 1 且預測值為 0 的數量，本例為 0。

❑ 第 5 個元素：實際值為 1 且預測值為 1 的數量，本例為 15。

❑ 第 6 個元素：實際值為 1 且預測值為 2 的數量，本例為 2。

❑ 第 7 個元素：實際值為 2 且預測值為 0 的數量，本例為 0。

❑ 第 8 個元素：實際值為 2 且預測值為 1 的數量，本例為 0。

❑ 第 9 個元素：實際值為 2 且預測值為 2 的數量，本例為 14。

　　預測結果可匯出為 Excel 檔，但此段程式已標示為附註，有需要再啟動。另外使用 sklearn 套件的 accuracy_score 計算測試集的預測正確率。

試題 0202

　　同 0201，對 iris_csv.csv 鳶尾花資料集進行分類辨識，但特徵需標準化，分類標籤需進行單熱編碼，並進行分層抽樣，將 30% 的資料列入測試集。測試集的正確率需大於 95%。範例檔為 AI_0202.py，提示如下：

❑ 第 1 段：讀取資料檔，請見 0201 的提示。

❑ 第 2 段：使用 pandas 套件的 iloc 切片函數擷取特徵及標籤，並轉成陣列格式。然後使用 sklearn 套件的 LabelEncoder 類別進行標籤編碼，將分類標籤轉成數字代碼，以利模型的運算。

❑ 第 3 段：特徵資料 Standardization 標準化，將各觀測值都轉換到均值為 0，標準差為 1 的範圍內。標準化公式→（觀測值－均數）÷ 母體標準差。均數可用 numpy 套件的 mean 函數求得，母體標準差可用 numpy 套件的 std 函數求得。

❑ 第 4 段：使用 sklearn 套件的 train_test_split 函數劃分訓練集與驗證集，30%（45 筆）列入測試集，並進行分層抽樣，以分類標籤欄作為分層抽樣的依據。劃分之後的資料可匯出為 Excel 檔，但此段程式已標示為附註，有需要再啟動。

❑ 第 5 段：使用 TensorFlow 套件的 to_categorical 函數將分類標籤轉成單熱編碼。

❑ 第 6 段：建構神經網路模型，模型編譯的 loss 損失函數使用 categorical_crossentropy 分類交叉熵，其餘請見 0201 的提示。

❑ 第 7 段：使用 fit 方法訓練模型，使用 evaluate 方法評估模型。特徵需使用已標準化的資料，分類標籤需使用單熱編碼的資料。

❑ 第 8 段：使用 predict 方法進行測試集的預測，請見 0201 的提示。

❑ 第9段：使用 sklearn 套件的 confusion_matrix 混淆矩陣模組進行交叉分析，另外使用 sklearn 套件的 accuracy_score 計算測試集的預測正確率，詳細說明請見 0201 的提示。

說明 本例將特徵資料標準化，故可加快收斂，較少的訓練次數就可達到 AI_0201.py 的績效。

試題 0203

請建構神經網路模型，以便能對 tensorflow_datasets 的 iris 鳶尾花資料集進行分類辨識，此資料集為張量格式，而非如前述範例之文字檔（註：有關 tensorflow_datasets 的詳細說明，請見本書第4章4.8節）。資料載入時，請將30%的資料列入測試集，無需進行標籤編碼（該資料集的分類標籤已轉為數字代碼），亦無需進行單熱編碼，特徵資料也無需正規化或標準化。測試集的正確率需大於91%。範例檔為 AI_0203.py，提示如下：

❑ 第0段：查看資料集的相關資訊，以利後續的處理。包括監督式學習之鍵值、資料集樣本數、標籤種類數及特徵之形狀等，此段程式已標示為附註，有需要再啟動。

❑ 第1段：使用 load 函數載入資料集，並劃分訓練集與測試集，前者70%，後者30%。

❑ 第2段：擷取測試集的實際標籤，以便後續與預測標籤作比較，此段與 TensorFlow 認證考試無關，僅供參考。

❑ 第3段：使用資料集的 batch 函數組成批次資料，並將特徵資料的格式由一維張量轉成二維張量，以符合模型輸入形狀之要求。

❑ 第4段：建構神經網路模型。此模型有三層，第一層需使用 input_shape=(4,) 指定輸入資料的形狀（特徵有4欄），神經元數量設定為32，激發函數設定為 relu。第二層的神經元數量設定為16，激發函數設定為 relu。第三層（輸出層）的神經元數量設定為3，激發函數設定為 softmax。模型 compile 編譯使用 Adam 優化器，學習率設定為0.001，損失函數使用 sparse_categorical_crossentropy 稀疏分類交

叉熵。另使用 ModelCheckpoint 類別建立回調函數，以便訓練時能夠儲存最佳模型，monitor 監控參數設定為 val_accuracy，亦即驗證集的正確率提高時，才會更新最佳模型。

❑ 第 5 段：使用 fit 方法訓練模型，需使用 validation_data 參數指定驗證集。另使用 evaluate 方法評估模型。

❑ 第 6 段：使用 predict 方法進行測試集的預測。predict 傳回每一筆每一類別的機率，搭配 numpy 套件的 argmax 函數找出最大機率的索引順序，即為所需的預測分類代號（0、1、2 三者之一）。

❑ 第 7 段：使用 sklearn 套件的 confusion_matrix 混淆矩陣模組進行交叉分析，另外使用 sklearn 套件的 accuracy_score 計算測試集的預測正確率，詳細說明請見 0201 的提示。測試集預測結果可匯出為 Excel 檔，但此段程式已標示為附註，有需要再啟動。

試題 0204

同 0203，對 tensorflow_datasets 的 iris 鳶尾花資料集進行分類辨識。資料載入後，請先打亂資料次序，再將 30% 的資料列入測試集，無需進行標籤編碼，但須進行單熱編碼，並進行特徵資料的正規化。測試集的正確率需大於 91%。範例檔為 AI_0204.py，提示如下：

❑ 第 0 段：查看資料集的相關資訊，以利後續的處理（請見 0203 的提示）。

❑ 第 1 段：使用 load 函數載入全部資料集，暫不劃分訓練集與測試集，載入之後使用資料集的 shuffle 函數來打亂資料次序。

❑ 第 2 段：使用資料集的 skip 及 take 函數劃分訓練集與測試集，前面 105 筆列入訓練集，後面 45 筆列入測試集。

❑ 第 3 段：將訓練集與測試集的分類標籤轉成單熱編碼。使用資料集的 map 映射函數搭配 lambda 匿名函數來處理，map 函數會依照 lambda 函數指定的方式處理資料集的每一筆資料，lambda 函數以冒號分為兩段，第一段（冒號的左方）指定處理對象，本例為 x 特徵及 y 標籤，第二段（冒號的右方）指定處理方式，x 特徵不作任何處理，y 標籤則使用 tf.one_hot 函數將分類標籤轉成單熱編碼，depth 參數

指定深度,亦即要使用幾個代碼來表示一個分類,假設 depth 設定為 3,則單熱代碼的樣式為 [1. 0. 0.]、[0. 1. 0.]、[0. 0. 1.] 等。

❏ 第 4 段:將訓練集與測試集的特徵資料 Normalization 正規化,亦即將各觀測值縮放至 0 與 1 之間。

- 4-1 節:從原始張量資料集(全部 150 筆)找出各特徵的最小值與最大值,以便後續計算正規化之值。先建立空陣列(一列 4 行),以便後續併入資料集的特徵。然後使用 for 迴圈,從原始張量資料集,逐一取出每一筆之特徵,並由一維陣列轉成二維陣列,再併入前述已建立的空陣列。空陣列的第一筆是建立陣列時產生的極小值,需移除,移除之後使用 min 及 max 函數計算各特徵的最小值與最大值,因為要計算每一特徵(直行)的最小值及最大值,所以 axis 軸參數必須設定為 0,若 axis 設定為 1,則會計算每一橫列一個最小值(或最大值)。

- 4-2 節:使用資料集的 map 映射函數,搭配 lambda 匿名函數,處理資料集的每一筆資料,lambda 之後指定處理對象(x 特徵、y 分類標籤),冒號之後指定處理方式,y 分類標籤不作任何處理,x 特徵則使用下列正規化的簡化公式來轉換:(觀測值-最小觀測值)÷ 最大觀測值。

- 4-3 節:將訓練集的特徵及標籤轉成二維(張量),否則模型訓練時會發生形狀不符合的錯誤,測試集比照辦理。仍使用資料集的 map 映射函數,搭配 lambda 匿名函數來處理資料集的每一筆資料,冒號之後指定處理方式,本例使用 tf.reshape 函數來改變形狀,轉換後之形狀為 1 列多行。

❏ 第 5 段:建構神經網路模型。此模型有三層,第一層需使用 input_shape=(4,) 指定輸入資料的形狀(特徵有 4 欄),神經元數量設定為 32,激發函數設定為 relu。第二層的神經元數量設定為 16,激發函數設定為 relu。第三層(輸出層)的神經元數量設定為 3,激發函數設定為 softmax。模型 compile 編譯使用 Adam 優化器,學習率設定為 0.0003,損失函數使用 categorical_crossentropy 分類交叉熵。另使用 ModelCheckpoint 類別建立回調函數,以便訓練時能夠儲存最佳模型,monitor 監控參數設定為 val_accuracy,亦即驗證集的正確率提高時,才會更新最佳模型。

❑ 第6段：使用fit方法訓練模型，需使用validation_data參數指定驗證集，batch_size參數指定批次大小為2。另使用evaluate方法評估模型。

❑ 第7段：使用predict方法進行測試集的預測。predict傳回每一筆每一類別的機率，搭配numpy套件的argmax函數找出最大機率的索引順序，即為所需的預測分類代號（0、1、2三者之一）。

試題 0205

同0203，對tensorflow_datasets的iris鳶尾花資料集進行分類辨識。請將30%的資料列入測試集，各種分類需平均，測試集45筆資料中，每一種分類需有15筆（等同分層抽樣）。無需進行標籤編碼，但須進行單熱編碼，並進行特徵資料的標準化。測試集的正確率需大於95%。範例檔為AI_0205.py，提示如下：

❑ 第0段：查看資料集的相關資訊，以利後續的處理（請見0203的提示）。

❑ 第1段：使用load函數載入全部資料集，暫不劃分訓練集與測試集，載入之後，過濾資料集，將原始資料集按照分類標籤拆成三個子資料集，以便後續按照分類標籤來劃分訓練集與測試集，讓不同類別的資料能平均分散，等同分層抽樣。

使用資料集的filter函數搭配lambda匿名函數來處理，冒號之後指定過濾條件，x代表特徵，y代表標籤（監督二元組資料集有兩組資料）。過濾之後的資料集，再使用shuffle函數打亂次序。

❑ 第2段：使用資料集的skip及take函數劃分訓練集與測試集，資料來源為前段已經按照分類標籤拆分的三個子資料集，從每一個子資料集擷取前面35筆列入訓練集，另從每一個子資料集擷取後面15筆列入測試集。然後使用concatenate函數合併三個子資料集。

❑ 第3段：將訓練集與測試集的分類標籤轉成單熱編碼（請見0204的提示）。

❑ 第4段：將訓練集與測試集的特徵資料Standardization標準化，亦即將各觀測值轉換到均值為0，標準差為1的範圍內。

- 4-1節：從原始張量資料集（全部150筆）找出各特徵的均值與標準差，以便後續計算標準化之值。先建立空陣列（一列4行），以便後續併入資料集的特徵。然後使用for迴圈，從原始張量資料集，逐一取出每一筆之特徵，並由一

維陣列轉成二維陣列，再併入前述已建立的空陣列。空陣列的第一筆是建立陣列時產生的極小值，需移除，移除之後使用 mean 及 std 函數計算各特徵的均值與標準差，因為要計算每一特徵（直行）的均值與標準差，所以 axis 軸參數必須設定為 0，若 axis 設定為 1，則會計算每一橫列一個均值（或標準差）。

- 4-2 節：使用資料集的 map 映射函數，搭配 lambda 匿名函數，處理資料集的每一筆資料，lambda 之後指定處理對象（x 特徵、y 分類標籤），冒號之後指定處理方式，y 分類標籤不作任何處理，x 特徵則使用標準化的公式來轉換：（觀測值－均數）÷ 母體標準差。

❏ 第 5 段：使用資料集的 batch 函數組成批次資料，並將特徵資料的格式由一維張量轉成二維張量，以符合模型輸入形狀之要求。

❏ 第 6 段：建構神經網路模型。此模型有三層，第一層需使用 input_shape=(4,) 指定輸入資料的形狀（特徵有 4 欄），神經元數量設定為 32，激發函數設定為 relu。第二層的神經元數量設定為 16，激發函數設定為 relu。第三層（輸出層）的神經元數量設定為 3，激發函數設定為 softmax。模型 compile 編譯使用 Adam 優化器，學習率設定為 0.001，損失函數使用 categorical_crossentropy 分類交叉熵。另使用 ModelCheckpoint 類別建立回調函數，以便訓練時能夠儲存最佳模型，monitor 監控參數設定為 val_accuracy，亦即驗證集的正確率提高時，才會更新最佳模型。

❏ 第 7 段：使用 fit 方法訓練模型，需使用 validation_data 參數指定驗證集，batch_size 參數指定批次大小為 None。另使用 evaluate 方法評估模型。

❏ 第 8 段：使用 predict 方法進行測試集的預測。predict 傳回每一筆每一類別的機率，搭配 numpy 套件的 argmax 函數找出最大機率的索引順序，即為所需的預測分類代號（0、1、2 三者之一）。

試題 0206

請建構神經網路模型，以便能對 tensorflow_datasets 的 wine_quality 葡萄酒品質資料集進行分類辨識。請將 30% 的資料列入測試集，無需進行標籤編碼（分類標籤已轉為數字代碼），亦無需進行單熱編碼，特徵資料則需標準化。測試集的正確率需大於 57%。範例檔為 AI_0206.py，提示如下：

❏ 第0段：查看資料集的相關資訊，以利後續的處理。包括監督式學習之鍵值、資料集樣本數及特徵之形狀等。

❏ 第1段：使用load函數載入資料集（12欄、4898筆），先不劃分訓練集與測試集。資料載入之後，需轉成資料框格式，以利後續的處理。先使用tfds的as_dataframe函數轉換，此時的資料型態為StyledDataFrame，然後使用pandas套件的DataFrame函數轉換，此時的資料型態為DataFrame。

隨後更換欄位名稱（原欄名過於冗長）如下：

alcohol 酒精、chlorides 氯化物、citric_acid 檸檬酸、density 密度、fixed_acidity 固定酸度、free_sulfur_dioxide 游離二氧化硫、ph 酸鹼度、residual_sugar 殘糖、sulphates 硫酸鹽、total_sulfur_dioxide 二氧化硫總量、volatile_acidity 揮發性酸度、quality 品質。

❏ 第2段：劃分特徵與標籤，並轉成陣列格式，然後進行標準化。最後一欄quality「品質」作為標籤，其餘11欄作為特徵。特徵資料Standardization標準化使用下列公式，將各觀測值都轉換到均值為0，標準差為1的範圍內。標準化公式 → (觀測值－均數)÷母體標準差。均數可用numpy套件的mean函數求得，母體標準差可用numpy套件的std函數求得。

❏ 第3段：使用sklearn套件的train_test_split函數劃分訓練集與測試集，30%的資料列入測試集，需進行分層抽樣，以確保測試集之中每一個分類（本例為quality）都有30%。

❏ 第4段：建構神經網路模型。此模型有三層，第一層需使用input_shape=(11,)指定輸入資料的形狀（特徵有11欄），神經元數量設定為32，激發函數設定為relu。第二層的神經元數量設定為16，激發函數設定為relu。第三層（輸出層）的神經元數量設定為10，激發函數設定為softmax。

本例之分類代號為3～9，共計7種品質，但若將輸出層神經元units設定為7，則出現超出範圍的錯誤。這是因為資料集內的分類代號雖然只有7種，但起始代號為0，實際上是10種分類，只是本資料集評選對象的評分都很高，沒有一種酒的評分是低於3的，故units必須設定為10。另一種辦法是修改分類代號，將3改為0、4改為1、5改為2，餘類推，此時分類代號為0～6，共計7種品質，units就可設定為7。修改方式如下（陣列運算）：

Y_Train=Y_Train-3 　（調降訓練集標籤的分類代號）

Y_Test=Y_Test-3 　（調降測試集標籤的分類代號）

模型 compile 編譯使用 Adam 優化器，學習率設定為 0.001，損失函數使用 sparse_categorical_crossentropy 稀疏分類交叉熵。另使用 ModelCheckpoint 類別建立回調函數，以便訓練時能夠儲存最佳模型，monitor 監控參數設定為 val_accuracy。

❏ 第5段：使用 fit 方法訓練模型，需使用 validation_data 參數指定驗證集，batch_size 參數指定批次大小為 2。另使用 evaluate 方法評估模型。

❏ 第6段：使用 predict 方法進行測試集的預測。predict 傳回每一筆每一類別的機率，搭配 numpy 套件的 argmax 函數找出最大機率的索引順序，即為所需的預測分類代號（0、1、2 三者之一）。

❏ 第7段：使用 sklearn 套件的 confusion_matrix 混淆矩陣模組進行交叉分析，另外使用 sklearn 套件的 accuracy_score 計算測試集的預測正確率，詳細說明請見 0201 的提示。

試題 0207

　　請建構神經網路模型，以便能對 heart.csv 心臟病資料集進行分類辨識（判斷是否有心臟病）。請將 30% 的資料列入測試集，特徵資料不標準化也不正規化，標籤不轉成單熱編碼。測試集的正確率需大於 85%。範例檔為 AI_0207.py，提示如下：

❏ 第0段：資料檔取得方式請見範例檔 AI_0207.py 開頭處之說明。

❏ 第1段：使用 pandas 套件的 read_csv 函數讀取資料檔，共計 1025 筆，每一筆有 14 欄。欄位名稱如下：

age 年齡、sex 性別、cp 胸痛類型（0 典型心絞痛，1 非典型心絞痛，2 非心絞痛，3 無症狀）、trestbps 入院時的血壓、chol 膽固醇、fbs 空腹血糖（1 大於 120，0 小於 120）、restecg 心電圖結果（0 正常，1 T 波異常）、thalach 最大心率、exang 運動誘發心絞痛（1 是，0 非）、oldpeak 心電圖 ST 段下降（單位公厘，低於臨界值可能是心肌梗塞或缺血，40 歲以上男性需 >=2mm，40 歲以下男性需 >=2.5mm，女性需 >=1.5mm）、slope ST 段斜率（0 上坡，1 平坦，2 下坡）、ca

螢光顯色的主要血管數、thal 地中海貧血（0 正常，2 固定缺陷，3 可逆缺陷）、target 是否患心臟病（0 否，1 是）。

❏ 第 2 段：劃分特徵與標籤，並轉成陣列格式。

使用 pandas 套件的 iloc 函數擷取前面 13 欄作為特徵，最後一欄作為分類標籤。然後使用 values 函數可將資料框轉成陣列。

❏ 第 3 段：使用 sklearn 套件的 train_test_split 函數劃分訓練集與測試集，30% 的資料列入測試集，需進行分層抽樣，以確保測試集之中每一個分類（本例為 target）都有 30%。

❏ 第 4 段：建構神經網路模型。此模型有三層，第一層需使用 input_shape=(13,) 指定輸入資料的形狀（特徵有 13 欄），神經元數量設定為 32，激發函數設定為 relu。第二層的神經元數量設定為 16，激發函數設定為 relu。第三層（輸出層）的神經元數量設定為 1，激發函數設定為 sigmoid。

模型 compile 編譯使用 Adam 優化器，學習率設定為 0.001，損失函數使用 binary_crossentropy 二元交叉熵。另使用 ModelCheckpoint 類別建立回調函數，以便訓練時能夠儲存最佳模型，monitor 監控參數設定為 val_accuracy。

❏ 第 5 段：使用 fit 方法訓練模型，需使用 validation_data 參數指定驗證集，batch_size 參數指定批次大小為 2。另使用 evaluate 方法評估模型。

❏ 第 6 段：使用 predict 方法進行測試集的預測。predict 傳回每一筆的機率，需判斷機率是否大於 0.5 來決定分類標籤為 0 或 1。

❏ 第 7 段：使用 sklearn 套件的 confusion_matrix 混淆矩陣模組進行交叉分析，另外使用 sklearn 套件的 accuracy_score 計算測試集的預測正確率，詳細說明請見 0201 的提示。

試題 0208

同 0207，對 heart.csv 心臟病資料集進行分類辨識（判斷是否有心臟病），但特徵需正規化，標籤需單熱編碼。請將 30% 的資料列入測試集，測試集的正確率需大於 98%。範例檔為 AI_0208.py，提示如下：

❑ 第1段：讀取資料檔，請見 0207 的提示。

❑ 第2段：劃分特徵與標籤，並轉成陣列格式，請見 0207 的提示。

❑ 第3段：特徵 Normalization 正規化，將各觀測值都縮放至 0 與 1 之間內。正規化公式→（觀測值－最小觀測值）÷（最大觀測值－最小觀測值）。最小值可用 numpy 套件的 min 函數求得，最大值可用 numpy 套件的 max 函數求得。

❑ 第4段：使用 sklearn 套件的 train_test_split 函數劃分訓練集與測試集，30% 的資料列入測試集，需進行分層抽樣，請見 0207 的提示。

❑ 第5段：使用 TensorFlow 套件的 to_categorical 函數將分類標籤轉成單熱編碼。

❑ 第6段：建構神經網路模型。此模型有四層，第一層需使用 input_shape=(13,) 指定輸入資料的形狀（特徵有 13 欄），神經元數量設定為 32，激發函數設定為 relu。第二層的神經元數量設定為 16，激發函數設定為 relu。第三層的神經元數量設定為 8，激發函數設定為 relu。第四層（輸出層）的神經元數量設定為 2，激發函數設定為 sigmoid。

模型 compile 編譯使用 Adam 優化器，學習率設定為 0.0005，損失函數使用 binary_crossentropy 二元交叉熵。另使用 ModelCheckpoint 類別建立回調函數，以便訓練時能夠儲存最佳模型，monitor 監控參數設定為 val_accuracy。

❑ 第7段：使用 fit 方法訓練模型，需使用 validation_data 參數指定驗證集，batch_size 參數指定批次大小為 2。另使用 evaluate 方法評估模型。

❑ 第8段：使用 predict 方法進行測試集的預測。predict 傳回每一筆每一類別的機率，搭配 numpy 套件的 argmax 函數找出最大機率的索引順序，即為所需的預測分類代號（0、1 兩者之一）。

❑ 第9段：使用 sklearn 套件的 confusion_matrix 混淆矩陣模組進行交叉分析，另外使用 sklearn 套件的 accuracy_score 計算測試集的預測正確率，詳細說明請見 0201 的提示。

 **説明** 本例將特徵資料正規化，可大幅提升模型績效。

試題 0209

　　請建構神經網路模型，以便能對 Breast_cancer_data.csv 乳癌資料集進行分類辨識
（判斷乳房腫瘤為良性或惡性）。請將 30% 的資料列入測試集，特徵資料需正規化，
標籤需轉成單熱編碼。測試集的正確率需大於 95%。範例檔為 AI_0209.py，提示如
下：

❏ 第 0 段：資料檔取得方式請見範例檔 AI_0209.py 開頭處之說明。

❏ 第 1 段：使用 pandas 套件的 read_csv 函數讀取資料檔，共計 569 筆，每一筆有 6
　欄。欄位名稱如下：

　mean_radius 腫瘤平均半徑、mean_texture 腫瘤平均質地、mean_perimeter 腫瘤平
　均周長、mean_area 腫瘤平均面積、mean_smoothness 腫瘤平均平滑度、diagnosis
　診斷結果（0 良性，1 惡性）。

❏ 第 2 段：劃分特徵與標籤，並轉成陣列格式。使用 pandas 套件的 iloc 函數擷取前
　面 5 欄作為特徵，最後一欄作為分類標籤。然後使用 values 函數可將資料框轉成
　陣列。

❏ 第 3 段：特徵 Normalization 正規化，將各觀測值都縮放至 0 與 1 之間內。正規化
　公式→（觀測值－最小觀測值）÷（最大觀測值－最小觀測值）。

❏ 第 4 段：使用 sklearn 套件的 train_test_split 函數劃分訓練集與測試集，30% 的
　資料列入測試集，需進行分層抽樣，以確保測試集之中每一個分類（本例為
　diagnosis）都有 30%。

❏ 第 5 段：使用 TensorFlow 套件的 to_categorical 函數將分類標籤轉成單熱編碼。

❏ 第 6 段：建構神經網路模型。此模型有四層，第一層需使用 input_shape=(5,) 指定
　輸入資料的形狀（特徵有 5 欄），神經元數量設定為 32，激發函數設定為 relu。
　第二層的神經元數量設定為 16，激發函數設定為 relu。第三層的神經元數量設定
　為 8，激發函數設定為 relu。第四層（輸出層）的神經元數量設定為 2，激發函數
　設定為 sigmoid。

　模型 compile 編譯使用 Adam 優化器，學習率設定為 0.002，損失函數使用 binary_
　crossentropy 二元交叉熵。另使用 ModelCheckpoint 類別建立回調函數，以便訓練
　時能夠儲存最佳模型，monitor 監控參數設定為 val_accuracy。

❑ 第 7 段：使用 fit 方法訓練模型，需使用 validation_data 參數指定驗證集，batch_size 參數指定批次大小為 2。另使用 evaluate 方法評估模型。

❑ 第 8 段：使用 predict 方法進行測試集的預測。predict 傳回每一筆每一類別的機率，搭配 numpy 套件的 argmax 函數找出最大機率的索引順序，即為所需的預測分類代號（0、1 兩者之一）。

❑ 第 9 段：使用 sklearn 套件的 confusion_matrix 混淆矩陣模組進行交叉分析，另外使用 sklearn 套件的 accuracy_score 計算測試集的預測正確率，詳細說明請見 0201 的提示。

試題 0210

請建構神經網路模型，以便能對 diabetes.csv 糖尿病資料集進行分類辨識（預測五年之內是否會罹患糖尿病）。請將 30% 的資料列入測試集，特徵資料需標準化，標籤需轉成單熱編碼。測試集的正確率需大於 75%。範例檔為 AI_0210.py，提示如下：

❑ 第 0 段：資料檔取得方式請見範例檔 AI_0210.py 開頭處之說明。

❑ 第 1 段：使用 pandas 套件的 read_csv 函數讀取資料檔，共計 768 筆，每一筆有 9 欄。欄位名稱如下：

Pregnancies 懷孕次數、Glucose 血液葡萄糖濃度（口服葡萄糖耐受試驗）、BloodPressure 舒張壓、SkinThickness 三頭肌皮膚摺層厚度、Insulin 血清胰島素、BMI 身體質量指標、DiabetesPedigreeFunction 家族糖尿病史風險值、Age 年齡、Outcome 五年之內是否會得糖尿病（0 不會，1 會）。

❑ 第 2 段：劃分特徵與標籤，並轉成陣列格式。

使用 pandas 套件的 iloc 函數擷取前面 8 欄作為特徵，最後一欄作為分類標籤。然後使用 values 函數可將資料框轉成陣列。

❑ 第 3 段：特徵資料 Standardization 標準化，將各觀測值都轉換到均值為 0，標準差為 1 的範圍內。標準化公式→（觀測值－均數）÷ 母體標準差。

❑ 第 4 段：使用 sklearn 套件的 train_test_split 函數劃分訓練集與測試集，30% 的資料列入測試集，需進行分層抽樣，以確保測試集之中每一個分類（本例為 diagnosis）都有 30%。

❏ 第 5 段：使用 TensorFlow 套件的 to_categorical 函數將分類標籤轉成單熱編碼。

❏ 第 6 段：建構神經網路模型。此模型有兩層，第一層需使用 input_shape=(8,) 指定輸入資料的形狀（特徵有 8 欄），神經元數量設定為 32，激發函數設定為 relu。第二層（輸出層）的神經元數量設定為 2，激發函數設定為 sigmoid。

模型 compile 編譯使用 Adam 優化器，學習率設定為 0.0002，損失函數使用 binary_crossentropy 二元交叉熵。另使用 ModelCheckpoint 類別建立回調函數，以便訓練時能夠儲存最佳模型，monitor 監控參數設定為 val_accuracy。

❏ 第 7 段：使用 fit 方法訓練模型，需使用 validation_data 參數指定驗證集，batch_size 參數指定批次大小為 2。另使用 evaluate 方法評估模型。

❏ 第 8 段：使用 predict 方法進行測試集的預測。predict 傳回每一筆每一類別的機率，搭配 numpy 套件的 argmax 函數找出最大機率的索引順序，即為所需的預測分類代號（0、1 兩者之一）。

❏ 第 9 段：使用 sklearn 套件的 confusion_matrix 混淆矩陣模組進行交叉分析，另外使用 sklearn 套件的 accuracy_score 計算測試集的預測正確率，詳細說明請見 0201 的提示。

試題 0211

請建構神經網路模型，以便能對 petfinder-mini.csv 寵物收養資料集進行分類辨識（根據品種、年齡及健康狀況等條件預估被收養的速度）。資料源自 Petfinder 北美地區最大的線上寵物收養網站，Google 收集整理之後推出了簡化版，置於 googleapis.com 谷歌應用程式介面公司。請將 30% 的資料列入測試集，特徵資料需正規化，標籤無需轉成單熱編碼。測試集的正確率需大於 38%。範例檔為 AI_0211.py，提示如下：

❏ 第 1 段：使用 TensorFlow 套件的 get_file 函數下載及解壓縮所需資料集，該函數的 fname 參數可指定下載檔（壓縮檔）的檔名（本例為 petfinder_mini.zip）；origin 參數指定來源（網址）；extract 參數指定是否要解壓縮；cache_dir 參數指定快取資料夾，以便存放下載檔及解壓縮之後的檔案，若未使用 cache_dir 參數指定快取資料夾，則會將壓縮檔 petfinder_mini.zip 下載於 C:/ 使用者 / 使用者名稱

/.keras/datasets，並自動解壓縮於 C:/ 使用者 / 使用者名稱 /.keras/datasets/petfinder-mini，解壓縮之後的檔名為 petfinder-mini.csv。若未使用 extract 參數解壓，則後續需使用 zipfile 等套件來解壓縮。本例將 cache_dir 參數指定為程式所在之目錄，故會自動於該目錄之下建立一個子資料夾 datasets，並將下載檔 petfinder_mini.zip 存入該子資料夾；解壓檔（本例為 petfinder-mini.csv）會產生於 datasets 資料夾之下的 petfinder-mini 資料夾。

 說明 若檔案已存在，則 get_file 不會重複下載或解壓縮，可節省處理時間。

資料集下載及解壓縮之後，使用 pandas 套件的 read_csv 函數讀取，共計 11537 筆，每一筆有 15 欄。欄位名稱如下：

Type 寵物類型（貓或狗）、Age 寵物年齡（月）、Breed1 品種（Golden Retriever 黃金獵犬等 166 種）、Gender 性別（公或母）、Color1 顏色之一（Black 等 7 種）、Color2 顏色之二（Brown 等 7 種）、MaturitySize 成熟時的大小（Large、Medium、Small 等三種）、FurLength 毛皮長度（Long、Medium、Short 等三種）、Vaccinated 已接種疫苗（No、Not Sure、Yes 等三種）、Sterilized 已絕育（No、Not Sure、Yes 等三種）、Health 健康狀況（Healthy、Minor Injury、Serious Injury 等三種）、Fee 領養費（0 代表免費，最高 2000 元）、Description 簡介（文字描述）、PhotoAmt 上傳的照片總數（0 ～ 30）、AdoptionSpeed 收養速度（4 種代號，0 代表上市當天被收養，1 代表 1 ～ 7 天內被收養，2 代表 8 ～ 30 天內被收養，3 代表 31 ～ 90 天內被收養，4 代表未被收養）。

❏ 第 2 段：部分特徵資料需進行標籤編碼，以便將文字轉成數字代碼。本資料集共計 15 欄，其中最後一欄 AdoptionSpeed 作為標籤，Description 簡介欄無需使用，其餘 13 欄作為特徵，這些特徵欄位有 Type、Breed1、Gender、Color1、Color2、MaturitySize、FurLength、Vaccinated、Sterilized、Health 等 10 欄為文字欄，需轉成數字代碼，模型才能據以運算。

本範例使用 sklearn 套件的 LabelEncoder 類別進行標籤編碼，每一個文字欄使用不同物件進行轉換，以免發生錯誤。轉換後的欄位再與數字欄（Age、Fee、PhotoAmt、AdoptionSpeed）合併為一個資料框（本例取名為 Temp_data_LC）。

❑ 第 3 段：劃分特徵與標籤，並轉成陣列格式。

　　使用 pandas 套件的 iloc 函數擷取前面 13 欄作為特徵，最後一欄作為分類標籤。
然後使用 values 函數可將資料框轉成陣列。

❑ 第 4 段：特徵 Normalization 正規化，將各觀測值都縮放至 0 與 1 之間內。本範例
使用簡化後的正規化公式→（觀測值－最小觀測值）÷ 最大觀測值。

❑ 第 5 段：使用 sklearn 套件的 train_test_split 函數劃分訓練集與測試集，30% 的
資料列入測試集，需進行分層抽樣，以確保測試集之中每一個分類（本例為
AdoptionSpeed）都有 30%。劃分後的資料可匯出為 Excel 檔，但此段程式已標示
為附註，有需要再啟動。

❑ 第 6 段：建構神經網路模型。此模型有三層，第一層需使用 input_shape=(13,)
指定輸入資料的形狀（特徵有 13 欄），神經元數量設定為 64，激發函數設定為
relu。第二層的神經元數量設定為 32，激發函數設定為 relu。第三層（輸出層）
的神經元數量設定為 5，激發函數設定為 softmax。

　　模型 compile 編譯使用 Adam 優化器，學習率設定為 0.002，損失函數使用 sparse_
categorical_crossentropy 稀疏分類交叉熵。另使用 ModelCheckpoint 類別建立回調
函數，以便訓練時能夠儲存最佳模型，monitor 監控參數設定為 val_accuracy。

❑ 第 7 段：使用 fit 方法訓練模型，需使用 validation_data 參數指定驗證集，batch_
size 參數指定批次大小為 32。另使用 evaluate 方法評估模型。

❑ 第 8 段：使用 predict 方法進行測試集的預測。predict 傳回每一筆每一類別的機率，
搭配 numpy 套件的 argmax 函數找出最大機率的索引順序，即為所需的預測分類
代號（0、1、2、3、4 五者之一）。

❑ 第 9 段：使用 sklearn 套件的 confusion_matrix 混淆矩陣模組進行交叉分析，另外
使用 sklearn 套件的 accuracy_score 計算測試集的預測正確率，詳細說明請見 0201
的提示。

試題 0212

　　同 0211，對 petfinder-mini.csv 寵物收養資料集進行分類辨識（根據品種、年齡及
健康狀況等條件預估被收養的速度），但 AdoptionSpeed 收養速度由五分類改為二

分類,亦即區分為 0(未被收養)及 1(已被收養)。請將 30% 的資料列入測試集,特徵資料需正規化,標籤無需轉成單熱編碼。測試集的正確率需大於 74%。範例檔為 AI_0212.py,提示如下:

❑ 第 1 段:使用 TensorFlow 套件的 get_file 函數下載及解壓縮所需資料集,該函數的 fname 參數指定下載檔(壓縮檔)的檔名及其存放位置,本例存放位置為 D 磁碟機的 Test_001 資料夾,可使用 os 套件的 mkdir 函數來建立該資料夾;origin 參數指定來源(網址);extract 參數指定為 True,以便自動解壓縮;cache_dir 參數指定快取資料夾(本例為 D:/Test_001),以便存放下載檔及解壓縮之後的檔案,此時若未使用 cache_dir 參數,則即使 extract 參數設定為 True,也不會自動解壓縮。資料集下載及解壓縮之後,使用 pandas 套件的 read_csv 函數讀取,此資料集的欄位名稱請見 0211 之提示。

❑ 第 2 段:將 AdoptionSpeed 收養速度由五種(代號 0 ～ 4),改為兩種(代號 0 或 1)。分類代號 4 改為 0(代表未被領養),分類代號 0 ～ 3 改為 1(代表已被領養)。本例使用 numpy 套件的 where 函數來更換 AdoptionSpeed 欄的分類代號,該函數第一個參數是條件(本例為 AdoptionSpeed==4),滿足條件者輸出第二個參數之值(本例為 0),不滿足條件者輸出第三個參數之值(本例為 1)。更換結果存入新增欄位 target。

分類代號轉換之後,使用 drop 函數移除無需使用的 AdoptionSpeed 領養速度欄及 Description 簡介欄。

❑ 第 3 段:進行標籤編碼,以便將文字資料轉成數字代碼。習題 0211 使用 sklearn 套件的 LabelEncoder 類別逐欄進行標籤編碼,比較麻煩,本範例改用 collections 套件的 defaultdict 預設字典,搭配 sklearn 套件的 LabelEncoder 類別,可一次處理多個欄位的標籤編碼,程式較為精簡,處理速度亦較快。

• 3-1 節:先拆解資料框,以利處理。文字欄(10 欄)轉入資料框 Temp_data_A,數字欄(4 欄)轉入資料框 Temp_data_B。

• 3-2 節:使用 collections 套件的 defaultdict 類別及 sklearn 套件的 LabelEncoder 類別來進行標籤編碼,先將 LabelEncoder 作為 defaultdict 的參數,建立預設字典物件,本例取名為 My_dictionary。隨後使用資料框的 apply 函數,搭配 lambda 匿名函數來進行標籤編碼,它可逐欄處理,lambda 匿名函數中使用

My_dictionary[x.name] 可建立某一欄的標籤編碼物件，其後接 fit_transform 方法，即可對該欄進行轉換。

- 3-3 節：前一節的標籤編碼只需一列指令，較不易理解其處理過程，本節使用 for 迴圈及 LabelEncoder 類別來處理，需要較多的程式碼，但有助於了解。先擷取資料框的欄位名稱，並轉成串列。然後建立空串列（Temp_data_LC_A），以便後續合併各欄之標籤編碼。For 迴圈內先建立標籤編碼物件（LC_01），隨後使用該物件的 fit_transform 方法對資料框的某一欄進行轉換。轉換後的資料格式為陣列，先將其轉成資料框，再併入暫資料框 Temp_data_LC_A。for 迴圈處理次數決定於資料框的欄位數，迴圈結束後即可將全部文字欄都轉成數字代碼。此段程式已標示為附註，有需要再啟動。

- 3-4 節：合併文字欄（已轉成數字代碼）及數字欄。合併後的資料框名稱為 Temp_data_LC。

❑ 第4段：劃分特徵與標籤，並轉成陣列格式。

❑ 第5段：特徵 Normalization 正規化，將各觀測值都縮放至 0 與 1 之間內。

❑ 第6段：使用 sklearn 套件的 train_test_split 函數劃分訓練集與測試集，30% 的資料列入測試集，需進行分層抽樣。

❑ 第7段：建構神經網路模型。此模型有三層，第一層需使用 input_shape=(13,) 指定輸入資料的形狀（特徵有 13 欄），神經元數量設定為 64，激發函數設定為 relu。第二層的神經元數量設定為 32，激發函數設定為 relu。第三層（輸出層）的神經元數量設定為 1，激發函數設定為 sigmoid。

模型 compile 編譯使用 Adam 優化器，學習率設定為 0.001，損失函數使用 binary_crossentropy 二元交叉熵。另使用 ModelCheckpoint 類別建立回調函數，以便訓練時能夠儲存最佳模型，monitor 監控參數設定為 val_accuracy，亦即驗證集的正確率提高時，才會更新最佳模型。

❑ 第8段：使用 fit 方法訓練模型，需使用 validation_data 參數指定驗證集，batch_size 參數指定批次大小為 32。另使用 evaluate 方法評估模型。

❑ 第9段：使用 predict 方法進行測試集的預測。predict 傳回每一筆的機率，需判斷機率是否大於 0.5 來決定分類標籤為 0 或 1。

❏ 第 10 段：使用 sklearn 套件的 confusion_matrix 混淆矩陣模組進行交叉分析，另外使用 sklearn 套件的 accuracy_score 計算測試集的預測正確率，詳細說明請見 0201 的提示。

03
CHAPTER

迴歸分析

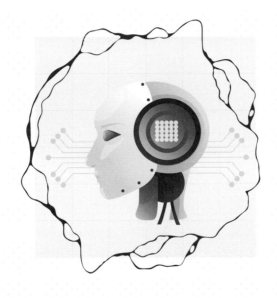

3.1 傳統迴歸分析法

3.2 神經網路模型在簡單迴歸
分析的用法

3.3 神經網路模型在多元迴歸
分析的用法

Regression Analysis 迴歸分析是一種常用的數據方析手段，其目的在了解兩個或多個變數之間的關係（包括是否相關、相關方向為正相關或負相關及相關強度為何等），進而建立迴歸方程式以便用於預測或資料分析。例如體重增加時，總膽固醇是否增加及增加多少；氣溫增加時，玉米是否減產及減產多少；MLB 美國職棒球隊團體薪資增加時，進場觀眾是否增加及增加多少等。

迴歸分析分為 Simple Regression 簡單迴歸及 Multiple Regression 複迴歸（多元迴歸），前者探討一個自變數與一個因變數的關係，後者探討多個自變數與一個因變數的關係。

> **説明** 自變數（independent variable）又稱為獨立變數或解釋變數，是可由 User 選擇且能獨立變化而影響其他變數的變數（變項）。因變數（dependent variable）又稱應變數或被解釋變數，亦即要研究的目標變數。

傳統的迴歸分析法是利用 Least Squares 最小平方法求出截距及係數，進而建構迴歸方程式。在 Excel 中可用資料分析工具箱求解，在 Python 中則可使用 sklearn 套件進行分析。進入 AI 時代，人工神經網路模型亦可用於迴歸分析，主要是經由梯度下降法求出最佳的權重及偏權值（等同截距及係數）。這兩種方法各有優點，一般而言，訓練集資料量較少且特徵不多時，使用最小平方法，可快速求解，訓練集資料量大且特徵又多，則使用神經網路模型較佳。但使用神經網路模型時須避免梯度爆炸及消失，並慎選網路層之結構，過於複雜的模型反而適得其反。

人工神經網路的結構與迴歸方程式非常類似，迴歸方程式使用一個（或多個）係數乘以自變數，再加上截距，就可產生因變數的預測值，人工神經網路使用一個（或多個）權重乘以自變數，再加上偏權值，就可產生因變數的預測值，但是人工神經網路可以建構多層次的網路，所以會產生更多的權重及偏權值。

3.1 傳統迴歸分析法

本章的重點在如何使用 TensorFlow 來建立適當的神經網路模型，以便進行迴歸分析，但為了與傳統模式（最小平方法）比較，故我們先說明有哪些工具可建構此類模型，並簡介其用法。在 Python 中，我們可使用 sklearn 套件進行傳統的迴歸分析，範例檔位於 Z_Example 資料夾內的「Prg_0301_sklearn 套件之迴歸分析之一 .py」，茲說明如下，其摘要程式如表 3-1。

❏ 第 1 段：本例要以氣溫來預測冰品的銷售金額，故先建立自變數與因變數資料各一組（如表 3-1 第 1 ～ 2 列），X_temperature 氣溫（攝氏度數），Y_Amount 冰品銷售金額（單位千元），然後將其轉成多列一行的二維陣列（如表 3-1 第 3 ～ 4 列），以符合 sklearn 套件之輸入要求。

❏ 第 2 段：從 sklearn 套件載入 LinearRegression 類別，然後使用該類別的 fit 方法建立迴歸分析物件（本例取名 MyLR），fit 方法之括號內置入自變數與因變數（如表 3-1 第 6 ～ 7 列）。

隨後即可使用該物件的 coef_ 及 intercept_ 屬性分別取回係數與截距（如表 3-1 第 8 ～ 9 列），有了這兩個參數即可建立迴歸方程式，本例為 Y = X×3.264624 − 42.306407，另外可使用該物件的 score 方法計算「R 平方」，本例為 0.873548（如表 3-1 第 10 列），另可使用該物件的 predict 方法進行預測，本例預測氣溫 38 度之銷售金額為 81.75（千元），如表 3-1 第 11 列。請注意，predict 之參數值須為二維陣列的格式。

▌表 3-1　程式碼：sklearn 套件之迴歸分析

01	X_temperature=np.array([20, 25, 30, 32, 34, 36], dtype=float)
02	Y_Amount=np.array([30, 36, 46, 57, 70, 85], dtype=float)
03	X_temperature=np.reshape(X_temperature, (-1, 1))
04	Y_Amount=np.reshape(Y_Amount, (-1, 1))
05	
06	from sklearn.linear_model import LinearRegression
07	MyLR=LinearRegression().fit(X_temperature, Y_Amount)

08	print("係數: ", MyLR.coef_[0][0])
09	print("截距: ", MyLR.intercept_[0])
10	print("R 平方: ", MyLR.score(X_temperature, Y_Amount))
11	print("氣溫 38 度之預測銷售金額: ", MyLR.predict(np.array([[38]]))[0][0])

在 Excel，中我們可使用其「分析工具箱」進行迴歸分析，範例檔位於 Z_Example 資料夾內的「0301_ 迴歸分析解說之一 .xlsx」，我們仍用前述的資料來進行氣溫與冰品銷售額之迴歸分析。該檔的畫面如圖 3-1，格位 A5 ~ A10 為自變數，格位 B5 ~ B10 為因變數，在 Excel 的功能表上敲「資料」、「資料分析」，然後在開啟的小視窗中敲選「迴歸」，然後依照圖 3-2 的方式指定資料來源及相關設定，即可產生分析結果。其主要產出，例如係數、截距及「R 平方」等均與前述 sklearn 套件之分析結果相同。

「R 平方」亦稱為 Coefficient of determination 判定係數，本例為 0.873548，它是用來了解 Y（因變數）之改變有多少比例是受 X（自變數）之影響所造成的，亦即 Y 的變化有多少百分比是可由 X 來解釋的。以本例而言，冰品銷售額之改變有 87.35% 是因氣溫變化造成的，其餘可能的因素有假日、雨天及團客到訪等。

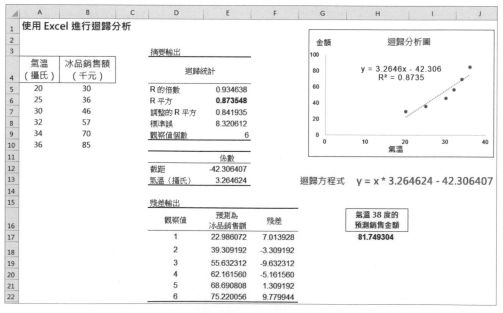

▌圖 3-1　Excel 迴歸分析

圖 3-2　Excel 迴歸分析指定條件

3.2　神經網路模型在簡單迴歸分析的用法

本節說明如何使用神經網路模型來進行簡單迴歸分析，範例檔位於 Z_Example 資料夾內的「Prg_0302_神經網路模型之迴歸分析之一 .py」，仍沿用前例，以氣溫來預測冰品的銷售金額，茲說明如下。

❑ 第 1 段：建立自變數與因變數資料各一組。

❑ 第 2 段：建構神經網路模型。此模型只有一個密集層，神經元數量為 1，使用 input_shape 或 input_dim 參數來指定輸入資料的形狀，因為本例之特徵（自變數）只有 1 欄，故須設為 input_dim=1 或 input_shape=(1,)。輸出層 activation 激發函數須設為 None 或 linear，或整個參數都省略不寫。本例使用 Adam 優化器，並將 learning_rate 學習率改為 0.377（內定值為 0.001），以加快收斂。

❑ 第 3 段：使用 fit 方法訓練模型，使用 evaluate 方法評估模型，使用 predict 方法進行預測，本例預測氣溫 38 度的銷售金額。

❑ 第 4 段：使用 get_layer 及 get_weights 方法取出權重及偏權值，此等數據相當於傳統迴歸分析法之係數與截距。

3.3 神經網路模型在多元迴歸分析的用法

本節說明如何使用神經網路模型來進行多元迴歸分析，範例檔位於 Z_Example 資料夾內的「Prg_0303_神經網路模型之迴歸分析之二 .py」，仍沿用前例，但增加一組自變數「相對濕度」，亦即以氣溫及相對濕度來預測冰品的銷售金額，茲說明如下。

❑ 第 1 段：先建立自變數兩組，X_Temperature 氣溫及 X_HR 相對濕度，然後將其格式由一維陣列轉成二維陣列，再合併為 X_Train，資料格式為 6 列 2 行的二維陣列（兩個特徵欄），另建因變數一組 Y_Amount 銷售金額，資料格式為一維陣列。

❑ 第 2 段：建構神經網路模型。此模型有兩層，第一層需使用 input_shape 或 input_dim 參數來指定輸入資料的形狀，因為本例之特徵（自變數）有 2 欄，故須設為 input_dim=2 或 input_shape=(2,)。輸出層 activation 激發函數須設為 None 或 linear，或整個參數都省略不寫。本例使用 Adam 優化器，並將 learning_rate 學習率改為 0.02（內定值為 0.001），以加快收斂。

❑ 第 3 段：建立回調函數三個。M_EarlyStop 可提早結束訓練，M_Reduce_LR 可自動調降學習率，M_BestModel 可自動儲存最佳模型。

❑ 第 4 段：使用 fit 方法訓練模型，使用 evaluate 方法評估模型，使用 predict 方法進行預測，本例預測氣溫 38 度及相對溼度 49% 之銷售金額。預測用的自變數需為一列二行的二維陣列。

❑ 第 5 段：使用 get_layer 及 get_weights 方法取出各網路層的權重及偏權值，然後匯出為 Excel 檔，匯出資料比螢幕顯示的更精細（小數位數較多）。您可利用此等參數來進行預測，範例檔位於 Z_Example 資料夾內的「0303_迴歸分析之預測_使用神經網路模型所產生的權重 .xlsx」，其內容如圖 3-3 所示，User 只需在格位 A5 及 B5 分別輸入氣溫及相對溼度，神經網路模型所預測的銷售金額就會顯示於格位 I5。這個神經網路模型有兩層，其權重及偏權值可取自「Prg_0303_神經網路模型之迴歸分析之二 .py」所產生的 Test_LR_303_Weights_A.xlsx，然後將第一層的權重及偏權值複製貼入格位 C5 ～ E10，將第二層的權重及偏權值分別複

製貼入格位 G5 ～ G10 及 H5。第一層的權重有兩組，第一組（格位 C5 ～ C10）為氣溫對應於第一層 6 個神經元的權重，第二組（格位 D5 ～ D10）為相對濕度對應於第一層 6 個神經元的權重。因為第一層有 6 個神經元，故有 6 個偏權值，亦即格位 E5 ～ E10 的數字。利用輸入值（氣溫及相對溼度）與第一層的權重及偏權值進行向前傳播，就可得出第一層的輸出，請查看格位 F5 ～ F10 的公式，即可了解其算法。然後利用第一層的輸出（F5 ～ F10）與第二層的權重及偏權值進行向前傳播，就可得出第二層的輸出，這個輸出值就是神經網路模型的預測值，請查看格位 I5 的公式，即可了解其算法。

説明 實務上要進行預測，直接在 Python 程式中置入輸入值（氣溫及相對溼度），然後利用模型的 predict 方法，即可簡單且快速地求出預測值，無需利用前述的方式。前述方式之目的在展示神經網路模型的預測原理，其原理就是利用輸入值與神經網路模型所訓練出來的最佳參數（權重及偏權值）進行向前傳播。本例為迴歸分析，故各層的輸出無需經過激發函數的轉換，如果是其他的案例（例如鳶尾花分類辨識），則需增加 relu 等函數之轉換，但其預測原理還是一樣，只是進行更複雜的向前傳播而已，有關向前傳播的更多說明請參考附錄 A 的 QA_23。

	A	B	C	D	E	F	G	H	I
1	迴歸分析之預測								
4	氣溫	相對溼度	第一層權重 1	第一層權重 2	第一層偏權值	第一層輸出	第二層權重	第二層偏權值	第二層輸出
5	38.0	49.0	1.437248	-0.274881	0.266090	41.412348	1.049855	0.294046	81.360671
6			-0.209895	-0.395209	0.306297	-27.034949	0.481288		
7			0.451914	-0.572978	-0.239301	-11.142505	0.362373		
8			0.740132	0.009430	0.267126	28.854199	0.810544		
9			0.803077	0.419902	0.243381	51.335501	0.381253		
10			0.981040	0.214536	-0.146768	47.645019	0.245137		

▌圖 3-3　迴歸分析之預測

前述為神經網路模型進行多元迴歸分析的方法，如果要使用傳統方法（最小平方法）進行相同的分析，則可參考範例「Prg_0304_sklearn 套件迴歸分析之二 .py」及「0302_迴歸分析解說之二 .xlsx」，前者使用 sklearn 套件，後者使用 Excel 的分析工具箱，兩者的處理結果完全相同。使用 sklearn 套件或 Excel 分析工具箱進行多元迴歸分，其處理程序與簡單迴歸分析相同（請參考本章 3.1 節），只是多了一組自變數。

使用神經網路模型進行迴歸分析，可產生比傳統方法（最小平方法）更為密合的迴歸線（實際範例請見本章習題 0306、0318），但訓練過多可能會產生過擬合的現象，反而不利測試集的預測。範例檔 AI_0306.py 使用神經網路模型進行迴歸分析，0304_ 迴歸分析解說之四 .xlsx 則使用傳統方法（最小平方法），前者的 MSE 及 MAE 都比後者低。

　　建構迴歸分析所需的神經網路模型不難，但要兼顧模型績效的誤差，又需防止過擬合並非易事。就像器樂演奏比賽一樣，指定曲雖然簡單（通常是不好聽的練習曲），但往往可看出參賽者的功力，如果基本功不好，指定曲就會出包露餡。部分認證考試的題目雖然簡易不實用，但卻可測出考生是否真正下過功夫去深入了解神經網路的各種功能。優化器、學習率、訓練次數都須慎選，而且其敏感性極高，需要多花時間去測試，才能找出較佳參數，考試時才不致手忙腳亂。

習 題

試題 0301

　　請建構神經網路模型，以便能對 Salary_Data.csv 年資與薪水進行迴歸分析，並使用該模型預測年資 10 年之薪水，MAE 平均絕對誤差需小於 4650。範例檔為 AI_0301.py，提示如下：

❑ 第 0 段：資料集取得方式請見範例檔 AI_0301.py 開頭處之說明。

❑ 第 1 段：使用 pandas 套件的 read_csv 函數讀取資料檔，並將其第一欄 YearsExperience 列為自變數，第二欄 Salary 列為因變數，然後將資料格式由 dataframe 轉成 array。

❑ 第 2 段：建構神經網路模型。此模型只有一層，使用 input_shape=(1,) 指定輸入資料的形狀，神經元數量設定為 1，無需設定激發函數，使用 Adam 優化器，並將 learning_rate 學習率改為 0.99（內定值為 0.001），以加快收斂。

❑ 第 3 段：使用 fit 方法訓練模型，使用 evaluate 方法評估模型，使用 predict 方法進行預測，本例預測年資 10 年的薪水。

試題 0302

　　同 0301，對 Salary_Data.csv 年資與薪水進行迴歸分析，並使用該模型預測年資 10 年之薪水，但自變數需標準化，因變數無需標準化。MAE 平均絕對誤差需小於 4650。範例檔為 AI_0302.py，提示如下：

❑ 第 0、1 段的提示請見 0301。

❑ 第 2 段：自變數 Standardization 標準化，將各觀測值都轉換到均值為 0，標準差為 1 的範圍內。標準化公式→（觀測值－均數）÷ 母體標準差。

❑ 第 3 段：建構神經網路模型。此模型只有一層，使用 input_shape=(1,) 指定輸入資料的形狀，神經元數量設定為 1，無需設定激發函數，使用 Adam 優化器，並將 learning_rate 學習率改為 3.0（內定值為 0.001），以加快收斂。

❑ 第 4 段：使用 fit 方法訓練模型，使用 evaluate 方法評估模型。

❏ 第 5 段：使用 predict 方法進行預測，本例預測年資 10 年的薪水。預測前須將年資標準化，本例為 10 減均數，再除以母體標準差。

試題 0303

同 0301，對 Salary_Data.csv 年資與薪水進行迴歸分析，並使用該模型預測年資 10 年之薪水，但自變數需正規化，因變數無需正規化。MAE 平均絕對誤差需小於 4650。範例檔為 AI_0303.py，提示如下：

❏ 第 0、1 段的提示請見 0301。

❏ 第 2 段：自變數 Normalization 正規化，將各觀測值都縮放至 0 與 1 之間內。正規化公式→（觀測值－最小觀測值）÷（最大觀測值－最小觀測值）。

❏ 第 3 段：建構神經網路模型。此模型只有一層，使用 input_shape=(1,) 指定輸入資料的形狀，神經元數量設定為 1，無需設定激發函數，使用 Adam 優化器，並將 learning_rate 學習率改為 12.5（內定值為 0.001），以加快收斂。

❏ 第 4 段：使用 fit 方法訓練模型，使用 evaluate 方法評估模型。

❏ 第 5 段：使用 predict 方法進行預測，本例預測年資 10 年的薪水。預測前須將年資正規化，本例為 10 減最小值，再除以（最大值－最小值）。

試題 0304

同 0301，對 Salary_Data.csv 年資與薪水進行迴歸分析，並使用該模型預測年資 10 年之薪水，但自變數及因變數都需標準化。MSE 均方差需小於 0.044。範例檔為 AI_0304.py，提示如下：

❏ 第 0、1 段的提示請見 0301。

❏ 第 2 段：自變數與因變數 Standardization 標準化，將各觀測值都轉換到均值為 0，標準差為 1 的範圍內。標準化公式→（觀測值－均數）÷ 母體標準差。

❏ 第 3 段：建構神經網路模型。此模型只有一層，使用 input_shape=(1,) 指定輸入資料的形狀，神經元數量設定為 1，無需設定激發函數，使用 Adam 優化器，並將 learning_rate 學習率改為 0.0003（內定值為 0.001）。模型 compile 的參數 metrics 設定為 mae 及 mse，因為本例的最佳模型要以 mse 為基準。

❏ 第 4 段：使用 fit 方法訓練模型，使用 evaluate 方法評估模型。

❏ 第 5 段：使用 predict 方法進行預測，本例預測年資 10 年的薪水。預測前須將年資標準化，本例為 10 減均數，再除以母體標準差，預測結果需反轉（逆變換），其公式為→預測結果 × 因變數母體標準差＋因變數之均數。

試題 0305

同 0301，對 Salary_Data.csv 年資與薪水進行迴歸分析，並使用該模型預測年資 10 年之薪水，但自變數及因變數都需正規化。MSE 均方差需小於 0.0044。範例檔為 AI_0305.py，提示如下：

❏ 第 0、1 段的提示請見 0301。

❏ 第 2 段：自變數 Normalization 正規化，將各觀測值都縮放至 0 與 1 之間內。正規化公式→（觀測值－最小觀測值）÷（最大觀測值－最小觀測值）。

❏ 第 3 段：建構神經網路模型。此模型只有一層，使用 input_shape=(1,) 指定輸入資料的形狀，神經元數量設定為 1，無需設定激發函數，使用 Adam 優化器，並將 learning_rate 學習率改為 0.0003（內定值為 0.001）。模型 compile 的參數 metrics 設定為 mae 及 mse，因為本例的最佳模型要以 mse 為基準。

❏ 第 4 段：使用 fit 方法訓練模型，使用 evaluate 方法評估模型。

❏ 第 5 段：使用 predict 方法進行預測，本例預測年資 10 年的薪水。預測前須將年資正規化，本例為 10 減最小值，再除以（最大值－最小值）。預測結果需反轉（逆變換），其公式為→預測結果 ×（最大觀測值－最小觀測值）＋最小觀測值。

試題 0306

請建構神經網路模型，以便能對 Auto MPG 汽車燃油效率進行多元迴歸分析。資料集可自美國加州大學爾灣分校的網站下載，在 Python 中可用 tf.keras.utils.get_file 讀取網路檔案，或逕自網站下載，網址及讀取方式請見範例檔 AI_0306.py 的開頭處。原始資料有 9 欄，398 筆，由左至右的欄為依序如下：

MPG 每加侖英哩數（Miles Per Gallon 的縮寫，每加侖燃料行駛英哩數）、Cylinders 汽缸、Displacement 位移、Horsepower 馬力、Weigh 重量、Acceleration

加速度、Model year 車型年分、Origin 原產地（1 代表美國車、2 代表歐洲車、3 代表日本車）、Car Name 車型。原檔為文字檔，前面 8 欄以空白符號分隔，最後一欄以 Tab 鍵分隔。請以第 1 欄 MPG「每加侖英哩數」作為因變數，第 2 ~ 8 欄作為自變數，進行多元迴歸分析，第 9 欄 Car Name「車型」無需使用。原檔的 Horsepower「馬力」欄有 6 個空值，需刪除，其餘 392 筆需劃分為訓練集與驗證集，其中 80%（313 筆）列入訓練集，20%（79 筆）列入驗證集。訓練集的 MSE 均方差需小於 0.18，驗證集的 MSE 均方差需小於 0.15，。範例檔為 AI_0306.py，提示如下：

❑ 第 1 段：使用 pandas 套件的 read_csv 函數從網站下載所需資料檔。read_csv 括號內第一個參數指定網址，其餘參數說明如下：

names 參數指定欄位名稱（串列格式），以利處理及查閱，原檔沒有欄位名稱。na_values 參數指定空值符號，因為原檔以 ? 問號代表空值，故 na_values 須設定為 '?'。comment 參數指定不讀入的欄位，本例最後一欄（Car Name 車型），無需讀入，該欄以雙引號標註（長度不等的字串），並使用 Tab 鍵開頭（以便與前面的數值分隔），本例將 comment 參數設定為 '\t'，就表示 Tab 鍵分隔之欄位不要讀入。skipinitialspace 參數指定「是否忽略分隔符號之後的空白」，預設值為 False，亦即不忽略，本例必須設定為 True，以移除多餘的空白符號，因為本例的空白符號不規則，有些以兩個空白分隔，有些以三個或更多個空白來分隔。資料讀入之後，可用 isna().sum() 函數計算各欄空值的數量。

❑ 第 2 段：使用 dropna 函數移除空值資料，空值移除之後，使用 reset_index 函數重設索引，然後再使用 isna().sum() 函數計算各欄空值的數量，以確定空值資料都已被清除。

❑ 第 3 段：劃分自變數與因變數。MPG「每加侖英哩數」作為因變數，其他各欄為自變數。

❑ 第 4 段：自變數與因變數 Standardization 標準化，將各觀測值都轉換到均值為 0，標準差為 1 的範圍內。需先將資料格式由 dataframe 轉成 array。標準化公式→（觀測值－均數）÷ 母體標準差。

❑ 第 5 段：劃分訓練集與驗證集。將已標準化的自變數及因變數劃分為訓練集及驗證集，資料量比例為 8:2，以隨機方式分配，訓練集 313 筆，驗證集 79 筆。

- 5-1 節：先使用 numpy 套件的 random.permutation 函數產生隨機排列的數字陣列（本例取名為 M_Index），數字量必須等於資料量（本例為 392 筆），然後取出前面 80% 的元素作為訓練集的索引號（本例取名為 Train_Index）。

- 5-2 節：先將全部自變數及因變數由陣列轉成資料框，然後使用 iloc 函數擷取訓練集資料，中括號內第一個元素指定列號，此等列號已儲存於 Train_Index 之中，中括號內第二個元素省略不寫，代表全部欄位都要擷取。

- 5-3 節：先建立 Valid_Index 驗證集的索引號，此等索引號取自 M_Index 後面 20% 的元素。然後使用 iloc 函數擷取驗證集資料，中括號內第一個元素指定列號，此等列號已儲存於 Valid_Index 之中，中括號內第二個元素省略不寫，代表全部欄位都要擷取。

- 5-4 節：將訓練集與驗證集的資料格式由 dataframe 轉成 array，以利後續的處理。

- 5-5 節：將劃分之後的訓練集與驗證集顯示於螢幕，並匯出為 Excel 檔，但此段程式已標示為附註，有需要再啟動。

❏ 第 6 段：建構神經網路模型。此模型有 4 層，第一層需使用 input_shape=(7,) 指定輸入資料的形狀（自變數有 7 欄），並將激發函數設定為 relu。第二層及第三層亦將激發函數設定為 relu，但神經元數量不同。第四層（輸出層）的神經元數量設定為 1，無需設定激發函數。模型 compile 編譯使用 Adam 優化器。

❏ 第 7 段：使用 fit 方法訓練模型，使用 evaluate 方法評估模型。

❏ 第 8 段：使用 predict 方法進行驗證集的預測。預測結果需反轉（逆變換），其公式為→預測結果 × 因變數母體標準差＋因變數之均數。

試題 0307

　　請建構神經網路模型，以便能對 IceSale_A.xlsx 冰品銷售進行多元迴歸分析，並使用該模型預測氣溫 38 度及相對溼度 49% 之銷售金額。原始資料有 4 欄，366 筆，由左至右的欄為依序如下：

　　日期（年月日）、氣溫（攝氏）、相對溼度（百分比）、冰品銷售額（萬元）。原檔為 Excel 之 xlsx 格式，請以第 4 欄「冰品銷售額」作為因變數，第 2 ～ 3 欄作為

自變數，進行多元迴歸分析，第 1 欄「日期」無需使用。自變數需正規化，因變數無需作任何轉換。MSE 均方差需小於 0.2622，MAE 平均絕對誤差需小於 0.4119。範例檔為 AI_0307.py，提示如下：

❑ 第 1 段：使用 pandas 套件的 read_excel 函數資料檔 IceSale_A.xlsx，然後切割自變數與因變數，並轉成陣列格式。

❑ 第 2 段：自變數 Normalization 正規化，將各觀測值都縮放至 0 與 1 之間，正規化公式→（觀測值－最小觀測值）÷（最大觀測值－最小觀測值）。

❑ 第 3 段：建構神經網路模型。此模型有 2 層，第一層需使用 input_shape=(2,) 指定輸入資料的形狀（自變數有 2 欄），神經元數量設定為 6，不設定激發函數。第二層（輸出層）的神經元數量設定為 1，無需設定激發函數。模型 compile 編譯使用 Adam 優化器，學習率設定為 0.01。另使用 ReduceLROnPlateau 類別建立回調函數，以便訓練時能夠自動縮減學習率，監控參數設定為 mae，忍難次數設定為 3，縮減因子設定為 0.42，最小學習率設定為 0.00001。

❑ 第 4 段：使用 fit 方法訓練模型，使用 evaluate 方法評估模型。

❑ 第 5 段：使用 predict 方法預測氣溫 38 度及相對溼度 49% 之銷售金額。預測資料須轉成二維陣列，並進行正規化。

試題 0308

同 0307，對 IceSale_A.xlsx 冰品銷售進行多元迴歸分析，並使用該模型預測氣溫 38 度及相對溼度 49% 之銷售金額，但自變數需標準化（0307 為正規化），因變數無需作任何轉換。MSE 均方差需小於 0.2622，MAE 平均絕對誤差需小於 0.4119。範例檔為 AI_0308.py，提示如下：

❑ 第 1、3、4、5 段的提示請見 0307。

❑ 第 2 段：自變數 Standardization 標準化，將各觀測值都轉換到均值為 0，標準差為 1 的範圍內。標準化公式→（觀測值－均數）÷ 母體標準差。

試題 0309

　　請建構神經網路模型，以便能對下列兩組資料（如第 1 段所示）進行簡單迴歸分析，並使用該模型預測自變數為 5 之因變數。MAE 平均絕對誤差需小於 0.000005。範例檔為 AI_0309.py，提示如下：

❑ 第 1 段：建立資料兩組。

　　自變數 -2.0、-1.0、0.0、1.0、2.0、3.0。

　　因變數 -3.5、-2.5、-1.5、-0.5、0.5、1.5。

❑ 第 2 段：建構神經網路模型。此模型只有一層，使用 input_shape=(1,) 指定輸入資料的形狀，神經元數量設定為 1，無需設定激發函數，使用 SGD 優化器。

❑ 第 3 段：使用 fit 方法訓練模型，使用 evaluate 方法評估模型，使用 predict 方法進行預測。

試題 0310

　　請建構神經網路模型，以便能對下列兩組資料（如第 1 段所示）進行簡單迴歸分析，並使用該模型預測自變數為 17 之因變數，預測值需介於 3.00 ～ 3.33 之間（重點提示：避免過擬合）。範例檔為 AI_0310.py，提示如下：

❑ 第 1 段：建立資料兩組。

　　自變數 0、2、4、6、8、10、12、14、16、18。

　　因變數 22.02、20.33、18.28、15.16、13.06、11.79、8.65、6.50、4.80、1.65。

❑ 第 2 段：建構神經網路模型。此模型有兩層，第一層需使用 input_shape=(1,) 指定輸入資料的形狀，神經元數量設定為 12，激發函數使用 sigmoid。第二層（輸出層）的神經元數量設定為 1，無需設定激發函數。模型 compile 編譯使用 Adam 優化器，學習率設定為 0.05。

❑ 第 3 段：使用 fit 方法訓練模型，使用 evaluate 方法評估模型。

❑ 第 4 段：使用 predict 方法進行自變數為 17 的預測。

試題 0311

請建構神經網路模型，以便能對下列兩組資料（如第 1 段所示）進行簡單迴歸分析，並使用該模型預測自變數為 19 之因變數，預測值需介於 18 ～ 22 之間，MAE 平均絕對誤差需小於 8.0。範例檔為 AI_0311.py，提示如下：

❏ 第 1 段：建立資料兩組（自變數與因變數各 50 個，請將隨機種子設定為 7）。

先使用 numpy 套件的 linspace 函數產生 50 個數字，每個數字的間隔為 1.02040816。linspace 函數會均勻地產生數字（等差數列，各數之間的間隔是相同的），該函數第一個參數指定起始數字（本例為 0），第二個參數指定終止數字（本例為 50），第三個參數指定數量（本例為 50）。

然後使用 numpy 套件的 random.uniform 函數產生隨機數 50 個，然後與前述由 linspace 函數產生的數字相加，而成為所需的自變數與因變數。

random.uniform 函數所產生的數字為浮點數，各數之間沒有關係，正負或大小沒有順序，該函數的第一個參數是最小數字（本例為 -10），第二個參數是最大數字（本例為 10），第三個參數是數量（本例為 50）。

❏ 第 2 段：建構神經網路模型。此模型只有一層，需使用 input_shape=(1,) 指定輸入資料的形狀，神經元數量設定為 1，無需設定激發函數。模型 compile 編譯使用 Adam 優化器，學習率設定為 0.08。

❏ 第 3 段：使用 fit 方法訓練模型，使用 evaluate 方法評估模型。

❏ 第 4 段：使用 predict 方法進行自變數為 19 的預測。

試題 0312

請建構神經網路模型，以便能對下列兩組資料（如第 1 段所示）進行簡單迴歸分析，並使用該模型預測自變數為 30 之因變數，預測值需介於 19 ～ 21 之間（避免過擬合），MAE 平均絕對誤差需低於 5.3。範例檔為 AI_0312.py，提示如下：

❏ 第 1 段：建立資料兩組。

自變數 5、15、25、35、45、55。

因變數 5、20、14、32、22、38。

❏ 第 2 段：建構神經網路模型。此模型只有一層，需使用 input_shape=(1,) 指定輸入資料的形狀，神經元數量設定為 1，無需設定激發函數。模型 compile 編譯使用 SGD 優化器，學習率設定為 0.0005。另使用 ModelCheckpoint 類別建立回調函數，以便訓練時能夠儲存最佳模型。

❏ 第 3 段：使用 fit 方法訓練模型，使用 evaluate 方法評估模型。使用 predict 方法進行自變數為 30 的預測。

試題 0313

請建構神經網路模型，以便能對下列兩組資料（如第 1 段所示）進行簡單迴歸分析，並使用該模型預測自變數為 6 之因變數，預測值需介於 -14.1 ～ -14.5 之間（避免過擬合），MAE 平均絕對誤差需低於 0.00245。範例檔為 AI_0313.py，提示如下：

❏ 第 1 段：建立資料兩組。

自變數 0、1、2、3、4。

因變數 -17.78、-17.22、-16.67、-16.11、-15.56。

❏ 第 2 段：建構神經網路模型。此模型只有一層，需使用 input_shape=(1,) 指定輸入資料的形狀，神經元數量設定為 1，無需設定激發函數。模型 compile 編譯使用 SGD 優化器，學習率設定為 0.1。

❏ 第 3 段：使用 fit 方法訓練模型，使用 evaluate 方法評估模型。使用 predict 方法進行自變數為 6 的預測。

試題 0314

請建構神經網路模型，以便能對下列兩組資料（如第 1 段所示）進行簡單迴歸分析，並使用該模型預測自變數為 6 之因變數，預測值需介於 11.5 ～ -12.0 之間（避免過擬合），MAE 平均絕對誤差需低於 0.000002。範例檔為 AI_0314.py，提示如下：

❏ 第 1 段：建立資料兩組。

自變數 1、2、3、4、5。

因變數 2、4、6、8、10。

❑ 第 2 段：建構神經網路模型。此模型只有一層，需使用 input_shape=(1,) 指定輸入
   資料的形狀，神經元數量設定為 1，無需設定激發函數。模型 compile 編譯使用
   SGD 優化器，學習率設定為 0.06。另使用 ModelCheckpoint 類別建立回調函數，
   以便訓練時能夠儲存最佳模型。

❑ 第 3 段：使用 fit 方法訓練模型，使用 evaluate 方法評估模型。使用 predict 方法進
   行自變數為 6 的預測。

試題 0315

　　請建構神經網路模型，以便能對 Linear-Regression-Data.csv 進行簡單迴歸分析，
並使用該模型預測自變數為 1000 之因變數，預測值需介於 591 ～ 593 之間（避免過
擬合），MAE 平均絕對誤差需低於 0.9。範例檔為 AI_0315.py，提示如下：

❑ 第 1 段：使用 pandas 套件的 read_csv 函數讀取資料檔。該檔含有自變數與因變數
   各一組（欄位名稱 x 及 y），每組 1000 筆。

❑ 第 2 段：建構神經網路模型。此模型只有一層，需使用 input_shape=(1,) 指定輸入
   資料的形狀，神經元數量設定為 1，無需設定激發函數。模型 compile 編譯使用
   RMSprop 優化器，學習率設定為 0.00088。

❑ 第 3 段：使用 fit 方法訓練模型，使用 evaluate 方法評估模型。使用 predict 方法進
   行自變數為 1000 的預測。

試題 0316

　　請建構神經網路模型，以便能對 petrol_consumption.csv 汽油消耗進行多元迴歸分
析，並使用該模型對測試集進行預測，測試集的 MSE 均方差需低於 0.38，MAE 平
均絕對誤差需低於 0.52。範例檔為 AI_0316.py，提示如下：

❑ 第 0 段：資料集取得方式請見範例檔 AI_0316.py 開頭處之說明。

❑ 第 1 段：使用 pandas 套件的 read_csv 函數讀取資料檔。該檔為美國各州汽油消耗
   的相關資料，一州一筆，共計 48 筆，每一筆有 5 欄，其欄位如下：

　　Petrol_tax 汽油稅、Average_income 平均收入、Paved_Highways 已鋪設的公路、
　　Population_Driver_licence (%) 駕照比例、Petrol_Consumption 汽油消耗。

資料讀取後，將其前面四欄作為自變數，最後一欄作為因變數，並使用 pandas dataframe 的 values 屬性轉成陣列格式。

❏ 第 2 段：使用 sklear 套件的 train_test_split 函數劃分訓練集與測試集，80% 列入訓練集，20% 列入測試集。

❏ 第 3 段：使用 sklear 套件的 StandardScaler 定標器，進行訓練集與測試集的標準化，將各觀測值轉換到均值為 0，標準差為 1 的範圍內。

先使用 StandardScaler 的 fit 函數建立自變數定標器物件（本例取名 STSC_X），fit 函數內指定處理對象為 Temp_X（尚未劃分訓練集與測試集的自變數）。然後使用 transform 函數進行轉換，分別進行訓練集自變數與測試集自變數的標準化，處理結果分別存入 Train_X_std 及 Test_X_std。

其次使用 StandardScaler 的 fit 函數建立因變數定標器物件（本例取名 STSC_Y），fit 函數內指定處理對象為 Temp_Y（尚未劃分訓練集與測試集的因變數），Temp_Y 需先轉成二維陣列，StandardScaler 定標器才能處理。然後使用 transform 函數進行轉換，分別進行訓練集因變數與測試集因變數的標準化，處理結果分別存入 Train_Y_std 及 Test_Y_std。

❏ 第 4 段：建構神經網路模型。此模型有兩層，第一層需使用 input_shape=(4,) 指定輸入資料的形狀（自變數有 4 欄），神經元數量設定為 10，激發函數設定為 relu。第二層（輸出層）的神經元數量設定為 1，無需設定激發函數。模型 compile 編譯使用 Adam 優化器，學習率設定為 0.0002。另使用 ModelCheckpoint 類別建立回調函數，以便訓練時能夠儲存最佳模型，monitor 監控參數設定為 val_loss。

❏ 第 5 段：使用 fit 方法訓練模型，使用 evaluate 方法評估模型。

❏ 第 6 段：使用 predict 方法進行測試資料的預測，測試資料之 Petrol_tax 汽油稅、Average_income 平均收入、Paved_Highways 已鋪設的公路、Population_Driver_licence (%) 駕照比例分別為 8、4399、431、0.544。預測資料須先轉成二維陣列，然後使用定標器的 transform 函數進行標準化，預測結果需使用定標器的 inverse_transform 函數進行反轉（逆變換）。

試題 0317

請建構神經網路模型，以便能對 boston_housing 波士頓房價資料集進行多元迴歸分析，並使用該模型對測試集進行預測。請將資料集的 20% 列入測試集，自變數需標準化，因變數無需標準化。測試集的 MSE 均方差需低於 17.0，MAE 平均絕對誤差需低於 3.2。範例檔為 AI_0317.py，提示如下：

❑ 第 1 段：從 tf.keras.datasets.boston_housing 下載波士頓房價資料集。此資料集含種族歧視的資訊（黑人比率影響房價），所以未收錄於 tensorflow_datasets。keras.datasets 仍保留此資料集，但有警語，他們強烈反對使用此數據集，除非是為了說明數據科學和機器學習中的倫理問題。

資料載入時，使用 test_split 參數切割資料集，20% 列入測試集（區分自變數與因變數），其餘 80% 列入訓練集（區分自變數與因變數）。該資料集共計 506 筆，每一筆有 14 欄，其欄位如下：

crim 人均犯罪率、zn 住宅用地比例、indus 非商業化土地的比例、chas 鄰近查爾斯河、nox 一氧化碳濃度、rm 平均房間數、age 該區老屋（1940 以前）的比例、dis 距離中心區域的加權距離、rad 到高速公路的方便性指數、tax 房屋稅、ptratio 師生比、b 黑人比、lstat 低收入人口的比例、medv 中位數價格。

最後一欄（中位數價格）作為因變數，前面 13 欄作為自變數。

❑ 第 2 段：使用公式將訓練集與測試集的自變數標準化，亦即將各觀測值轉換到均值為 0，標準差為 1 的範圍內。需先合併訓練集與測試集，求出各欄的均值與標準差，再分別進行訓練集自變數與測試集自變數之標準化。標準化公式→（觀測值 − 均數）÷ 母體標準差。

❑ 第 3 段：建構神經網路模型。此模型有三層，第一層需使用 input_shape=(13,) 指定輸入資料的形狀（自變數有 13 欄），神經元數量設定為 32，激發函數設定為 relu。第二層的神經元數量設定為 32，激發函數設定為 relu。第三層（輸出層）的神經元數量設定為 1，無需設定激發函數。模型 compile 編譯使用 Adam 優化器，學習率設定為 0.001。另使用 ModelCheckpoint 類別建立回調函數，以便訓練時能夠儲存最佳模型，monitor 監控參數設定為 val_loss。

❑ 第 4 段：使用 fit 方法訓練模型，需使用 validation_data 參數指定驗證集。另使用 evaluate 方法評估模型。

❏ 第 5 段：使用 predict 方法進行測試集的預測。

試題 0318

　　請建構神經網路模型，以便能對 diamonds.csv 鑽石價格資料集進行多元迴歸分析，並使用該模型對測試集進行預測。請將資料集的 20% 列入測試集，自變數需標準化，因變數無需標準化。測試集的 MAE 平均絕對誤差需低於 860.0。範例檔為 AI_0318.py，提示如下：

❏ 第 0 段：資料集取得方式請見範例檔 AI_0318.py 開頭處之說明。

❏ 第 1 段：使用 pandas 套件的 read_csv 函數讀取 diamonds.csv，第一欄為序號，無需讀入。該資料集共計 53940 筆，每一筆有 10 欄，其欄位如下：

carat 克拉（重量，1 克拉等於 0.2 公克）、cut 切割品質（切工），分為「Good 好，Very Good 很好」等 5 個等級、color 顏色，越接近無色（透明）等級越高，分為「D～J」7 個等級、clarity 清晰度（淨度），越少內含物及外部瑕疵者，價值越高，分為 VS1 等 8 個等級、depth 總深度（深度除以長寬之均數）、table 鑽石的最大刻面（刻面是指切割出來的平整面，例如台面、腰面等）、Price 價格、x 長度、y 寬度、z 深度。

❏ 第 2 段：cut、color、clarity 等三欄為文字，需轉成數字代碼，才能運算。

本例使用 sklearn 套件的 LabelEncoder 類別進行標籤編碼，轉換後的代碼置入三個新增欄位 cut_Code、color_Code、clarity_Code。

❏ 第 3 段：使用 loc 函數擷取自變數與因變數，並轉成陣列格式。price 欄列入因變數，其餘 9 欄列入自變數。

❏ 第 4 段：自變數資料 Standardization 標準化，使用公式將各觀測值轉換到均值為 0，標準差為 1 的範圍內。

❏ 第 5 段：使用 sklear 套件的 train_test_split 函數劃分訓練集與測試集，80% 列入訓練集，20% 列入測試集。

❏ 第 6 段：建構神經網路模型。此模型有三層，第一層需使用 input_shape=(9,) 指定輸入資料的形狀（自變數有 9 欄），神經元數量設定為 32，激發函數設定為 relu。第二層的神經元數量設定為 32，激發函數設定為 relu。第三層（輸出層）

的神經元數量設定為 1，無需設定激發函數。模型 compile 編譯使用 Adam 優化器，學習率設定為 0.001。

❑ 第 7 段：使用 fit 方法訓練模型，需使用 validation_data 參數指定驗證集。另使用 evaluate 方法評估模型。

❑ 第 8 段：使用 predict 方法進行測試集的預測。

試題 0319

請建構神經網路模型，以便能對 possum.csv 負鼠年齡資料集進行多元迴歸分析，並使用該模型對測試集進行預測。請將資料集的 20% 列入測試集，自變數需正規化，因變數無需正規化。測試集的 MAE 平均絕對誤差需低於 1.74。範例檔為 AI_0319.py，提示如下：

❑ 第 0 段：資料集取得方式請見範例檔 AI_0319.py 開頭處之說明。

❑ 第 1 段：使用 pandas 套件的 read_csv 函數讀取 possum.csv，前三欄無需讀入。該資料集共計 104 筆，每一筆有 11 欄，其中第二欄 age「年齡」作為因變數，其他 10 欄（包括 sex 性別、taill 尾巴長度、footlgth 腳長等）作為自變數。資料集之中有 3 筆空值，需使用 pandas 套件的 dropna 函數刪除，刪除後可使用 isna.sum 函數檢查是否還有空值。

❑ 第 2 段：sex 欄為文字，需轉成數字代碼，才能運算。本例使用 sklearn 套件的 LabelEncoder 類別進行標籤編碼，轉換後的代碼置入新增欄位 sex_Code。

❑ 第 3 段：使用 loc 函數擷取自變數與因變數，並轉成陣列格式。age 欄列入因變數，其餘 10 欄列入自變數。

❑ 第 4 段：自變數 Normalization 正規化，將各觀測值都縮放至 0 與 1 之間內。本例使用的公式 →（觀測值－最小觀測值）÷ 最大觀測值。

說明 簡化後的公式處理速度較快，但若觀測值之中有負數，則部分資料在正規化之後會大於 1（無法全部都縮放至 0 與 1 之間）。

❑ 第 5 段：使用 sklear 套件的 train_test_split 函數劃分訓練集與測試集，80% 列入訓練集，20% 列入測試集。已劃分的訓練集與測試集可匯出為 Excel 檔，但此段程式已標示為附註，有需要再啟動。

❑ 第 6 段：建構神經網路模型。此模型有三層，第一層需使用 input_shape=(10,) 指定輸入資料的形狀（自變數有 10 欄），神經元數量設定為 32，激發函數設定為 relu。第二層的神經元數量設定為 16，激發函數設定為 relu。第三層（輸出層）的神經元數量設定為 1，無需設定激發函數。模型 compile 編譯使用 Adam 優化器，學習率設定為 0.002。

❑ 第 7 段：使用 fit 方法訓練模型，需使用 validation_data 參數指定驗證集。另使用 evaluate 方法評估模型。

❑ 第 8 段：使用 predict 方法進行測試集的預測。

試題 0320

請建構神經網路模型，以便能對 Advertising Budget and Sales.csv「廣告預算與銷售金額」資料集進行多元迴歸分析，並使用該模型對測試資料進行預測。資料集無需劃分訓練集與測試集，但自變數需正規化，因變數則無需正規化。測試資料 [300, 50, 115] 的預測結果需介於 25.5 ～ 27.5 之間。範例檔為 AI_0320.py，提示如下：

❑ 第 0 段：資料集取得方式請見範例檔 AI_0320.py 開頭處之說明。

❑ 第 1 段：使用 pandas 套件的 read_csv 函數讀取 Advertising Budget and Sales.csv，第一欄為序號，無需讀入。該資料集共計 200 筆，每一筆有 4 欄，其欄位如下：

TV Ad Budget ($) 電視廣告預算額、Radio Ad Budget ($) 廣播廣告預算額、Newspaper Ad Budget ($) 報紙廣告預算額、Sales ($) 銷售金額。

前三欄作為自變數，最後一欄作為因變數。

❑ 第 2 段：使用 loc 函數擷取自變數與因變數，並轉成陣列格式。Sales ($) 欄列入因變數，其餘 3 欄列入自變數。

❑ 第 3 段：自變數 Normalization 正規化，將各觀測值都縮放至 0 與 1 之間內。本例使用的公式→（觀測值－最小觀測值）÷（最大觀測值－最小觀測值）。

❏ 第 4 段：建構神經網路模型。此模型有三層，第一層需使用 input_shape=(3,) 指定輸入資料的形狀（自變數有 3 欄），神經元數量設定為 16，激發函數設定為 relu。第二層的神經元數量設定為 8，激發函數設定為 relu。第三層（輸出層）的神經元數量設定為 1，無需設定激發函數。模型 compile 編譯使用 Adam 優化器，學習率設定為 0.001。

❏ 第 5 段：使用 fit 方法訓練模型，另使用 evaluate 方法評估模型。

❏ 第 6 段：使用 predict 方法進行測試資料的預測，測試資料為 [300, 50, 115]，分別為電視、廣播、報紙的廣告預算，需先轉成二維陣列，並進行正規化。

試題 0321

請建構神經網路模型，以便能對 housing.csv 加利福尼亞房價資料集進行多元迴歸分析，並使用該模型對測試集進行預測。請將資料集的 50% 列入測試集，須以 ocean_proximity「接近海洋」作為分層抽樣的依據。自變數需標準化，因變數無需標準化。訓練集與測試集的 MAE 平均絕對誤差都需低 50000。範例檔為 AI_0321.py，提示如下：

❏ 第 0 段：資料集取得方式請見範例檔 AI_0321.py 開頭處之說明。

❏ 第 1 段：使用 pandas 套件的 read_csv 函數讀取 housing.csv。該資料集共計 20640 筆，每一筆有 10 欄，其欄位如下：

longitude 經度、latitude 緯度、housing_median_age 屋齡中位數、total_rooms 房間總數、total_bedrooms 臥室數、population 地區人口、households 家庭數量、median_income 收入中位數、median_house_value 房價中位數、ocean_proximity 接近海洋。

房間總數及臥室數等數據都是指該區域的數量，而非單獨一棟的數量。第 9 欄 median_house_value 「房價中位數」作為因變數，其他 9 欄作為自變數。資料集之中有 207 筆空值，需使用 pandas 套件的 dropna 函數刪除，刪除後可使用 isna.sum 函數檢查是否還有空值。

❏ 第 2 段：ocean_proximity 欄為文字，需轉成數字代碼，才能運算。此欄有如下的 5 種分類：

<1H OCEAN 距海洋 1 小時、INLAND 內陸、ISLAND 島嶼、NEAR BAY 接近海灣、NEAR OCEAN 近海。

本例使用 sklearn 套件的 LabelEncoder 類別進行標籤編碼，轉換後的代碼依序為 0 ～ 4，都置入新增欄位 area_Code。

❑ 第 3 段：使用 loc 函數擷取自變數與因變數，並轉成陣列格式。median_house_value「房價中位數」列入因變數，其餘 9 欄列入自變數。

❑ 第 4 段：自變數 Standardization 標準化，將各觀測值都轉換到均值為 0，標準差為 1 的範圍內。本例使用的公式 →（觀測值－均數）÷ 標準差。

❑ 第 5 段：使用 sklear 套件的 train_test_split 函數劃分訓練集與測試集，訓練集與測試集各 50%。使用 stratify 參數指定分層抽樣的依據，本例以 ocean_proximity「接近海洋」作為分層欄。

❑ 第 6 段：建構神經網路模型。此模型有三層，第一層需使用 input_shape=(9,) 指定輸入資料的形狀（自變數有 9 欄），神經元數量設定為 32，激發函數設定為 relu。第二層的神經元數量設定為 16，激發函數設定為 relu。第三層（輸出層）的神經元數量設定為 1，無需設定激發函數。模型 compile 編譯使用 Adam 優化器，學習率設定為 0.005，損失函數使用 MAE 平均絕對誤差。

❑ 第 7 段：使用 fit 方法訓練模型，需使用 validation_data 參數指定驗證集。另使用 evaluate 方法評估模型。

❑ 第 8 段：使用 predict 方法進行測試集的預測。

試題 0322

請建構神經網路模型，以便能對「平均國民所得與進口車銷售量」進行迴歸分析，並使用該模型對測試資料進行預測。連續五年的資料如下：

平均國民所得（美元 GDP） 22781, 23092, 25083, 25794, 25895

進口車銷售量 154686, 170395, 185534, 197283, 209942

自變數需標準化，因變數無需標準化。假設第六年的平均國民所得為 27369，請預測該年的進口車銷售量，預測結果需介於 206700 ～ 226700 之間。範例檔為 AI_0322.py，提示如下：

❑ 第 1 段：建立資料兩組。平均國民所得作為自變數，進口車銷售量作為因變數。

❑ 第 2 段：自變數 Standardization 標準化，將各觀測值都轉換到均值為 0，標準差為 1 的範圍內。標準化公式→（觀測值－均數）÷ 母體標準差。

❑ 第 3 段：建構神經網路模型。此模型有三層，第一層需使用 input_shape=(1,) 指定輸入資料的形狀，神經元數量設定為 36，不使用激發函數。第二層的神經元數量設定為 36，不使用激發函數。第三層（輸出層）的神經元數量設定為 1，無需設定激發函數。模型 compile 編譯使用 Adam 優化器，學習率設定為 6。另使用 EarlyStopping 類別建立回調函數，若連續 50 次沒進步，就提早結束訓練。另使用 ReduceLROnPlateau 類別建立回調函數，若連續 5 次沒進步，就調降學習率，調整因子 0.5，最小學習率 0.00001。

❑ 第 4 段：使用 fit 方法訓練模型，另使用 evaluate 方法評估模型。

❑ 第 5 段：使用 predict 方法進行測試資料的預測，測試資料為 27369，需先標準化。

試題 0323

同 0322，對「平均國民所得與進口車銷售量」進行迴歸分析，並使用該模型對測試資料進行預測。使用相同的資料，但自變數與因變數都需標準化。假設第六年的平均國民所得為 27369，請預測該年的進口車銷售量，預測結果需介於 206700 ～ 226700 之間。範例檔為 AI_0323.py，提示如下：

❑ 第 1、3、4 段的提示請見 0322。

❑ 第 2 段：自變數與因變數都需 Standardization 標準化，將各觀測值都轉換到均值為 0，標準差為 1 的範圍內。

❑ 第 5 段：使用 predict 方法進行測試資料的預測，測試資料為 27369，需先標準化。預測結果需反轉（逆變換），其公式為：預測結果 × 因變數母體標準差＋因變數之均數。在迴歸分析中，因變數不進行標準化，可省去預測結果需要反轉（逆變換）的麻煩，但因變數標準化的好處是可加快收斂，較少的訓練次數就可達相同的績效。

試題 0324

　　請建構神經網路模型，以便能對 tensorflow_datasets 的 cherry_blossoms 櫻花開花日資料集進行迴歸分析，並使用該模型預測三月份平均氣溫為 8.1 度的開花日，MAE 平均絕對誤差需小於 4.7，預測開花日需介於 99.0 ～ 99.5 之間。該資料集有 1215 筆，五個特徵，請以 temp 三月平均氣溫為自變數，doy 開花日為因變數，doy 是指 Days of the year 第一天開花日（當年 1 月 1 日至開花日的前一天的日數），例如 1980 年開花日為 102，是指開花日為 1980 年 4 月 12 日，因為 1980 年 1 月有 31 天，2 月有 29 天（閏年），3 月有 31 天，31+29+31+11=102 天（開花當日不計入）。資料中有空值，需先刪除。範例檔為 AI_0324.py，提示如下：

❑ 第 0 段：查看資料檔。使用 tfds.load 下載及查看資料集，該資料集有 1215 筆，五個特徵，特徵格式為 dict 字典。

❑ 第 1 段：下載及處理資料集。

- 1-1 節：使用 tfds.load 下載全部資料，並轉成資料框格式。先使用 tensorflow_datasets 的 dataframe 函數轉換，轉換後的格式為 StyledDataFrame，然後使用 pandas 套件的 DataFrame 函數再轉換一次，轉換後的格式為 DataFram。

- 1-2 節：使用資料框的 isna 函數檢查是否有空值。

- 1-3 節：使用資料框的 dropna 函數刪除空值。刪除後剩餘 787 筆。

- 1-4 節：使用 pandas 套件的 sort_values 函數排序資料，按 temp 平均氣溫及 doy 開花日遞增排序。排序前先四捨五入 temp 平均氣溫，取小數位數兩位。

- 1-5 節：處理後的資料集匯出為 Excel 檔，已標示為附註，有需要再啟動。

❑ 第 2 段：使用 loc 函數擷取自變數與因變數，並轉成陣列格式。

❑ 第 3 段：建構神經網路模型。此模型有兩層，第一層需使用 input_shape=(1,) 指定輸入資料的形狀，神經元數量設定為 8，不使用激發函數。第二層（輸出層）的神經元數量設定為 1，無需設定激發函數。模型 compile 編譯使用 Adam 優化器，學習率設定為 0.005。另使用 ReduceLROnPlateau 類別建立回調函數，若連續 3 次沒進步，就調降學習率，調整因子 0.5，最小學習率 0.000001。

❑ 第 4 段：使用 fit 方法訓練模型（批次大小設定為 8），另使用 evaluate 方法評估模型。

❑ 第 5 段：使用 predict 方法預測氣溫 8.1 度的開花日。

試題 0325

請建構神經網路模型，以便能對 insurance.csv 醫療保費資料集進行多元迴歸分析，並使用該模型對測試集進行預測。請將資料集的 30% 列入測試集（以 sex 性別作分層抽樣的依據），自變數需正規化，因變數無需正規化。測試集的 MAE 平均絕對誤差需低於 3800。範例檔為 AI_0325.py，提示如下：

❏ 第 0 段：資料集取得方式請見範例檔 AI_0325.py 開頭處之說明。

❏ 第 1 段：使用 pandas 套件的 read_csv 函數讀取 insurance.csv。該資料集共計 1338 筆，每一筆有 7 欄，其中第 7 欄 charges「費用」作為因變數，其他 6 欄（包括 age 年齡、sex 性別、bmi 身體質量指數、children 保險含蓋的兒童數、smoker 是否抽菸、region 居住地區等）作為自變數。

❏ 第 2 段：標籤編碼。sex 性別、smoker 是否抽菸、region 居住地區等三欄為文字，需轉成數字代碼，才能運算。本例使用 sklearn 套件的 LabelEncoder 類別進行標籤編碼，轉換後的代碼分別置入新增欄位 sex_code、smoker_code、region_code。

❏ 第 3 段：使用 loc 函數擷取自變數與因變數，並轉成陣列格式。charges 欄列入因變數，其餘 6 欄列入自變數。

❏ 第 4 段：自變數 Normalization 正規化，將各觀測值都縮放至 0 與 1 之間內。本例使用的公式 →（觀測值－最小觀測值）÷ 最大觀測值。

❏ 第 5 段：使用 sklear 套件的 train_test_split 函數劃分訓練集與測試集，70% 列入訓練集，30% 列入測試集（以 sex 性別作分層抽樣的依據）。

❏ 第 6 段：建構神經網路模型。此模型有三層，第一層需使用 input_shape=(6,) 指定輸入資料的形狀（自變數有 6 欄），神經元數量設定為 32，激發函數設定為 relu。第二層的神經元數量設定為 16，激發函數設定為 relu。第三層（輸出層）的神經元數量設定為 1，無需設定激發函數。模型 compile 編譯使用 Adam 優化器，學習率設定為 0.006。

❏ 第 7 段：使用 fit 方法訓練模型（批次大小設定為 32），需使用 validation_data 參數指定驗證集。另使用 evaluate 方法評估模型。

❏ 第 8 段：使用 predict 方法進行測試集的預測。

04
CHAPTER

圖像辨識

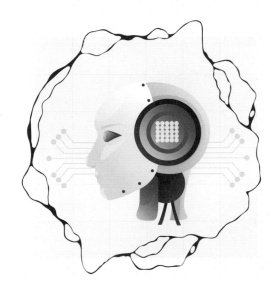

4.1 圖像基本原理

4.2 圖片及影片的基本操作

4.3 傳統圖像辨識法的缺點

4.4 卷積神經網路説明

4.5 在 TensorFlow 中使用卷積層

4.6 在 TensorFlow 中使用池化層
　　 與展平層

4.7 卷積層與池化層的種類

4.8 開放數據集

所謂 Image Recognition「圖像辨識」是指電腦程式能夠辨別圖像（包括圖片及視頻）中的元素，例如某個人、某種動作、某種花卉或某種動物等。圖像辨識可說是人工智慧應用最廣泛且最成功的領域，目前在交通管理（車牌辨識及車流量計算）、門禁管理（人臉辨識）、運動訓練（投球及打擊姿勢辨識）、銷售管理（商品辨識）、生產管理（瑕疵品辨識）、醫療診斷（癌症辨識）等方面都有非常傑出的表現，甚至超越專業人員的判斷，例如在癌症辨識上，比醫師的判斷更為精準快速。

4.1 圖像基本原理

本章的目標在協助 User 建構優秀的圖像辨識模型，但在建構之前，需先了解圖像的基本原理，如此才能妥善地操控 TensorFlow 所提供的設計工具（包括相關的網路層及其參數之設定）。

圖像是由一堆密密麻麻相鄰的「點」所構成，這些「點」是圖像的基本單位，稱之為 Pixel 像素（亦稱為畫素），圖像就是一堆像素的組合。電腦儲存圖像的方式就是記錄這些點的資訊（包括位置及 RGB 三原色之明度等），稱為「點陣式」表示法。圖像的大小也是以像素來表示，例如某一張圖片為 1024×768，就是說該圖片由 1024×768 個像素組成，寬度（橫向）為 1024 點，高度（縱向）為 768 點。

像素的密度會影響圖像的清晰度，單位面積內所包含的像素越多，圖像就越精緻，當然所佔用的儲存空間也越大。圖像的清晰度是以 resolution 解析度來表示，它的衡量指標有 PPI 及 DPI，PPI 是 Pixels Per Inch 的縮寫，用於螢幕顯示，例如 720PPI 代表每一平方英寸有 720 個像素。DPI 是 Dots Per Inch 的縮小，代表每一平方英吋裡有多少個像素點，此名詞用於印刷領域。

圖像有靜態與動態之分，前者如 Picture 圖片及 Photo 相片等，後者如 Video 影片（亦稱為影像或視頻），它是由一堆連續的圖片所構成。因為物體在人的視野消失後，其影像會暫存於視神經約 0.03 ～ 0.25 秒，故當同一物體不同位置的圖片連續呈現於眼前時，就會有移動的感覺，而成為動態的 Film 影片。影片是連續播放圖片的結果，播放的速率會影響影片的流暢性，播放速率的單位為 FPS，它是 Frames Per Second 的縮寫，亦即每一秒的幀數，幀是影片的單位，一幀就是一張靜止的圖片。

如果播放速率較低，畫面會顯得卡卡的，但也不是說越高越好，超過 100 FPS 時，人眼就不易察覺流暢度有何提升，故過高的播放速率只會占用過多的儲存空間，並影響傳輸速度。一般電影的播放速率是 24 FPS，電視劇及網路影片的播放速率是 30 FPS，高清電視及遊戲所使用的播放速率則為 60 FPS。

如前述，圖片是由眾多的點（像素）組合而成，每一點都含有色彩的重要資訊，電腦就是根據這些資訊來呈現特定之畫面，這些資訊包含「色相」、「明度」及「彩度」等三個色彩的屬性，亦即色彩的三個基本要素。「色相」就是色彩的相貌，為了區分相貌，故賦予不同的名稱，例如紅、黃、藍等。「明度」是指色彩的明暗程度，同一色相（名稱相同）的顏色，會因反射率不同而有深淺之分；反射率越大，明度越高、色彩越亮，反射率越低（吸收光線較多），則明度越低、色彩越暗。「彩度」是指色彩的純粹度，因為不同色彩混合之後會產生另一種色彩，而且不同的混合程度（多寡）會產生不同的色彩，如果未混合其他色彩，則其「彩度」最高，也就是純粹度最高，或稱為飽和度最高。反之，則彩度越低。

如果每一點非黑即白，就是一張 Monochrome 單色圖片。如果每一點的黑色或白色有亮度（明暗程度）的區分，則是一張 Gray Scale 灰階圖片。一般將「明度」分為 256 個等級，通常以 0 ～ 255 來表示，數字越大，亮度越高，如果圖片中每一點的明度都是 0，則是一張全黑色圖片，如果圖片中每一點的明度都是 255，則是一張全白色圖片，如果圖片由不同明度的點交織而成，就構成一張灰階圖片。

為何要將「明度」分為 256 個等級呢？這是因為人類眼睛可以分辨灰階的數目大約為 256 種（註：有些人的眼睛比較銳利，可以分辨更多灰階的數目）。另一原因就是符合電腦運算及儲存的單位，電腦計量單位為 byte 位元組，一個 byte 含有 8 個 bit 位元，因為電腦使用二進制，故 8 bit 有 2^8=256 種變化（每一位元不是 0，就是 1），例如「00000000」代表黑色、「00000001」代表有微亮的灰色、「00000010」代表更亮的灰色，餘類推，「11111111」代表白色。

前述單色圖片或灰階圖片都是由一種色彩的點（像素）所組成或一種色彩多種明度的點（像素）所組成，彩色圖片則是由多種不同的色彩所組成，其上各點（像素）的「色相」不盡相同，亦即色彩名稱不會只有一種。顏色雖有多種，但它們都是由 Red 紅、Green 綠、Blue 藍三種顏色混合而成，例如紅色與綠色經過一定比例的混合會變成黃色，紅色與藍色經過一定比例的混合會變成紫色，「紅綠藍」這三種顏

色稱為「色光三原色」，一般以 RGB 為代號。之所以稱為「原色」，是因為它們不能再分解為其他顏色，也不能由其他顏色混合而成。

> 說明　「紅綠藍」是光線的三原色，故稱為「色光三原色」，繪畫及印刷則是使用「Cyan 青、Magenta 洋紅、Yellow 黃」三種顏料混合出各種不同的顏色，此三色稱為「色料三原色」。但此三種色料混合會形成近似黑色而非真正的黑色，故會加入 Black 黑色顏料，此四色稱為色料的基本色，代號 CMYK。

觀察顏色混合結果的最簡易方法是使用 Excel 工作表，在功能表上敲「常用」、「格式」、「儲存格格式」，然後在開啟的視窗敲「填滿」標籤頁（如圖 4-1），再敲「其他色彩」鈕，螢幕會顯示「色彩」小視窗，此時請敲「自訂」標籤頁，然後變更三原色的數值，亦即「紅色」、「綠色」及「藍色」右方的數值（點選色塊區，再拖曳其右方的垂直軸亦可變更三原色的數值），再敲「確定」鈕，混合後的顏色即呈現於游標所在的格位。舉例來說，將 RGB 三色設定為 (255, 255, 0)，會顯示黃色，設定為 (128, 0, 128)，則會顯示紫色，將 RGB 三色設定為相同數值（例如 100），則會呈現某一明亮度的灰色。請先將 RGB 三色設定為相同數值（例如 100），右方垂直軸會呈現黑色漸層（灰階），此時拖曳其右方的捲動軸，RGB 三色之數值會同步變化，其所呈現的顏色是不同明度的灰色。

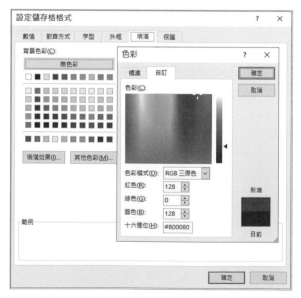

▌圖 4-1　Excel 顏色混合工具

　　影像按其色彩種類的多寡來劃分稱為「影像色彩類型」，主要類型有黑白、灰階、16 色、256 色、高彩、全彩等六種。黑白及灰階如前述，16 色是以青、黑、白、紅、綠、藍、黃等 16 種色彩顯示圖像。256 色是以 2^8=256 種色彩顯示圖像。高彩是以 2^{16}=65536 種色彩顯示圖像。全彩是以 1677 萬 7216 種色彩顯示圖像。電腦以「紅綠藍」三原色各有 256 階的變化，組合出 1677 萬 7216 種色彩（256×256×256=16777216），這個數值是電腦所能表示的最高色彩，稱為 True Color 真彩色，亦即前述的 Full Color 全彩。

> **說明**　前述以 RGB 三原色混合出不同色彩，這是最常用的色彩模式，Excel 提供了另一種稱為 HSL 的模式，它可經由色調、飽和度及亮度等色彩的三種基本特性來調配出不同顏色，每一項特性的數值範圍同樣是由 0 ~ 255，例如設定為 (255, 255, 0)，會顯示黑色，設定為 (128, 0, 128)，則顯示灰色。

　　影像依其存檔格式，可分為多種，茲簡介常用格式如下：

❏ BMP 在存檔時不壓縮，不會有失真的現象，但體積較大。

❏ GIF 存檔時減色壓縮，只支援 256 色，體積小，常用於不需精緻色彩的動畫。

❏ JPG 存檔時採高壓縮比（破壞性壓縮），捨棄部分的像素，體積小，支援全彩。

❏ PNG 存檔時採不失真的壓縮技術，支援全彩，體積比 JPG 大，但比 BMP 小。

❏ TIF 存檔時採非破壞性壓縮技術，不會降低影像品質，支援全彩，可以跨平台。

　　常用影音檔的類型如下：

❏ AVI 是 Audio Video Interleave 的縮寫，它是「微軟」在 1992 年推出的一種多媒體檔案格式，AVI 將影片及音訊交錯排列在同一檔案，以達到音訊與影片同步播放的效果，故稱為「音訊影片交織」。

❏ MP4 全名為 MPEG-4 Part 14，是由 ISO/IEC 國際標準化組織及國際電工委員會於 2001 年創建的一種影音檔格式，可以包含影片（視頻）、音頻、字幕與圖像，是目前最通用的影音（視頻）格式，能夠被大多數的作業系統（包括 Windows、Mac、Android、iOS 等）及設備（例如手機）識別。它的優點是具有非常高的壓縮比率，使得檔案體積更小而易於傳送。

4.2 圖片及影片的基本操作

本節將經由實作來測底了解前述之圖像基本原理,以厚植後續圖像辨識的基礎能力。在進行圖像辨識之前需要獲取辨識對象的相關資訊(例如圖片尺寸及色彩模式等),以利模型參數之設定。圖像資訊的取得可用 Pillow、OpenCV 及 TensorFlow 等套件,本節將說明其用法,同時一併解說圖像顯示及存取等基本操作法。

4.2.1 Pillow 套件的基本用法

Pillow 是知名的影像處理軟體,使用前需先下載安裝 pillow 套件,但匯入名稱必須用 PIL 而不能使用 pillow,如表 4-1 的第 1 列所示。

 說明 Pillow 套件有新舊版之分,PIL 是舊名,新版本仍然沿用,以省去原用戶的修改。

程式第 1 列從 pillow 套件匯入 Image 模組。第 2 列使用 Image 的 open 函數開啟圖片檔,括號內指定所需檔案之名稱及其路徑。第 3 列使用 size 屬性顯示圖片的尺寸,例如 (868, 802),第一個數值是圖片的寬度,第二個數值是圖片的高度。第 4 列使用 width 屬性顯示圖片的寬度。第 5 列使用 height 屬性顯示圖片的高度。

▌表 4-1 程式碼:圖片資訊檢視之一

01	from PIL import Image
02	Image_01=Image.open('./MyData/My_Picture_01.jpg')
03	print(Image_01.size)
04	print(Image_01.width)
05	print(Image_01.height)
06	print(Image_01.mode)
07	print(Image_01.format)
08	
09	Image_01.show()
10	Image_01.save("D:/Test_Pic_0401.pdf")

11	
12	Image_01_Value=np.array(Image_01)
13	print(Image_01_Value)
14	print(Image_01_Value.shape)

第 6 列使用 mode 屬性顯示圖片的色彩模式，色彩模式又稱為 Color Space 色彩空間，pillow 套件以代號來區分不同的色彩模式，其常用代號如下：

❏ 1：單色（黑白）圖片，單通道。

❏ L：灰階圖片，單通道。

❏ P：16 色點陣圖或 256 色點陣圖，單通道。

❏ RGB：全彩圖片（24 位元點陣圖、1677 萬 7216 種色彩），三通道。

❏ RGBA：有透明度之全彩圖片，四通道。

色彩模式是圖檔的重要資訊，但不能僅憑副檔名來判斷，而需使用前述的 mode 屬性取得，例如副檔名為 bmp 者，其色彩模式有多種，包括單色（黑白）圖、灰階圖、16 色點陣圖、256 色點陣圖、24 位元點陣圖（全彩）等。程式第 7 列使用 format 屬性取得圖檔格式（檔案類型），例如 BMP、JPEG、GIF、PNG 等，通常與檔案的副檔名一致，但也不一定，例如副檔名為 jpg、jpe、jpeg、jfif 等之圖檔，其格式皆為 JPEG。程式第 9 列使用 show 方法顯示圖片。程式第 10 列使用 save 方法儲存圖檔，可支援的格式有 jpg、bmp、gif、png、tif、pdf 等，如果轉存為 jpg 檔，還可使用 quality 參數控制壓縮比率（0 ~ 100），例如 quality=90，數字越大，品質越高，檔案體積也越大，反之，品質越差，檔案體積越小。

若要查看圖片檔的內容，請使用第 12 ~ 13 列的程式，先用 numpy 套件的 array 或 asarray 函數轉換，然後再 print 出來。圖片檔的內容是由一堆數字所組成，這些數字代表每一圖點（每一像素）的顏色，這些數字的結構會因圖檔的色彩模式之不同而有差異，茲簡介如下：

❏ 範例 1：黑白（單色）圖片。

[[255 255 255 ... 0   0   0]

  [255 255 255 ... 255 255 255]

[255 255 255 ... 255 255 255]

....

[255 255 255 ... 255 255 255]

[255 255 255 ... 255 255 255]

[255 255 255 ... 0　　0　　0]]

使用 numpy 套件的 shape 屬性（如表 4-1 第 14 列的程式），可查出單色圖片的資料結構是二維陣列，假設其形狀為 (200, 300)，則代表該圖片的高度有 200 點，寬度有 300 點，也就是有 200 列，每一列有 300 行，整張圖片共計有 200×300=60000 個圖點。因為是黑白（單色）圖片，所以每一個圖點的顏色只需使用一個數字來表示，而且這些數字不是 0 就是 255，0 代表黑色，255 代表白色。每一橫列各圖點的數字以一個中括號括住（以便與其他列的數據區隔），形成一維陣列。以本例而言，這個一維陣列有 300 個元素，因為整張圖片有 200 列，所以會有 200 組一維陣列，最外層再加一個中括號，而形成二維陣列的資料結構。

❑ 範例 2：某些套件會以布林值來呈現黑白（單色）圖片之內容，True 代表 255（白色），False 代表 0（黑色），其資料結構同樣是二維陣列。

[[True True True ... False False False]

[True True True ... True True   True]

[True True True ... True True   True]

....

[True True True ... True   True   True]

[True True True ... True   True   True]

[True True True ... False False False]]

❑ 範例 3：灰階圖片。

[[229 230 230 ... 133 136 139]

[229 230 230 ... 132 136 139]

[229 230 230 ... 132 135 138]

....

[90 91 92 ... 162 163 164]

[89 90 91 ... 162 163 163]

[89 89 90 ... 162 162 162]]

灰階圖的資料結構與黑白（單色）圖相同，都是二維陣列，而且每一圖點（像素）的顏色都是以一個數值來表示，所不同的是，單色圖的顏色非黑即白，故其數值只有 0 與 255 兩種，但灰階圖的數值可能為 0 ～ 255 之任一數，亦即每一圖點的明亮度有 256 個等級。

❑ 範例 4：彩色圖片。

[[[153 154 156]

[150 151 153]

[150 151 153]

....

[152 130 109]

[161 139 118]

[163 141 120]]]

彩色圖的資料結構是三維陣列，假設某一張彩色圖（色彩模式為 RGB）的形狀為 (700, 800, 3)，代表該圖片的高度有 700 點，寬度有 800 點，也就是有 700 列，每一列有 800 行，整張圖片共計有 700×800=560000 個圖點。形狀中最後一個數值 3 是指通道數，亦即像素值資料結構最內層的一維陣列有 3 個元素，例如上述的 [153 154 156]，這三個元素就是 RGB 紅綠藍三原色的明暗程度（256 個等級），這三個數值混合出某一圖點的顏色。

前述圖片的高度是 700，寬度是 800，亦即每一列有 800 個圖點，因為是彩色圖像，所以每一個圖點的顏色需以三個數值來表示，例如 [153 154 156]，在圖像的資料結構中，這三個數值會以中括號括住，形成一維陣列，以便與其他圖點區隔。因為本例每一橫列有 800 個圖點，所以會有 800 個一維陣列（每個一維陣列有三個元素），這 800 個一維陣列的最外層會加上一個中括號形成二維陣列，以

便與其他橫列的資料區隔。又因本例的高度為 700，所以會有 700 組二維陣列，其最外層再加上一個中括號形成三維陣列，就建構出一張彩色圖像資料的完整結構。

說明 pillow、opencv、tensorflow 三種套件都可讀取圖片資料，然後使用 size 屬性查出圖片的尺寸，例如 (260, 461)，括號內第一個參數值為寬度，第二個參數值為高度。另外可用 shape 屬性查出圖片的形狀，例如 (461, 260, 3)，括號內參數依序為（高度、寬度、通道數），若是單色圖片，則無通道數，其形狀為 (461, 260)。請注意，size 與 shape 所標示的高度與寬度之順序是相反的。

若使用 opencv 套件（cv2）讀取圖片資料，然後使用 size 屬性所查出的圖片尺寸是一個整數值，例如 359580，它是高度、寬度及通道數三者之乘積，寬度及高度並未分開標示。

使用 pillow 套件（PIL）及 tensorflow 套件所載入的圖片物件之型態並非陣列，故須先使用 numpy 套件的 array 函數轉換，才能以 shape 取出形狀資訊。使用 opencv 套件（cv2）所讀取圖片物件，則可直接以 shape 取出其形狀資訊。

pillow、opencv、tensorflow 這三種套件所載入的彩色圖（色彩模式 RGB）資料都是以三維陣列的結構顯示，每一圖點的顏色都以三個數值來表示，但是對於單色圖（或灰階圖）資料之顯示則不盡相同。

使用 pillow 套件（PIL）所載入的單色圖資料會以二維陣列的布林值來呈現，True 代表 255（白色），False 代表 0（黑色），如前述範例 2。載入的灰階圖資料則會以二維陣列的阿拉伯數字呈現。

使用 opencv 套件（cv2）所載入的單色圖（或灰階圖）資料會以三維陣列的結構顯示，每一圖點的顏色都以三個相同的數值來表示，例如 [255 255 255]。

使用 tensorflow 套件所載入的單色圖（或灰階圖）資料會以二維陣列的結構顯示，每一圖點的顏色以一個阿拉伯數值來表示，例如 [255 255 255 ... 0 0 255]。

❑ 範例 5：含有透明度的彩色圖片。

[[[203 207 206 255]

 [202 206 205 255]

[202 206 205 255]

....

[255 254 249 255]

[255 255 250 255]

[255 255 250 255]]]

此種圖片的色彩模式為 RGBA（副檔名通常為 png），其資料結構仍是三維陣列，但有四個通道，亦即每一個圖點之顏色以 4 個阿拉伯數字來表示，例如 [203 207 206 255]，這四個數字分別為紅綠藍三原色及透明度之等級。

黑白圖像或灰階圖像的資料結構是二維陣列，故 User 很容易就看出某一點的顏色，例如範例 1（單色圖）的第 1 列第 1 行之數值是 255，故該點（圖片左上角）為白色，第 1 列最後一行的數值是 0，故該點（圖片右上角）為黑色。又如範例 3（灰階圖）的最後一列第 1 行之數值是 89，故該點（圖片左下）為第 89 級的灰色。

説明　數值越小，顏色越深，越接近黑色；反之，數值越大，顏色越淡，越接近白色。

　彩色圖像的資料結構是三維陣列，而且每一圖點的資料都是垂直顯示（如範例 4），所以不易看出某一圖點的顏色，如有需要，可利用中括號切片法擷取所需資料（將中括號置於陣列末尾，括號內置入所需資料的索引）。我們沿用表 4-1 的例子來說明，Image_01_Value 是圖片資料（第 12 列），若要取出其中第一橫列各點的數值（多個一維陣列），可使用下列指令：

```
print(Image_01_Value[0])
```

　若要取出第 1 列第 2 行的數值（一個一維陣列），可使用下列指令：

```
print(Image_01_Value[0][1])
```

　若要取出前三列各點的數值，可使用下列指令：

```
print(Image_01_Value[0:3])
```

若要取出最後一列各點的數值，可使用下列指令：

```
print(Image_01_Value[-1])
```

若要取出最後一列最後一行的數值（亦即圖片右下角該點的顏色），可使用下列指令：

```
print(Image_01_Value[-1][-1])
```

更多有關圖片資料的解讀，請見本書附錄 A 的 QA_34。

表 4-1 是利用 Pillow 套件取得圖片資料的部分程式，完整程式請見 Z_Example 資料夾內的「Prg_0401_ 圖片資訊檢視之一 .py」，茲摘要說明如下：

❏ 第 1 段：使用 Pillow 套件的 Image 模組檢視圖片資訊。

❏ 第 2 段：顯示圖片。

❏ 第 3 段：轉存圖片。

此範例提供了 9 種不同模式的圖檔，請自行切換測試，即可觀察各種圖檔的屬性值。但請注意，部分圖檔不能轉存（請參考範例檔內的附註）。

4.2.2　OpenCV 套件的基本用法

OpenCV 的全名是 Open Source Computer Vision Library，它是一個跨平台的電腦視覺函式庫，也是最受歡迎的影像處理軟體。使用前需先下載安裝 opencv-python 套件，然後使用 import cv2 匯入此套件，請注意匯入名稱為 cv2，而非 opencv，因為 opencv 有 cv 及 cv2 之分，cv 為早期版本（4.0 之前的版本），使用 C 語言開發，cv2 為近期版本（4.0 之後的版本），使用 C++ 語言開發。

以 OpenCV 套件檢視圖像資訊的摘要程式如表 4-2。程式第 1 列匯入 cv2 套件。程式第 2 列使用 cv2 套件的 imread 函數讀取圖檔，此函數有兩個參數，第一個參數指定檔名及其路徑，第 2 個參數指定圖檔的色彩模式，其參數值有下列三種：

❏ cv2.IMREAD_COLOR：彩色圖（預設值），可改用代號 1。

❏ cv2.IMREAD_GRAYSCALE：灰階圖，可改用代號 0。

❏ cv2.IMREAD_UNCHANGED：含透明度之四通道圖片，可改用代號 -1。

▍表 4-2　程式碼：圖片資訊檢視之二

01	import cv2
02	Image_01=cv2.imread('./MyData/My_Picture_01.jpg', cv2.IMREAD_COLOR)
03	print(Image_01)
04	print(Image_01.shape)
05	print(Image_01.size)
06	print(Image_01.dtype)

程式第 3 ～ 6 列依序顯示圖像內容（像素值資料）、資料形狀、資料尺寸、資料型態。完整範例請見 Z_Example 資料夾內的「Prg_0402_圖片資訊檢視之二 .py」，茲摘要說明如下：

❏ 第 1 段：使用 cv2 套件的 imread 函數讀取圖檔。

❏ 第 2 段：顯示圖像。先使用 cv2 套件的 namedWindow 函數定義圖片顯示的視窗，此函數有兩個參數，第一個參數指定視窗名稱，第二個參數指定視窗類型，內定值為 cv2.WINDOW_AUTOSIZE 自動調整視窗大小，可用 1 取代，若使用此參數值，則後續不能用 resizeWindow 函數自行調整視窗大小。若使用 cv2.WINDOW_NORMAL 作為參數值，則後續可用 resizeWindow 函數調整視窗大小。cv2.WINDOW_AUTOSIZE 可用 1 取代，cv2.WINDOW_NORMAL 可用 0 取代。

cv2 套件的 resizeWindow 函數可調整視窗尺寸，此函數有三個參數，第一個參數指定視窗名稱，第二個參數指定寬度，第三個參數指定高度。

cv2 套件的 moveWindow 函數可移動視窗的顯示位置，此函數有三個參數，第一個參數指定視窗名稱，第二個參數指定視窗左上角距螢幕左邊緣的距離，第三個參數指定視窗左上角距螢幕上邊緣的距離。

視窗定義之後，使用 cv2 套件的 imshow 函數顯示圖像，此函數有兩個參數，第一個參數指定視窗名稱，第二個參數指定前述使用 imread 函數所讀取的圖檔。

圖像顯示之後，使用 cv2 套件的 waitKey 等待按鍵，等待 User 按下任一鍵或敲視窗右上角的 × 號，即關閉視窗。最後再使用 cv2 套件的 destroyAllWindows 函數清除視窗，以節省記憶體。

❏ 第 3 段：顯示圖像資訊。本例依序顯示圖像內容（像素值資料）、資料形狀、資料尺寸、資料型態，此套件的缺點是無法查出 mode 色彩模式。

❏ 第 4 段：使用 cv2 套件的 cvtColor 函數轉換圖像的色彩模式。此函數有兩個參數，第一個參數指定欲轉換的圖像物件，第二個參數指定轉換模式，常用的參數值如下：

cv2.COLOR_BGR2GRAY 全彩轉灰階、

cv2.COLOR_GRAY2BGR 灰階轉全彩、

cv2.COLOR_BGR2RGB 藍綠紅三原色模式轉紅綠藍三原色模式。

cv2 套件的三原色格式為 BGR（藍綠紅），而非現今流行的 RGB（紅綠藍），這是因為早期相機及軟體使用 BGR（藍綠紅）格式，OpenCV 開發得早，故也採用當時流行的格式，且一直沿用至今，但可用 cv2 套件的 cvtColor 函數轉換，並將第二個參數值指定為 cv2.COLOR_BGR2RGB。

❏ 第 5 段：顯示轉換後的圖像。

❏ 第 6 段：顯示轉換後圖像的資訊。

❏ 第 7 段：將轉換後的圖像寫入圖檔。

此範例提供了 9 種不同模式的圖檔，請自行切換測試，即可觀察各種圖檔的屬性值。但請注意，部分圖檔不能轉換色彩模式，除非修改 imread 函數的第二個參數值（請參考範例檔內的附註）。

4.2.3 TensorFlow 套件處理圖像的方法

本段使用 TensorFlow 套件存取圖檔，並顯示圖像的相關資訊，其摘要程式如表 4-3。程式第 1 列匯入 tensorflow 套件。第 2 ～ 3 列使用 tensorflow 套件的 load_img 函數載入圖檔，第一個參數指定圖檔的名稱及其路徑，第二個參數 color_mode 指定色彩模式，可用之參數值為 grayscale、rgb、rgba 三者之一（內定值為 rgb）。第三個參數 target_size 指定圖片大小，例如 target_size=(300, 250)，內定值為 None，亦即不調整，維持原圖大小，此參數會改變像素值內容（等同壓縮功能），故若與原圖尺寸相差太多，則會失真。

> **說明** load_img 函數另有一個參數 grayscale，用來指定圖檔是否為灰階圖片，但若使用新版的 TensorFlow，則無需再使用此參數，因其功能已整合至 color_mode 參數。若在新版的 TensorFlow 中，將 grayscale 參數設定為 True，則會出現提示訊息：UserWarning: grayscale is deprecated。

▍表 4-3　程式碼：圖片資訊檢視之三

01	import tensorflow as tf
02	Image_01=tf.keras.preprocessing.image.load_img(
03	'./MyData/My_Picture_01.jpg', color_mode='rgb', target_size=None)
04	print(Image_01.mode)
05	print(Image_01.size)
06	
07	Image_01_Value=np.array(Image_01)
08	Image_01_Value=tf.keras.preprocessing.image.img_to_array(Image_01)
09	
10	print(Image_01_Value)
11	print(type(Image_01_Value))
12	print(Image_01_Value.shape)

　　程式第 4 ～ 5 列分別顯示圖像的 mode 色彩模式及 size 圖像尺寸。若要查看圖像的內容（像素值），需先使用第 7 或第 8 列的指令轉換，再 print 出來（如程式第 10 列）。兩者之差異在資料型態，使用 TensorFlow 套件的 img_to_array 函數轉換後的資料型態為浮點數，使用 numpy 套件的 array 函數轉換後的資料型態為整數。完整範例請見 Z_Example 資料夾內的「Prg_0403_ 圖片資訊檢視之三 .py」，茲摘要說明如下：

❑ 第 1 段：使用 TensorFlow 套件 load_img 函數載入圖像檔，然後使用 mode 及 size 屬性查詢圖像之色彩模式及尺寸。使用 tensorflow 套件的 load_img 函數載入圖片之前，最好使用 Pillow 套件檢視圖片檔的色彩模式，以便 load_img 函數之中能設定正確的 color_mode 色彩模式參數值。

❑ 第 2 段：顯示圖像。使用 matplotlib 套件的 imshow 函數顯示圖像，第一個參數指定前述使用 load_img 函數載入的圖像，若為彩色圖片，則第二個參數可省略，若為黑白（單色）圖片或灰階圖片，則必須將第二個參數設定為 cmap='gray'，否圖片顏色會很奇怪。

❑ 第 3 段：使用 TensorFlow 套件的 image.img_to_array 函數顯示圖片的像素值資料。亦可使用 numpy 套件的 array 函數，但資料型態不同，前者為浮點數，後者為整數。

❑ 第 4 段：轉換色彩模式。使用 tf.image 模組轉換色彩模式（色彩空間），常用指令如下：

- tf.image.rgb_to_grayscale：全彩 RGB 轉灰階。
- tf.image.grayscale_to_rgb：灰階轉全彩 RGB。

❑ 第 5 段：使用 matplotlib 套件顯示轉換後的圖像。

❑ 第 6 段：儲存轉換後的圖像。使用 TensorFlow 套件的 save_img 函數儲存圖像，此函數有 5 個參數。第一個參數指定存檔名稱及其路徑；第二個參數 x 指定圖像之來源（張量或陣列格式之像素值資料）；第三個參數 data_format 指定通道位置，channels_first 或 channels_last 或 None；第四個參數 file_format 指定存檔類型，例如 BMP、JPEG、PNG、PDF、GIF 等，若省略此參數或指定為 None，則以第一個參數所指定的檔案之副檔名為準；第五個參數 scale 是否將像素值縮放為 0 與 255 之間，若來源資料已是介於 0 ～ 255 之間的數值，則 scale 設定為 True 或 False 均可。

此範例提供了四種不同模式的圖檔，請自行切換測試，即可觀察各種圖檔的屬性值。但請注意，部分圖檔不能轉換色彩模式（請參考範例檔的附註）。

4.2.4　Color Channel 顏色通道的意義

TensorFlow 神經網路模型的第一層必須指定輸入資料的形狀，圖片資料需要指定列數（高度）、行數（寬度）、通道數等三個資訊，例如 MNIST 手寫阿拉伯數字辨識資料集需指定 input_shape=(28, 28, 1)，括號內最後一個參數值就是通道數，通道數的多寡會因圖片色彩之不同而有差異，通道數必須被正確指定，否則模型無法運作。

在了解 Channel 通道的意義之前，我們以實際案例來觀察通道數的區別。從前述範例可看出，黑白圖片或灰階圖片的 Color Channel 顏色通道為 1，彩色圖片的 Color Channel 顏色通道為 3。在黑白圖片或灰階圖片之中，每一個圖點（每一個像素）會以一個數值來表示其顏色，例如 [0.]、[255.] 分別代表黑色及白色，彩色圖片的每一個圖點（像素）則以三個數值來表示其顏色，例如 [255. 255. 255.]、[128. 0. 128.] 分別代表白色及紫色。每一圖點的顏色以一個數值來表示者，其通道數為 1；每一圖點的顏色以三個數值來表示者，其通道數為 3。這兩種通道數是最常見的，另外一種稱之為「可攜式網路圖形」的圖片（副檔名為 PNG），其通道數為 4，因為該種圖片的每一點之顏色以四個數值來表示，這四個數值分別為紅綠藍三原色及透明度之等級（0 ～ 255）。

從本章第一節可知道，任一種顏色都是由「紅綠藍」這三種「原色」所混合出來的，那麼顏色與通道有什麼關係呢？黑白圖片或灰階圖片為何只需一個通道，而彩色圖片卻需要三個通道呢？我們可從電視及電腦螢光幕之成像原理來了解。螢光幕上每一點（每一像素）的顏色是由電子槍發出的電子束來控制的，電子槍有三支電子束分別轟擊螢光幕上的螢光粉單元，每一個螢光粉單元由三個相鄰的紅綠藍粉條組成，電子束的強弱由電壓控制，不同強度的電子束轟擊螢光粉，產生明亮度不同的紅綠藍光線，即可混合出不同的顏色（每一像素的顏色），這三個電子束有各自的通道，顏色產生的關鍵就來自這三個通道，故稱之為 Color Channel。早期的螢幕只能顯示黑白畫面，那是因為早期的映像管（亦稱為陰極射線管）只能發射一道電子束（一個通道），經由電子束的強弱來控制明亮度的變化。其後發展出的彩色映像管能夠同時發出三道電子束（三個通道），分別控制紅綠藍三原色的明亮度。彩色圖片每一個圖點的三個數值（例如 128, 0, 128），就是紅綠藍三原色的明亮等級，這些原色的明亮程度由三道不同強弱的電子束所控制。雖然目前，CRT 映像管已被 LCD 液晶顯示器取代，但其成像的基本原理沒變，仍是以電壓高低的方式，分別控制液晶分子單元上的紅綠藍濾光片之亮度，而產生不同的顏色。

4.2.5　影片的基本操作

前述為靜態圖片之處理，本段將說明如何使用 OpenCV 套件來處理動態的影片 Video，包括影片顯示、影片轉存圖片、圖片轉成影片等之操作。我們以 Z_Example

資料夾內的三個程式來示範，請開啟該等檔案，並對照下列之說明，即可理解。
「Prg_0404_Video_01.py」影片顯示之摘要說明：

❑ 第 1 段：使用 cv2 套件的 VideoCapture 方法建立影片檔的讀取物件（本例命名為 My_VideoCapture），括號內指定欲讀影片之檔名及其路徑。

❑ 第 2 段：建立影片顯示之視窗，並調整其大小及顯示位置。

❑ 第 3 段：使用前述已建立的物件 My_VideoCapture 之 read 函數讀取影片，並查看相關資訊。read 函數傳回兩個資訊，一個是檢測影片狀態的布林值，另一個是影片之內容（每一幀圖片的像素值），本例以 M_ReturnValue 及 M_image 兩個物件來接收。

若 M_ReturnValue 之值為 False，代表影片檔不存在（可能檔名或路徑不正確），則釋放已建立的物件、關閉已建立的視窗，然後結束程式。

若 M_ReturnValue 之值為 True，則使用的 get 方法取得影片的相關資料。在 get 方法中設定參數值 cv2.CAP_PROP_FPS，可取得影片的 FPS 每秒幀數（有關 FPS 之說明請見本章 4.1 節）。在 get 方法中設定參數值 cv2.CAP_PROP_FRAME_WIDTH，可取得影片的寬度。在 get 方法中設定參數值 cv2.CAP_PROP_FRAME_HEIGHT，可取得影片的高度。

❑ 第 4 段：顯示影片。使用 My_VideoCapture 物件的 read 函數讀取影片檔，可傳回影片之內容（每一幀圖片的像素值），但是每一次只會讀取一張圖片的資料，所以要將其置入 while 無限迴圈中，才能源源不絕地讀取影片中的每一幀圖片。read 函數讀取的圖片資料，要使用 cv2 套件的 imshow 函數來顯示。影片之所以會有動感，是因為連續播放靜態圖片的結果，故顯示某張圖片之後，要再次使用 read 函數讀取下一張圖片的資料，並將其顯示出來，但兩張圖片顯示的間隔必須適當，不能太長，也不能太短。如果圖片顯示的間隔時間太久，會變成慢動作，如果間隔太短，則會變成快轉前進，那麼該如何控制呢？

我們可使用 cv2 套件的 waitKey 函數來控制，此函數之括號內可指定等待的時間（單位是毫秒，1 秒 =1000 毫秒），舉例來說 cv2.waitKey(30)，就是每 30 毫秒（亦即千分之 30 秒）播放一張，也就是圖片顯示之間隔時間為 30 毫秒。若設定為 0 就會一直等待，直到使用者按下任一按鍵為止，但後續必須要有適當的指令來接續處理，否則會一直等待下去而不播放。

本範例將 waitKey 函數等待的時間設定為 33 毫秒，亦即每一幀圖片的顯示時間為 33 毫秒（圖片顯示之間隔時間為 33 毫秒），這是因為第 3 段程式已測出影片每秒幀數為 30，故將 waitKey 函數之參數值設定為 1000/30=33.3。因為 waitKey 函數之參數值必須為整數，所以使用 int 函數或 math 套件的 ceil 函數來處理，前者無條件捨去餘數，int(1000/30)=33，後者無條件進位，math.ceil(1000/30)=34。

waitKey 函數有等待按鍵的功能，可用來捕捉 User 在等待期間內按下了哪一個按鍵，以便控制程式的流程。本例使用 if key==ord('q') 或 key==27 來捕捉 User 的按鍵，當 User 按 Q 或 Esc 鍵，可中斷影片的播放（結束程式）。ord 函數傳回 ASCII 碼，ord('q') 傳回 113，Esc 鍵的 ASCII 碼為 27。另外使用下列指令來判斷 User 是否敲了視窗右上角的 X 號：

```
if not cv2.getWindowProperty('My_Window', cv2.WND_PROP_VISIBLE)
```

若 User 敲了視窗右上角的 X 號，則關閉視窗，停止繼續播放。

「Prg_0405_Video_02.py」影片轉存圖片之摘要說明：

❑ 第 1 段：設定來源檔及目標資料夾。本例的影片取自 MyData 資料夾的 Video_01_Dog.mp4，轉換後的圖片存入 D:/Test_Video，此目標資料夾無需事先手動建立，本程式會自動建立。

❑ 第 2 段：使用 os.path.isdir 偵測目標資料夾是否已存在，若存在，則使用 shutil.rmtree 刪除資料夾及其內的所有檔案和子資料夾，然後使用 os.mkdir 建立新資料夾。

❑ 第 3 段：使用 cv2 套件的 VideoCapture 方法建立影片檔的讀取物件（本例命名為 My_VideoCapture），括號內指定欲讀影片之檔名及其路徑。然後使用 My_VideoCapture 物件的 get 方法取得影片的相關資料，本例在 get 方法中設定參數值 cv2.CAP_PROP_FRAME_COUNT，取得影片的總幀數，作為後續 for 迴圈之處理次數。

❑ 第 4 段：使用 for 迴圈逐一將影片中的每一幀圖片存成檔案，其方法是使用 My_VideoCapture 物件的 read 函數讀取影片檔的內容（像素值資料），每一迴圈讀取一張圖片的資料，然後使用 cv2 套件的 imwrite 函數將圖片資料存成 jpg 檔。

imwrite 函數的第一個參數指定存檔之檔名及其路徑，第二個參數指定圖片之像素值資料（本例為 M_image），指令如下：

```
cv2.imwrite(output_folder +"/"+ "MyPic_" + str(count_A).zfill(4) + '.jpg',
M_image)
```

本例之檔名以 MyPic_ 開頭（前置碼），其後為 4 位的流水號，從 0000 至 9999，例如第一張圖片的檔名為 MyPic_0000，第二張圖片的檔名為 MyPic_0001，餘類推。為了便於排序及閱讀，流水號的長度必須固定，其方法是使用 zfill 填充 0 值之方法，在圖片序號的前面填補若干個 0，本例流水號的長度為 4，故在 zfill 括號內指定參數值 4，如果圖片序號的長度為 1，則填補 3 個 0，若圖片序號的長度為 2，則填補 2 個 0，餘類推。

如果影片檔較大，則耗用時間會較久，為避免 User 誤以為當機，所以我們使用下列指令來顯示工作的進度：

```
print("\r 目前進度：{}/{}".format(count_A+1 , M_frame_count), end='')
```

螢幕顯示如 1/1023 之儲存的進度，分子為目前幀數，分母為總幀數，分子會隨處理進度而不斷增加。{} 分別代表 format 格式化函數中的兩個參數，中間以 slash 斜線分隔，count_A 是 for 迴圈的計數器（由 0 起算），M_frame_count 為總幀數，end='' 代表不換行列印，顯示於螢幕的同一位置，可覆蓋前次的顯示。

「Prg_0406_Video_03.py」圖片轉成影片之摘要說明：

❑ 第 1 段：取得圖片的形狀資訊，並據以設定每一幀圖片的寬度與高度，寬度與高度之順序不能顛倒。

❑ 第 2 段：使用 cv2 套件的 VideoWriter_fourcc 函數設定影片類型，fourcc 是 Four Character Code 四字元代碼的縮寫，它是影片（視頻）解碼器的代號，不同代號可產生不同格式的影音（視頻）檔案，例如：*'mp4v'，可產生副檔名為 mp4 的影片檔，又如 *'XVID'，可產生副檔名為 avi 的影片檔。

❑ 第 3 段：使用 cv2 套件的 VideoWriter 類別建立影片（視頻）寫入物件（本例取名 Output_01）。第一個參數是影片的檔名及其路徑，第二個參數是所需的編碼器（亦即前述使用 VideoWriter_fourcc 函數所設定的影片類型），第三個參數是每秒

幀數（即每秒顯示多少張圖片，播放速率），第四個參數是圖片大小（尺寸），本例以第 1 段所取得的寬高資訊為準。

❑ 第 4 段：使用 glob 套件的 glob 函數取得特定資料夾之內的檔名及其路徑，以供後續程式讀取所需的圖片。glob 函數可搭配萬用字元，取回的資料格式為串列，例如

```
['./MyData/VideoPic_Dog\\MyPic_0000.jpg', ....... , './MyData/VideoPic_
Dog\\MyPic_1022.jpg']
```

❑ 第 5 段：使用 for 迴圈逐一將圖片寫入影片檔，先使用 cv2 套件的 imread 函數讀取圖片內容（像素值資料），然後使用前述已建立的影片寫入物件 Output_01，將圖片資料寫入影片檔。

4.3　傳統圖像辨識法的缺點

以往辨識圖像只能使用密集層所建構的神經網路模型（多層感知器），但績效不彰，直到 Convolution Layer 卷積層出現後才大為改觀，其原因稍後再解說，我們先以實際範例來比較兩者在辨識率上的差異。

請先執行 Z_Example 資料夾內的兩個範例程式，「Prg_0407_MNIST_A.py」與「Prg_0408_MNIST_B.py」，這兩個程式都以 MNIST 手寫阿拉伯數字集作為辨識對象。執行後可發現前者（使用密集層）的訓練集正確率為 0.975，測試集之正確率為 0.955，後者（使用卷積層）的訓練集正確率為 0.988，測試集之正確率為 0.971，卷積層的辨識率優於密集層。

> **説明**　手寫阿拉伯數字的結構較簡易，故使用密集層就有不差的辨識率，但若辨識對象為較複雜的圖形，則密集層的績效就會降低許多，而且處理對象為三通道的彩色圖時，將會很麻煩。除非訓練集的資料量極為龐大，且能夠含蓋各種可能的狀況，否則密集層所建構的模型難有好的辨識率。

範例檔「Prg_0407_MNIST_A.py」之摘要說明如下：

❑ 第1段：讀取訓練集資料 mnist_train.csv。

❑ 第2段：讀取測試集資料 mnist_test.csv。然後擷取測試集索引順序第 501 起的 30 筆資料將其顯示於螢幕，需先將該等資料轉成陣列格式，並轉換形狀，再使用 matplotlib 套件顯示（如圖 4-2）。

圖 4-2　測試集 30 筆之圖像

❑ 第3段：劃分訓練集的特徵與標籤，並轉成陣列格式。訓練集有 6 萬筆，每一筆是一張圖片的資料，每一筆有 785 欄，其中第 1 欄是標籤（標示圖片的阿拉伯數字），第 2～785 欄是圖片的像素值資料。像素值為介於 0～255 之間的數值，數值越大代表亮度越高，原圖為 28×28 的像素組成的灰階圖片（黑底白字），資料提供者已將二維的像素值資料展平為 784 欄，然後存入 mnist_train.csv，而成為訓練集，本例將其第 1 欄列入標籤，第 2～785 欄列入特徵。mnist_test.csv 為測試集，有 1 萬筆，其結構與前述訓練集相同。

❑ 第4段：建構模型。模型只有輸入與輸出兩層。輸入層的神經元數量設為 256，使用 relu 作為激發函數，輸入維度設為 784（因為訓練集的特徵有 784 欄）。輸出層的神經元數量設為 10（因為阿拉伯數字有十種），並以 softmax 作為激發函

數。模型以 sparse_categorical_crossentropy 稀疏分類交叉熵作為損失函數，並選用 Adam 優化器。

❏ 第 5 段：模型訓練及評估。批次大小設為 128，訓練 7 次。

❏ 第 6 段：對測試集（30 筆）進行預測，並顯示預測結果。模型 predict 之結果為機率（每一筆有 10 種可能之機率），故使用 for 迴圈搭配 np.argmax 函數找出機率最大者之位置，即為預測結果（因為位置的索引順序與阿拉伯數字的大小是一致的，故位置就是預測結果）。

範例檔「Prg_0408_MNIST_B.py」之摘要說明如下：

❏ 第 1 ～ 3 段：與前述相同。

❏ 第 4 段：將訓練集與測試集的特徵轉為四維陣列，以符合卷積層之輸入要求，形狀轉換函數之參數值依序為（筆數、列數、行數、通道數），筆數設為 -1，由 reshape 函數自動計算，列數及行數各為 28，因為本例辨識對象為灰階圖片，故通道數為 1（每一個圖點之顏色以一個數字表示）。

❏ 第 5 段：建構模型。使用卷積池化層取代密集層，為便於比較，採用與前述相同的激發函數、優化器及損失函數，卷積層與池化層的建構方式稍後再詳述。

❏ 第 6 段：模型訓練及評估。為便於比較，採用與前述範例相同的批次大小及訓練次數。

❏ 第 7 段：對測試集（30 筆）進行預測，並顯示預測結果。

4.4 卷積神經網路說明

使用密集層所建構的模型來辨識圖像的最大問題是「逐點比較」，也就是逐一比對圖點（像素），若其中任一圖點之值不同，就可能會被視為不同的圖片，但這是不切實際的。例如手寫同一數字（或文字），一定會有些許差異，即使同一人所寫都難以避免，這些差異可能肇因於起筆位置、下筆輕重、筆劃長短、字型大小、字體傾斜程度等因素。攝影作品也是如此，同一物（或人）會因拍攝角度或後製（放大、縮小、傾斜及調整明暗等）而造成差異，所以逐點比較不是一個理想的方式。

以圖 4-3 為例,左右兩張圖片中的阿拉伯數字都是 5,如果逐一比對圖點,則它們會被視為不同的阿拉伯數字,因為起始點就不相同,一個在 C2 的位置,另一個在 B2 的位置。左邊圖片第 2 列第 2 行(格位 B2)的像素值是 0(黑色),右邊圖片第 2 列第 2 行(格位 B2)的像素值卻是 255(白色),所以逐點比較的方法是有嚴重缺陷的,那該如何比較呢?

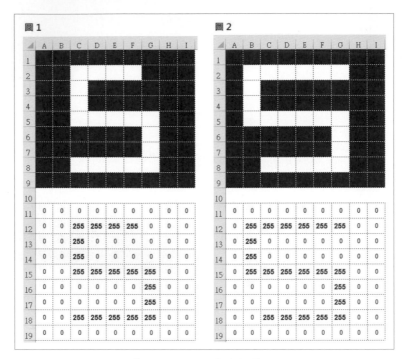

圖 4-3　同一數字的差異

4.4.1　卷積處理

以較大的範圍來辨識,而不是只靠單一像素來判定,例如使用 3×3(九個像素)所組成的區塊之特徵來比較。各區塊的特徵相同,就視為相同的圖像,如此即可克服逐點比較的缺陷,而大幅提高辨識速度及正確率。舉例來說,前述圖 4-3 是黑白(單色)圖片,由 9×9=81 個圖點組成,每一圖點的像素值不是 0(白色)就是 255(黑色),各點的像素值如圖 4-3 的下半部。

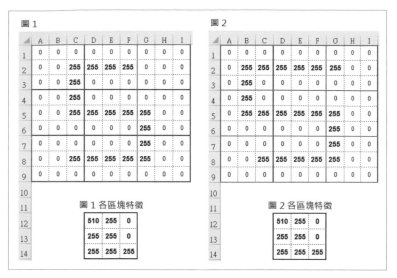

圖 4-4　擷取各區塊的特徵

　　我們將其劃分為 9 個區塊，每個區塊包含 3×3=9 個圖點，請見圖 4-4 的上半部。第一個區塊之範圍在格位 A1 ～ C3，第二個區塊的範圍為 D1 ～ F3，第三個區塊的範圍為 G1 ～ I3，第四個區塊的範圍為 A4 ～ C6，餘類推，最後一個區塊的範圍為 G7 ～ I9（圖片右下角的區塊），每一個區塊含有 9 個像素值，如圖以粗線框標示者。各區塊之值進行向前傳播運算（輸入值乘以權重，再加總），即可得出各區塊的特徵，如圖 4-4 下半部所示。比較左圖與右圖即可發現，原始圖片各點的像素值不完全相同，但各區塊的特徵值卻是相同的，例如左上角之值都是 510，右下角之值都是 255，所以經由區塊特徵來判定，這兩張圖片中的阿拉伯數字是相同的。這種找出區塊特徵的過程稱之為 Convolution Processing 卷積處理（或 Convolution Work 卷積工作），我們以實例來說明其處理方法。

　　我們沿用圖 4-4 的案例來說明，第一個區塊的範圍為格位 A1 ～ C3，該區塊的特徵值為 510，這個特徵值是如何算出的？計算各區塊的特徵值需要權重，權重的數量與您所劃分的區塊大小是相同的，以便區塊中的每一點都有一個對應的權重，本例的區塊大小為 3×3，故權重亦需 3×3=9 個。

　　請見圖 4-5，格位 A1 ～ I9 為原圖的像素值，分為 9 個區塊，格位 K1 ～ M3 為權重，與一般神經網路層之運算方式相同，初始權重通常隨機產生，經過反向傳播再

逐次調整（每一批次訓練調整一次），本例以 0 或 1 作為各圖點對應的權重。第一區塊之範圍在格位 A1 ～ C3，該區塊的特徵值為 510（格位 O1），其計算式如下：

=A1*K1+B1*L1+C1*M1+A2*K2+B2*L2+C2*M2+A3*K3+B3*L3+C3*M3

亦即 =0*1+0*0+0*0+0*0+0*0+255*1+0*0+0*1+255*1=510

	A	B	C	D	E	F	G	H	I	J	K	L	M	N	O	P	Q
1	0	0	0	0	0	0	0	0	0		1	0	0		510	255	0
2	0	0	255	255	255	255	0	0	0		0	0	1		255	255	0
3	0	0	255	0	0	0	0	0	0		0	1	1		255	255	255
4	0	0	255	0	0	0	0	0	0								
5	0	0	255	255	255	255	255	0	0			卷積權重				卷積結果	
6	0	0	0	0	0	0	255	0	0								
7	0	0	0	0	0	0	255	0	0								
8	0	0	255	255	255	255	255	0	0								
9	0	0	0	0	0	0	0	0	0								
10																	
11					原圖像素值												

圖 4-5　卷積處理

使用各圖點的像素值乘以對應的權重，再加總即可得出特徵值，其他區塊比照辦理，即可算出各個區塊的特徵值。在 Excel 中可使用 SUMPRODUCT 乘積總和函數，以簡化公式，例如第一區塊特徵值之計算式，可寫為 =SUMPRODUCT (A1:C3,K1:M3)，括號中指定兩個大小相同的範圍，第一個是原圖區塊的範圍，第二個是權重所在之範圍。九個區塊的特徵值如圖 4-5 的格位 O1 ～ Q3 所示。

在圖 4-5 之中，是以不重疊的方式來劃分區塊，實務上可以有多種不同的劃分方式。不同區塊可以部份重疊，例如取格位 A1 ～ C3 作為第一個區塊，然後取格位 C1 ～ E3 作為第二個區塊；亦可間隔若干圖點，再取下一個區塊，例如取格位 A1 ～ C3 作為第一個區塊，然後取格位 E1 ～ G3 作為第二個區塊；區塊也不一定是要正方形，例如取格位 A1 ～ D3 作為第一個區塊，那麼它的寬度是 4 個圖點，高度為 3 個圖點。如何設定區塊的大小及間隔較適當呢？端視所處理的對象而定。

從前述之處理過程可看出，Convolution Processing 卷積處理包含「捲動＋點積」兩個動作，首先是切割區塊，這個動作是移動（或稱滑動）一個固定大小的視窗來擷取圖像上的像素值資料，擷取數量決定於視窗大小，擷取一個區塊的資料後，再

向右（或向下）移動一定的距離，再擷取另一個區塊的資料，直到全部資料擷取完畢為止，每移動（或滑動）一次，就捲起若干個像素值，然後進行 Dot Product 點積運算，以產生該區塊的特徵，各區塊的特徵產生後即完成卷積處理。建議讀者執行 Z_Example 資料夾內的「CNN_Convolution_Work.gif」，經由這個動畫的播映，可以更清楚地了解整張圖片的卷積處理過程。

> 説明　Convolution 譯為「卷積」，是十分貼切而傳神的翻譯，因為圖像特徵之擷取需要「捲動」與「點積」兩個動作。點積運算是矩陣乘法的一種，用以達成向前傳播之計算，詳細說明請見本書附錄 A 的問答集 QA_30。通常「捲動」使用提手旁的「捲」，沒有提手旁的「卷」，則含有捲成圓筒狀之意，這兩字可通用。

在圖 4-5 之案例中，每一區塊的大小設定為 3×3，區塊之間不重疊，所以整張圖片的全部圖點都納入了適當的區塊。如果每一區塊的大小設定為 4×4，區塊之間不重疊，那麼剩下最右一行及最下一列的圖點要如何處理？我們稍後再來說明。卷積處理在 TensorFlow 之中可使用 Convolutional layer 卷積層來達成，這個網路層除了可設定初始權重之外，同樣可加入激發函數及偏權值，我們稍後再以實際範例來說明。

4.4.2　池化處理

卷積處理之後，尚可接續進行 Pooling Processing 池化處理，這項處理可說是從特徵中再取出特徵，其處理過程與 Convolution Processing 卷積處理類似但不相同，沒有權重，無需加權計算，只取出各區塊的最大值或平均值作為特徵，池化處理可以減少資訊量，提升運算速度，我們以實例來解說。

> 説明　卷積處理之後不一定要進行池化處理，是否需要端視案例而定，若無法提高辨識率，就應考慮不使用。

圖 4-6 之中，格位 A1 ～ C3 是前述卷積處理的結果，若要對其進行池化處理，則需先劃分區塊，這次我們將區塊大小設定為 2×2，每一個區塊含有 4 個元素，第一個區塊取自格位 A1 ～ B2，擷取結果如圖中的格位 E1 ～ F2 所示，第二個區塊之

擷取採用部分重疊法，取自格位 B1 ～ C2，擷取結果如圖中的格位 H1 ～ I2 所示，第三個區塊之擷取亦採用部分重疊法，取自格位 A2 ～ B3，擷取結果如圖中的格位 E4 ～ F5 所示，第四個區塊之擷取亦採用部分重疊法，取自格位 B2 ～ C3，擷取結果如圖中的格位 H4 ～ I5 所示。

　　劃分區塊之後要取出各區塊的特徵，取出方式有多種，第一種稱為 Max pooling「最大池化」，也就是取出各區塊的最大值作為特徵，例如第一個區塊（格位 E1 ～ F2）的最大值為 510，第二個區塊（格位 H1 ～ I2）的最大值為 255，餘類推。第二種稱為 Average pooling「平均池化」，也就是取出各區塊的平均值作為特徵，例如第一個區塊（格位 E1 ～ F2）的平均值為 319，第二個區塊（格位 H1 ～ I2）的平均值值為 128，餘類推。第三種稱為 Global max pooling「全局最大池化」，也就是不劃分區塊，直接從卷積結果（格位 A1 ～ C3）取出最大值作為特徵，本例為 510（格位 K7）。第四種稱為 Global average pooling「全局平均池化」，也就是不劃分區塊，直接從卷積結果（格位 A1 ～ C3）取出平均值作為特徵，本例為 227（格位 K9）。經過研究證實，Max pooling 的效果比 Average pooling 好，故目前大多數的案例都使用「最大池化」。

▎圖 4-6　池化處理

　　請讀者執行 Z_Example 資料夾內的「CNN_Pooling_Work.gif」，經由這個動畫的播映，可以更清楚地了解池化處理的過程。此外，在 Z_Example 資料夾內的「0401_CNN_解說之一.xlsx」，提供了前述卷積與池化處理的完整過程。該檔 A01 工作表呈現了兩張圖片及其像素值，同樣是阿拉伯數字 5，但其位置與筆畫長短不同。該檔 B01 工作表是第一張圖片的卷積與池化處理過程，B02 工作表是第二張圖片

的卷積與池化處理過程。這兩張圖片的卷積結果及池化結果都是相同的（特徵都相同），請參考相關格位內的公式，將有助於了解卷積與池化的計算方式。

4.4.3 彩色圖片之卷積處理

前述卷積處理的對象是單色圖，如果處理對象是彩色圖，則其處理過程稍有不同。因為單色圖每一圖點的顏色以一個像素值來表示（灰階圖亦同），而彩色圖每一圖點的顏色是以三個像素值來表示（亦即 RGB 三原色數值），故彩色圖之卷積處理需分別對此三種數值進行「捲動」與「點積」，然後加總其結果而成為區塊的特徵，我們以實例來說明較易了解。

請開啟 Z_Example 資料夾內的「0402_CNN_ 解說之二 .xlsx」，該檔展示了彩色圖像的卷積與池化過程，其處理對象如圖 4-7 上半部的彩色阿拉伯數字，該圖下半部為各圖點的三原色數值，每一圖點的數值有 3 個，並以括號括住，例如第二列第三行（格位 C3）為紅色，其三原色數值為 (255 0 0)。

	A	B	C	D	E	F	G	H	I
1									
2									
3									
4									
5									
6									
7									
8									
9									

(255 255 255) (255 255 255) (255 255 255) (255 255 255) (255 255 255) (255 255 255) (255 255 255) (255 255 255) (255 255 255)

(255 255 255) (255 255 255) **(255 0 0)** **(255 0 0)** **(255 0 0)** **(255 0 0)** (255 255 255) (255 255 255) (255 255 255)

(255 255 255) (255 255 255) **(0 128 0)** (255 255 255) (255 255 255) (255 255 255) (255 255 255) (255 255 255) (255 255 255)

(255 255 255) (255 255 255) **(0 128 0)** (255 255 255) (255 255 255) (255 255 255) (255 255 255) (255 255 255) (255 255 255)

(255 255 255) (255 255 255) **(0 0 128)** **(0 0 128)** **(0 0 128)** **(0 0 128)** **(0 0 128)** (255 255 255) (255 255 255)

(255 255 255) (255 255 255) (255 255 255) (255 255 255) (255 255 255) (255 255 255) **(0 0 255)** (255 255 255) (255 255 255)

(255 255 255) (255 255 255) (255 255 255) (255 255 255) (255 255 255) (255 255 255) **(0 0 255)** (255 255 255) (255 255 255)

(255 255 255) (255 255 255) **(102 51 0)** **(102 51 0)** **(102 51 0)** **(102 51 0)** **(102 51 0)** (255 255 255) (255 255 255)

(255 255 255) (255 255 255) (255 255 255) (255 255 255) (255 255 255) (255 255 255) (255 255 255) (255 255 255) (255 255 255)

▌圖 4-7 彩色圖像

彩色圖像與單色圖像在卷積處理上的最大不同是，要進行三次的「捲動」與「點積」處理，亦即對各圖點的 RGB 三原色數值各進行一次卷積。圖 4-8 的左上角（格位 A1 ～ I9）是前述彩色阿拉伯數字的 Red 色度值，該等數值取自圖 4-7 下半部括號內的第 1 個數字。我們仍使用 3×3 的視窗進行捲動，每個捲動區塊包含 9 個圖點，每次捲動之後的位移量為三個圖點，整個圖像劃分為 9 個區塊。格位 K1 ～ M3 是計算區塊特徵所需的權重，格位 O1 ～ Q3 則是卷積結果，亦即各區塊的特徵值。第一區塊之範圍在格位 A1 ～ C3，該區塊的特徵值為 2550（格位 O1），其計算式如下：

=A1*K1+B1*L1+C1*M1+A2*K2+B2*L2+C2*M2+A3*K3+B3*L3+C3*M3

亦即 =255*1+255*0+255*0+255*2+255*0+255*2+255*3+255*2+0*0=2550

	A	B	C	D	E	F	G	H	I	J	K	L	M	N	O	P	Q
1	255	255	255	255	255	255	255	255	255		1	0	0		2550	2550	2550
2	255	255	255	255	255	255	255	255	255		2	0	2		2040	1530	1275
3	255	255	0	255	255	255	255	255	255		3	2	0		2244	1938	1989
4	255	255	0	255	255	255	255	255	255								
5	255	255	0	0	0	0	0	255	255		R 卷積權重				R 卷積結果		
6	255	255	255	255	255	255	0	255	255								
7	255	255	255	255	255	255	0	255	255								
8	255	255	102	102	102	102	102	255	255								
9	255	255	255	255	255	255	255	255	255								
10																	
11	R 紅色像素值																

圖 4-8　彩色圖像卷積之一

圖 4-9 的左上角（格位 A1 ～ I9）是前述彩色阿拉伯數字的 Green 色度值，該等數值取自圖 4-7 下半部括號內的第 2 個數字。格位 K1 ～ M3 是計算區塊特徵所需的權重，格位 O1 ～ Q3 則是卷積結果，計算方式與前述相同（區塊之值乘以對應的權重再加總）。

	A	B	C	D	E	F	G	H	I	J	K	L	M	N	O	P	Q
1	255	255	255	255	255	255	255	255	255		0	0	1		1403	1020	2040
2	255	255	0	0	0	0	255	255	255		1	1	2		1403	1020	1275
3	255	255	128	255	255	255	255	255	255		2	0	1		1632	1224	1836
4	255	255	128	255	255	255	255	255	255								
5	255	255	0	0	0	0	0	255	255			G 卷積權重				G 卷積結果	
6	255	255	255	255	255	255	0	255	255								
7	255	255	255	255	255	255	0	255	255								
8	255	255	51	51	51	51	51	255	255								
9	255	255	255	255	255	255	255	255	255								
10																	
11	G 綠色像素值																

▌圖 4-9　彩色圖像卷積之二

	A	B	C	D	E	F	G	H	I	J	K	L	M	N	O	P	Q
1	255	255	255	255	255	255	255	255	255		0	1	1		1785	2040	2550
2	255	255	0	0	0	0	255	255	255		0	2	0		2295	2296	2550
3	255	255	0	255	255	255	255	255	255		1	2	3		2550	2040	2550
4	255	255	0	255	255	255	255	255	255								
5	255	255	128	128	128	128	128	255	255			B 卷積權重				B 卷積結果	
6	255	255	255	255	255	255	255	255	255								
7	255	255	255	255	255	255	255	255	255								
8	255	255	0	0	0	0	0	255	255								
9	255	255	255	255	255	255	255	255	255								
10																	
11	B 藍色像素值																

▌圖 4-10　彩色圖像卷積之三

　　圖 4-10 的左上角（格位 A1 ～ I9）是前述彩色阿拉伯數字的 Blue 色度值，該等數值取自圖 4-7 下半部括號內的第 3 個數字。格位 K1 ～ M3 是計算區塊特徵所需的權重，格位 O1 ～ Q3 則是卷積結果，計算方式與前述相同（區塊之值乘以對應的權重再加總）。

　　RGB 三原色數值各進行一次卷積之後，將對應的特徵值加總，即可得出整張彩色圖像的卷積結果。圖 4-11 左上角（格位 A1 ～ C3）就是圖 4-7 彩色阿拉伯數字的卷積結果，共計 9 個特徵值，其中第一個特徵值 5738 之計算式如右：2550+1403+1785=5738。

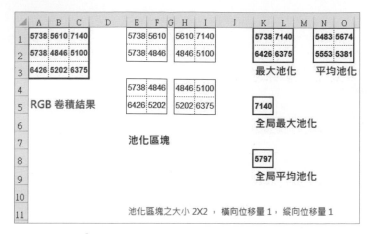

▌圖 4-11　彩色圖像之卷積結果與池化

2550 是 Red 色度值卷積結果的第一個特徵（取自圖 4-8 格位 O1），1403 是 Green 色度值卷積結果的第一個特徵（取自圖 4-9 格位 O1），1785 是 Blue 色度值卷積結果的第一個特徵（取自圖 4-10 格位 O1）。比照此計算方式即可求得圖 4-11 左上角的其他 8 個特徵值。

　　彩色圖像的池化處理與單色（或灰階）圖像相同，先將卷積處理結果劃分為多個區塊，再求取各區塊特徵。本例將區塊大小設定為 2×2，每一個區塊含有 4 個元素，第一個區塊取自格位 A1 ～ B2，擷取結果如圖 4-11 的格位 E1 ～ F2 所示，第二個區塊之擷取採用部分重疊法，取自格位 B1 ～ C2，擷取結果如圖中的格位 H1 ～ I2 所示。仿照前述方式，可產生第三個區塊（格位 E4 ～ F5）及第四個區塊（格位 H4 ～ I5）。

　　劃分區塊之後，即可求出池化結果，最大池化如格位 K1 ～ L2 所示，平均池化如格位 N1 ～ O2 所示，全局最大池化如格位 K5 所示，全局平均池化如格位 K8 所示。

　　Z_Example 資料夾內的「0402_CNN_ 解說之二 .xlsx」含有 4 張工作表，A00 工作表呈現如圖 4-7 的彩色圖像及其三原色數值，A01 ～ A03 工作表展示了完整的卷積與池化過程，請參閱相關格位內的公式，即可了解彩色圖像的卷積與池化處理方式。

　　彩色圖像的卷積與池化處理之 Python 程式請參考 Z_Example 資料夾內的「Prg_0409_Conv2D_01.py」，茲摘要說明如下：

❑ 第 1 段：使用 TensorFlow 套件的 load_img 函數載入彩色圖片檔 Test_RGB_ Analysis_01.bmp，並顯示該圖檔的色彩模式及尺寸等資訊。load_img 函數的第一個參數指定圖檔之檔名及其路徑，第二個參數 color_mode 指定色彩模式為 rgb，第三個參數 target_size 指定圖片大小為 None（亦即不改變圖片尺寸）。

❑ 第 2 段：使用 matplotlib 套件顯示前述載入的圖檔。

❑ 第 3 段：將圖片的像素值資料轉成陣列，然後使用 reshape 函數將其格式轉成四維陣列（筆數, 列數, 行數, 通道數），以符合模型的輸入要求。

❑ 第 4 段：建構神經網路模型。建立一個二維卷積層，該網路層各種參數的用法將於稍後說明，M_Weights 是一個三維陣列，內含卷積處理所需的三組權重。

❑ 第 5 段：使用模型的 predict 方法顯示卷積層的輸出。此輸出資料的格式為三維陣列，為便於比較及查看，本程式將其轉成二維陣列，其結果與圖 4-11 左上角（格位 A1 ～ C3）完全相同。

❑ 第 6 段：建立一個最大池化層。該網路層各種參數的用法將於稍後說明。

❑ 第 7 段：使用模型的 predict 方法顯示池化層的輸出。欲顯示池化層的輸出，必須先將第 5 段 mark 起來（停用卷積層的 predict），然後移除第 6 段及第 7 段的 mark 標記（三個雙引號的註解符號）。

4.5　在 TensorFlow 中使用卷積層

　　了解卷積與池化的原理之後，接下來說明 TensorFlow 如何使用卷積與池化功能來進行圖像辨識。TensorFlow 提供了卷積層與池化層，利用這兩種網路層，就可輕易地建構出 Convolutional Neural Network 卷積神經網路（簡稱 CNN）。卷積神經網路包含三個主要網路層：Convolution layer 卷積層、Pooling layer 池化層、Fully Connected layer 全連接層，我們以實例來說明。

　　本章第 4.3 節使用範例檔「Prg_0408_MNIST_B.py」來辨識手寫阿拉伯數字，有不錯的正確率，其關鍵是在第 5 段使用了卷積層與池化層來建構神經網路模型，本節詳細說明該等網路層的用法。

▌表 4-4　程式碼：卷積層與池化層的用法

01	MyModel=tf.keras.models.Sequential()
02	MyModel.add(tf.keras.layers.Conv2D(filters=32, kernel_size=(3,3),
03	strides=(2,2), padding='same', activation='relu',
04	input_shape=(28,28,1), data_format='channels_last'))
05	MyModel.add(tf.keras.layers.MaxPool2D(pool_size=(2,2), strides=(1,1),
06	padding='same'))
07	MyModel.add(tf.keras.layers.Flatten())
08	MyModel.add(tf.keras.layers.Dense(units=10, activation='softmax'))
09	MyModel.compile(optimizer=tf.keras.optimizers.Adam(learning_rate=0.001),
10	loss='sparse_categorical_crossentropy', metrics=['accuracy'])

　　表 4-4 是建構卷積神經網路模型的摘要程式，其中第 2 ～ 4 行使用 Conv2D 類別建立卷積層。卷積層與其他網路層（例如密集層、循環層）一樣，可使用 activation 設定激發函數（本例使用 relu），use_bias 設定是否使用偏權值（內定 True），kernel_initializer 設定初始權重（若省略不寫，則使用內定的 glorot_uniform 均勻分布初始化器隨機產生），bias_initializer 設定初始偏權值（若省略不寫，則內定為 0）。若卷積層為神經網路模型的第一層，則同樣需使用 input_shape 來指定輸入資料的形狀，本例手寫阿拉伯數字為 28 列 28 行 1 通道的資料集，故設定為 (28, 28, 1)，另外使用 data_format 指定通道順序（通道在資料形狀的位置），內定 channels_last 是指通道位於列數及行數之後（input_shape 的第 3 個參數值）；若指定為 channels_first，則是指通道位於列數及行數之前（input_shape 的第 1 個參數值）。與其他網路層不同的是，需使用 filters、kernel_size、padding 及 strides 等四個參數來設定卷積方式。

> **說明**　建構模型的卷積層時，通常無需設定初始權重，因為 TensorFlow 會隨機設定。當卷積層擷取區塊之後，會利用權重來計算特徵值，同一組權重會作用於同一圖像的不同區塊，此種概念稱之為「權重共享」，但是不同批次的權重會調整，亦即模型訓練時，每批次之反向傳播會調整一次。

4.5.1　kernel_size 卷積核大小

卷積層的特色是能夠使用固定大小的視窗來擷取輸入資料，然後乘以權重，進而產生區塊的特徵值，這個視窗的大小就是由參數 kernel_size 來設定。例如圖 4-5 的卷積處理是使用 3×3 大小的視窗來擷取輸入資料（每一個區塊擷取 9 個數值），所以須將 kernel_size 設定為 (3, 3)，括號內分別指定高度（列數）及寬度（行數），必須為大於 0 的整數，兩者無需相同，但若相同，則指定一個參數值即可，本例可設定為 kernel_size=3。

4.5.2　strides 滑動步長

卷積層從圖形左上角開始擷取輸入資料，以圖 4-5 的卷積處理為例，因為 kernel_size 設定為 (3, 3)，所以第一個區塊的擷取範圍為格位 A1 ～ C3，第二個區塊仍然是 3×3 的大小，但要從哪裡開始擷取呢？擷取位置決定於參數 strides 的設定值，如果 strides=(3, 3)，則代表每一次擷取之後要將視窗往右（或往下）滑動 3 個圖點，再擷取下一個區塊的資料。以圖 4-5 為例，擷取第一個區塊的資料之後，要將視窗左上角往右移動 3 個圖點，再擷取下一個區塊的資料，所以第二個區塊的擷取範圍為格位 D1 ～ F3。擷取視窗先橫向移動，至圖像的右邊界之後，再縱向移動，橫向移動的步長（圖點數）決定於 strides 的第 2 個參數值（width 寬度），縱向移動的步長（圖點數）決定於 strides 的第 1 個參數值（height 高度）。strides 括號內的參數值不一定要相同，若相同，則指定一個參數值即可，本例可設定為 strides=3。strides 的參數值必須為大於 0 的整數，若省略不寫，則會使用內定值 1 作為滑動步長（亦即擷取視窗的位移量為 1）。strides 參數值越小，所能擷取的區塊越多，所能產生的特徵數也越多。

4.5.3　padding 填充方式

在圖 4-5 的案例中，我們將 kernel_size 卷積核大小設定為 (3, 3)，亦即每一區塊擷取 3×3=9 個數值，同時將 strides 滑動步長設定為 (3, 3)，所以整張圖片的圖點都納入了適當的區塊。但如果將 kernel_size 卷積核大小設定為 (4, 4)，並將 strides 滑動步長設定為 (4, 4)，則整張圖片可擷取出 4 個區塊（如圖 4-12 所示），那麼剩下最右

一行（格位 I1 ～ I9）及最下一列（格位 A9 ～ I9）的圖點要如何處理？有兩種處理方式，可使用 padding 參數來設定。

	A	B	C	D	E	F	G	H	I
1	0	0	0	0	0	0	0	0	0
2	0	0	255	255	255	255	0	0	0
3	0	0	255	0	0	0	0	0	0
4	0	0	255	0	0	0	0	0	0
5	0	0	255	255	255	255	255	0	0
6	0	0	0	0	0	0	255	0	0
7	0	0	0	0	0	0	255	0	0
8	0	0	255	255	255	255	255	0	0
9	0	0	0	0	0	0	0	0	0

▌圖 4-12　部分圖點未納入卷積範圍

　　padding 的參數值可設定為 valid 或 same，如果設定為 valid（內定值），則會捨去剩下的圖點，例如圖 4-12 的案例，在捲動之後只產生 4 個區塊，最右一行及最下一列的圖點都不納入特徵之計算。這種擷取方式較簡易，但有一個缺點，就是圖像的部分內容未納入模型的訓練，可能會影響圖像的辨識率。將 padding 的參數值設定為 same，即可彌補前述的缺憾。此法是在圖像的周邊填補若干行（或若干列）的圖點，這些圖點的像素值一律設為 0，捲動視窗會將圖像邊緣的資料與填補的 0 值一起納入擷取區塊，如此即不會遺漏圖像的任何部分。以圖 4-12 的案例而言，因為卷動區塊的大小為 4×4，且滑動步長為 (4, 4)，所以必須填補 3 行及 3 列，如此即可產生 9 個區塊，並將原圖像最右一行（格位 I1 ～ I9）及最下一列（格位 A9 ～ I9）的圖點納入特徵之計算。

　　需要填補多少行及多少列的圖點，決定於原圖大小、kernel_size 卷積核尺寸及 strides 滑動步長，其計算公式如下：

　　卷積結果的行數＝ Roundup（原圖像的行數 ÷ 滑動步長的行數）

　　填補行數＝（卷積結果的行數－1）× 滑動步長的行數＋卷積核的行數－原圖像的行數

　　上述公式可算出需要填補的行數（寬度），至於需要填補的列數（高度）可比照辦理，將上述公式中的行數改為列數即可，我們以實例來說明。

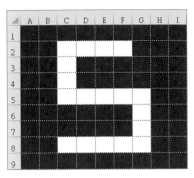

▌圖 4-13　填充範例之一

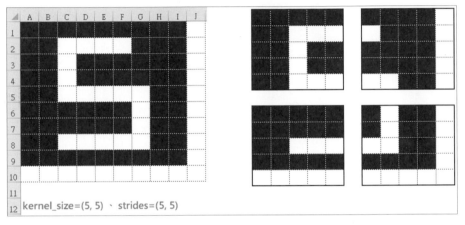

▌圖 4-14　填充範例之二

圖 4-13 是原始圖像（格位 A1 ～ I9），高度 9 列、寬度 9 行，如果 kernel_size 卷積核尺寸設定為 5，strides 滑動步長亦設定為 5，則需要填補多少行及多少列？將相關數據套入前述公式，可得出：

卷積結果的行數 =Roundup(9/5,0)=2

填補行數 =(2-1)*5+5-9=1

比照前述公式，可得出填補列數亦為 1，本例需填補 1 行（如圖 4-14 的格位 J1 ～ J10），另需填補 1 列（如圖 4-14 的格位 A10 ～ J10）。因為原圖像的高度有 9 列，寬度有 9 行，所以填補 1 列 1 行之後變成 10 列 10 行，而卷積核的大小為 5×5，故卷積結果可產生 4 個區塊（如圖 4-14 的右方），卷積結果的大小為 2×2，亦即有 2 列及 2 行，前述公式中所謂「卷積結果的行數」，就是指橫向的區塊數量，「卷積

結果的列數」則是指縱向的區塊數量。公式中的 Roundup，意指無條件進位；在 Python 中可使用 math 套件的 ceil 函數來計算，例如 math.ceil(5/2)=3；在 Excel 中可用 roundup 函數來計算，例如 roundup(5/2,0)=3，括號中的第二個參數是指小數位數。

我們再舉一個較複雜的例子，仍然沿用圖 4-13 的圖像（尺寸 9×9），但 kernel_size 卷積核尺寸設為 6（捲動視窗的大小為 6×6），strides 滑動步長設定為 (3, 1)，亦即捲動視窗橫向移動每次 1 行，縱向移動每次 3 列，在此條件下，需要填補多少行及多少列？將相關數據套入前述公式，可得出：

卷積結果的行數 =Roundup(9/1,0)=9

填補行數 =(9-1)*1+6-9=5

卷積結果的列數 =Roundup(9/3,0)=3

填補列數 =(3-1)*3+6-9=3

本例需填補 5 行（如圖 4-15 的 A、B、L、M、N 等五欄），另需填補 3 列（如圖 4-15 的 1、11、12 等三列）。

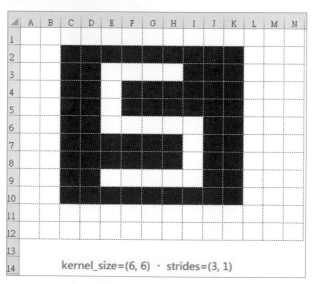

kernel_size=(6, 6)、strides=(3, 1)

▌圖 4-15　填充範例之三

需注意的是，TensorFlow 並不是一律在原圖像的右邊或下方填補所需的圖點，而是在原圖像的四周均勻擴增，先右再左，先上後下，盡可能減少左右（行）或上下（列）的差距（最多只差一行或一列），讓原始圖像在填補之後仍保持在中央的位置。左右方填補行數可用下列公式計算：

左方需填補行數＝ INT（填補行數 ÷ 2）

右方需填補行數＝填補行數－左方需填補行數

根據前述計算結果，本例共需填補 5 行，將此數套入上述公式，可得出左方需填補行數為 2，右方需填補行數為 5-2=3。上述公式中的 INT 是無條件捨去小數之意，在 Python 中可使用 math 套件的 floor 函數來計算，例如 math.floor(5/2)=2；在 Excel 中可用 INT 函數來計算。

上下方填補列數可比照前述公式計算，將行數改為列數即可。根據前述計算結果，本例共需填補 3 列，故上方需填補列數為 int(3÷2)=1，下方需填補列數為 3-1=2。更多的填補範例請參考 Z_Example 資料夾內的「0403_CNN_解說之三 .xlsx」，茲摘要說明其內容如下：

❏ A01 工作表→卷積範圍示意圖。當 kernel_size 卷積核尺寸為 4，strides 滑動步長為 4，且 padding 填充方式為 valid 時，只產生 4 個卷動區塊，部分圖點（最右一行及最下一列）未納入特徵之計算。

❏ B00 工作表→原始圖像。黑底白字的阿拉伯數字圖，有 9×9=81 個圖點，亦即高度有 9 列，寬度有 9 行。

❏ B01 工作表→填充示意圖。kernel_size=(5, 5)、strides=(5, 5)，當 padding=same 時，右方需填補 1 行，下方需填補 1 列。

❏ B02 工作表→填充示意圖。kernel_size=(4, 4)、strides=(4, 4)，當 padding=same 時，左方需填補 1 行，右方需填補 2 行，上方需填補 1 列，下方需填補 2 列。

❏ B03 工作表→填充示意圖。kernel_size=(5, 5)、strides=(1, 1)，當 padding=same 時，左方需填補 2 行，右方需填補 2 行，上方需填補 2 列，下方需填補 2 列。

❏ B04 工作表→填充示意圖。kernel_size=(6, 6)、strides=(3, 1)，當 padding=same 時，左方需填補 2 行，右方需填補 3 行，上方需填補 1 列，下方需填補 2 列。

B01 ～ B04 工作表詳列了填補行數及填補列數的計算公式，並提供了 padding=valid 與 padding=same 的卷積結果。TensorFlow 的說明文件指出「When padding="same" and strides=1, the output has the same size as the input.」。

當 padding 填充方式設定為 same 且 strides 滑動步長設定為 1 時，輸出與輸入大小相同。輸出大小是指卷積結果的尺寸，輸入大小是指原圖像的尺寸，前述 B03 工作表的 padding 及 strides 之設定就符合此條件，故其卷積結果有 9×9=81 個特徵，原圖像的尺寸有 9×9=81 個圖點，故其輸出與輸入大小相同。

卷積層第一個卷積（第一個捲動視窗）的起點會因 padding 之設定差異而不同，當 padding=valid 時，起點為原始圖像的左上角，當 padding=same 時，起點為填補後的左上角。以 B04 工作表的範例而言，當 padding=valid 時，起點為格位 C3，當 padding=same 時，起點為格位 A1，請查閱該工作表格位 K17 及 S17 內的公式即可了解。

前述 B04 工作表的卷積結果與卷積起點可用 Python 程式來驗證，請執行 Z_Example 資料夾內的「Prg_0410_padding_A.py」即可得出相同的結果，茲摘要說明如下：

❑ 第 1 段：建立圖片所需的像素值資料（9×9 的黑白圖片）。

❑ 第 2 段：顯示圖片（阿拉伯數字 5、黑底白字）。

❑ 第 3 段：轉成資料型態為浮點數之四維陣列，以符合模型的輸入要求。

❑ 第 4 段：建構模型。M_Weights 為初始權重，6×6 的二維陣列，與卷積核的大小相同。使用 Conv2D 類別建立二維卷積層，kernel_size 卷積核大小設定為 (6, 6)，strides 滑動步長設定為 (3, 1)，不使用激發函數，也不使用偏權值。

❑ 第 5 段：使用模型的 predict 方法顯示卷積結果。本例 predict 之輸出為四維陣列，為便於查看及比較（與 Excel 的產出比對），本程式將其轉成二維陣列，再顯示於螢幕。

說明 padding 有 valid 及 same 兩個參數值可用，valid 是指所擷取的範圍限於有效資料（亦即原始圖像內的資料，而不含虛擬的資料），若參數值設定為 same，且 strides 滑動步長設定為 1，則輸出大小（卷積結果）會與輸入資料的大小相同，這是參數值定名為 same 的來由。

4.5.4　filters 濾鏡數量

　　filters 濾鏡（亦稱為濾波器），此參數可決定局部特徵的組數，如果 filters 設定為 1，則會產生一組局部特徵，如果設定為 2，則會產生兩組局部特徵，餘類推。每一個 filters 會有一組不同的權重，所以會產生不同的局部特徵值。特徵越多，辨識效果越好，就如同鳶尾花的分類辨識，除了根據花萼及花瓣的長寬來分辨之外，若能加入顏色及氣味等特徵，自然會有更高的辨識率。不同濾鏡使用不同的權重來計算同一卷積範圍的卷積結果，故會產生不同的特徵，這些特徵會共同預測結果（模型輸出），假設一個卷積層產生 3×3=9 個局部特徵，且設定 filters=2，則每一張圖像會產生 9×2=18 個特徵。理論上，濾鏡數量越多，辨識效果越好，但濾鏡達於一定數量之後，所能提高的辨識率有限，故無需太多，否則徒增耗用時間及處理空間。在很多案例中，增加 filters 濾鏡不如增加卷積層來得有效，因為不同的卷積層可以設定不同尺寸的捲動視窗，以不同大小的範圍來擷取不同的特徵。

　　我們以實例來說明 filters 濾鏡數量對卷積結果的影響，圖 4-16 的左方是原圖的像素值（格位 A1 ～ I9），如果 kernel_size 卷積核大小設定為 3、strides 滑動步長亦設定為 3，則會產生 9 個區塊，此時若將 filters 濾鏡數量設定為 2，則會產生兩組卷積結果（局部特徵），第一組特徵（格位 O1 ～ Q3）是根據第一組權重（格位 K1 ～ M3）產生的，第二組特徵（格位 O6 ～ Q8）是根據第二組權重（格位 K6 ～ M8）產生的。

	A	B	C	D	E	F	G	H	I	J	K	L	M	N	O	P	Q
1	0	0	0	0	0	0	0	0	0		1	2	1		0	510	0
2	0	0	255	255	255	255	0	0	0		0	2	0		255	510	255
3	0	0	255	0	0	0	0	0	0		1	2	0		0	510	255
4	0	0	255	0	0	0	0	0	0		濾鏡 1 的權重				卷積結果 1		
5	0	0	255	255	255	255	255	0	0								
6	0	0	0	0	0	0	255	0	0		2	0	0		255	765	0
7	0	0	0	0	0	0	255	0	0		1	2	0		0	765	255
8	0	0	255	255	255	255	255	0	0		0	1	1		0	765	765
9	0	0	0	0	0	0	0	0	0		濾鏡 2 的權重				卷積結果 2		

▌圖 4-16　濾鏡數量影響卷積結果

　　請查看 Z_Example 資料夾內的範例檔「0404_CNN_解說之四 .xlsx」之內的公式，即可得知其產生方式。

前述「0404_CNN_解說之四 .xlsx」的卷積結果可用 Python 程式來驗證，請執行 Z_Example 資料夾內的「Prg_0411_filters_A.py」即可得出相同的結果，茲摘要說明如下：

❏ 第1段：建立圖片所需的像素值資料（9×9 的黑白圖片）。

❏ 第2段：顯示圖片（阿拉伯數字5、黑底白字）。

❏ 第3段：轉成資料型態為浮點數之四維陣列，以符合模型的輸入要求。

❏ 第4段：建構模型。M_Weights 為初始權重，因為濾鏡有兩個（filters=2），故需要 3×3×2=18 個權重，並以四維陣列的格式建構。使用 Conv2D 類別建立二維卷積層，kernel_size 卷積核大小設定為 (3, 3)，strides 滑動步長設定為 (3, 3)，不使用激發函數，也不使用偏權值。

❏ 第5段：使用模型的 predict 方法顯示卷積結果。本例 predict 之輸出為四維陣列，為便於查看及比較（與 Excel 的產出比對），本程式將其轉成二維陣列，再顯示於螢幕，共計兩組，第一組為濾鏡1的卷積結果，第二組為濾鏡2的卷積結果。

> **說明** filters「濾鏡」一詞源自照相機的裝置，它是放在照相機鏡頭前端的一種鏡片（稱之為濾光鏡或濾色鏡），能夠調整光線的吸收，從而對照片產生特殊的效果。濾鏡有多種，各有其功能，例如偏光鏡可以濾除金屬物體或水面的反光，減光鏡可以降低進入相機中的光量。經由濾鏡的調整，可使色彩更鮮豔，物體更清晰，甚至營造出流動的感覺。一些圖像處理軟體也可模擬出濾鏡的效果。

Z_Example 資料夾內的範例程式「Prg_0412_filters_B.py」可顯示濾鏡處理後的圖片，但這些圖片是根據隨機權重而產生的，故無法提升圖片之品質，此程式的主要目的在了解不同濾鏡會產生不同的卷積結果（不同的局部特徵）。本例將同一張彩色圖片經過4個濾鏡處理，產生4張不同的圖片，並顯示於同一個視窗，以比較其差異，茲摘要說明如下：

❏ 第1段：讀取圖片檔並顯示於螢幕（大白狗與女子）。

❏ 第2段：讀取圖片的像素值資料，並轉成資料型態為浮點數之四維陣列，以符合模型的輸入要求。

❑ 第 3 段：建構模型。使用 Conv2D 類別建立二維卷積層，kernel_size 卷積核大小設定為 (20, 20)，strides 滑動步長設定為 (1, 1)，不使用激發函數，也不使用偏權值，初始權重隨機產生。本例刻意將 strides 滑動步長設定為 1，且將 padding 填充方式設定為 same，以便卷積結果的大小與原圖尺寸相同。

❑ 第 4 段：使用模型的 predict 方法產生卷積結果。

❑ 第 5 段：使用中括號切片法擷取 4 個濾鏡的卷積結果，並轉成二維陣列。

❑ 第 6 段：將前述 4 個濾鏡的產出顯示於同一個視窗，比便比較其差異。本程式每次執行結果都不相同（圖像會有差異，因為初始權重是隨機產生的），除非設定隨機種子。

4.6　在 TensorFlow 中使用池化層與展平層

圖像資料經過卷積處理後，可接續進行池化處理，以利辨識，在 TensorFlow 中可用 Pooling Layer 池化層來達成其功能，範例程式如表 4-4 第 5 ～ 6 行。池化層有多種，其中最常用的是 MaxPool2D 二維最大池化層，其主要參數有 pool_size、strides 及 padding。

pool_size 池化視窗的尺寸（亦稱為池化視窗的大小），其功能與卷積層的 kernel_size 相同，用以界定捲動視窗的大小。例如 pool_size=(2, 2)，可擷取大小為 2×2 的區塊，並利用區塊內的 4 個數值來產生池化層的特徵，括號內分別指定高度（列數）及寬度（行數），必須為大於 0 的整數，兩者無需相同，但若相同，則指定一個參數值即可，例如 pool_size=(2, 2) 可寫為 pool_size=2。strides 滑動步長及 padding 填充方式的用法與前述卷積層之中的同名參數相同，請參考 4.5 節的說明。

卷積層與池化層之後必須使用 Flatten Layer 展平層（範例程式如表 4-4 第 7 行），將四維的資料結構轉成二維，才能銜接密集層，以產生模型的輸出。如果未使用展平層，則模型訓練時，會出現類似下列的錯誤訊息：

ValueError: Shapes (None, 10) and (None, 28, 28, 10) are incompatible

不同形狀的資料之含義是不同的，舉例來說，假設池化層輸出有 2×2=4 個特徵，會以如下的四維陣列格式來呈現：

```
[[[[1.5686275], [0.92156863]], [[1.], [0.9019608]]]]
```

如果未經展平，而直接對應密集層，則前述四維陣列格式代表的是 4 筆資料，每一筆資料 1 個特徵，而非我們期望的 1 筆資料 4 個特徵。池化層一筆資料的輸出代表一張圖片的多個特徵，使用 Flatten 類別將其展平後，會轉為如下的二維陣列：

```
[[1.5686275  0.92156863  1.   0.9019608 ]]
```

這個資料格式才是代表 1 筆資料 4 個特徵，我們可用未經訓練的模型來驗證。Z_Example 資料夾內的範例檔「Prg_0413_flatten_A.py」在池化層之後使用了展平層，它會產生一筆資料的輸出，其池化層到輸出層的演算過程請見「0405_CNN_ 解說之五 .xlsx」的 A01 工作表。另一個範例檔「Prg_0414_flatten_B.py」在池化層之後未使用展平層，它會產生 4 筆資料的輸出，其池化層到輸出層的演算過程請見「0405_CNN_ 解說之五 .xlsx」的 B01 工作表。

前述範例檔「Prg_0413_flatten_A.py」的摘要說明如下：

❏ 第 1 段：建立阿拉伯數字 5 的灰階圖像資料（黑底灰階字），9×9=81 個像素值。

❏ 第 2 段：顯示圖像（先將像素值資料格式由一維轉成二維）。

❏ 第 3 段：圖像資料正規化，將所有像素值縮放至 0 與 1 之間，並轉成四維陣列，以符合模型之輸入要求。

❏ 第 4 段：建構模型。使用 Conv2D 類別建立二維卷積層，kernel_size 卷積核大小設定為 3，strides 滑動步長設定為 3，padding 填充方式設定為 same，自訂初始權重，不使用激發函數，也不使用偏權值。

使用 MaxPool2D 類別建立二維最大池化層，pool_size 池化視窗的大小設定為 2，strides 滑動步長設定為 1，padding 填充方式設定為 valid。

使用 Flatten 類別建立展平層。使用 Dense 類別建立輸出層，輸出層神經元 10 個，激發函數 softmax，自訂初始權重 M_Weights，因為本例的池化層輸出為 1 筆（一

張圖片），每一筆 4 個特徵，4 個特徵對應 10 個輸出神經元，故需要 4 組權重，每組 10 個，共計 40 個權重。

❏ 第 5 段：使用 predict 方法產生模型的輸出。模型輸出為二維陣列格式，內含 10 個機率值。

上述第 4 段可使用模型的 output_shape 屬性顯示網路層的輸出的形狀，例如在卷積層之後使用 print(MyModel.output_shape)，可傳回 (None, 3, 3, 1)，代表卷積層的輸出是 3 列 3 行的四維陣列，括號內最後一個參數值由 filters 濾鏡數量決定（而非通道數），本例若將 filters 設定為 1，則產生 1 組 3×3=9 個卷積特徵，若將 filters 設定為 2，則產生 2 組 3×3 的個卷積特徵（共計 18 個），餘類推。

範例檔「Prg_0414_flatten_B.py」未使用展平層，該檔除了第 4 段之外，其他各段均與「Prg_0413_flatten_A.py」相同。因為不使用展平層，故池化層輸出等同 4 筆，每筆 1 個特徵，1 個特徵對應 10 個輸出神經元，故只需 1 組 10 個權重。模型輸出為四維陣列格式，內含 4 組機率值，每組 10 個。

4.7 卷積層與池化層的種類

CNN 卷積神經網路除了可用於圖像辨識外，在自然語言處理等領域也有不錯的績效（詳本書第 7 及第 8 章）。但不同領域需使用不同類型的卷積層，TensorFlow 的所提供的卷積層多達 18 種，例如 Conv1D 一維卷積層應用於間數列預測及文本分類，Conv2D 二維卷積層應用於圖像辨識，Conv3D 三維卷積層應用於影音視頻之動作辨識等。

TensorFlow 的所提供的池化層可分為「最大池化」、「平均池化」、「全局最大池化」、「全局平均池化」等四大類，每一類又有一維、二維及三維之分。另需注意，最大池化層有兩種名稱，例如最大二維池化層之名稱有 MaxPool2D 與 MaxPooling2D 兩種，後者名稱中多了 ing，其實兩種池化層的功能是相同的。

4.8 開放數據集

TensorFlow Datasets 是一組立即可用的開放數據庫，內含圖片、文本、結構化資料及時間序列等多種類型的資料集，目前已收集了 300 多個資料集，包括知名的 iris 鳶尾花、mnist 手寫數字辨識、imdb_reviews 電影評論、rock_paper_scissors 剪刀石頭布圖像辨識、titanic 鐵達尼號生存旅客等資料集。

> **說明** 「結構化資料」是資料以行列式的表格來呈現，每一行（直欄）代表一種特殊的屬性（特徵），每一列是一筆資料，一筆資料含有多個屬性（特徵）；學生成績資料、庫存零件資料、員工人事資料等都是典型的結構化資料；將不同表格以關鍵值整合起來，就構成了關聯式資料庫。所有不是「結構化資料」的資料都可被歸類為「非結構化資料」，包括了文本、聲音、圖片、影像（視頻）等。

TensorFlow Datasets 對於 AI 的學習非常有用（免除資料尋找及資料清理的麻煩），而且認證考試也常取用這些資料集，但這些資料集已轉換成統一的格式（tensor 張量），與我們熟悉的 txt、csv 等格式不同。此外，此種資料集可視需要逐批讀取，不必一次將資料全部載入記憶體，可解決記憶體不足的問題，故有必要花些時間來熟悉該等資料集的使用方法。

至下列網頁：URL https://www.tensorflow.org/datasets/catalog/overview，可查看全部的資料集，資料集按照類別排列，敲各個檔名之超連結，即可看見資料檔的詳細說明。

您亦可使用下述第 2 列及第 3 列的程式，印出全部資料集的名稱及資料集的數量，但須先使用第 1 列的程式匯入 tensorflow_datasets 套件（本例取名 tfds）。

```
import tensorflow_datasets as tfds
print(tfds.list_builders())
print(len(tfds.list_builders()))
```

4.8.1　結構化資料集的查看及匯出

　　使用 TensorFlow Datasets 之前，我們應先了解所需資料集的相關資訊，包括資料結構及資料量等資訊，才能正確操作。首先使用 load 函數下載所需資料集（程式如表 4-5 第 2 列），參數 name 指定資料集的名稱（本例為 iris），參數 with_info 設為 True，則後續可 print 出資料集的相關資訊，其中主要資訊有：

❏ supervised_keys=('features', 'label')：表示資料集為監督式的二元組，亦即「特徵＋標籤」的形式組成。

❏ 'features': Tensor(shape=(4,), dtype=tf.float32)：表示特徵有 4 欄，資料型態為 32 位元浮點數。

❏ 'label': ClassLabel(shape=(), dtype=tf.int64, num_classes=3)：表示無形狀（scalar 標量、單一數值），標籤種類有 3 種，資料型態為 64 位元整數。

❏ splits={'train': ... num_examples=150, num_shards=1>}：表示只有 train 訓練集，沒有測試集，樣本數（亦即資料量）有 150 筆，分片數量 1（假設 num_shards=3，則在分散式訓練時，可分為三部分同時處理）。

　　如果要將 train 訓練集切割出一部分作為驗證集，可於下載時使用 split 參數來指定，程式如表 4-5 第 5 ～ 7 列。split 參數可切割資料集，train 是指原資料集之中的訓練集，本例要將 train 訓練集的一部分切割出來作為驗證集，可使用中括號切片法。在資料集名稱之後加上中括號，中括號之內指定起訖百分比，本例前 80% 作為訓練集，後 20% 作為驗證集。as_supervised 設為 True，表示需要下載的是監督資料集（有標示 label 分類的資料集）；本例此參數可以不使用，因為 iris 沒有非監督資料集。參數 shuffle_files 設為 True，可隨機打亂資料集的資料順序。因為此處無需再查看資料集的相關資訊，故將參數 with_info 之值設為 False。

　　另外，我們可能需要將 TensorFlow Datasets 的資料匯出為 Excel 檔，以便查看或進一步加工利用，那麼我們需要將張量格式轉為資料框，才能匯出，程式如表 4-5 第 9 ～ 25 列。首先使用 load 載入整個資料集（程式如第 9 列），雖然此時我們無需將訓練集的一部分切割出來作為驗證集，但此處仍然使用了 split 參數，這是因為此參數會影響載入資料集的型態。若省略了 split 參數，則載入資料集的型態為 dict 字典格式，若使用了 split 參數，則載入資料集的型態為 PrefetchDataset 預取資料集，不同型態需使用不同的資料擷取的方式。

表 4-5 第 10 ～ 15 列程式處理資料集的 features 特徵，首先建立空串列 X，以便後續併入 features 的四欄數據。因為載入的資料集是一個是 iterable 可迭代物件，故可使用 for 迴圈逐一取出每一筆資料，又因取出後的每一筆資料為字典格式，故「以鍵取值」，再搭配 numpy 函數，即可擷取出張量資料集之中的純數據資料（不含 shape 形狀、dtype 資料型態等資訊）。此純數據資料的格式為一維陣列，例如 [5.1 3.4 1.5 0.2]，故先使用 list 函數轉換成串列，再併入 X。for 迴圈處理完畢之後，再使用 numpy 套件將 X（整個資料集的特徵）轉換成 n 列 4 行的陣列格式。

表 4-5 第 17 ～ 20 列程式處理資料集的 label 分類標籤，其方法與前述之 features 特徵相同，只是每一筆 label 的資料型態是整數，故無需使用 list 函數轉換，可直接併入串列 Y。

表 4-5 第 22 ～ 25 列程式，先將特徵資料 X 及標籤資料 Y 轉換成資料框格式，然後使用 pandas 套件的 concat 方法合併特徵資料與標籤資料，因為我們要作欄合併（水平合併），故將 axis 參數設為 1，若設為 0，則為列合併（垂直合併）。最後再使用 pandas 套件的 to_excel 方法匯出為 Excel 檔，若要匯出為 csv 檔，則應使用 to_csv 方法。本節的完整程式請見「Prg_0415_TFDS_A.py」，其內有更細緻的程式碼，茲摘要說明如下：

❏ 第 1 段：使用 tensorflow_datasets 的 list_builders 函數查看所有資料集的名稱。

❏ 第 2 段：使用 tensorflow_datasets 的 load 函數查看特定資料集的資訊。

❏ 第 3 段：下載及查看 iris 鳶尾花資料集的內容。

❏ 第 4 段：將 iris 鳶尾花資料集的全部資料匯出為 CSV 及 Excel 檔。

▌表 4-5　程式碼：TensorFlow Dataset 之下載與查看之一

01	import tensorflow_datasets as tfds
02	Temp_ds_1=tfds.load(name="iris", with_info=True)
03	print(Temp_ds_1)
04	
05	Train_data, Validation_data=tfds.load(name="iris",
06	split=['train[0%:80%]','train[80%:100%]'],
07	as_supervised=True, shuffle_files=True, with_info=False)

08	
09	Train_set=tfds.load(name="iris", split='train', with_info=False)
10	X=[]
11	for j in Train_set:
12	Temp_X=j['features'].numpy()
13	X.append(list(Temp_X))
14	
15	X=np.array(X).reshape(-1, 4)
16	
17	Y=[]
18	for k in Train_set:
19	Temp_Y=k['label'].numpy()
20	Y.append(Temp_Y)
21	
22	Out_X=pd.DataFrame(X)
23	Out_Y=pd.DataFrame(Y)
24	Out_XY=pd.concat([Out_X, Out_Y], axis=1, ignore_index=True)
25	Out_XY.to_excel('D:/Test_TFDS_01.xlsx', sheet_name='iris', index=False)

4.8.2　文本資料集的查看及匯出

前一段使用 load 函數下載 TensorFlow Datasets，本段介紹另一種下載方法，程式如表 4-6。首先使用 builder 建構者物件指定欲下載的資料集，括號內指定資料集名稱（如程式第 2 列），本例為 imdb_reviews 電影評論資料集，它是一個文本資料集，前段下載的 iris 鳶尾花資料集是結構化資料集，兩者類型不同，處理方式稍異。

程式第 2 列，只是定義物件名稱（本例取名為 M_builder），繼承該物件的屬性、事件及方法，尚未開始下載。程式第 3 列使用 download_and_prepare 類別，開始下載資料集至硬碟，內定存檔位置為「C:/Users/ABC007/tensorflow_datasets/ 資料夾名稱」。

在中文版 Windows 的作業系統中，Users 標示為「使用者」，ABC007 是作者所建立的「使用者名稱」，下載後系統會在 tensorflow_datasets 之下建立一個子資料夾，該子資料夾的名稱就是所下載資料集的名稱（本例為 imdb_reviews，前一段為 iris）。系統會自動檢查該資料集是否下載過，若未下載過，或下載過但已刪除，就會開始下載，否則不會重複下載（節省時間），下載檔為 json 等類型之檔案。若要將資料集下載至特定資料夾，可用 data_dir 參數指定路徑及資料夾名稱，資料夾名稱無需事前建立，系統會自動建立。

下載後使用 info 屬性（程式第 4 列）可取得資料集的相關資訊，再使用 print 顯示於螢幕，本例之主要資訊有：

❑ supervised_keys=('text', 'label')：表示資料集為監督式的二元組，亦即「文本＋標籤」的形式組成。

❑ 'text': Text(shape=(), dtype=tf.string)：代表無形狀，資料型態為字串。

❑ 'label': ClassLabel(shape=(), dtype=tf.int64, num_classes=2)：代表無形狀，標籤種類有 2 種（0 負面評價、1 正面評價）。

❑ splits={'test': <SplitInfo num_examples=25000, …>,

　　　'train': <SplitInfo num_examples=25000, …>,

　　　'unsupervised': <SplitInfo num_examples=50000, …>,}：代表測試集與訓練集各有 25000 筆，非監督式資料集有 50000 筆（無分類標籤）。

下載 imdb_reviews 電影評論資料集之後，我們說明如何將其中的 train 訓練集資料匯出為 csv 檔。首先利用表 4-6 第 7 ～ 12 列的程式處理 train 的 text 文本資料，第 7 列程式使用 as_datase 方法載入訓練集，split 參數可指定載入的對象與切割方式，例如：

❑ split="train"：只載入訓練集。

❑ split=['train','test'])：載入訓練集與測試集。

❑ split=['train[0%:80%]','train[80%:100%]','test']：載入訓練集與測試集，並從訓練集切割出 20% 作為驗證集。

❑ split='train[50%:100%]')：只載入訓練集後面 50% 的資料。

❑ split="unsupervised"：載入非監督式資料集。

❑ split='test[0%:1%]+train[0%:2%]'：合併測試集前面 1% 與訓練集前面 2%，再載入（可使用加號）。

另外，可使用 shuffle_files 參數來打亂原資料的順序，預設值為 False（不打亂）。

表 4-6 第 8 列程式建立空串列 X，以便後續併入 text 文本資料。第 7 列程式載入的資料集 Train_set 是一個是 iterable 可迭代物件，故可使用 for 迴圈逐一取出每一筆資料，又因取出後的每一筆資料為字典格式，故「以鍵取值」，再搭配 numpy 函數，即可擷取出張量資料集之中的純文本資料（不含 shape 形狀、dtype 資料型態等資訊）。此純文本的格式為 bytes 位元組格式，例如 b"This was an absolutely terrible movie. Don't be .... sit through it."，每一則評論以雙引號括住，並以 b 作為前置碼。

舉例來說，"Artificial Intelligence 人工智慧"，這句話使用 convert_to_tensor 函數（使用 tf.constant 常數函數亦可）轉成 tensor 張量之後，顯示如下：

```
tf.Tensor(b'Artificial Intelligence \xe4\xba\xba\xe5\xb7\xa5\xe6\x99\xba\
xe6\x85\xa7', shape=(), dtype=string)
```

英文字以字串呈現，非英文（例如中文）以 16 進位制 Unicode 編碼呈現，16 進制編碼以 \x 開頭，一組有 3 碼，三組代表一個中文字，例如 \xe4\xba\xba 代表「人」字。前置碼為 b，代表其格式為 bytes 位元組。shape=() 代表沒有維度，也沒有形狀的 bytes 位元組格式（而非陣列格式）。dtype=string 代表資料型態為字串，而非數值（非整數、非浮點數）。

"Artificial Intelligence 人工智慧"，這句話若使用 tf.strings.unicode_decode 函數轉成 tensor 張量之後，顯示如下：

```
tf.Tensor( 65  114  116  105  102  105  99  105  97  108  32  73  110
116  101  108  108  105  103  101  110  99  101  32  20154  24037  26234
24935], shape=(28,), dtype=int32)
```

tf.strings.unicode_decode 解碼函數會將字串中的每一個英文字母（包括空白）及中文字轉成 Unicode 的編號，例如 65 代表英文字母 A，20154 代表中文字「人」。您可使用 chr 函數將 Unicode 編號轉成對應的字符（包括英文字母、標點符號及非英文字等）。

表 4-6 第 9 列程式使用 for 迴圈逐一取出每一則評論，因為取出後的每一筆資料為字典格式，故「以鍵取值」，本例之鍵為 text，再搭配 numpy 函數，即可取出該則評論的純文本資料（程式第 10 列）。但如前述，每一則評論會有一個前置碼 b，故我們需將其移除，再匯出為 csv 或 Excel 檔，以利使用，此處使用 decode 解碼函數，即可刪除前置碼 b，並轉成字串格式。

每一則評論取出之後併入 X（程式第 11 列）。for 迴圈處理完畢之後，再使用 numpy 套件將 X（整個資料集的文本）轉換成 n 列 1 行的陣列格式（程式第 12 列）。

表 4-6 第 14 ～ 17 列程式處理資料集的 label 分類標籤，其方法與前述之 text 文本相同，只是每一筆 label 的資料型態是整數，故無去除前置碼的問題，可直接併入串列 Y。

表 4-6 第 19 ～ 22 列程式，先將文本資料 X 及標籤資料 Y 轉換成資料框格式，然後使用 pandas 套件的 concat 方法合併，最後再使用 pandas 套件的 to_csv 方法匯出為逗號分隔的文字檔。

表 4-6 程式碼：TensorFlow Dataset 之下載與查看之二

01	import tensorflow_datasets as tfds
02	M_builder=tfds.builder("imdb_reviews")
03	M_builder.download_and_prepare()
04	M_info=tfds.builder("imdb_reviews").info
05	print(M_info)
06	
07	Train_set=M_builder.as_dataset(split="train")
08	X=[]
09	for j in Train_set:
10	Temp_X = (j['text'].numpy().decode())
11	X.append(Temp_X)
12	X=np.array(X)
13	
14	Y=[]
15	for k in Train_set:

16	Temp_Y=k['label'].numpy()
17	Y.append(Temp_Y)
18	
19	Out_X=pd.DataFrame(X)
20	Out_Y=pd.DataFrame(Y)
21	Out_XY=pd.concat([Out_Y, Out_X], axis=1, ignore_index=True)
22	Out_XY.to_csv("D:/Test_TFDS_02.csv", encoding='utf-8')

本節的完整程式請見「Prg_0416_TFDS_B.py」，其內有更細緻的程式碼，茲摘要說明如下：

❑ 第1段：使用 builder 建構者物件及 download_and_prepare 類別從 tensorflow_datasets 載入 imdb_reviews 電影評論資料集，並查看其資訊。

❑ 第2段：使用 as_dataset 方法讀取前述下載於硬碟的資料集，然後轉為資料框，再查看其內容。本段提供了6種讀取方式（例如只下載部分資料集或切割部分資料作驗證集等），User 可自行切換（移除附註標示）。

❑ 第3段：使用資料集的 skip 及 take 方法讀取電影評論資料集第一筆，並將其文本與標籤顯示於螢幕。

❑ 第4段：使用資料集的 as_numpy 函數將資料集轉成陣列格式之迭代資料集，然後使用 for 迴圈逐一查看其內容（本例只查看第一筆，若要查看全部資料，請移除 break 指令）。

❑ 第5段：將 imdb_reviews 電影評論資料集的全部資料匯出為 CSV 檔（可用記事本或 Excel 讀取）。

4.8.3　圖像資料集的查看及匯出

前兩段分別介紹了結構化資料集與文本資料集的處理方法，本段介紹另一種常用的圖片資料集。程式如表4-7，首先使用 builder 建構者物件指定欲下載的資料集，括號內指定資料集名稱（如程式第2列），本例為 tf_flowers 花卉資料集，該資料集可用來訓練神經網路模型的圖片辨識能力。

程式第 2 列，只是定義物件名稱（本例取名為 M_builder），繼承該物件的屬性、事件及方法，尚未開始下載。程式第 3 列使用 download_and_prepare 類別，開始下載資料集至硬碟。下載後使用 info 屬性（程式第 4 列）可取得資料的相關資訊，再使用 print 顯示於螢幕，該資料集的主要資訊有：

☐ supervised_keys=('image', 'label')：代表資料集為監督式的二元組 (image, label)，亦即「圖像特徵 + 標籤」的形式組成。

☐ features=FeaturesDict({

　　'image': Image(shape=(None, None, 3), dtype=tf.uint8),

　　'label': ClassLabel(shape=(), dtype=tf.int64, um_classes=5), }),：代表「圖像」特徵為 3 通道之三維張量，shape 形狀的第一個與第二個參數為 None，代表該資料集各張圖片的高度及寬度不一（圖片的尺寸不同）， num_classes=5 代表「標籤」種類有 5 種（五種不同的花卉），label 的 shape=()，代表標籤無形狀，標籤為單一數值（本例為 0 ～ 4，各代表一種花卉）。

☐ splits={'train': <SplitInfo num_examples=3670, num_shards=2>, },：代表樣本數（亦即資料量）有 3670 筆，沒有測試集，num_shards=2，代表在分散式訓練時，可分為兩部分同時處理。

▌表 4-7　程式碼：TensorFlow Dataset 之下載與查看之三

01	import tensorflow_datasets as tfds
02	M_builder=tfds.builder("tf_flowers")
03	M_builder.download_and_prepare()
04	M_info=tfds.builder("tf_flowers").info
05	print(M_info)
06	List_CalssName=M_info.features['label'].names
07	print(List_CalssName)
08	print(M_info.splits['train'].num_examples)
09	
10	Train_set=M_builder.as_dataset(split="train", as_supervised=True)
11	Temp_ImageData=Train_set.skip(2000).take(12)
12	plt.figure(figsize=(10, 8), facecolor='w')

13	for i, (M_image, M_label) in enumerate(iterable=Temp_ImageData, start=0):
14	ax=plt.subplot(3, 4, i+1)
15	plt.imshow(M_image, cmap='brg')
16	M_LabelNo=M_label.numpy()
17	ax.set_title(str(M_LabelNo)+'_'+List_CalssName[M_LabelNo], fontsize=18)
18	plt.axis('off')
19	plt.show()

從前述資訊可看出，此資料集的資訊為字典格式，其中有兩個「鍵」，image及label，label分類標籤的dtype資料型態為64位元整數，且num_classes=5，亦即使用0～4代表五種花卉，至於五種花卉的名稱是甚麼？可使用第6～7列的程式印出['dandelion', 'daisy', 'tulips', 'sunflowers', 'roses']，亦即0蒲公英、1雛菊、2鬱金香、3向日葵、4玫瑰。

第6列的程式使用資料集的info.features.names屬性傳回分類標籤的名稱，features屬性指定「鍵」為label，再使用names屬性即可查出分類標籤的名稱。第8列的程式使用資料集的info.splits.num_examples屬性列出資料量，splits屬性指定資料集為train，然後使用num_examples屬性即可查出樣本數（亦即資料量）。

▍圖4-17　tf_flowers花卉資料集的圖片

表 4-7 第 10 ～ 19 列程式可將前述資料集的特徵資料（像素值）轉換為圖片，並顯示於螢幕上（如圖 4-17），一次顯示 12 張圖片於同一個視窗。第 10 列的程式使用 as_dataset 方法載入訓練集資料，split 參數可指定欲載入的對象（train 或 test）及切割百分比，as_supervised 參數可指定是否為監督式資料，此參數之使用與否，會影響後續資料擷取之格式，若使用了，則擷取出來的單筆資料之格式為 tuple 元組（最外層為括號），不能「以鍵取值」，而必須以中括號指定索引順序來取值。若未使用 as_supervised 參數，則擷取出來的單筆資料之格式為 dict 字典（最外層為大括號），須「以鍵取值」。

　　第 11 列程式使用 skip 及 take 函數擷取連續 12 張圖片的資料（從第 2000 張起）。第 12 列程式使用 matplotlib.pyplot 套件的 figure 函數控制圖形視窗，括號內參數 figsize 可設定視窗的大小，它有兩個參數值分別代表橫向（寬度）及縱向（高度）的尺寸，單位是英寸。亦可使用 dpi 像素參數來控制視窗的大小，例如 plt.figure(dpi=160)，代表每英寸 160 點，DPI 是 Dots Per Inch 的縮寫。Facecolor 參數可設定視窗顏色，matplotlib.pyplot 套件常用的顏色代碼有：w 白色、k 黑色、g 綠色、b 藍色、y 黃色、c 藍綠色、m 粉紫色、r 紅色。

　　第 13 ～ 18 列程式使用 for 迴圈逐一將第 11 列程式所取出的 12 筆資料轉成圖像顯示於第 12 列程式所控制的圖形視窗中。第 13 列程式使用 for 迴圈指令搭配 enumerate 列舉函數，逐一取出 Temp_ImageData 資料集之中的兩組資料（image 像素值及 label 分類代號）。其實，不使用 enumerate 函數，只用 for 迴圈亦可逐一讀出 Temp_ImageData 資料集之中的 12 張圖片資料，程式如右：for i in Temp_ImageData:

　　但因我們要把 12 張圖片顯示於如圖 4-17 的圖形視窗之中，左上角放置第 1 張，其右是第 2 張，第 2 張的右邊是第 3 張，第一列放滿了，則接著放置於第二列的最左邊，依此順序，直到視窗右下角為止。為了將讀出的 12 張圖片顯示於適當位置，我們需要每一張圖片的順序編號，而 enumerate 函數可以為迭代物件中的每一個元素自動編號，故第 13 列程式使用了此函數。

　　因為 enumerate 函數可傳回迭代物件中的元素及其索引編號，所以 for 指令的右方有兩組變數，第一組變數 i 接收 enumerate 函數傳回的索引編號，第二組變數是接收 enumerate 函數傳回的迭代物件之元素，因為本範例資料集的每一元素含有 image 像素值及 label 分類代號兩組資料，故設定了兩個變數 M_image 及 M_label 來接收，

而這兩個變數對於 enumerate 函數來說是同一組的（傳回值的第二組），故須外加括號。

enumerate 函數有兩個參數，第一個參數 iterable 指定欲處理的迭代物件，第二個參數 start 指定索引編號的起始號碼（預設值為 0）。

第 14 列程式使用 subplot 函數指定子視窗的列數（高度）、行數（寬度）、位置，本例有 3 列 4 行，共計 12 個子視窗，第三個參數是圖片置放的位置，子視窗的編號由左而右，再由上而下，左上角的子視窗編號為 1，其右為 2，2 號右方為 3 號，第一列由左向右依序編號為 1、2、3，第二列由左向右依序編號為 4、5、6，餘類推。本例使用 i+1 作為第三個參數之值，因為 i 是 enumerate 函數傳回的索引編號，本例所讀出的第一張圖片顯示於圖形視窗的第一個子視窗（左上角），因第一迴圈的 i+1=0+1=1。本例讀出的第二張圖片會顯示於圖形視窗的第二個子視窗，因第二迴圈的 i+1=1+1=2，餘類推。若 enumerate 函數的 start 參數值設為 1，則 subplot 函數的第三個參數設為 i 即可。

第 15 列程式使用 imshow 函數繪製圖片，第一個參數指定圖片的像素值資料，本例使用 enumerate 函數傳回的 M_image，它是張量格式，matplotlib.pyplot 可直接使用並轉成圖片。第二個參數 cmap 是 colormap 之簡稱，譯為顏色圖譜（或顏色地圖、色彩圖），它可指定將資料值對映到顏色的方法。預設值為 RGB（字串為 brg）紅綠藍，其他方法有 gray 灰階、jet 藍青黃紅等，亦可設為 None，由系統自動判斷。

第 16 列程式將圖片的分類標籤存入變數 M_LabelNo，分類標籤是第 13 列程式使用 enumerate 函數取回的，它的格式為 scalar tensor 標量張量（或稱為純量張量），使用 numpy 函數轉成 scalar variable 標量變數（單一數值，沒有其他相關資訊），以便作為圖表的標題。

第 17 列程式使用 set_title 函數設定子視窗的標題，該函數有兩個參數，第一個參數指定欲顯示的標題，第二個參數 fontsize 指定字型大小。因為我們要使用圖片的分類編號及分類名稱作為子視窗的標題，所以先使用 str 函數將 M_LabelNo 分類編號（0 ～ 4）轉成字串，然後與分類名稱合併。分類名稱的清單 List_CalssName 已於第 6 列程式產生，它是串列格式，所以我們使用中括號切片法，在中括號內指定分類編號，即可取出該編號所對應的分類名稱，例如分類編號 3 的名稱為 sunflowers 向日葵。

第 18 列程式的 axis 函數可控制各個子視窗是否顯示座標軸,因為本例無需,故將該函數之參數值設為 off。第 19 列程式使用 show 函數,將圖形顯示於螢幕上。

4.8.4　圖片資料匯出為 Excel 檔

圖片資料若以 Excel 的工作表呈現,可使初學者更易了解其資料結構,故本段說明如何將圖片資料匯出為 Excel 檔。

程式如表 4-8,該程式將圖 4-17 第二列最右邊的 sunflowers 向日葵圖片資料匯出為 Excel 檔。該張圖片的序號為 2007,故第 1 列程式使用 skip 及 take 函數自 Train_set 資料集擷取該圖片的資料,Train_set 是由表 4-7 第 10 列程式所讀取的訓練集。本例將該物件取名為 Temp_New,型態為 TakeDataset(使用 take 函數擷取的張量資料集),故第 2 列程式使用 iter 函數轉成可迭代物件,再使用 next 函數即可取出該張圖片的資料。第 3 列程式使用 numpy 函數取出圖片的特徵資料,因為 Temp_pic 的資料型態為 tuple 元組而非 dict 字典,故不能「以鍵取值」,而必須指定索引順序,取出資料 Temp_X 的資料型態是一個三維陣列,其形狀為 (240, 180, 3),亦即 240 列、180 行、3 通道的像素值資料。

 說明　tf_flowers 花卉資料集每一張圖片的大小不相同,亦即列數及行數不固定,但都是 3 通道的彩色照片。第 4 列程式使用中括號切片法取出第一維的全部資料(Red 色度值),括號內第一個參數只輸入冒號,代表所有列資料都要擷取,第二個參數只輸入冒號,代表所有行資料都要擷取,第三個參數輸入 0,代表要擷取第 1 通道的資料。第 5 列程式使用中括號切片法取出第二維的全部資料(Green 色度值)。第 6 列程式使用中括號切片法取出第三維的全部資料(Blue 色度值)。第 7 ～ 9 列程式將前述擷取的資料格式由陣列轉成資料框。第 10 ～ 13 列程式將前述擷取的資料分別匯入 Excel 檔的三張工作表。

第 15 列程式使用 numpy 函數取出圖片的分類標籤。第 16 列程式將分類標籤轉成資料框,因為分類標籤是單一整數,故不能直接轉成資料框,必須外加中括號,先轉為串列,才能順利轉為資料框。第 17 列程式將分類標籤匯出為 Excel 檔。

▌表 4-8　程式碼：TensorFlow Dataset 之下載與查看之四

01	Temp_New=Train_set.skip(2007).take(1)
02	Temp_pic=next(iter(Temp_New))
03	Temp_X=Temp_pic[0].numpy()
04	Out_1 = Temp_X[:, :, 0]
05	Out_2 = Temp_X[:, :, 1]
06	Out_3 = Temp_X[:, :, 2]
07	Out_X1 = pd.DataFrame(Out_1)
08	Out_X2 = pd.DataFrame(Out_2)
09	Out_X3 = pd.DataFrame(Out_3)
10	with pd.ExcelWriter("D:/Test_0417_TFDS_C.xlsx", engine="openpyxl") as MyFile:
11	Out_X1.to_excel(MyFile, sheet_name='Red 色度值')
12	Out_X2.to_excel(MyFile, sheet_name='Green 色度值')
13	Out_X3.to_excel(MyFile, sheet_name='Blue 色度值')
14	
15	Temp_Y=Temp_pic[1].numpy()
16	Out_Y=pd.DataFrame([Temp_Y])
17	Out_Y.to_excel("D:/Test_0417_TFDS_C_02.xlsx", sheet_name='分類標籤')

4.8.5　讀取 Excel 檔的圖片資料

　　本段說明如何讀取前一節存入 Excel 檔的像素值資料，並將其轉換成圖片顯示於螢幕（如圖 4-18）。表 4-9 第 1 ～ 9 列程式使用 pandas 套件的 read_excel 函數讀取 Excel 活頁簿的圖片資料，因為該圖片的 3 通道資料分別存於 3 張不同的工作表，故 read_excel 函數分三次讀取。又因為該等工作表的第一列為行號，第一行為列號，都須排除，所以將 read_excel 之 skiprows 參數值設為 1，即可排除 Excel 工作表的第一列（從第二列開始讀入），隨後使用 iloc 切片函數擷取讀入的資料，中括號之內第一個參數只輸入冒號，代表全部列都需要，第二個參數輸入 1:，代表自第 2 行開始擷取（行號由 0 起算）。讀取之後，資料格式均由資料框轉換成陣列。

▌圖 4-18　向日葵圖片

　　第 10 列程式使用 concatenate 函數串接（垂直合併）前述三個陣列。然後使用第 11 ～ 12 列的程式轉成三維陣列，請注意，通道數必須設在 newshape 參數的第一個參數值，其後是列數與行數，改變之後的形狀 (3, 240, 159)，才能與 Excel 各工作表的呈現方式一致。

　　第 13 ～ 14 列程式使用 tensorflow 的 array_to_img 函數將陣列（像素值資料）轉成圖片，該函數的第一個參數是圖片的像素值資料，第二個參數 data_format 指定通道的位置，參數值為 channels_first 或 channels_last，因為此參數值必須與像素值資料的形狀一致，故本例設為 channels_first。

　　第 15 列程式使用 matplotlib.pyplot 套件的 figure 函數控制圖形視窗，括號內參數 figsize 可設定視窗的大小，本例寬度及高度都設為 3.5 英寸。第 16 列程式使用 imshow 函數繪製圖片，此函數可接受 Image 影像格式、張量資料集的像素值資料、陣列的像素值資料。第 17 列程式將 axis 函數值設為 off，不顯示座標軸。第 18 列程式使用 show 函數，將圖形顯示於螢幕上。

▌表 4-9　程式碼：TensorFlow Dataset 之下載與查看之五

01	Temp_data_1=pd.read_excel(io="D:/Test_0417_TFDS_C.xlsx",
02	sheet_name="Red 色度值", skiprows=1, header=None)
03	Temp_Array_1=np.array(Temp_data_1.iloc[:, 1:])
04	Temp_data_2=pd.read_excel(io="D:/Test_0417_TFDS_C.xlsx",
05	sheet_name="Green 色度值", skiprows=1, header=None)
06	Temp_Array_2=np.array(Temp_data_2.iloc[:, 1:])

07	Temp_data_3=pd.read_excel(io="D:/Test_0417_TFDS_C.xlsx",
08	sheet_name="Blue 色度值", skiprows=1, header=None)
09	Temp_Array_3=np.array(Temp_data_3.iloc[:, 1:])
10	Array_A=np.concatenate([Temp_Array_1, Temp_Array_2, Temp_Array_3])
11	Array_3D=np.reshape(Array_A,
12	newshape=(3, Temp_Array_1.shape[0], Temp_Array_1.shape[1]))
13	Image_1=tf.keras.preprocessing.image.array_to_img(Array_3D,
14	data_format='channels_first')
15	plt.figure(figsize=(3.5, 3.5))
16	plt.imshow(Image_1)
17	plt.axis('off')
18	plt.show()

本節與前兩節的完整程式請見 Prg_0417_TFDS_C.py，其內有更細緻的程式碼，茲摘要說明如下：

❏ 第1段：使用 builder 建構者物件及 download_and_prepare 類別從 tensorflow_datasets 載入 tf_flowers 花卉圖像資料集，並查看其資訊。另外使用 features 屬性取出類別名稱，並置入串列變數 List_CalssName，以利後續圖表標題的製作。

❏ 第2段：使用 as_dataset 方法讀取前述下載於硬碟的資料集，然後使用資料集的 skip 及 take 方法讀取第一筆資料，並將其特徵與標籤顯示於螢幕。

❏ 第3段：隨機抽取一個資料序號，然後將其連續 12 筆的圖像資料顯示於螢幕。

❏ 第4段：將圖 4-17 第二列最右邊的 sunflowers 向日葵圖片的特徵資料顯示於螢幕，並匯出為 Excel 檔（該張圖片的序號為 2007）。

❏ 第5段：將圖 4-17 第二列最右邊的 sunflowers 向日葵圖片的標籤資料匯出為 Excel 檔。

❏ 第6段：讀取第 4 段所匯出的圖片資料（Excel 檔），再將圖片顯示於螢幕。

習 題

試題 0401

　　請建構卷積神經網路模型，以便能對 mnist_train.csv 手寫阿拉伯數字進行圖像辨識。訓練集的正確率需大於 99%、驗證集的正確率需大於 97%。特徵資料需正規化，標籤需單熱編碼，原始資料劃分為訓練集與驗證集，前者佔 90%，需進行分層抽樣。範例檔為 AI_0401.py，提示如下：

❏ 第 0 段：資料檔取得方式請見範例檔 AI_0401.py 開頭處之說明。

❏ 第 1 段：讀取資料集 mnist_train.csv。共計 60000 筆，每一筆 785 欄，第 1 欄為標籤（阿拉伯數字），其他 784 欄為特徵（28×28=784 個圖點的像素值）。

❏ 第 2 段：先將前述資料集劃分為 X_Data 特徵及 Y_Data 標籤，然後使用 sklearn 套件的 train_test_split 函數劃分訓練集與驗證集，90% 列入訓練集，其他 10% 列入驗證集，並進行分層抽樣，以第 1 欄 label 作為分層抽樣的依據。劃分之後的訓練集與驗證集都由資料框格式轉成陣列。

❏ 第 3 段：將特徵的格式由二維陣列轉成四維陣列（筆數, 列數, 行數, 通道數），以符合模型之輸入要求。

❏ 第 4 段：特徵值資料正規化（縮放至 0 與 1 之間的數值），並轉成浮點數。

❏ 第 5 段：標籤轉成單熱編碼。

❏ 第 6 段：建構模型。使用 Conv2D 類別建立一個二維卷積層，濾鏡數量 6，kernel_size 卷積核大小為 6，滑動步長為 1，padding 填充方式為 same，activation 激發函數為 relu，input_shape 輸入形狀為 (28, 28, 1)，28 列 28 行，通道數 1。使用 MaxPooling2D 類別建立一個最大池化層，pool_size 池化視窗大小為 2，滑動步長為 1，padding 填充方式為 same。使用 Flatten 類別建立展平層。輸出層神經元 10 個，activation 激發函數為 softmax。

❏ 第 7 段：建立回調函數，以便儲存最佳模型。

❏ 第 8 段：訓練及評估模型。

試題 0402

　　請建構卷積神經網路模型，以便能對 A_Z Handwritten Data.csv 手寫英文字母進行圖像辨識。訓練集的正確率需大於 97%、驗證集的正確率需大於 96%。特徵資料無需正規化，標籤無需單熱編碼，原始資料劃分為訓練集與驗證集，前者佔 70%，需進行分層抽樣。範例檔為 AI_0402.py，提示如下：

❏ 第 0 段：資料集取得方式請見範例檔 AI_0402.py 開頭處之說明。

❏ 第 1 段：讀取資料集 A_Z Handwritten Data.csv。共計 372451 筆，每一筆 785 欄，第 1 欄為標籤（阿拉伯數字 0 ～ 25 代表 A ～ Z），其他 784 欄為特徵（28×28=784 個圖點的像素值）。

❏ 第 2 段：隨機選取 30 筆資料，並將其圖像及標籤顯示於螢幕。本段有助於了解資料結構，但非必要，故已使用註解符號（3 雙引號）圍住，若要使用，只要移除註解符號即可。

❏ 第 3 段：先將前述資料劃分為 X_Data 特徵及 Y_Data 標籤，然後使用 sklearn 套件的 train_test_split 函數劃分訓練集與驗證集，70%（260715 筆）列入訓練集，其他 30%（111736 筆）列入驗證集，並進行分層抽樣，以第 1 欄作為分層抽樣的依據。劃分之後的訓練集與驗證集都由資料框格式轉成陣列。

❏ 第 4 段：將特徵的格式由二維陣列轉成四維陣列（筆數 , 列數 , 行數 , 通道數），以符合模型之輸入要求。

❏ 第 5 段：建構模型。使用 Conv2D 類別建立一個二維卷積層，濾鏡數量 6，kernel_size 卷積核大小為 6，滑動步長為 1，padding 填充方式為 same，activation 激發函數為 relu，input_shape 輸入形狀為 (28, 28, 1)，28 列 28 行，通道數 1，不使用偏權值。使用 MaxPooling2D 類別建立一個最大池化層，pool_size 池化視窗大小為 2，滑動步長為 1，padding 填充方式為 same。

　　使用 Flatten 類別建立展平層。輸出層神經元 26 個，activation 激發函數為 softmax。loss 損失函數使用 sparse_categorical_crossentropy 稀疏分類交叉熵。

❏ 第 6 段：建立回調函數，以便儲存最佳模型。

❏ 第 7 段：訓練及評估模型。

❏ 第 8 段：使用 predict 方法進行驗證集的預測。

❑ 第 9 段：將預測結果與實際標籤併列，然後匯出為 Excel 檔。本段有實用性，但認證考試無需，故已使用註解符號圍住，若要使用，請移除註解符號即可。

試題 0403

請建構卷積神經網路模型，以便能對 fashion_mnist 時尚物品（10 種）進行圖像辨識。訓練集的正確率需大於 95%、測試集的正確率需大於 90%。特徵資料需正規化，標籤需單熱編碼。範例檔為 AI_0403.py，提示如下：

❑ 第 1 段：使用 load_data 函數從 keras.datasets 載入 fashion_mnist 時尚物品資料集，內含訓練集與測試集，訓練集有 60000 張 28×28 的灰階圖片資料，測試集有 10000 張 28×28 的灰階圖片資料，共計 10 類時尚物品，類別代號 0～9 分別代表下列物品：T-shirt/top T 恤 / 上衣、Trouser 褲子、Pullover 套頭衫、Dress 連衣裙、Coat 外套、Sandal 涼鞋、Shirt 襯衫、Sneaker 運動鞋、Bag 背包、Ankle boot 短靴。

第一次下載本資料集耗時較久，下載後會儲存於下列資料夾：C:\User（或中文使用者）\ 使用者名稱 \.keras\datasets，第二次載入會自動使用前述已下載的檔案，故所需時間會大幅縮短。

❑ 第 2 段：隨機選取 30 筆資料，並將其圖像及標籤顯示於螢幕。

本段有助於了解資料結構，但非必要，故已使用註解符號圍住，若要使用，只要移除註解符號即可。

❑ 第 3 段：將特徵的格式由三維陣列轉成四維陣列（筆數 , 列數 , 行數 , 通道數），以符合模型之輸入要求。

❑ 第 4 段：特徵值資料正規化（縮放至 0 與 1 之間的數值），並轉成浮點數。

❑ 第 5 段：標籤轉成單熱編碼。

❑ 第 6 段：建構模型。使用 Conv2D 類別建立一個二維卷積層，濾鏡數量 16，kernel_size 卷積核大小為 5，滑動步長為 1，padding 填充方式為 same，activation 激發函數為 relu，input_shape 輸入形狀為 (28, 28, 1)，28 列 28 行，通道數 1，不使用偏權值。使用 MaxPooling2D 類別建立一個最大池化層，pool_size 池化視窗大小為 2，滑動步長為 1，padding 填充方式為 same。使用 Flatten 類別建立展

平層。輸出層神經元 10 個，activation 激發函數為 softmax。loss 損失函數使用 categorical_crossentropy 分類交叉熵。

❑ 第 7 段：訓練及評估模型。

❑ 第 8 段：使用 predict 方法進行測試集的預測。

❑ 第 9 段：使用 sklearn 套件的 confusion_matrix 混淆矩陣模組計算正確率。本段非必要，故已使用註解符號圍住，若要使用，只要移除註解符號即可。

試題 0404

　　同 0403，對 fashion_mnist 時尚物品（10 種）進行圖像辨識，但只能使用密集層建構神經網路模型（不能使用卷積層及池化層），且不能變更輸入資料的形狀。訓練集的正確率需大於 93%、測試集的正確率需大於 88%。特徵資料需正規化，標籤需單熱編碼。範例檔為 AI_0404.py，提示如下：

❑ 第 1 段：使用 load_data 函數從 keras.datasets 載入 fashion_mnist 時尚物品資料集。

❑ 第 2 段：特徵值資料正規化（縮放至 0 與 1 之間的數值），並轉成浮點數。

❑ 第 3 段：標籤轉成單熱編碼。

❑ 第 4 段：建構模型。使用 Flatten 類別建立展平層，因為展平層為模型的第一層，故需使用 input_shape 參數指定輸入資料的形狀，本例為 (28, 28)。使用 Dense 類別建立 3 個密集層，激發函數均為 relu。

❑ 第 5 段：訓練及評估模型。

試題 0405

　　請建構卷積神經網路模型，以便能對 cifar10 物體（10 種）進行圖像辨識。訓練集的正確率需大於 97%、測試集的正確率需大於 70%。特徵資料需正規化，標籤需單熱編碼。範例檔為 AI_0405.py，提示如下：

❑ 第 1 段：使用 load_data 函數從 keras.datasets 載入 cifar10 物體資料集，內含訓練集與測試集，訓練集有 50000 張，測試集有 10000 張，均為 32×32 低解析度的彩色圖片資料，共計 10 類物體，類別代號 0 ～ 9 分別代表下列物品：

airplane (飛機)、automobile (汽車)、bird (鳥)、cat (貓)、deer (鹿)、dog (狗)、frog (青蛙)、horse (馬)、ship (船)、truck (卡車)。

❏ 第 2 段：隨機選取 30 筆資料，並將其圖像及標籤顯示於螢幕。

本段有助於了解資料結構，但非必要，故已使用註解符號圍住，若要使用，請移除註解符號即可。

❏ 第 3 段：特徵值資料正規化（縮放至 0 與 1 之間的數值），並轉成浮點數。

❏ 第 4 段：標籤轉成單熱編碼。

❏ 第 5 段：建構模型。使用 Conv2D 類別建立兩個二維卷積層，濾鏡數量 16 及 32，kernel_size 卷積核大小為 4，滑動步長為 2，padding 填充方式為 same，activation 激發函數為 relu，input_shape 輸入形狀為 (32, 32, 3)，32 列 32 行，通道數 3，使用偏權值。使用 MaxPooling2D 類別建立一個最大池化層，pool_size 池化視窗大小為 2，滑動步長為 1，padding 填充方式為 same。使用 Dropout 類別建立第一個丟棄層（丟棄比率 0.3）。使用 Flatten 類別建立展平層。使用 Dense 類別建立密集層，神經元 512 個，activation 激發函數為 relu。使用 Dropout 類別建立第二個丟棄層（丟棄比率 0.2）。使用 Dense 類別建立輸出層，神經元 10 個，activation 激發函數為 softmax。loss 損失函數使用 categorical_crossentropy 分類交叉熵。

❏ 第 6 段：訓練及評估模型。

❏ 第 7 段：使用 predict 方法進行測試集的預測。

❏ 第 8 段：使用 sklearn 套件的 confusion_matrix 混淆矩陣模組計算正確率。本段非必要，故已使用註解符號圍住，若要使用，只要移除註解符號即可。

試題 0406

請建構卷積神經網路模型，以便能對 cifar100 物體圖像進行 coarse 大分類辨識（分類標籤 20 種）。訓練集的正確率需大於 98%、測試集的正確率需大於 52%。特徵資料需正規化，標籤需單熱編碼。範例檔為 AI_0406.py，提示如下：

❏ 第 1 段：使用 load_data 函數從 keras.datasets 載入 cifar100 物體資料集，內含訓練集與測試集，訓練集有 50000 張，測試集有 10000 張，均為 32×32 低解析度的彩色圖片資料。資料載入時，可利用參數 label_mode 設定分類方式，若將參數

值設定為 coarse，則是較粗的分類（大分類），分類標籤有 20 種，代號 0 ～ 19，例如 0 代表 aquatic mammals 水生哺乳動物、1 代表 fish 魚、2 代表 flowers 花、3 代表 food containers 食物容器、4 代表 fruit and vegetables 水果及青菜、5 代表 household electrical devices 家庭電器設備、14 代表 people 人類等。若將參數值設定為 fine 則是精細的分類（小分類），分類標籤有 100 種，代號 0 ～ 99，例如 0 代表 apples 蘋果、1 代表 aquarium fish 觀賞魚、2 代表 baby 嬰兒、3 代表 bear 熊等；小分類是從大分類細分出來的，例如大分類之「people 人類」可細分為 baby 嬰兒、boy 男孩、girl 女孩、man 男人、woman 女人等五種類別（代號分別為 2、11、35、46、98）。本範例採用 coarse 大分類，故分類標籤有 20 種。

❏ 第 2 段：隨機選取 30 筆資料，並將其圖像及標籤顯示於螢幕。

本段有助於了解資料結構，但非必要，故已使用註解符號圍住，若要使用，請移除註解符號即可。

❏ 第 3 段：特徵值資料正規化（縮放至 0 與 1 之間的數值），並轉成浮點數。

❏ 第 4 段：標籤轉成單熱編碼。

❏ 第 5 段：建構模型。使用 Conv2D 類別建立第一個二維卷積層，濾鏡數量 32，kernel_size 卷積核大小為 4，滑動步長為 2，padding 填充方式為 same，activation 激發函數為 relu，input_shape 輸入形狀為 (32, 32, 3)，32 列 32 行，通道數 3，使用偏權值。使用 MaxPooling2D 類別建立第一個最大池化層，pool_size 池化視窗大小為 2，滑動步長為 1，padding 填充方式為 same。

使用 Dropout 類別建立丟棄層（丟棄比率 0.25）。使用 Conv2D 類別建立第二個二維卷積層，濾鏡數量 64，其餘參數值與第一個二維卷積層相同。使用 MaxPooling2D 類別建立第二個最大池化層，參數值與第一個二維卷積層相同。使用 Dropout 類別建立丟棄層（丟棄比率 0.25）。使用 Flatten 類別建立展平層。使用 Dense 類別建立密集層，神經元 1024 個，activation 激發函數為 relu。使用 Dense 類別建立輸出層，神經元 20 個，activation 激發函數為 softmax。loss 損失函數使用 categorical_crossentropy 分類交叉熵。

❏ 第 6 段：訓練及評估模型。

❏ 第 7 段：使用 predict 方法進行測試集的預測。

❑ 第 8 段：使用 sklearn 套件的 confusion_matrix 混淆矩陣模組計算正確率。本段非必要，故已使用註解符號圍住，若要使用，只要移除註解符號即可。

試題 0407

同 0406，對 cifar100 物體圖像進行辨識，但採用 fine 細分類（分類標籤 100 種）。訓練集的正確率需大於 98%、測試集的正確率需大於 40%。特徵資料需正規化，標籤需單熱編碼。範例檔為 AI_0407.py，提示如下：

❑ 第 1 段：使用 load_data 函數從 keras.datasets 載入 cifar100 物體資料集，本範例採用細分類，故須將 label_mode 參數值設定為 fine。

❑ 第 2 ～ 8 段：請參考 0406 之說明，除了第 5 段的輸出層神經元需設為 100 之外，其餘均相同。

試題 0408

請建構卷積神經網路模型，以便能對 tensorflow_datasets 載入的 horses_or_humans 人或馬之圖像資料集進行辨識。訓練集的正確率需大於 99%、測試集的正確率需大於 92%。特徵資料需正規化，標籤需單熱編碼。範例檔為 AI_0408.py，提示如下：

❑ 第 1 段：使用 tensorflow_datasets 套件的 load 函數載入 horses_or_humans 人或馬之圖像資料集，load 函數內使用 name 參數指定所需資料集的名稱，另將 with_info 參數設定為 True，以便下載相關資訊。然後使用該資訊物件的 supervised_keys、features 等屬性即可查出如下資訊：

監督式學習資料集之名稱，第一組 image（特徵），第二組 label（標籤），訓練集有 1027 筆，測試集有 256 筆，「特徵」為 300×300 的 3 通道彩色圖像，「標籤」種類有 2 種（horses 馬、humans 人）。

本段有助於了解資料集的結構，但非必要，故已使用註解符號圍住，若要使用，請移除註解符號即可。

❑ 第 2 段：使用 tensorflow_datasets 套件的 load 函數載入資料集，load 函數內使用 name 參數指定所需資料集的名稱，split 參數指名所需的資料集（train 及 test）， as_supervised 參數設定為 True。務必使用 split 及 as_supervised 等參數，才能將資料型態轉成 Dataset，否則為 tuple 元組或 dict 字典之格式。

❏ 第 3 段：隨機選取訓練集一筆資料，以便查看其像素值，並顯示該序號起連續 6 張圖像於螢幕。

使用 enumerate 函數列出迭代物件的索引編號及其對應的元素（本例為 6 張圖片的像素值及其標籤），類似字典格式，以利取用，括號內的 iterable 參數指名所需的迭代物件，start 參數指定起始索引編號。

本段有助於了解資料集的內容，但非必要，故已使用註解符號圍住，若要使用，請移除註解符號即可。

❏ 第 4 段：統一圖片的尺寸。TensorFlow 的神經網路模型需使用 input_shape 指定輸入資料的形狀（參數值需為固定數），但某些圖像資料集之大小可能不固定，有些是橫向較長，有些是縱向較長，故需先統一圖片之尺寸（高度及寬度的大小），本例將每一張圖片之大小一律調整為 300×300。圖片縮小可加快執行速度，但也可能會降低解析度而導致圖像失真，估需根據資料集的資訊作適度的調整。

使用 map 函數可將所需的函數映射到資料集（逐筆處理資料集之內容），本例在 map 函數之括號內使用 lambda 匿名函數來處理資料集，lambda 後有兩個參數，x 代表資料集之內的特徵，y 代表資料集之內的標籤，冒號之後以括號括住處理方式（計算公式），本例使用 image.resize 函數改變 x 特徵資料的形狀（調整尺寸），y 則不變，仍為 y（標籤代碼）。

❏ 第 5 段：將訓練集與測試集的特徵資料正規化，將特徵值除以最大色度值（255）即可正規化，本例使用 map 函數搭配 lambda 匿名函數，即可處理資料集的每一筆資料；特徵值除以含有有小數點的 255，即可將資料型態轉成浮點數（TensFlow 需使用浮點數來計算，而不能使用整數）。

❏ 第 6 段：將訓練集與測試集的因變數（標籤）轉成單熱編碼。轉成單熱編碼可用 tf.keras.utils.to_categorical 或 tf.one_hot 函數，但兩者轉換後的資料型態不同，one_hot 轉換後的資料型態為張量，to_categorical 換後的資料型態為陣列，本例需使用 tf.one_hot 函數，因為 tensorflow_datasets 的資料型態為張量。one_hot 函數的第一個參數 indices 指定轉換來源，第二個參數 depth 指定轉換後行數或列數

（標籤種類數，本例有兩種，0 代表馬、1 代表人），第三個參數 axis，若設為 0，則 depth 參數是指列數，若 axis 設為 1，則 depth 參數是指行數（本例之 axis 設為 0）。本例使用 map 函數搭配 lambda 匿名函數，即可處理資料集的每一筆資料。

❑ 第 7 段：建立批次。使用資料集的 batch 函數組成批次資料，並將特徵資料的格式由三維張量轉成四維張量，以符合卷積層輸入形狀之要求。batch 函數的第一個參數指定批次大小，第二個參數 drop_remainder 決定資料集末尾不足一個批次的處理方式；若設定為 True，則丟棄（不納入訓練），若設定為 False，則將不足一個批次的資料保留在最後一個批次。

❑ 第 8 段：建構模型。使用 Conv2D 類別建立第一個二維卷積層，濾鏡數量 32，kernel_size 卷積核大小為 30，滑動步長為 10，padding 填充方式為 same，activation 激發函數為 relu，input_shape 輸入形狀為 (300, 300, 3)，使用偏權值。使用 MaxPooling2D 類別建立第一個最大池化層，pool_size 池化視窗大小為 2，滑動步長為 1，padding 填充方式為 same。使用 Dropout 類別建立第一個丟棄層（丟棄比率 0.2）。使用 Conv2D 類別建立第二個二維卷積層，濾鏡數量 64，kernel_size 卷積核大小為 5，滑動步長為 5，padding 填充方式為 same，activation 激發函數為 relu，使用偏權值。使用 MaxPooling2D 類別建立第二個最大池化層，參數值與第一個二維卷積層相同。使用 Dropout 類別建立第二個丟棄層（丟棄比率 0.20）。使用 Flatten 類別建立展平層。使用 Dense 類別建立密集層，神經元 512 個，activation 激發函數為 relu。使用 Dropout 類別建立第三個丟棄層（丟棄比率 0.20）。使用 Dense 類別建立輸出層，神經元 2 個，activation 激發函數為 sigmoid。loss 損失函數使用 binary_crossentropy 二元交叉熵。

❑ 第 9 段：訓練及評估模型。

❑ 第 10 段：使用 predict 方法進行測試集的預測。

❑ 第 11 段：使用 sklearn 套件的 confusion_matrix 混淆矩陣模組計算正確率，合併實際標籤與預測標籤，並將合併結果匯出為 Excel 檔。本段非必要，故已使用註解符號圍住，若要使用，只要移除註解符號即可。

試題 0409

　　請建構卷積神經網路模型，以便能對 tensorflow_datasets 載入的 cats_vs_dogs 貓狗圖像資料集進行辨識。訓練集的正確率需大於 89%、測試集的正確率需大於 72%。資料集有 23262 筆，請將其中 80% 列入訓練集，其餘 20% 列入測試集，特徵資料需正規化，標籤需單熱編碼。範例檔為 AI_0409.py，提示如下：

❏ 第 1 段：使用 tensorflow_datasets 套件的 load 函數載入 cats_vs_dogs 貓狗圖像資料集，load 函數內使用 name 參數指定所需資料集的名稱，另將 with_info 參數設定為 True，以便下載相關資訊。然後使用該資訊物件的 supervised_keys、features 等屬性即可查出如下資訊：

監督式學習資料集之名稱，第一組 image（特徵），第二組 label（標籤），訓練集有 23262 筆，沒有驗證集與測試集，特徵資料形狀 (None, None, 3)，代表各張圖片的高度及寬度不一（尺寸不同），通道數為 3（彩色圖像），「標籤」種類有 2 種（0 代表 cat 貓、1 代表 dog 狗）。

本段有助於了解資料集的結構，但非必要，故已使用註解符號圍住，若要使用，請移除註解符號即可。

❏ 第 2 段：使用 tensorflow_datasets 套件的 load 函數載入資料集，load 函數內使用 name 參數指定所需資料集的名稱，split 參數指名所需的資料集，本例從 train 之中劃分出 20% 作為測試集，其餘 80% 列入訓練集，as_supervised 參數設定為 True。shuffle_files 參數設定為 True，以打亂資料的順序。

❏ 第 3 段：隨機選取訓練集一筆資料，以便查看其像素值，並顯示該序號起連續 6 張圖像於螢幕。本段有助於了解資料集的內容，但非必要，故已使用註解符號圍住，若要使用，請移除註解符號即可。

❏ 第 4 段：統一圖片的尺寸。本例將每一張圖片之大小一律調整為 160× 160。

❏ 第 5 段：將訓練集與測試集的特徵資料正規化，亦即將所有像素值縮放至 0 與 1 之間。

❏ 第 6 段：將訓練集與測試集的因變數（標籤）轉成單熱編碼。

❏ 第 7 段：建立批次。批次大小 32、drop_remainder 設定為 True。

❏ 第 8 段：建構模型。使用 Conv2D 類別建立第一個二維卷積層，濾鏡數量 32，kernel_size 卷積核大小為 10，滑動步長為 5，padding 填充方式為 same，activation 激發函數為 relu，input_shape 輸入形狀為 (160, 160, 3)，使用偏權值。使用 MaxPooling2D 類別建立第一個最大池化層，pool_size 池化視窗大小為 2，滑動步長為 1，padding 填充方式為 same。使用 Dropout 類別建立第一個丟棄層（丟棄比率 0.25）。使用 Conv2D 類別建立第二個二維卷積層，濾鏡數量 64，kernel_size 卷積核大小為 4，滑動步長為 4，padding 填充方式為 same，activation 激發函數為 relu，使用偏權值。使用 MaxPooling2D 類別建立第二個最大池化層，參數值與第一個二維卷積層相同。使用 Dropout 類別建立第二個丟棄層（丟棄比率 0.25）。使用 Flatten 類別建立展平層。使用 Dense 類別建立密集層，神經元 1024 個，activation 激發函數為 relu。使用 Dense 類別建立輸出層，神經元 2 個，activation 激發函數為 sigmoid。loss 損失函數使用 binary_crossentropy 二元交叉熵。

❏ 第 9 段：訓練及評估模型。

 **說明** 相關參數之詳細說明請見 0408 的提示。

試題 0410

請建構卷積神經網路模型，以便能對 tensorflow_datasets 載入的 tf_flowers 花卉圖像資料集進行辨識。訓練集的正確率需大於 91%、測試集的正確率需大於 62%。資料集有 3670 筆，請將其中 80% 列入訓練集，20% 列入測試集，特徵資料需正規化，標籤需單熱編碼。範例檔為 AI_0410.py，提示如下：

❏ 第 1 段：使用 tensorflow_datasets 套件的 load 函數載入 tf_flowers 花卉像資料集，load 函數內使用 name 參數指定所需資料集的名稱，另將 with_info 參數設定為 True，以便下載相關資訊。然後使用該資訊物件的 supervised_keys、features 等屬性即可查出如下資訊：

監督式學習資料集之名稱，第一組 image（特徵），第二組 label（標籤），訓練集有 3670 筆，沒有驗證集與測試集，特徵資料形狀 (None, None, 3)，代表各張

圖片的高度及寬度不一（尺寸不同），通道數為 3（彩色圖像），「標籤」種類有 5 種（0 代表 dandelion 蒲公英、1 代表 daisy 雛菊、2 代表 tulips 鬱金香、3 代表 sunflowers 向日葵、4 代表 roses 玫瑰）。

本段有助於了解資料集的結構，但非必要，故已使用註解符號圍住，若要使用，請移除註解符號即可。

❑ 第 2 段：使用 tensorflow_datasets 套件的 load 函數載入資料集，load 函數內使用 name 參數指定所需資料集的名稱，split 參數指名所需的資料集，本例從 train 之中劃分出 20% 作為測試集（734 筆），其餘 80% 列入訓練集（3670 筆），as_supervised 參數設定為 True。shuffle_files 參數設定為 True，以打亂資料的順序。

❑ 第 3 段：隨機選取訓練集一筆資料，以便查看其像素值，並顯示該序號起連續 6 張圖像於螢幕。本段有助於了解資料集的內容，但非必要，故已使用註解符號圍住，若要使用，請移除註解符號即可。

❑ 第 4 段：統一圖片的尺寸。本例將每一張圖片之大小一律調整為 224× 224。

❑ 第 5 段：將訓練集、驗證集與測試集的特徵資料正規化。

❑ 第 6 段：將訓練集、驗證集與測試集的因變數（標籤）轉成單熱編碼。

❑ 第 7 段：建立批次。批次大小 32、drop_remainder 設定為 False。

❑ 第 8 段：建構模型。使用 Conv2D 類別建立第一個二維卷積層，濾鏡數量 32，kernel_size 卷積核大小為 5，滑動步長為 5，padding 填充方式為 same，activation 激發函數為 relu，input_shape 輸入形狀為 (224,224,3)，使用偏權值。使用 Conv2D 類別建立第二個二維卷積層，濾鏡數量 64，kernel_size 卷積核大小為 4，滑動步長為 2，padding 填充方式為 same，activation 激發函數為 relu，使用偏權值。使用 MaxPooling2D 類別建立一個最大池化層，pool_size 池化視窗大小為 2，滑動步長為 1，padding 填充方式為 same。

使用 Dropout 類別建立一個丟棄層（丟棄比率 0.5）。使用 Flatten 類別建立展平層。使用 Dense 類別建立密集層，神經元 1024 個，activation 激發函數為 relu。使用 Dense 類別建立輸出層，神經元 5 個，activation 激發函數為 softmax。loss 損失函數使用 categorical_crossentropy 分類交叉熵。

❑ 第 9 段：訓練及評估模型。

說明 相關參數之詳細說明請見 0408 的提示。

試題 0411

請建構卷積神經網路模型，以便能對 tensorflow_datasets 載入的 mnist 手寫阿拉伯數字資料集進行辨識。訓練集的正確率需大於 99%、測試集的正確率需大於 98%。特徵資料需正規化，標籤需單熱編碼。範例檔為 AI_0411.py，提示如下：

❏ 第 1 段：使用 tensorflow_datasets 套件的 builder 建構者物件及 download_and_prepare 類別下載 mnist 手寫阿拉伯數字集，並使用 info 屬性取得該資料集的相關資訊。另外使用 features 屬性取出類別名稱，並置入串列變數 List_CalssName，以利後續圖表標題的製作。

❏ 第 2 段：使用 builder 建構者物件的 as_dataset 方法讀取前述下載於硬碟的資料集，split 參數指定所需資料（train 訓練集與 test 測試集）。as_supervised 參數設定為 True。shuffle_files 參數設定為 True，以打亂資料的順序。隨機選取訓練集一筆資料，以便查看其特徵及標籤，並顯示該序號起連續 12 張圖像於螢幕。

❏ 第 3 段：將訓練集與測試集的特徵資料正規化，同時使用 tf.cast 將特徵的資料型態轉換為浮點數，標籤轉換為整數，以符合模型之要求。

❏ 第 4 段：將訓練集與測試集的因變數（標籤）轉成單熱編碼。

❏ 第 5 段：建立批次。使用資料集的 batch 函數組成批次資料，並將特徵資料的格式由三維張量轉成四維張量，以符合卷積層輸入形狀之要求。batch 函數的第一個參數指定批次大小為 32，第二個參數 drop_remainder 設定為 False。

❏ 第 6 段：建構模型。使用 Conv2D 類別建立第一個二維卷積層，濾鏡數量 6，kernel_size 卷積核大小為 4，滑動步長為 1，padding 填充方式為 same，activation 激發函數為 relu，input_shape 輸入形狀為 (28, 28, 1)，使用偏權值。使用 MaxPooling2D 類別建立一個最大池化層，pool_size 池化視窗大小為 2，滑動步長為 1，padding 填充方式為 same。使用 Flatten 類別建立展平層。使用 Dense 類別建立輸出層，神經元 10 個，activation 激發函數為 softmax。loss 損失函數使用 categorical_crossentropy 分類交叉熵。

❏ 第 7 段：建立回調函數，以便訓練時儲存最佳模型及權重。

❏ 第 8 段：訓練及評估模型。

試題 0412

　　請建構卷積神經網路模型，以便能對 tensorflow_datasets 載入的 colorectal_histology 直腸與結腸之組織圖像進行辨識。訓練集的正確率需大於 87%、測試集的正確率需大於 78%。資料集有 5000 筆，請將其中 80% 列入訓練集，20% 列入測試集（為便於比較，請勿打亂資料集的順序），特徵資料需正規化，標籤需單熱編碼。範例檔為 AI_0412.py，提示如下：

❏ 第 1 段：使用 tensorflow_datasets 套件的 load 函數載入 colorectal_histology 直腸與結腸之組織圖像資料集，load 函數內使用 name 參數指定所需資料集的名稱，另將 with_info 參數設定為 True，以便下載相關資訊。然後使用該資訊物件的 supervised_keys、features 等屬性即可查出如下資訊：

　　監督式學習資料集之名稱，第一組 image（特徵），第二組 label（標籤），訓練集有 5000 筆，沒有驗證集與測試集，特徵資料形狀 (150, 150, 3)，「標籤」種類有下列 8 種（代號 0 ～ 7）：tumor 腫瘤、stroma 結締組織、complex 複合物、lympho 淋巴腺、debris 碎片、mucosa 黏膜、adipose 脂肪、empty 空的。

❏ 第 2 段：使用 tensorflow_datasets 套件的 load 函數載入資料集，load 函數內使用 name 參數指定所需資料集的名稱，split 參數指名所需的資料集，本例從 train 之中劃分出 20% 作為測試集（後面 1000 筆），其餘 80% 列入訓練集（4000 筆），as_supervised 參數設定為 True。shuffle_files 參數設定為 False，不打亂資料的順序。

❏ 第 3 段：隨機選取訓練集一筆資料，以便查看其像素值，並顯示該序號起連續 12 張圖像於螢幕。

❏ 第 4 段：將訓練集、驗證集與測試集的特徵資料正規化。

❏ 第 5 段：將訓練集、驗證集與測試集的標籤轉成單熱編碼。

❏ 第 6 段：建立批次。批次大小 32、drop_remainder 設定為 True。

❏ 第 7 段：建構模型。使用 Conv2D 類別建立第一個二維卷積層，濾鏡數量 32，kernel_size 卷積核大小為 5，滑動步長為 5，padding 填充方式為 same，activation 激發函數為 relu，input_shape 輸入形狀為 (150, 150, 3)，使用偏權值。使用 Conv2D 類別建立第二個二維卷積層，濾鏡數量 64，kernel_size 卷積核大小為 3，滑動步長為 2，padding 填充方式為 same，activation 激發函數為 relu，使用偏權值。使用 MaxPooling2D 類別建立一個最大池化層，pool_size 池化視窗大小為 2，滑動步長為 1，padding 填充方式為 same。

使用 Flatten 類別建立展平層。使用 Dense 類別建立密集層，神經元 1024 個，activation 激發函數為 relu。使用 Dense 類別建立輸出層，神經元 8 個，activation 激發函數為 softmax。loss 損失函數使用 categorical_crossentropy 分類交叉熵。

❏ 第 8 段：訓練及評估模型。

試題 0413

請建構卷積神經網路模型，以便能對 tensorflow_datasets 載入的 stanford_dogs 史丹佛大學狗圖像（120 種）進行辨識，內含訓練集 12000 筆，測試集 8580 筆。訓練集的正確率需大於 94%、測試集的正確率需大於 5%。特徵資料需正規化，標籤需單熱編碼。範例檔為 AI_0413.py，提示如下：

❏ 第 1 段：使用 tensorflow_datasets 套件的 load 函數載入 stanford_dogs 史丹佛大學狗圖像資料集，load 函數內使用 name 參數指定所需資料集的名稱，另將 with_info 參數設定為 True，以便下載相關資訊。然後使用該資訊物件的 supervised_keys、features 等屬性即可查出如下資訊：

監督式學習資料集之名稱，第一組 image（特徵），第二組 label（標籤），train 訓練集有 12000 筆，test 測試集 8580 筆，特徵資料形狀 (None, None, 3)，代表各張圖片的高度及寬度不一（尺寸不同），通道數為 3（彩色圖像），「標籤」種類有 120 種，舉例如下：0 → chihuahua 吉娃娃、3 → pekinese 北京狗、7 → toy_terrier 玩具㹴、102 → pug 八哥、108 → chow 鬆獅犬、117 → dingo 澳洲犬。

❏ 第 2 段：使用 tensorflow_datasets 套件的 load 函數載入資料集，load 函數內使用 name 參數指定所需資料集的名稱，不使用 split 參數，as_supervised 參數設定為

True。shuffle_files 參數設定為 True，打亂資料的順序。隨後再將讀取的資料集區分為訓練集與測試集，前述使用 load 函數讀取資料集的時候，不使用 split 參數，讀入資料的型態為 dict 字典格式，然後「以鍵取值」，將其拆分為訓練集與測試集，鍵名為 train 與 test。

❏ 第 3 段：隨機選取訓練集一筆資料，以便查看其像素值，並顯示該序號起連續 12 張圖像於螢幕。

❏ 第 4 段：統一圖片的尺寸為 150×150。

❏ 第 5 段：將訓練集與測試集的特徵資料正規化。

❏ 第 6 段：將訓練集與測試集的標籤轉成單熱編碼。

❏ 第 7 段：建立批次。批次大小 32、drop_remainder 設定為 True。

❏ 第 8 段：建構模型。使用 Conv2D 類別建立第一個二維卷積層，濾鏡數量 32，kernel_size 卷積核大小為 5，滑動步長為 5，padding 填充方式為 same，activation 激發函數為 relu，input_shape 輸入形狀為 (150, 150, 3)，使用偏權值。使用 Conv2D 類別建立第二個二維卷積層，濾鏡數量 64，kernel_size 卷積核大小為 3，滑動步長為 2，padding 填充方式為 same，activation 激發函數為 relu，使用偏權值。使用 MaxPooling2D 類別建立一個最大池化層，pool_size 池化視窗大小為 2，滑動步長為 1，padding 填充方式為 same。

使用 Dropout 類別建立一個丟棄層（丟棄比率 0.25）。使用 Flatten 類別建立展平層。使用 Dense 類別建立兩個密集層，神經元數量分別為 1024 及 512 個，activation 激發函數均為 relu。使用 Dense 類別建立輸出層，神經元 120 個，activation 激發函數為 softmax。loss 損失函數使用 categorical_crossentropy 分類交叉熵。

❏ 第 9 段：訓練及評估模型。

 説明　本程式耗時較久，建議使用 Google Colab 之 GPU 執行。

試題 0414

請建構卷積神經網路模型，以便能對 tensorflow_datasets 載入的 caltech_birds2010 鳥類圖像（200 種）進行辨識，內含訓練集 3000 筆，測試集 3033 筆。訓練集的正確率需大於 99%、測試集的正確率需大於 2%。特徵資料需正規化，標籤需單熱編碼。範例檔為 AI_0414.py，提示如下：

❏ 第 1 段：使用 tensorflow_datasets 套件的 load 函數載入 caltech_birds2010 鳥類圖像資料集，load 函數內使用 name 參數指定所需資料集的名稱，另將 with_info 參數設定為 True，以便下載相關資訊。然後使用該資訊物件的 supervised_keys、features 等屬性即可查出如下資訊：

監督式學習資料集之名稱，第一組 image（特徵），第二組 label（標籤），train 訓練集有 12000 筆，test 測試集 8580 筆，特徵資料形狀 (None, None, 3)，代表各張圖片的高度及寬度不一（尺寸不同），通道數為 3（彩色圖像），「標籤」種類有 200 種，只有類別代號（0 ～ 199），沒有類別名稱。

❏ 第 2 段：使用 tensorflow_datasets 套件的 load 函數載入資料集，load 函數內使用 name 參數指定所需資料集的名稱，不使用 split 參數，as_supervised 參數設定為 True。shuffle_files 參數設定為 True，打亂資料的順序。

隨後再將讀取的資料集區分為訓練集與測試集，前述使用 load 函數讀取資料集的時候，不使用 split 參數，讀入資料的型態為 dict 字典格式，然後「以鍵取值」，將其拆分為訓練集與測試集，鍵名為 train 與 test。

❏ 第 3 段：隨機選取訓練集一筆資料，以便查看其像素值，並顯示該序號起連續 12 張圖像於螢幕。

❏ 第 4 段：統一圖片的尺寸為 300×300。

❏ 第 5 段：將訓練集與測試集的特徵資料正規化。

❏ 第 6 段：將訓練集與測試集的標籤轉成單熱編碼。

❏ 第 7 段：建立批次。批次大小 32、drop_remainder 設定為 True。

❏ 第 8 段：建構模型。使用 Conv2D 類別建立第一個二維卷積層，濾鏡數量 32，kernel_size 卷積核大小為 5，滑動步長為 5，padding 填充方式為 same，activation 激發函數為 relu，input_shape 輸入形狀為 (300, 300, 3)，使用偏權值。使用

Conv2D 類別建立第二個二維卷積層，濾鏡數量 64，kernel_size 卷積核大小為 3，滑動步長為 3，padding 填充方式為 same，activation 激發函數為 relu，使用偏權值。使用 MaxPooling2D 類別建立一個最大池化層，pool_size 池化視窗大小為 2，滑動步長為 1，padding 填充方式為 same。

使用 Dropout 類別建立一個丟棄層（丟棄比率 0.5）。使用 Flatten 類別建立展平層。使用 Dense 類別建立兩個密集層，神經元數量分別為 1024 及 512 個，activation 激發函數均為 relu。使用 Dense 類別建立輸出層，神經元 200 個，activation 激發函數為 softmax。loss 損失函數使用 categorical_crossentropy 分類交叉熵。

❏ 第 9 段：訓練及評估模型。

試題 0415

請建構卷積神經網路模型，以便能對 tensorflow_datasets 載入的 oxford_flowers102 牛津大學 102 種花卉圖像進行辨識，內含訓練集 1020 筆，驗證集 1020 筆，測試集 6149 筆。請將驗證集併入訓練集，共同訓練模型，訓練集的正確率需大於 97%、測試集的正確率需大於 10%。特徵資料需正規化，標籤需單熱編碼。範例檔為 AI_0415.py，提示如下：

❏ 第 1 段：使用 tensorflow_datasets 套件的 load 函數載入 oxford_flowers102 牛津大學 102 種花卉圖像資料集，load 函數內使用 name 參數指定所需資料集的名稱，另將 with_info 參數設定為 True，以便下載相關資訊。然後使用該資訊物件的 supervised_keys、features 等屬性即可查出如下資訊：

監督式學習資料集之名稱，第一組 image（特徵），第二組 label（標籤），train 訓練集有 1020 筆，validation 驗證集有 1020 筆，test 測試集 6149 筆，特徵資料形狀 (None, None, 3)，代表各張圖片的高度及寬度不一（尺寸不同），通道數為 3（彩色圖像），「標籤」種類有 102，類別代號（0 ～ 101），舉例如下：0 → pink primrose 報春花、72 → water lily 睡蓮、77 → lotus 蓮花。

❏ 第 2 段：使用 tensorflow_datasets 套件的 load 函數載入資料集，load 函數內使用 name 參數指定所需資料集的名稱，使用 split 參數指定載入資料集為

['train+validation','test']，as_supervised 參數設定為 True。shuffle_files 參數設定為 False，不打亂資料的順序。

❏ 第 3 段：隨機選取訓練集一筆資料，以便查看其像素值，並顯示該序號起連續 12 張圖像於螢幕。

❏ 第 4 段：統一圖片的尺寸為 500×500。

❏ 第 5 段：將訓練集與測試集的特徵資料正規化。

❏ 第 6 段：將訓練集與測試集的標籤轉成單熱編碼。

❏ 第 7 段：建立批次。批次大小 32、drop_remainder 設定為 True。

❏ 第 8 段：建構模型。使用 Conv2D 類別建立第一個二維卷積層，濾鏡數量 32，kernel_size 卷積核大小為 10，滑動步長為 10，padding 填充方式為 same，activation 激發函數為 relu，input_shape 輸入形狀為 (500, 500, 3)，使用偏權值。使用 Conv2D 類別建立第二個二維卷積層，濾鏡數量 64，kernel_size 卷積核大小為 3，滑動步長為 2，padding 填充方式為 same，activation 激發函數為 relu，使用偏權值。使用 MaxPooling2D 類別建立一個最大池化層，pool_size 池化視窗大小為 2，滑動步長為 1，padding 填充方式為 same。使用 Dropout 類別建立一個丟棄層（丟棄比率 0.25）。使用 Flatten 類別建立展平層。使用 Dense 類別建立兩個密集層，神經元數量分別為 1024 及 512 個，activation 激發函數均為 relu。使用 Dense 類別建立輸出層，神經元 102 個，activation 激發函數為 softmax。loss 損失函數使用 categorical_crossentropy 分類交叉熵。

❏ 第 9 段：訓練及評估模型。

05
CHAPTER

圖像資料的擴增

5.1 圖像擴增的意義

5.2 圖像擴增的方法

5.3 圖檔之讀取與分類

5.4 圖像資料產生器的特殊用途之一

5.5 圖像資料產生器的特殊用途之二

第 4 章說明了如何使用卷積神經網路模型來辨識圖像，但部分圖像資料集的辨識結果很不理想（測試集的正確率偏低）。模型正確率偏低的原因除了模型建構不適當及資料缺失之外，就是訓練集資料量不足所致，有兩種改進辦法，第一：資料擴增 Data augmentation，第二：使用預訓練模型 Pre-trained model。本章先探討第一種方法，至於預訓練模型則於第 6 章說明。

5.1　圖像擴增的意義

第 4 章很多圖像辨識的結果是訓練集正確率很高，但測試集正確率卻偏低，這就是所謂的 Over-fitting 過度適配（或稱過度擬合）。即使我們在模型中加入了 Dropout layer 丟棄層，隨機丟棄部分神經元也無法解決，主因就是訓練集的特徵不足以涵蓋測試集的狀況，如果能夠增加訓練集的資料量，而且是不同特徵的資料，就可解決此一問題。

Image augmentation 圖像擴增是利用現有的圖像來產生更多不同的圖像，主要手段是利用隨機變形層來產生相似但不同的圖像。常用的圖像擴增方法有 Translation 位移、Zoom 縮放、Crop 裁切、Rotation 旋轉、Flip 翻轉及增減 Contrast 對比等，利用這些不同特徵的資料來訓練模型，就可增加模型的 Generalization 泛化性。

在說明如何擴增圖像之前，請讀者先執行 Z_Example 資料夾內的範例程式 Prg_0501_Data Augmentation_01.py，這個程式與第 4 章的習題 AI_0410.py 同樣進行 tf_flowers 花卉影像的辨識，但因使用了圖像擴增的手段，所以測試集的正確率提高了 7.7%。

Prg_0501_Data Augmentation_01.py 程式的結構與 AI_0410.py 相同，只是在模型開始處增加了六個變形層來擴增圖像，茲摘要說明如下：

❑ 第 1 段：從 tensorflow_datasets 載入 tf_flowers 花卉圖片資料集，並將 train 訓練集的後面 20% 列入測試集。

❑ 第 2 段：統一圖片的大小，將每一張圖片之尺寸一律調整為 224×224。

❑ 第 3 段：特徵資料正規化，亦即將特徵值縮放至 0 與 1 之間。

❑ 第 4 段：將標籤轉成單熱編碼（類別數 5）。

❑ 第 5 段：建立批次（批次大小 32、drop_remainder=True）。

❑ 第 6 段：建立模型。

- 第一層使用 tf.keras.layers.RandomFlip 建立隨機翻轉層。

- 第二層使用 tf.keras.layers.RandomRotation 建立隨機旋轉層。

- 第三層使用 tf.keras.layers.RandomZoom 建立隨機縮放層。

- 第四層使用 tf.keras.layers.RandomCrop 建立隨機裁切層。

- 第五層使用 tf.keras.layers.RandomContrast 建立隨機對比強化層。

- 第六層使用 tf.keras.layers.RandomTranslation 建立隨機位移層。

    其後是卷積與池化等網路層，其結構與參數值都與習題 0410 相同，故此處不
    贅述，如有需要請參考該題之說明。

❑ 第 7 段：模型訓練及評估。

5.2　圖像擴增的方法

過去圖像增廣是使用 ImageDataGenerator 圖像資料產生器，但 TensorFlow 網站
已指出這個類別已過時，應該改用 image_dataset_from_directory 函數來讀取圖像資
料，並使用各種不同的 preprocessing layers 預處理層來擴增圖像。

在解說圖片讀取與擴增之前，請讀者先執行 Z_Example 資料夾內的範例程式
Prg_0502_DA_Layer_01.py，它會從硬碟讀取單張的二進位圖檔，然後顯示該張圖
片經過旋轉、翻轉、位移等 8 種變形之結果。這些圖片是如何產生的？我們說明如
下，其摘要程式如表 5-1。

▌表 5-1　程式碼：圖像增廣層

01	from keras.utils import image_dataset_from_directory as idfd
02	Train_set=idfd(directory='./MyData/Temp_Picture/Data_A', color_mode='rgb',
03	image_size=(868, 802), batch_size=None)

04	MyCrop_layer=tf.keras.layers.RandomCrop(height=750, width=550, seed=7)
05	Train_set_A=Train_set.map(lambda x, y: (MyCrop_layer(x), y))
06	
07	MyFlip_layer=tf.keras.layers.RandomFlip(mode="horizontal_and_vertical",
08	seed=123)
09	MyZoom_layer=tf.keras.layers.RandomZoom(height_factor=(0.5, 0.7),
10	width_factor=None, fill_mode='constant',
11	interpolation='nearest', seed=None, fill_value=234.5)
12	MyRotation_layer=tf.keras.layers.RandomRotation(factor=0.09722222,
13	fill_mode='constant', interpolation='nearest', fill_value=0.0, seed=7)
14	MyContrast_layer=tf.keras.layers.RandomContrast(factor=0.99, seed=7)
15	MyHeight_layer=tf.keras.layers.RandomHeight(factor=(0.5, 0.6),
16	interpolation='bilinear', seed=None)
17	MyWidth_layer=tf.keras.layers.RandomWidth(factor=(0.7, 0.8),
18	interpolation='bilinear', seed=None)
19	MyTranslation_layer=tf.keras.layers.RandomTranslation(
20	height_factor=(-0.2, 0.2), width_factor=(-0.3, 0.3),
21	fill_mode='constant', interpolation='bilinear', seed=7, fill_value=0.0)

❏ 第 1 段：讀取圖片檔。本範例要從硬碟讀取圖檔，故須先使用 image_dataset_
from_directory 函數將二進位圖檔轉成 RGB 色度值資料，隨後再使用各種變形層
處理該張圖片，以產生旋轉、翻轉、位移等變形圖片。

image_dataset_from_directory 函數可從 keras.utils 套件載入，本範例將該物件取
名為 idfd（如表 5-1 第 1 列），亦可在程式中使用下列語法：

```
tf.keras.utils.image_dataset_from_directory
```

本範例所使用之圖檔名稱為 My_Picture_01.jpg（大白狗與女子），位於 Temp_
Picture 資料夾之內，請將該資料夾複製於本程式所在位置的 MyData 資料夾之
下，其完整路徑如下：./MyData/Temp_Picture/Data_A/Train/My_Picture_01.jpg。
此圖片的路徑比較複雜，這是為了配合 image_dataset_from_directory 函數之處理

方式，因其功能主要在處理多個圖檔（而非單一圖片），而且可根據不同資料夾
而自動產生分類標籤，所以欲處理的圖片必須置入正確的資料夾，且區分訓練、
驗證及測試等不同資料夾，我們稍後再詳述。

先簡介 image_dataset_from_directory 函數的幾個關鍵參數（如表 5-1 第 2 ～ 3 列），
directory 參數指定圖檔所在的資料夾，含有圖檔的那一個子資料夾不必列入，
但該子資料夾的上層路徑都需作為參數值（可能有多層資料夾），以本例而言，
圖片檔 My_Picture_01.jpg 所在的資料夾 Train 不必列入，其上層路徑 ./MyData/
Temp_Picture/Data_A（含有多層資料夾）都需列入參數值。color_mode 參數指定
色彩模式，本例為三通道的彩色圖片，故指定為 rgb（預設值），若是灰階圖片，
則應指定為 grayscale，若為四通道的彩色圖片，則需指定為 rgba（a 是指 Alpha
不透明之程度）。image_size 參數指定圖片之大小，若省略此參數，則會使用內
定值 (256, 256)，括號內第一個參數為高度（縱向點數），第二個參數為寬度（橫
向點數）；此參數不能省略，亦不能指定為 None，因為模型訓練必須使用同尺
寸的圖片資料。batch_size 批次大小，內定值為 32，本例設定為 None（不建立批
次）。其他參數稍後再解說。

❑ 第 2 段：從 matplotlib 套件匯入 FontProperties 字型屬性類別。因為我們要在圖形
中顯示中文字型，故須先匯入字型物件，本例指定中文字型為 msjhbd.ttc 微軟正
黑體（粗體）。

❑ 第 3 段：顯示原圖片及其像素值。原圖的像素值（RGB 色度值）為整數，經過
image_dataset_from_directory 函數讀取後會變成浮點數，而且與原數值不同，這
是受到圖片尺寸調整的影響，即使 image_size 參數值設定為原圖大小，仍會有些
許差異，因為像素值調整有其特殊的計算方法，我們稍後再詳述。

使用 matplotlib 套件顯示圖像，須使用整數，故本例使用 Numpy 套件的 uint8 函
數將浮點數轉為整數，務必使用無符號整數函數，不能使 np.int8 等函數。

❑ 第 4 段：顯示隨機裁切後的圖片及其像素值。本例使用隨機裁切層來達成，其語
法如表 5-1 第 4 列。RandomCrop 隨機裁切層有三個參數，height 指定裁切後的
高度，width 指定裁切後的寬度，數值越小，裁切後的圖片越小。因為是隨機裁
切，故每一次執行時所裁切掉的位置與大小都可能不同，圖片的上下左右都有可
能被裁切掉，本範例為便於比較，故將 seed 隨機種子設定為 7，圖片的左方被切

掉一大部分，若將 seed 隨機種子設定為 1，則圖片的右方會被切掉較多。讀者可嘗試更換這三個參數值，即可了解 RandomCrop 隨機裁切層的功能。

隨機裁切層定義之後，我們使用資料集的 map 映射函數搭配 lambda 匿名函數，即可將資料集每一筆的 x 特徵以 RandomCrop 隨機裁切層來處理，y 標籤不變更，其語法如表 5-1 第 5 列。

❑ 第 5 段：顯示隨機翻轉後的圖片及其像素值。本例使用隨機翻轉層來達成，其語法如表 5-1 第 7 ～ 8 列。RandomFlip 隨機翻轉層的 mode 參數指定翻轉方向，內定為 horizontal_and_vertical 水平與垂直翻轉（可能為水平翻轉，也可能為垂直翻轉），若設定為 horizontal，則只做水平翻轉（左右翻轉），若設定為 vertical，則只做垂直翻轉（上下翻轉），因為是隨機的，故可能不翻轉（維持原樣），本範例為便於比較，故將 seed 隨機種子設定為 123，圖片會做水平翻轉（左右翻轉），原圖的大白狗在左邊，翻轉後變成右邊。讀者可嘗試更換這兩個參數值，即可了解 RandomFlip 隨機翻轉層的功能。

❑ 第 6 段：顯示隨機縮放後的圖片及其像素值。本例使用隨機縮放層來達成，其語法如表 5-1 第 9 ～ 11 列。RandomZoom 可用參數有 6 個，height_factor 垂直縮放因子，它是控制垂直（上下）放大或縮小的百分比，必須是介於 -1.0 與 1.0 之間的浮點數，例如 -0.2 或 0.3，不能小於 -1.0 且不能大於 1.0。正數代表縮小比例，例如 0.3，會使圖像中的景物 zoom out 拉遠，而縮小 30%，負數代表放大比例，例如 -0.2，會使圖像中景物 zoom in 拉近，而放大 20%。height_factor 參數值可為一個定值（如前述），亦可為一個區間，舉例來說，height_factor=(0.2, 0.3)，會縮小 20% ～ 30%（隨機選取），height_factor=(-0.3, -0.2)，會放大 20% ～ 30%（隨機選取）。

width_factor 橫向縮放因子，它是控制橫向（左右）放大或縮小的百分比，設定方式與 height_factor 相同，內定值為 None，亦即隨 height_factor 自動調整，以維持原圖之長寬比例，否則圖像可能變長或變寬。

縮放因子設定為正數時，會將原景物縮小，如同照相時改變鏡頭的焦距，將景物 zoom out 拉遠。照相時 zoom out 的結果會拍攝到更廣泛的景物，在圖像處理軟體中，則需在原景物周遭填補其他顏色或景物，填補方式由 fill_mode 參數來控制。縮放因子設定為負數時，會將原景物放大，如同照相時改變鏡頭的焦距，將景物

zoom in 拉近，造成局部放大的效果，原景物周遭部分可能超過攝影範圍而未納入，在圖像處理軟體中，原景物會被裁切掉一部分，此狀況下，原景物周遭無需填補，此時 fill_mode 參數無作用。

fill_mode 參數的填充模式有下列 4 種：

- 若參數值設定為 constant 常數，則原景物縮小時，在其周圍填補一種顏色，顏色由 fill_value 參數決定，可為 0 ～ 255 之任一值（黑色到白色的任一階）。

- 若參數值設定為 reflect 反射（映照），則原景物縮小時，在其周圍以原景物的部分來填補，如同鏡子映照原景物四周邊區的景象。

- 若參數值設定為 wrap 包裹（纏繞），則原景物縮小時，在其周圍以原景物來填補，以原圖像在原景物的四周連續併貼。

- 若參數值設定為 nearest 最鄰近的像素值，則原景物縮小時，在其周圍以原景物四邊的像素值來填補。

> 🧑‍🏫 **説明** 上述四種填補方式的說明較抽象，請變更範例的 fill_mode 參數值，再觀察執行結果，即可明白其意義。

圖像放大或縮小時，各圖點的像素值需要調整重算，調整方法有多種，RandomZoom 縮放層允許 bilinear「雙線性」及 nearest「最接近像素」兩種方法，可用 interpolation 參數來控制。

❑ 第 7 段：顯示隨機旋轉後的圖片及其像素值。本例使用隨機旋轉層來達成，其語法如表 5-1 第 12 ～ 13 列。RandomRotation 可用參數有 5 個，第一個參數 factor 決定旋轉的角度，角度的衡量單位有 degree「度數」及 radian「弧度」兩種，factor 參數的單位不是大家熟悉的「度數」而是「弧度」。假設我們希望圖片旋轉 45 度，那麼 factor 參數值不能設定為 45，而需轉換為其對應的弧度，但 TensorFlow 為了省去大家換算的麻煩，採用了一種比較值觀的方式，就是您期望圖片旋轉一圈（360 度）的幾分之幾（百分比）是多少就輸入多少，以前例來說，我們希望旋轉 45 度，就是一圈的八分之一，所以我們應將 factor 參數值設定為 0.125（1÷8=0.125 或 45÷360=0.125）。RandomRotation 隨機旋轉層會將該參數值 0.125 乘以 2π，而得出 0.785398，這個數值就是 45 度對應的弧度，其原理解說如下。

一個圓圈是 360 度,若以弧度來表示就是 2π,亦即圓周率的兩倍 6.283185,「度數」與「弧度」可用下列公式來換算:度數 = 弧度 × 360 ÷ 2π,將前述參數值 0.785398 代入上述公式,就可得出度數為 45(0.785398×360÷6.283185)。

factor 參數值可設為正數或負數,正數表示逆時針旋轉,負數表示順時針旋轉。factor 參數可指定單一數值或一個區間,單一數值必須為正數,例如 factor=0.2,factor=-0.2 則不被允許,但可改為 factor=(-0.2, -0.2)。

如果您希望圖片在 20 ～ 30 度之間隨機順時針旋轉,則應以區間值 factor=(-0.083333, -0.055556) 來設定。但不能寫成 factor=(-0.055556, -0.083333),因為第一個參數值(最小旋轉角度)必須小於或等於第二個參數值(最大旋轉角度)。

設定同樣的旋轉因子(例如 factor=0.2),但是當 seed 隨機種子不相同或設定為 None 時,則旋轉結果會不同,這是旋轉基準點不同所致,旋轉基準點並非一定要是在圖片的中央,可為任一圖點,基準點不同,旋轉結果就會有差異,若想避免這種情況,請將其設定為固定值,則每次執行結果都會相同。其他可用參數有 fill_mode、interpolation 及 fill_value 等,其用法請參考第 6 段的說明。

❑ 第 8 段:顯示隨機增強對比的圖片及其像素值。本例使用隨機增強對比層來達成,其語法如表 5-1 第 14 列。RandomContrast 可用參數有 2 個,第一個參數 factor 決定對比的增強程度,參數值必須大於 0 且小於等於 1,數值越大,對比越強(圖片的明亮度越高)。factor 參數值可為一個定值,例如 factor=0.2,亦可為一個區間,例如,factor=(0.1, 0.2)。雖然設定同樣的增強因子(例如 factor=0.2),但是當 seed 隨機種子不相同或設定為 None 時,則對比的強化程度會不同,這是因 RandomContrast 隨機增強對比層並非直接以 factor 參數值來調整像素值,而是在下列區間隨機挑選一個調整值:1 － factor 第一個參數值～ 1 ＋ factor 第二個參數值。

假設 factor=(0.1, 0.2),則在 1-0.1 ～ 1+0.2 的區間(亦即 0.9 ～ 1.2)隨機挑選一個數值來調整。又若 factor=0.2,則在 1-0.2 ～ 1+0.2 的區間(亦即 0.8 ～ 1.2),隨機挑選一個數值來調整。所以若未設定隨機種子,則可能每次執行結果都不相同。

❑ 第 9 段:顯示隨機調整高度的圖片及其像素值。本例使用隨機調整高度層來達成,其語法如表 5-1 第 15 ～ 16 列。RandomHeight 可用參數有 3 個,第一個參

數 factor 決定高度的調整程度，參數值必須大於 0 且小於等於 1，數值越大，高度越高（圖片上下變長）。factor 參數值可為一個定值，例如 factor=0.2，RandomHeight 層會在 -20% 與 20% 之間隨機調整圖片高度，亦即減少 20% 的高度與增加 20% 的高度之間調整（可能增高亦可能縮短）。factor 參數值亦可為一個區間，例如 factor=(0.1, 0.2)，RandomHeight 層會在增加 10% 與 20% 之間隨機調整圖片高度。若要圖片縮短（不能調高），則可將 factor 的兩個參數值都設為負數，例如 factor=(-0.5, -0.4)，RandomHeight 層會在減少 40% ～ 50% 的高度之間調整。不可設定為 factor=-0.2，但可設定為 factor=(-0.2, -0.2)，第一個參數值不能大於第二個參數值。若未設定 seed 隨機種子，則可能每次執行結果都不相同。第二個參數 interpolation 之用法請參考第 6 段的說明。

❑ 第 10 段：顯示隨機調整寬度的圖片及其像素值。本例使用隨機調整寬度層來達成，其語法如表 5-1 第 17 ～ 18 列。RandomWidth 可用參數有 3 個，第一個參數 factor 決定寬度的調整程度，參數值必須大於 0 且小於等於 1，數值越大，寬度越寬（圖片左右變長）。factor 參數值可為一個定值，例如 factor=0.2，RandomWidth 層會在 -20% 與 20% 之間隨機調整圖片寬度，亦即減少 20% 的寬度與增加 20% 的寬度之間隨機調整（可能變寬亦可能變窄）。factor 參數值亦可為一個區間，例如 factor=(0.1, 0.2)，RandomWidth 層會在增加 10% 與 20% 之間隨機調整寬度。若要圖片變窄（不能變寬），則可將 factor 的兩個參數值都設為負數，例如 factor=(-0.5, -0.4)，RandomHeight 層會在減少 40% ～ 50% 的寬度之間隨機調整。不可設定為 factor=-0.2，但可設定為 factor=(-0.2, -0.2)，第一個參數值不能大於第二個參數值。若未設定 seed 隨機種子，則可能每次執行結果都不相同。第二個參數 interpolation 之用法請參考第 6 段的說明。

❑ 第 11 段：顯示隨機位移之後的圖片及其像素值。本例使用隨機位移層來達成，其語法如表 5-1 第 19 ～ 21 列。RandomTranslation 可用參數有 6 個，第一個參數 height_factor 決定上下位移（縱向移動）的幅度，參數值必須大於 0 且小於等於 1，數值越大，移動幅度越大。正數代表下移，負數代表上移。height_factor 參數值可為一個定值，例如 height_factor=0.2，RandomTranslation 層會在 -20% 與 20% 之間隨機位移（可能上移亦可能下移）圖片。height_factor 參數值亦可為一個區間，例如 height_factor=(0.1, 0.2)，RandomTranslation 層會在幅度 10% 與 20% 之間隨機下移。若要圖片上移（不能下移），則可將 height_factorr 的兩

個參數值都設為負數，例如 height_factor=(-0.3, -0.2)，RandomTranslation 層會在 20% ～ 30% 的幅度之間上移。不可設定為 height_factor=-0.2，但可設定為 height_factor=(-0.2, -0.2)，第一個參數值不能大於第二個參數值。若不要上下移動，只要左右移動，請將 height_factor 參數值設定為 0，不能設定為 None。若未設定 seed 隨機種子，則可能每次執行結果都不相同。若要隨機上下移動（可能上移或下移），則應將 seed 隨機種子設定為 None，本例為便於比較及說明，將 seed 設定為 7。

第二個參數 width_factor 決定左右位移（橫向移動）的幅度，參數值必須大於 0 且小於等於 1，數值越大，移動幅度越大。正數代表右移，負數代表左移。width_factor 參數值可為一個定值，例如 width_factor=0.2，RandomTranslation 層會在幅度 -20% 與 20% 之間隨機位移圖片（可能左移亦可能右移）。width_factor 參數值亦可為一個區間，例如 width_factor=(0.1, 0.2)，RandomTranslation 層會在幅度 10% 與 20% 之間隨機右移。若要圖片左移（不能右移），則可將 width_factor 的兩個參數值都設為負數，例如 width_factor=(-0.3, -0.2)，RandomTranslation 層會在幅度 20% ～ 30% 的之間左移。不可設定為 width_factor=-0.2，但可設定為 width_factor=(-0.2, -0.2)，第一個參數值不能大於第二個參數值。若不要左右移動，只要上下移動，請將 width_factor 參數值設定為 0，不能設定為 None。若未設定 seed 隨機種子，則可能每次執行結果都不相同。若要隨機左右移動（可能左移或右移），則應將 seed 隨機種子設定為 None，本例為便於比較及說明，將 seed 設定為 7。其他參數，fill_mode、interpolation、fill_value 等之用法請參考第 6 段的說明。

5.3 圖檔之讀取與分類

第 4 章所處理的圖像資料都是經過轉換的，它們可能是 csv 檔或張量資料集，然而一般圖檔都是以 jpg、png、bmp 或 gif 等格式儲存於硬碟，如果使用 open 函數開啟該等檔案，則可看到類似下列的內容：

b'\xff\xd8\xff\xe0\x00\x10JFIF\x00\x01\x01\x01\x00` ……

這樣的資料並非我們所需，那麼該如何讀取這些圖檔，再進行辨識呢？前一節我們使用 image_dataset_from_directory 這個函數，將單一的二進位圖檔轉成 RGB 色度值資料。其實這個函數的功能非常強大，它可讀取多個圖檔，並自動產生分類標籤，還可劃分訓練集與驗證集。

Z_Example 資料夾內的「Prg_0503_Data Augmentation_02.py」使用了 image_dataset_from_directory 函數來處理二進位圖檔（同樣是花卉圖片），然後使用變形層來擴增圖像資料，最後再進行辨識。其過程說明如下，摘要程式如表 5-2。

❑ 第 1 段：使用 get_file 函數自 googleapis.com 谷歌應用程式介面公司的網站下載圖片壓縮檔，並進行解壓縮（如表 5-2 第 1 ～ 5 列）。

第一個參數 fname 指定下載後的檔案名稱，本例為 flower_photos.zip，若省略此參數，則使用內定檔名 flower_photos.tgz。第二個參數 origin 指定網址，本例從 Google 雲端圖像倉庫下載花卉圖片壓縮檔。第三個參數 extract 設定為 True，可將壓縮檔解壓縮於 flower_photos 資料夾（此資料夾由系統自動產生），若 extract 設定為 False，則不會進行解壓縮。參數 extract 設定為 True 時，應搭配使用 archive_format 參數指定壓縮檔的格式，可用參數值有 tar、zip、None 等，亦可指定為 auto，由系統自動判定。下載檔的內定儲存位置為 C:\使用者\使用者名稱\.keras\datasets\，若要儲存於其他位置，請使用 cache_dir 參數指定，例如 cache_dir='D:/Test_Image'（資料夾要先建立）。get_file 會自動檢查所需檔案是否已存在，若已存在，則不會重新下載，以節省時間。

 說明　untar 參數已過時，請改用 extract。

▌表 5-2　程式碼：檔案下載解壓縮及讀取

01	M_FileName='flower_photos.zip'
02	flowers=tf.keras.utils.get_file(fname=M_FileName,
03	origin='https://storage.googleapis.com/download.tensorflow.org/
04	example_images/flower_photos.tgz',
05	extract=True, archive_format='auto')
06	

07	data_dir=flowers.replace(M_FileName, 'flower_photos')
08	
09	from keras.utils import image_dataset_from_directory as idfd
10	Train_set=idfd(directory=data_dir, labels='inferred', label_mode='int',
11	class_names=['daisy', 'dandelion', 'roses', 'sunflowers', 'tulips'],
12	color_mode='rgb', batch_size=None, image_size=(224, 224),
13	shuffle=True, seed=10, validation_split=0.2, subset='training',
14	interpolation='bilinear', crop_to_aspect_ratio=False)

❑ 第 2 段：設定解壓縮檔的路徑，以利後續程式使用（如表 5-2 第 7 列）。本例使用 replace 函數，將壓縮檔名更改為解壓縮資料夾的名稱即可。

❑ 第 3 段：使用 image_dataset_from_directory 函數讀取二進位圖檔（如表 5-2 第 9 ～ 14 列）。此函數會根據資料夾之內的圖檔產生 TensorFlow 資料集，並根據子資料夾自動產生分類標籤，本例的花卉圖片有五種，分別儲存於 daisy、dandelion、roses、sunflowers、tulips 等 5 個子資料夾，此函數會將第一個子資料夾之內的圖片標籤都設為 0，第二個子資料夾之內的圖片標籤都設為 1，餘類推，子資料夾的順序是依照其名稱排序，以本例而言，玫瑰的分類標籤為 2、向日葵的分類標籤為 3。

本函數支援的圖檔格式有 jpeg、png、bmp、gif 等四類，jpeg 格式之圖檔的副檔名包括 jpg、jpeg、jfif 及 jif 等。此函數的主要參數如下：

directory 參數指定圖檔所在的資料夾，含有圖檔的那一個子資料夾不必列入，但該子資料夾的上層路徑都需作為參數值（可能有多層的資料夾）。

labels 參數若指定為 inferred 推斷，則一個子資料夾一個類別，若設定為 None，則不分類。label_mode 參數可指定標籤的格式，可用參數值為 int、categorical、binary、None 等四者之一，int 產生 1D 的整數標籤（0、1、2…等），categorical 產生 2D 的單熱編碼，binary 產生 1D 的二值標籤（0 或 1，適用於二分類之非單熱編碼），None 不傳回任何標籤，只產生特徵資料。class_names 參數可指定標籤名稱，串列格式，其元素的順序需與子資料夾名稱的排序一致（若無需要，此參數可省略）。color_mode 參數可指定色彩模式，可指定的參數值有 grayscale 灰階、

rgb 三通道彩色（預設值）、rgba 四通道彩色（a 是指 Alpha 不透明度之程度）。
batch_size 參數可設定批次大小，內定值為 32，亦可設為 None。本範例不使用
此參數建立批次，以利圖片之顯示，模型訓練之前再使用資料集的 batch 方法建
立批次。image_size 參數設定圖像尺寸，若省略此參數，則會使用內定值 (256,
256)，括號內第一個參數為高度（縱向點數），第二個參數為寬度（橫向點數），
此參數不能省略，亦不能指定為 None，因為模型訓練必須使用同尺寸的圖片資
料。shuffle 打亂資料順序，預設值為 True，若設定為 False，則按 alphanumeric
文數字的排序順序，建議要隨機打亂資料順序，以便訓練集資料能夠涵蓋各種類
別的資料，否則模型辨識的正確率會偏低。seed 設定隨機種子。validation_split
切割出驗證集的比例，使用 0 ～ 1 間的數字。

若使用了 validation_split 參數，則可使用 subset 參數指定次資料集，其可用參數
值為 training 及 validation，分別產生訓練集與驗證集。

image_dataset_from_directory 有兩個參數之設定會影響圖片尺寸調整的結果，
interpolation 參數決定重算像素值的方法，圖片尺寸改變後，像素值會改變，其重
算方法（稱為插值法或插補法）有 nearest、bicubic、area、lanczos3、lanczos5、
gaussian、mitchellcubic 及 bilinear（ 預 設 值 ） 等 8 種。 另 一 個 參 數 crop_to_
aspect_ratio 決定調整圖片尺寸時，是否要維持原有的長寬比，如果設為 True，
則調整圖像大小時，不維持原有的縱橫比例（部分圖像被切掉），如果設為 Fasle
（預設值），則維持原有的長寬比例（圖像沒被切掉任何部分，但可能被拉長或拉
寬）。

本範例使用 image_dataset_from_directory 函數兩次，以便分別產生訓練集與驗證
集，其中除了 subset 參數的設定不同外，其他參數之設定都相同。

❏ 第 4 段：隨機選取訓練集一筆資料，以查看其像素值，並顯示該序號起的 12 張圖
像。

❏ 第 5 段：特徵資料正規化，亦即將特徵值縮放至 0 與 1 之間。先建立重調比率層
tf.keras.layers.Rescaling(1/255.)，然後使用 map 映射函數搭配 lambda 匿名函數處
理資料集的每一筆資料，只調整 x 特徵（將其置入重調比率層），y 標籤不調整。

❏ 第 6 段：將標籤轉成單熱編碼（類別數 5）。

❏ 第 7 段：建立批次（批次大小 32、drop_remainder=True）。

❑ 第8段：建立模型。使用 RandomFlip 隨機翻轉層、RandomRotation 隨機旋轉層、RandomZoom 隨機縮放層、RandomCrop 隨機裁切層、RandomContrast 隨機對比強化層、RandomTranslation 隨機位移層、卷積與池化等網路層建構模型，卷積與池化等網路層之參數值都與習題 AI_0410.py 相同，故此處不贅述，如有需要請參考該題之說明。

❑ 第9段：模型訓練及評估。

5.4　圖像資料產生器的特殊用途之一

本章第二節已指出 ImageDataGenerator 圖像資料產生器已過時，但還是有些特殊案例可資運用。如果要從二進位的圖檔讀取像素值資料，但希望這些色度值仍能維持原值，不因重算而有所改變，這時就應使用 ImageDataGenerator 這個類別，而不是 image_dataset_from_directory 函數。

ImageDataGenerator 圖像資料產生器的功能在產生旋轉、位移、縮放及翻轉等變形的圖片，但如果我們不使用此等功能，而只用來讀取圖檔，就可達成前述的目的。範例程式請參考 Z_Example 資料夾內的「Prg_0504_IDG_A.py」，茲說明如下，摘要程式如表 5-3。

▌表 5-3　程式碼：圖像資料產生器之一

01	MyGenerator=tf.keras.preprocessing.image.ImageDataGenerator()
02	Train_set=MyGenerator.flow_from_directory('./MyData/Temp_Picture/Data_A',
03	target_size=(868, 802), class_mode=None, batch_size=1)
04	
05	import matplotlib.pyplot as plt
06	for i in Train_set:
07	print('特徵', i[0])
08	plt.figure(figsize=(7,7))
09	plt.imshow(i[0].astype('int'))

10	plt.axis('off')
11	plt.show()
12	break

❑ 第 1 段：建立圖像資料產生器之物件，本例取名為 MyGenerator。括號內不設定任何參數，保留空白，即可達到不變型，亦不進行正規化之目的（表 5-3 第 1 列）。

❑ 第 2 段：使用圖像資料產生器的 flow_from_directory 資料夾圖片迭代函數，定義圖片資料的產生方式（表 5-3 第 2 ～ 3 列）。

第一個參數指定圖片檔所在的目錄。本範例所使用之圖檔名稱為 My_Picture_01.jpg，位於 Temp_Picture 資料夾之內，請將該資料夾複製於本程式所在位置的 MyData 資料夾之下，其完整路徑如下：./MyData/Temp_Picture/Data_A/Train/My_Picture_01.jpg。此圖片的路徑比較複雜，這是為了配合 flow_from_directory 函數之處理方式，因其功能主要在處理多個圖檔（而非單一圖片），而且可根據不同資料夾而自動產生分類標籤，所以欲處理的圖片必須置入正確的資料夾。含有圖檔的那一個子資料夾不必列入，但該子資料夾的上層路徑都需作為參數值（可能有多層資料夾），以本例而言，圖片檔 My_Picture_01.jpg 所在的資料夾 Train 不必列入，其上層路徑 ./MyData/Temp_Picture/Data_A（含有多層資料夾）都需列入參數值。

第二個參數 target_size 指定圖像的大小，此處請輸入其原尺寸 (868, 802)。第三個參數 class_mode 指定標籤的模式，本例無需要，故將其設定為 None。第四個參數 batch_size 設定批次大小，本例只有一張圖片，故將其設定為 1。

❑ 第 3 段：使用 for 迴圈取出張量資料集的內容，然後顯示圖片及其特徵資料（表 5-3 第 5 ～ 12 列）。

5.5 圖像資料產生器的特殊用途之二

使用 image_dataset_from_directory 函數所讀取的圖檔必須依照類別置入不同的子資料夾，例如前述的花卉圖片有五種，故必須分別儲存於五個不同的子資料夾，雛菊的圖檔置入 daisy 資料夾，蒲公英的圖檔置入 dandelion 資料夾，玫瑰的圖檔置入 roses 資料夾，向日葵的圖檔置入 sunflowers 資料夾，鬱金香的圖檔置入 tulips 資料夾，image_dataset_from_directory 函數才能產生正確的分類標籤。但如果不同類別的圖檔都儲存於同一個資料夾，此時就須使用 ImageDataGenerator 圖像資料產生器及其 flow_from_dataframe 函數來讀取圖檔，並進行資料擴增，這種圖檔的儲存結構會附上圖檔名稱與分類標籤的對照檔（通常為 csv 檔），圖像資料產生器才能據以產生分類標籤。我們以實例來說明，範例檔位於 Z_Example 資料夾內的「Prg_0505_IDG_B.py」，該程式進行香蕉與杏仁果的圖片辨識，但兩種圖檔都儲存於同一個資料夾，茲說明如下，摘要程式如表 5-4。執行此範例檔之前需先備妥所需資料（圖檔及 csv 檔），資料準備方法請見 Prg_0505_IDG_B.py 開頭的附註。

❏ 第 1 段：使用 pandas 套件的 read_csv 函數讀取兩個文字檔（表 5-4 第 1 ～ 3 列），train_data.csv 為圖檔名稱與標籤對照檔，內含 img_code 圖檔檔名及 target 分類代號（0 代表香蕉、1 代表杏仁果），test_data.csv 為測試集的圖檔名稱，只有 img_code 圖檔檔名一欄。讀取 train_data.csv 之後將其 target 標籤欄的資料型態由整數轉成字串，以利後續 flow_from_dataframe 函數的處理。

表 5-4　程式碼：圖像資料產生器之二

01	train_df=pd.read_csv("./MyData/Banana_Apricot/train_data.csv")
02	test_df=pd.read_csv("./MyData/Banana_Apricot/test_data.csv")
03	train_df['target']=train_df['target'].astype(str)
04	
05	train_datagen=ImageDataGenerator(rescale=1 / 255.0, rotation_range=20,
06	zoom_range=0.05, width_shift_range=0.05,
07	height_shift_range=0.05, shear_range=0.05, horizontal_flip=True,
08	fill_mode="nearest", validation_split=0.20)

09	test_datagen=ImageDataGenerator(rescale=1 / 255.0)
10	Path_Train="./MyData/Banana_Apricot/train/"
11	Path_Test="./MyData/Banana_Apricot/test/"
12	Train_Generator=train_datagen.flow_from_dataframe(dataframe=train_df,
13	directory=Path_Train, x_col="img_code", y_col="target",
14	target_size=(100, 100), batch_size=8, class_mode="categorical",
15	subset='training', shuffle=True, seed=42)
16	Valid_Generator=train_datagen.flow_from_dataframe(dataframe=train_df,
17	directory=Path_Train, x_col="img_code", y_col="target",
18	target_size=(100, 100), batch_size=8, class_mode="categorical",
19	subset='validation', shuffle=True, seed=42)
20	Test_Generator=test_datagen.flow_from_dataframe(dataframe=test_df,
21	directory=Path_Test, x_col="img_code", target_size=(100, 100),
22	batch_size=1, class_mode=None, shuffle=False)

❏ 第 2 段：建立訓練集的圖像資料產生器之物件，本例取名為 train_datagen（表 5-4 第 5 ～ 8 列）。ImageDataGenerator 只定義變形圖片的產生方式，不會立即產生變形圖，而是訓練時產生（每一次訓練產生一個批次的隨機變形圖片），其主要參數的用法說明如下。

rescale 重新調整像素值（預設值為 None），本例設定為 1/225.，故可將特徵資料正規化（像素值縮放至 0 與 1 之間）。rotation_range 設定隨機旋轉角度，本例設定為 20，是指最大旋轉角度為 20 度。zoom_range 設定隨機縮放程度，本例設定為 0.05，則會在 1-0.05 ～ 1+0.05 的範圍內隨機縮放，亦即在 95% ～ 105% 之間縮小或放大。width_shift_range 縱向位移（上下位移）範圍，本例設定為 0.05，是指最大垂直位移 5%。height_shift_range 橫向位移（左右位移）範圍，參數值設定方式與 width_shift_range 相同。shear_range 隨機推移，是指垂直軸不動，而圖片往左或往右傾斜的幅度。horizontal_flip 水平翻轉，設定為 True 或 False，因為是隨機的，故可能不翻轉。vertical_flip 垂直翻轉，設定為 True 或 False，因為是隨機的，故可能不翻轉。fill_mode 填充模式，有 constant、nearest、reflect、wrap 等四種方式，請參考本章第二節的說明。預設值為 nearest，若設定為 constant，

則需使用 cval 參數設定填充值（0 ～ 255 任一值）。validation_split 切割驗證集的比例，本例設定 20%。

❑ 第 3 段：建立測試集的圖像資料產生器之物件，本例取名為 test_datagen（表 5-4 第 9 列）。因為測試集圖片無需變型，只進行正規化，故 ImageDataGenerator 之括號內只使用 rescale 參數。

❑ 第 4 段：使用圖像資料產生器物件的 flow_from_dataframe 函數讀取資料（表 5-4 第 12 ～ 15 列）。如果不同圖片置於不同資料夾，而且資料夾名稱可以代表分類標籤，則應使用 flow_from_directory 函數來產生變形圖片（圖片增廣）。如果不同圖片置於同一資料夾，則應使用 flow_from_dataframe 函數來產生變形圖片（圖片增廣）。本例使用 flow_from_dataframe 函數透過 csv 檔之中的資料來擷取圖檔並產生變形圖，同時經由 csv 檔的資料來辨識圖片的分類標籤，其主要參數說明如下。

dataframe 參數指定資料框名稱，本例為 train_df，亦即第 1 段所產生的圖檔名稱與標籤對照檔（資料框格式）。directory 參數指定圖檔所在資料夾，本例訓練集圖檔所在資料夾為 ./MyData/Banana_Apricot/train，測試集圖檔所在資料夾為 ./MyData/Banana_Apricot/test。

x_col 參數指定資料框之中圖檔的欄位名稱，本例為 img_code。y_col 參數指定資料框之中分類標欄位名稱，本例為 target。target_size 參數指定圖片大小。batch_size 參數指定批次大小。class_mode 參數指定標籤模式，categorical 二維的單熱編碼，binary 二值標籤（0 或 1，適用於二分類），sparse 一維的整數標籤（0、1、2…等，適用於多分類，非單熱編碼），None 不傳回任何標籤。shuffle 參數可打亂資料順序。seed 設定隨機種子。subset 參數指定次資料集，其可用參數值為 training 及 validation，分別產生訓練集與驗證集。

表 5-4 第 12 ～ 15 列使用 flow_from_dataframe 函數讀取訓練集資料，第 16 ～ 19 列使用 flow_from_dataframe 函數讀取驗證集資料，其參數設定方式只有 subset 不同，其他參數的設定都與訓練集相同。第 20 ～ 22 列使用 flow_from_dataframe 函數讀取測試集資料，同樣需定義檔名來源、圖片所在資料夾、欄位名稱、圖片大小（像素），但無需打亂順序。

❑ 第 5 段：使用卷積層與池化層建立神經網路模型。

❑ 第 6 段：訓練及評估模型。

❑ 第 7 段：對測試集進行預測。

❑ 第 8 段：將預測結果匯出為 Exel 檔。因為測試集沒有標籤，所以無法使用模型的 evaluate 方法來評估測試集的正確率（會等於 0），故本例將預測結果匯出為 Exel 檔，然後與實際分類比較。本例測試集 25 個圖檔名稱及其分類代號（目測而來）已置入範例程式之末尾，以利 User 比較。本範例的訓練集正確率為 98.75%，驗證集與測試集之正確率均為 100%。

前述的案例都是一張圖片只有一個類別，例如在貓狗圖像辨識之案例中，同一張圖片非貓即狗，而不會有貓狗同圖的情況（實際範例請見第四章的習題 0409）。但實務上，同一張圖片含有多個類別是很常見的，這時該如何處理呢？使用 ImageDataGenerator 圖像資料產生器及其 flow_from_dataframe 函數來讀取圖檔，再進行分類辨識是很好的辦法，實際範例請見本章習題 0512 及 0513。

Z_Example 資料夾內的範例程式 Prg_0506_IDG_C.py，會從硬碟讀取單張圖檔，然後顯示該張圖片經過旋轉、翻轉、縮放、位移等 7 種變形之結果。User 可調整 ImageDataGenerator 的各個參數值，再觀察其變化，即可了解該物件各參數之用法。

習 題

試題 0501

請建構神經網路模型，以便能對 MNIST 手寫阿拉伯數字圖片進行辨識。模型須包含 RandomRotation 隨機旋轉層、RandomZoom 隨機縮放層、RandomContrast 隨機對比強化層、RandomTranslation 隨機位移層、Conv2D 二維卷積層、MaxPooling2D 最大池化層。訓練集的正確率需大於 99%、驗證集的正確率需大於 98%。特徵資料需正規化，標籤需單熱編碼，原始訓練集圖檔劃分為訓練集與驗證集，後者佔 20%。需對測試集圖檔進行辨識，並將辨識結果匯出為 Excel 檔（測試集圖檔檔名及期預測標籤並列）。範例檔為 AI_0501.py，提示如下：

❏ 第 0 段：圖片檔取得方式請見範例檔 AI_0501.py 開頭處之說明。

❏ 第 1 段：使用 image_dataset_from_directory 函數讀取圖檔。color_mode 參數設定為 grayscale（灰階），batch_size 設定為 None，不建立批次，另將 validation_split 參數設定為 0.2（20% 列入驗證集）。測試集不要打亂秩序，亦不建立批次。讀取測試集圖檔之後，使用 file_paths 取出每一個圖檔之路徑，並將其中的檔名存入串列 List_FN，以利後續之使用。

❏ 第 2 段：使用 Rescaling 層將特徵資料正規化，並轉成浮點數。

❏ 第 3 段：標籤轉成單熱編碼。

❏ 第 4 段：建立批次，批次大小 128，drop_remainder 設定為 False。

❏ 第 5 段：建構模型。第一層為 RandomRotation 隨機旋轉層，旋轉弧度 0.004167（15/360）。第二層為 RandomZoom 隨機縮放層，在縮小 10% ～放大 10% 之間隨機縮放。第三層為 RandomContrast 隨機對比強化層，factor 設定為 (0.1, 0.2)，亦即在 0.9 ～ 1.2 之間隨機挑選一個因子來調整對比。第四層為 RandomTranslation 隨機位移層，height_factor 及 width_factor 都設定為 (-0.1, 0.1)，亦即隨機上下位移最多 10%，隨機左右位移最多 10%。使用 Conv2D 類別建立兩個二維卷積層，使用 MaxPooling2D 類別建立一個最大池化層。使用 Flatten 類別建立展平層。建立 64 個神經元的全連接層（密集層）。輸出層神經元 10 個，activation 激發函數為 softmax。

❏ 第 6 段：使用 ModelCheckpoint 類別建立回調函數，以便儲存最佳模型。使用 ReduceLROnPlateau 類別建立回調函數，以便自動縮減學習率，驗證集正確率連續訓練 3 次都未下降時要縮減學習率，縮減因子為 0.5，最小學習率為 0.00001。

❏ 第 7 段：訓練及評估模型。

❏ 第 8 段：測試集預測，並將預測結果匯出為 Excel 檔。

> 說明　本例測試集的圖片，未按阿拉伯數字區分，全部圖片集中在同一個資料夾 testSet，故無法自動判斷分類標籤，考試也不會考，但符合實務的狀況，故本例仍進行測試集的預測，並將其結果匯出為 Excel 檔。

試題 0502

　　請建構卷積神經網路模型，以便能對 keras.datasets 的 cifar10 物體（10 種）進行圖像辨識。訓練集的正確率需大於 78%、測試集的正確率需大於 72%。特徵資料需正規化，標籤需單熱編碼。模型須包含 RandomRotation 隨機旋轉層、RandomZoom 隨機縮放層、RandomContrast 隨機對比強化層、RandomTranslation 隨機位移層。範例檔為 AI_0502.py，提示如下：

　　本範例程式之結構與 AI_0405.py 大都相同，只是在模型中增加 RandomRotation 隨機旋轉層等變形層，以提高測試集正確率。變形層之說明請見習題 0501 第 5 段，其他各段之說明請見習題 0405。

試題 0503

　　請建構卷積神經網路模型，以便能對 keras.datasets 的 cifar100 物體圖像進行 coarse 大分類辨識（分類標籤 20 種）。訓練集的正確率需大於 79%、測試集的正確率需大於 57%。特徵資料需正規化，標籤需單熱編碼。特徵資料需正規化，標籤需單熱編碼。模型須包含 RandomRotation 隨機旋轉層、RandomZoom 隨機縮放層、RandomContrast 隨機對比強化層、RandomTranslation 隨機位移層。範例檔為 AI_0503.py，提示如下：

本範例程式之結構與 AI_0406.py 大都相同，只是在模型中增加 RandomRotation 隨機旋轉層等變形層，以提高測試集正確率。變形層之說明請見習題 0501 第 5 段，其他各段之說明請見習題 0406。

試題 0504

同 0503，對 keras.datasets 的 cifar100 物體圖像進行辨識，但採用 fine 細分類（分類標籤 100 種）。訓練集的正確率需大於 75%、測試集的正確率需大於 44%。特徵資料需正規化，標籤需單熱編碼。模型須包含 RandomRotation 隨機旋轉層、RandomZoom 隨機縮放層、RandomContrast 隨機對比強化層、RandomTranslation 隨機位移層。範例檔為 AI_0504.py，提示如下：

本範例程式之結構與 AI_0407.py 大都相同，只是在模型中增加 RandomRotation 隨機旋轉層等變形層，以提高測試集正確率。變形層之說明請見習題 0501 第 5 段，其他各段之說明請見習題 0407。

試題 0505

請建構卷積神經網路模型，以便能對貓狗圖片進行辨識。模型須包含 RandomRotation 隨機旋轉等變形層、Conv2D 二維卷積層、MaxPooling2D 最大池化層。訓練集的正確率需大於 70%、測試集的正確率需大於 63%。特徵資料需正規化，標籤需單熱編碼。範例檔為 AI_0505.py，提示如下：

❏ 第 0 段：圖片檔取得方式請見範例檔 AI_0505.py 開頭處之說明。訓練集有 557 張圖片，測試集有 140 張圖片。

❏ 第 1 段：使用 image_dataset_from_directory 函數讀取圖檔。color_mode 參數設定為 rgb（三通到彩色），batch_size 設定為 None，不建立批次，image_size 設定為 (500, 500)，原圖尺寸大小不一。

訓練集的路徑為 ./MyData/Dog_Cat/train/，測試集不要打亂秩序，其路徑為 ./MyData/ Dog_Cat /test/。

❏ 第 2 段：隨機選取訓練集一筆資料，以便查看其像素值，並顯示該序號起連續 12 張圖像於螢幕。本段已標示為註解，若要使用，請移除註解即可。

❏ 第 3 段：使用 Rescaling 層將特徵資料正規化，並轉成浮點數。

❏ 第 4 段：標籤轉成單熱編碼。

❏ 第 5 段：建立批次，批次大小 32，drop_remainder 設定為 False。

❏ 第 6 段：建構模型。第一層為 RandomFlip 隨機翻轉層，本例設定為水平翻轉。第二層為 RandomRotation 隨機旋轉層，本例旋轉弧度 15/360。第三層為 RandomZoom 隨機縮放層，本例在縮小 10% ～放大 10% 之間隨機縮放。第四層為 RandomCrop 隨機裁切層，本例設定裁切後尺寸為 450X450。第五層為 RandomContrast 隨機對比強化層，factor 設定為 (0.1, 0.2)，亦即在 0.9 ～ 1.2 之間隨機挑選一個因子來調整對比。第六層為 RandomTranslation 隨機位移層，height_factor 及 width_factor 都設定為 (-0.1, 0.1)，亦即隨機上下位移最多 10%，隨機左右位移最多 10%。使用 Conv2D 類別建立兩個二維卷積層，使用 MaxPooling2D 類別建立一個最大池化層。使用 Dropout 類別建立丟棄層（丟棄比率 0.5）。使用 Flatten 類別建立展平層。建立全連接層兩層，神經元數量分別為 512 及 256。輸出層神經元 2 個，activation 激發函數為 sigmoid。

❏ 第 7 段：使用 ModelCheckpoint 類別建立回調函數，以便儲存最佳模型。使用 ReduceLROnPlateau 類別建立回調函數，以便自動縮減學習率，訓練集正確率連續訓練 3 次都未下降時要縮減學習率，縮減因子為 0.5，最小學習率為 0.00001。

❏ 第 8 段：訓練及評估模型。

試題 0506

請建構神經網路模型，以便能對 tensorflow_datasets 載入的 stanford_dogs 史丹佛大學狗圖像（120 種）進行辨識，內含訓練集 12000 筆，測試集 8580 筆。模型須包含 RandomRotation 隨機旋轉等變形層、Conv2D 二維卷積層、MaxPooling2D 最大池化層。訓練集的正確率需大於 37%、測試集的正確率需大於 10%。特徵資料需正規化，標籤需單熱編碼。範例檔為 AI_0506.py，提示如下：

❏ 第 1 段：使用 tensorflow_datasets 套件的 load 函數載入 stanford_dogs 史丹佛大學狗圖像資料集（詳細說明請見習題 0413 第 1 段）。

❏ 第 2 段：使用 tensorflow_datasets 套件的 load 函數載入資料集（詳細說明請見習題 0413 第 2 段）。

❑ 第 3 段：隨機選取訓練集一筆資料，以便查看其像素值，並顯示該序號起連續 12 張圖像於螢幕（此段有需要再啟用）。

❑ 第 4 段：統一圖片的尺寸為 150×150。

❑ 第 5 段：將訓練集與測試集的特徵資料正規化。

❑ 第 6 段：將訓練集與測試集的標籤轉成單熱編碼。

❑ 第 7 段：建立批次。批次大小 128、drop_remainder 設定為 False。

❑ 第 8 段：建構模型。第一層為 RandomFlip 隨機翻轉層，本例設定為水平翻轉。第二層為 RandomRotation 隨機旋轉層，本例旋轉弧度 15/360。第三層為 RandomZoom 隨機縮放層，本例在縮小 10% ～放大 10% 之間隨機縮放。第四層為 RandomCrop 隨機裁切層，本例設定裁切後尺寸為 135X135。第五層為 RandomContrast 隨機對比強化層，factor 設定為 (0.1, 0.2)，亦即在 0.9 ～ 1.2 之間隨機挑選一個因子來調整對比。第六層為 RandomTranslation 隨機位移層，height_factor 及 width_factor 都設定為 (-0.1, 0.1)，亦即隨機上下位移最多 10%，隨機左右位移最多 10%。使用 Conv2D 類別建立第一個二維卷積層，濾鏡數量 32，kernel_size 卷積核大小為 5，滑動步長為 5，padding 填充方式為 same，activation 激發函數為 relu，input_shape 輸入形狀為 (150,150,3)，使用偏權值。使用 Conv2D 類別建立第二個二維卷積層，濾鏡數量 64，kernel_size 卷積核大小為 3，滑動步長為 3，padding 填充方式為 same，activation 激發函數為 relu，使用偏權值。使用 MaxPooling2D 類別建立一個最大池化層，pool_size 池化視窗大小為 2，滑動步長為 1，padding 填充方式為 same。使用 Dropout 類別建立一個丟棄層（丟棄比率 0.1）。使用 Flatten 類別建立展平層。使用 Dense 類別建立兩個密集層，神經元數量分別為 1024 及 512 個，activation 激發函數均為 relu。使用 Dense 類別建立輸出層，神神經元 120 個，activation 激發函數為 softmax。loss 損失函數使用 categorical_crossentropy 分類交叉熵。

❑ 第 9 段：使用 ModelCheckpoint 類別建立回調函數，以便儲存最佳模型。使用 ReduceLROnPlateau 類別建立回調函數，以便自動縮減學習率，訓練集正確率連續訓練 3 次都未下降時要縮減學習率，縮減因子為 0.5，最小學習率為 0.00001。

❑ 第 10 段：訓練及評估模型。本程式耗時較久，建議使用 GPU 執行。

試題 0507

請建構卷積神經網路模型，以便能對 tensorflow_datasets 載入的 caltech_birds2010 鳥類圖像（200 種）進行辨識，內含訓練集 3000 筆，測試集 3033 筆。模型須包含 RandomRotation 隨機旋轉等變形層、Conv2D 二維卷積層、MaxPooling2D 最大池化層。訓練集的正確率需大於 67%、測試集的正確率需大於 7%。特徵資料需正規化，標籤需單熱編碼。範例檔為 AI_0507.py，提示如下：

❏ 第 1 段：使用 tensorflow_datasets 套件的 load 函數載入 caltech_birds2010 鳥類圖像資料集（詳細說明請見習題 0414 第 1 段）。

❏ 第 2 段：使用 tensorflow_datasets 套件的 load 函數載入資料集（詳細說明請見習題 0414 第 2 段）。

❏ 第 3 段：隨機選取訓練集一筆資料，以便查看其像素值，並顯示該序號起連續 12 張圖像於螢幕（此段有需要再啟用）。

❏ 第 4 段：統一圖片的尺寸為 300×300。

❏ 第 5 段：將訓練集與測試集的特徵資料正規化。

❏ 第 6 段：將訓練集與測試集的標籤轉成單熱編碼。

❏ 第 7 段：建立批次。批次大小 32、drop_remainder 設定為 False。

❏ 第 8 段：建構模型。第一層為 RandomFlip 隨機翻轉層，本例設定為水平翻轉。第二層為 RandomRotation 隨機旋轉層，本例旋轉弧度 15/360。第三層為 RandomZoom 隨機縮放層，本例在縮小 10%～放大 10% 之間隨機縮放。第四層為 RandomContrast 隨機對比強化層，factor 設定為 (0.1, 0.2)，亦即在 0.9～1.2 之間隨機挑選一個因子來調整對比。第五層為 RandomTranslation 隨機位移層，height_factor 及 width_factor 都設定為 (-0.1, 0.1)，亦即隨機上下位移最多 10%，隨機左右位移最多 10%。使用 Conv2D 類別建立第一個二維卷積層，濾鏡數量 32，kernel_size 卷積核大小為 5，滑動步長為 5，padding 填充方式為 same，activation 激發函數為 relu，input_shape 輸入形狀為 (300,300,3)，使用偏權值。使用 Conv2D 類別建立第二個二維卷積層，濾鏡數量 64，kernel_size 卷積核大小為 3，滑動步長為 3，padding 填充方式為 same，activation 激發函數為 relu，使用偏權值。使用 MaxPooling2D 類別建立一個最大池化層，pool_size 池化視窗大小

為 2，滑動步長為 1，padding 填充方式為 same。使用 Dropout 類別建立一個丟棄層（丟棄比率 0.1）。使用 Flatten 類別建立展平層。使用 Dense 類別建立兩個密集層，神經元數量分別為 1024 及 512 個，activation 激發函數均為 relu。使用 Dense 類別建立輸出層，神神經元 200 個，activation 激發函數為 softmax。loss 損失函數使用 categorical_crossentropy 分類交叉熵。

❏ 第 9 段：使用 ModelCheckpoint 類別建立回調函數，以便儲存最佳模型。使用 ReduceLROnPlateau 類別建立回調函數，以便自動縮減學習率，訓練集正確率連續訓練 3 次都未下降時要縮減學習率，縮減因子為 0.5，最小學習率為 0.00001。

❏ 第 10 段：訓練及評估模型。本程式耗時較久，建議使用 GPU 執行。

試題 0508

請建構卷積神經網路模型，以便能對 tensorflow_datasets 載入的 oxford_flowers102 牛津大學 102 種花卉圖像進行辨識，內含訓練集 1020 筆，驗證集 1020 筆，測試集 6149 筆。請將驗證集併入訓練集，共同訓練模型。模型須包含 RandomRotation 隨機旋轉等變形層、Conv2D 二維卷積層、MaxPooling2D 最大池化層。訓練集的正確率需大於 90%、測試集的正確率需大於 39%。特徵資料需正規化，標籤需單熱編碼。範例檔為 AI_0508.py，提示如下：

❏ 第 1 段：使用 tensorflow_datasets 套件的 load 函數載入 oxford_flowers102 牛津大學 102 種花卉圖像資料集（詳細說明請見習題 0415 第 1 段）。

❏ 第 2 段：使用 tensorflow_datasets 套件的 load 函數載入資料集（詳細說明請見習題 0415 第 2 段）。

❏ 第 3 段：隨機選取訓練集一筆資料，以便查看其像素值，並顯示該序號起連續 12 張圖像於螢幕（此段有需要再啟用）。

❏ 第 4 段：統一圖片的尺寸為 500×500。

❏ 第 5 段：將訓練集與測試集的特徵資料正規化。

❏ 第 6 段：將訓練集與測試集的標籤轉成單熱編碼。

❏ 第 7 段：建立批次。批次大小 32、drop_remainder 設定為 False。

❑ 第8段：建構模型。第一層為 RandomFlip 隨機翻轉層，本例設定為水平翻轉。第二層為 RandomRotation 隨機旋轉層，本例旋轉弧度 15/360。第三層為 RandomZoom 隨機縮放層，本例在縮小 10%～放大 10% 之間隨機縮放。第四層為 RandomContrast 隨機對比強化層，factor 設定為 (0.1, 0.2)，亦即在 0.9～1.2 之間隨機挑選一個因子來調整對比。第五層為 RandomTranslation 隨機位移層，height_factor 及 width_factor 都設定為 (-0.1, 0.1)，亦即隨機上下位移最多 10%，隨機左右位移最多 10%。使用 Conv2D 類別建立第一個二維卷積層，濾鏡數量 32，kernel_size 卷積核大小為 5，滑動步長為 5，padding 填充方式為 same，activation 激發函數為 relu，input_shape 輸入形狀為 (500,500,3)，使用偏權值。使用 Conv2D 類別建立第二個二維卷積層，濾鏡數量 64，kernel_size 卷積核大小為 3，滑動步長為 3，padding 填充方式為 same，activation 激發函數為 relu，使用偏權值。使用 MaxPooling2D 類別建立一個最大池化層，pool_size 池化視窗大小為 2，滑動步長為 1，padding 填充方式為 same。使用 Dropout 類別建立一個丟棄層（丟棄比率 0.25）。使用 Flatten 類別建立展平層。使用 Dense 類別建立兩個密集層，神經元數量分別為 1024 及 512 個，activation 激發函數均為 relu。使用 Dense 類別建立輸出層，神神經元 102 個，activation 激發函數為 softmax。loss 損失函數使用 categorical_crossentropy 分類交叉熵。

❑ 第9段：使用 ModelCheckpoint 類別建立回調函數，以便儲存最佳模型。使用 ReduceLROnPlateau 類別建立回調函數，以便自動縮減學習率，訓練集正確率連續訓練 3 次都未下降時要縮減學習率，縮減因子為 0.5，最小學習率為 0.00001。

❑ 第10段：訓練及評估模型。本程式耗時較久，建議使用 GPU 執行。

試題 0509

　　請建構神經網路模型，以便能對水稻圖片進行辨識。模型須包含 RandomRotation 隨機旋轉等變形層、Conv2D 二維卷積層、MaxPooling2D 最大池化層。原始圖檔劃分為訓練集與驗證集，後者佔 20%。訓練集的正確率需大於 96%、驗證集的正確率需大於 96%。特徵資料需正規化，標籤需單熱編碼。範例檔為 AI_0509.py，提示如下：

❑ 第0段：圖片檔取得方式請見範例檔 AI_0509.py 開頭處之說明。

❑ 第 1 段：使用 image_dataset_from_directory 函數讀取圖檔。color_mode 參數設定為 grayscale（一通道灰階），batch_size 設定為 None，不建立批次，image_size 設定為 (50, 50)，原圖尺寸為 250×250。validation_split 設定為 0.2。

❑ 第 2 段：隨機選取訓練集一筆資料，以便查看其像素值，並顯示該序號起連續 12 張圖像於螢幕（此段有需要再啟用）。

❑ 第 3 段：使用 Rescaling 層將特徵資料正規化，並轉成浮點數。

❑ 第 4 段：標籤轉成單熱編碼。

❑ 第 5 段：建立批次，批次大小 256，drop_remainder 設定為 True。

❑ 第 6 段：建構模型。第一層為 RandomFlip 隨機翻轉層，本例設定為水平與垂直翻轉。第二層為 RandomRotation 隨機旋轉層，本例旋轉弧度 15/360。第三層為 RandomZoom 隨機縮放層，本例在縮小 10%～放大 10% 之間隨機縮放。第四層為 RandomContrast 隨機對比強化層，factor 設定為 (0.1, 0.2)，亦即在 0.9～1.2 之間隨機挑選一個因子來調整對比。第五層為 RandomTranslation 隨機位移層，height_factor 及 width_factor 都設定為 (-0.1, 0.1)，亦即隨機上下位移最多10%，隨機左右位移最多 10%。使用 Conv2D 類別建立兩個二維卷積層，使用 MaxPooling2D 類別建立一個最大池化層。使用 Dropout 類別建立丟棄層（丟棄比率 0.25）。使用 Flatten 類別建立展平層。建立全連接層，神經元數量為 128。輸出層神經元 5 個，activation 激發函數為 softmax。

❑ 第 7 段：使用 ModelCheckpoint 類別建立回調函數，以便儲存最佳模型。使用 ReduceLROnPlateau 類別建立回調函數，以便自動縮減學習率，訓練集正確率連續訓練 3 次都未下降時要縮減學習率，縮減因子為 0.5，最小學習率為 0.00001。

❑ 第 8 段：訓練及評估模型。

試題 0510

請建構卷積神經網路模型，以便能對商用飛機圖片進行辨識。模型須包含 RandomRotation 隨機旋轉等變形層、Conv2D 二維卷積層、MaxPooling2D 最大池化層。訓練集的正確率需大於 60%、測試集的正確率需大於 14%。特徵資料需正規化，標籤需單熱編碼。範例檔為 AI_0510.py，提示如下：

❏ 第 0 段：圖片檔取得方式請見範例檔 AI_0510.py 開頭處之說明。

❏ 第 1 段：使用 image_dataset_from_directory 函數讀取圖檔。color_mode 參數設定為 rgb（三通道彩色），batch_size 設定為 None，不建立批次，image_size 設定為 (183, 275)。

❏ 第 2 段：隨機選取訓練集一筆資料，以便查看其像素值，並顯示該序號起連續 12 張圖像於螢幕（此段有需要再啟用）。

❏ 第 3 段：使用 Rescaling 層將特徵資料正規化，並轉成浮點數。

❏ 第 4 段：標籤轉成單熱編碼。

❏ 第 5 段：建立批次，批次大小 8，drop_remainder 設定為 False。

❏ 第 6 段：建構模型。第一層為 RandomFlip 隨機翻轉層，本例設定為水平翻轉。第二層為 RandomRotation 隨機旋轉層，本例旋轉弧度 15/360。第三層為 RandomZoom 隨機縮放層，本例在縮小 10% ～放大 10% 之間隨機縮放。第四層為 RandomContrast 隨機對比強化層，factor 設定為 (0.1, 0.2)，亦即在 0.9 ～ 1.2 之間隨機挑選一個因子來調整對比。第五層為 RandomTranslation 隨機位移層，height_factor 及 width_factor 都設定為 (-0.1, 0.1)，亦即隨機上下位移最多 10%，隨機左右位移最多 10%。使用 Conv2D 類別建立兩個二維卷積層，使用 MaxPooling2D 類別建立一個最大池化層。使用 Dropout 類別建立丟棄層（丟棄比率 0.2）。使用 Flatten 類別建立展平層。建立全連接層兩層，神經元數量各為 512 及 256。輸出層神經元 17 個，activation 激發函數為 softmax。

❏ 第 7 段：使用 ModelCheckpoint 類別建立回調函數，以便儲存最佳模型。使用 ReduceLROnPlateau 類別建立回調函數，以便自動縮減學習率，訓練集正確率連續訓練 3 次都未下降時要縮減學習率，縮減因子為 0.5，最小學習率為 0.00001。

❏ 第 8 段：訓練及評估模型。

試題 0511

　　請建構卷積神經網路模型，以便能對「剪刀石頭布」3 種手勢圖像進行辨識。模型須包含 RandomRotation 隨機旋轉等變形層、Conv2D 二維卷積層、MaxPooling2D 最大池化層。訓練集的正確率需大於 99%（不劃分驗證集）。特徵資料需正規化，

標籤需單熱編碼。所需圖像可自可自 googleapis 谷歌應用程式介面公司下載，網址請見範例檔 AI_0511.py（第 1 段），提示如下：

❑ 第 1 段：下載及解壓縮圖檔。使用 urllib 及 zipfile 套件下載及解壓 rps.zip「剪刀石頭布」手勢圖像。本範例會下載於本程式所在目錄的 Temp_rps 資料夾，並解壓縮於子資料夾，完整路徑如下：./Temp_rps/rps/ 三個子資料夾，三個子資料夾為 paper、rock、scissors，各有 840 個圖檔（三通道彩色圖）。

❑ 第 2 段：使用 image_dataset_from_directory 函數讀取圖檔。color_mode 參數設定為 rgb，batch_size 設定為 None，不建立批次，image_size 設定為 (150, 150)。

❑ 第 3 段：隨機選取訓練集一筆資料，以便查看其像素值，並顯示該序號起連續 12 張圖像於螢幕（此段有需要再啟用）。

❑ 第 4 段：使用 Rescaling 層將特徵資料正規化，並轉成浮點數。

❑ 第 5 段：標籤轉成單熱編碼。

❑ 第 6 段：建立批次，批次大小 32，drop_remainder 設定為 False。

❑ 第 7 段：建構模型。第一層為 RandomFlip 隨機翻轉層，本例設定為水平翻轉。第二層為 RandomRotation 隨機旋轉層，本例旋轉弧度 15/360。第三層為 RandomZoom 隨機縮放層，本例在縮小 10% ～放大 10% 之間隨機縮放。第四層為 RandomContrast 隨機對比強化層，factor 設定為 (0.1, 0.2)，亦即在 0.9 ～ 1.2 之間隨機挑選一個因子來調整對比。第五層為 RandomTranslation 隨機位移層，height_factor 及 width_factor 都設定為 (-0.1, 0.1)，亦即隨機上下位移最多 10%，隨機左右位移最多 10%。使用 Conv2D 類別建立兩個二維卷積層，使用 MaxPooling2D 類別建立一個最大池化層。使用 Dropout 類別建立丟棄層（丟棄比率 0.1）。使用 Flatten 類別建立展平層。建立全連接層兩層，神經元數量各為 512 及 256。輸出層神經元 3 個，activation 激發函數為 softmax。

❑ 第 8 段：使用 ModelCheckpoint 類別建立回調函數，以便儲存最佳模型。使用 ReduceLROnPlateau 類別建立回調函數，以便自動縮減學習率，訓練集正確率連續訓練 3 次都未下降時要縮減學習率，縮減因子為 0.5，最小學習率為 0.00001。

❑ 第 9 段：訓練及評估模型。

試題 0512

　　請建構卷積神經網路模型，以便能對 miml_dataset 自然景觀圖像進行辨識。原始圖片有 2000 張（尺寸不一的 jpg 檔），計有 desert、mountains、sea、sunset、trees 等五大類，全部集中於同一個資料夾，另以 csv 檔標示每一張圖片的分類，同一張圖片可能有多個分類，例如 4.jpg 的分類為 desert 與 mountains 兩種。請將原始圖檔劃分為訓練集與測試集，後者佔 20%（400 筆），並使用 miml_labels_1.csv 第一種檔名標籤對照表來進行分類辨識。訓練集的正確率需大於 86%、測試集的正確率需大於 67%。特徵資料需正規化，標籤需單熱編碼。範例檔為 AI_0512.py，提示如下：

❏ 第 0 段：圖片檔取得方式請見範例檔 AI_0512.py 的開頭處之說明。

説明　miml 是 multi-instance multi-label classification 多情況多標籤之縮寫。

❏ 第 1 段：使用 pandas 套件的 read_csv 函數讀取 miml_labels_1.csv 第一種檔名標籤對照表。該對照表有 5 欄，第 1 欄為 Filenames 檔名，第 2～6 欄之欄位名稱分別為 desert、mountains、sea、sunset、trees，每一欄之值為 0 或 1，0 代表「非」，1 代表「是」，例如第一筆（1.jpg）第 2～6 欄之值分別為 1、0、0、0、0，代表其分類為 desert，又如第四筆（4.jpg）第 2～6 欄之值分別為 1、1、0、0、0，代表其分類為 desert 及 mountains（同一張圖片有兩種分類）。資料讀取後，使用 sklearn 套件的 shuffle 函數打亂資料順序。

説明　同類圖檔有集中的現象，若不打亂，則測試集的正確率會偏低。

❏ 第 2 段：建立 ImageDataGenerator 圖像資料產生器，本例取名為 train_datagen，只使用 rescale 參數重算特徵值，以進行正規化，而不進行圖像之變形。然後使用圖像資料產生器的 flow_from_dataframe 函數來讀取圖檔，並產生分類標籤。訓練集資料產生器之參數設定如下：

dataframe 指定資料框 train_df 的前 1600 筆（已打亂順序的檔名標籤對照表）。directory 參數指定圖檔的路徑。x_col 參數指定檔名欄，y_col 指定標籤欄（本例有 5 欄）。target_size 參數指定調整後的圖像尺寸，本例為 128×128。batch_ size 參數指定批次大小為 32。class_mode 參數指定標籤模式，其參數值有 categorical、binary、sparse、None、raw 等五種，預設為 categorical，將分類標籤轉成單熱編碼，binary 將分類標籤轉成 0 或 1（適用於二分類），sparse 將分類標籤轉成整數標籤（0、1、2…等），適用於多分類之非單熱編碼，None 不傳回任何標籤，raw 不轉換分類標籤，取原始值（本例取自檔名標籤對照表的第 2 ～ 6 欄）。

測試集資料產生器之參數設定如下：

dataframe 指定資料框 train_df 第 1600 筆之後的資料（400 筆）。shuffle 參數設定為 False，其他參數值的設定皆與訓練集資料產生器相同。

❑ 第 3 段：建構模型。使用 Conv2D 類別建立一個二維卷積層，濾鏡數量 32，kernel_size 卷積核大小為 3，滑動步長為 3，padding 填充方式為 same，activation 激發函數為 relu，input_shape 輸入形狀為 (128, 128, 3)。使用 MaxPooling2D 類別建立一個最大池化層，pool_size 池化視窗大小為 2，滑動步長為 1，padding 填充方式為 same。使用 Dropout 類別建立丟棄層（丟棄比率 0.5）。使用 Flatten 類別建立展平層。建立全連接層兩層，神經元數量分別為 128 及 64。輸出層神經元 5 個，activation 激發函數為 softmax。模型編譯的損失函數使用 binary_crossentropy 二元交叉熵。

❑ 第 4 段：使用 ModelCheckpoint 類別建立回調函數，以便儲存最佳模型。使用 ReduceLROnPlateau 類別建立回調函數，以便自動縮減學習率，訓練集正確率連續訓練 3 次都未下降時要縮減學習率，縮減因子為 0.5，最小學習率為 0.00001。

❑ 第 5 段：訓練及評估模型。

試題 0513

同 0512，對 miml_dataset 自然景觀圖像（2000 張）進行辨識，但使用 miml_labels_2.csv 第二種檔名標籤對照表來進行分類辨識。訓練集的正確率需大於 99%、測試集的正確率需大於 60%。特徵資料需正規化，標籤需單熱編碼。範例檔為 AI_0513.py，提示如下：

❑ 第 0 段：圖片檔取得方式請見範例檔 AI_0513.py 的開頭處之說明。

❑ 第 1 段：使用 pandas 套件的 read_csv 函數讀取 miml_labels_2.csv 第二種檔名標籤對照表。該對照表有兩欄，第 1 欄為 Filenames 檔名，第 2 欄之欄位名稱為 labels，分類標籤以文字標示，例如第一筆（1.jpg）的分類標籤為 desert，又如第四筆（4.jpg）的分類標籤為 desert 及 mountains（同一張圖片有兩種分類）。資料讀取後，使用 sklearn 套件的 shuffle 函數打亂資料順序。

❑ 第 2 段：建立 ImageDataGenerator 圖像資料產生器，本例取名為 train_datagen，使用 rescale 參數重算特徵值，以進行正規化，另使用 validation_split 參數劃分 20% 的資料作為測試之用。然後使用圖像資料產生器的 flow_from_dataframe 函數來讀取圖檔，並產生分類標籤。訓練集資料產生器之參數設定如下：

dataframe 指定資料框 train_df（已打亂順序的檔名標籤對照表）。directory 參數指定圖檔的路徑。x_col 參數指定檔名欄，y_col 指定標籤欄（本例為 labels）。target_size 參數指定調整後的圖像尺寸，本例為 128×128。batch_size 參數指定批次大小為 32。class_mode 參數指定標籤模式，其參數值有 categorical、binary、sparse、None、raw 等五種，預設為 categorical，將分類標籤轉成單熱編碼，binary 將分類標籤轉成 0 或 1（適用於二分類），sparse 將分類標籤轉成整數標籤（0、1、2⋯等），適用於多分類之非單熱編碼，None 不傳回任何標籤，raw 不轉換分類標籤，取原始值。本例使用 sparse。subset 參數設定為 training（訓練集）。測試集資料產生器之參數設定如下：

subset 參數設定為 validation（測試集），其他參數值的設定皆與訓練集資料產生器相同。

❑ 第 3 段：建構模型。使用 Conv2D 類別建立一個二維卷積層，濾鏡數量 32，kernel_size 卷積核大小為 3，滑動步長為 3，padding 填充方式為 same，activation 激發函數為 relu，input_shape 輸入形狀為 (128, 128, 3)。使用 MaxPooling2D 類別建立一個最大池化層，pool_size 池化視窗大小為 2，滑動步長為 1，padding 填充方式為 same。使用 Dropout 類別建立丟棄層（丟棄比率 0.5）。使用 Flatten 類別建立展平層。建立全連接層兩層，神經元數量分別為 128 及 64。輸出層神經元 5 個，activation 激發函數為 softmax。模型編譯的損失函數使用 sparse_categorical_crossentropy 稀疏分類交叉熵。

❏ 第 4 段：使用 ModelCheckpoint 類別建立回調函數，以便儲存最佳模型。使用 ReduceLROnPlateau 類別建立回調函數，以便自動縮減學習率，訓練集正確率連續訓練 3 次都未下降時要縮減學習率，縮減因子為 0.5，最小學習率為 0.00001。

❏ 第 5 段：訓練及評估模型。

試題 0514

請建構神經網路模型，以便能對 fruits-360_dataset 水果圖像進行辨識。模型須包含 RandomRotation 隨機旋轉等變形層、Conv2D 二維卷積層、MaxPooling2D 最大池化層。訓練集的正確率需大於 98%、測試集的正確率需大於 93%。特徵資料需正規化，標籤需單熱編碼。範例檔為 AI_0514.py，提示如下：

❏ 第 0 段：圖片檔取得方式請見範例檔 AI_0514.py 的開頭處之說明。

❏ 第 1 段：使用 image_dataset_from_directory 函數讀取圖檔。directory 參數指定圖檔之路徑。labels 參數設定為 inferred，根據圖檔所在的子目錄來推斷標籤。label_mode 參數設定為 int，產生整數形式的分類標籤。color_mode 參數設定為 rgb（三通道彩色），batch_size 設定為 None，不建立批次，image_size 設定為 (183, 275)。訓練集與測試集之讀取方式除了 directory 設定不同外，其他參數的設定方式都相同。

❏ 第 2 段：隨機選取訓練集一筆資料，以便查看其像素值，並顯示該序號起連續 12 張圖像於螢幕（此段有需要再啟用）。

❏ 第 3 段：使用 Rescaling 層將特徵資料正規化，並轉成浮點數。

❏ 第 4 段：標籤轉成單熱編碼（分類標籤有 131 種）。

❏ 第 5 段：建立批次，批次大小 256，drop_remainder 設定為 False。

❏ 第 6 段：建構模型。第一層為 RandomFlip 隨機翻轉層，本例設定為水平翻轉。第二層為 RandomRotation 隨機旋轉層，本例旋轉弧度 15/360。第三層為 RandomZoom 隨機縮放層，本例在縮小 10% ～放大 10% 之間隨機縮放。第四層為 RandomContrast 隨機對比強化層，factor 設定為 (0.1, 0.2)，亦即在 0.9 ～ 1.2 之間隨機挑選一個因子來調整對比。第五層為 RandomTranslation 隨機位移層，height_factor 及 width_factor 都設定為 (-0.1, 0.1)，亦即隨機上下位移最多

10%，隨機左右位移最多10%。使用Conv2D類別建立兩個二維卷積層，使用MaxPooling2D類別建立一個最大池化層。使用Dropout類別建立丟棄層（丟棄比率0.5）。使用Flatten類別建立展平層。建立全連接層兩層，神經元數量各為512及256。輸出層神經元131個，activation激發函數為softmax。

❏ 第7段：使用ModelCheckpoint類別建立回調函數，以便儲存最佳模型。使用ReduceLROnPlateau類別建立回調函數，以便自動縮減學習率，訓練集正確率連續訓練3次都未下降時要縮減學習率，縮減因子為0.5，最小學習率為0.00001。

❏ 第8段：訓練及評估模型。

試題 0515

　　請建構卷積神經網路模型，以便能對100種運動圖像進行辨識。訓練集的正確率需大於98%、測試集的正確率需大於49%。特徵資料需正規化，標籤需單熱編碼。範例檔為AI_0515.py，提示如下：

❏ 第0段：圖片檔取得方式請見範例檔AI_0515.py的開頭處之說明。

❏ 第1段：使用image_dataset_from_directory函數讀取圖檔。directory參數指定圖檔之路徑。labels參數設定為inferred，根據圖檔所在的子目錄來推斷標籤。label_mode參數設定為int，產生整數形式的分類標籤。color_mode參數設定為rgb（三通道彩色），batch_size設定為None，不建立批次，image_size設定為(224, 224)。訓練集與驗證集之讀取方式除了directory設定不同外，其他參數的設定方式都相同。測試集之讀取方式除了directory設定不同外，無須打亂資料秩序，其他參數的設定方式都與訓練集相同。

❏ 第2段：隨機選取訓練集一筆資料，以便查看其像素值，並顯示該序號起連續12張圖像於螢幕（此段有需要再啟用）。

❏ 第3段：使用Rescaling層將特徵資料正規化，並轉成浮點數。

❏ 第4段：標籤轉成單熱編碼（分類標籤有100種）。

❏ 第5段：建立批次，批次大小256，drop_remainder設定為False。

❏ 第6段：建構模型。使用Conv2D類別建立第一個二維卷積層，濾鏡數量64，kernel_size卷積核大小為5，滑動步長為5，padding填充方式為same，activation

激發函數為 relu，input_shape 輸入形狀為 (224, 224, 3)，使用偏權值。使用 MaxPooling2D 類別建立一個最大池化層，pool_size 池化視窗大小為 2，滑動步長為 1，padding 填充方式為 same。使用 Dropout 類別建立丟棄層（丟棄比率 0.9）。使用 Flatten 類別建立展平層。建立全連接層，神經元數量為 512。輸出層神經元 100 個，activation 激發函數為 softmax。

❏ 第 7 段：使用 ModelCheckpoint 類別建立回調函數，以便儲存最佳模型。使用 ReduceLROnPlateau 類別建立回調函數，以便自動縮減學習率，驗證集正確率連續訓練 3 次都未下降時要縮減學習率，縮減因子為 0.5，最小學習率為 0.00001。

❏ 第 8 段：訓練及評估模型。

預訓練模型的使用

6.1　預訓練模型簡介

6.2　預訓練模型的用法之一

6.3　預訓練模型的用法之二

6.4　預訓練模型的用法之三

6.5　預訓練模型的比較

6.6　遷移學習原理

建構一個實用且正確率高的圖像辨識模型，除了要有適當的結構外（包括網路層的種類、神經元數量及激發函數等），最主要是需有海量的圖像資料來訓練模型，數十萬張甚至數百萬張圖片是必要的，但一般人很難收集到如此龐大的資料，而且訓練時需要昂貴的硬體來支援，故需要借用 Pre-trained Model 預訓練模型。這些模型不但有多層的結構，且經過百萬張（甚至更多）圖片的訓練，我們藉助其部分結構及最佳權重，就可完成我們所需的辨識工作（針對特定類別的圖像），這種運用方式稱為 Transfer Learning「遷移學習」，或稱為「轉移學習」。

近日爆紅的 ChatGPT 也是一種預訓練模型，它使用了海量的文本數據進行無監督的訓練（實質上是一種無需人類干預的 self-supervised learning 自監督學習）。這些文本數據包含了維基百科、網頁文本及小說等。透過這些海量數據的學習，可以讓 ChatGPT 學習到自然語言的結構與規則，從而提高對語言的理解及生成能力。

知名的預訓練語言模型有 BERT、GPT、ELMo 等。今日自然語言處理之應用能夠快速增長，要歸功於這些預訓練模型。藉由這些模型來處理特定的自然語言問題，就無需從頭構建模型，並省下大量的訓練時間與計算資源。有關自然語言處理的預訓練模型請見本書第 8 章之說明，本章的重點在探討圖像辨識的預訓練模型，包括 VGG16、InceptionV3、ResNet50 等。

6.1　預訓練模型簡介

TensorFlow 內建了許多圖像辨識的預訓練模型，這些模型多半在國際視覺競賽中勝出，它們不但擁有複雜的結構，而且使用了百萬張的圖片來訓練（使用 ImageNet 圖片資料庫中 1000 種類別的一百多萬張圖片），以下簡介幾個經典模型。

6.1.1　VGGnet

VGG 是 Oxford Visual Geometry Group 牛津視覺幾何小組的縮寫，該團隊所開發的 VGG16 神經網路模型，在 2014 年的 ImageNet 圖像識別競賽中獲得第二名。VGGnet 分為 VGG16 及 VGG19 兩種，都是由多個二維卷積層與二維最大池化層所

構成，但後者的層數較多，VGG16 有 23 層，VGG19 有 26 層（包括卷積、池化、展平、密集等網路層）。

6.1.2　Inception Net

Google Inception Net（簡稱 GoogleNet），2014 年在 ImageNet 圖像識別競賽上獲得第一名，首先引入 Batch Normalization 批次正規化之觀念。競賽那一年使用的版本為 Inception V1，收錄於 TensorFlow 的版本為 Inception V3，之後又有改良的 Xception 及 InceptionResNetV2 等模型。

6.1.3　ResNet

ResNet 的全名是 Residual Neural Network「殘差神經網路」，或稱為「殘差網路」，由「微軟」的團隊所開發，2015 年在 ImageNet 圖像識別競賽上獲得第一名。理論上，神經網路模型的網路層及神經元數量越多，則其績效越好（預測及辨識能力越強），但是當網路層及神經元數量增大時，會有「梯度消失」的問題。ResNet 首先引入 Residual Connection「殘差連結」的作法，解決了梯度消失的問題，使得深層網路模型得以實踐。TensorFlow 收錄了其改良版，包括 ResNet50、ResNet101、ResNet152、ResNet50V2、ResNet101V2、ResNet152V2 等模型。

6.1.4　MobileNet

MobileNet 由谷歌公司開發，採用 depthwise separable convolution 深度可分離卷積層所建構的輕量級神經網路模型，用於行動裝置。TensorFlow 所收錄的版本，包括 MobileNet、MobileNetV2、MobileNetV3Large、MobileNetV3Small 等。

6.1.5　DenseNet

DenseNet 全名為 Densely Connected Convolutional Network「密集連接卷積網路」，它的特點是將每一層都連接到其後每一網路層，每一層都包含之前所有層的輸出資料，這種 dense connection「密集連接」相當於每一層都直接連接 input 及 loss，因此可減輕梯度消失現象，並大幅減少參數數量，進而增加模型績效。TensorFlow 所收錄的版本，包括 DenseNet201、DenseNet169、DenseNet121 等。

6.1.6　Nasnet

Nas 是 Neural Architecture Search「神經架構搜尋」的縮寫，NASNet 僅設置模型的整體結構，具體的模組與神經元並未預定義，而是經由強化學習搜索方法來完成。TensorFlow 所收錄的版本，包括 NASNetMobile 及 NASNetLarge（包含 1041 個網路層、8894 萬餘個參數）。

請執行 Z_Example 資料夾內的範例檔「Prg_0601_ 預訓練模型資訊 .py」，該程式可載入 20 種不同的預訓練模型，並查出其相關資訊。使用下列語法可載入預訓練模型（本例為 VGG16）：

```
MyModel=tf.keras.applications.vgg16.VGG16()
```

括號內可使用 weights、include_top 等參數指定載入的方式，我們稍後再詳述，此處全部省略（使用內定值）。此外，經由下列 for 迴圈搭配模型的 layers 屬性可取得模型之結構資訊：

```
for i in range(len(MyModel.layers)):
    print(i, MyModel.layers[i])
```

另外，使用模型的 summary 方法可取得各網路層的名稱及其參數數量等資訊。第一次使用預訓練模型時，會自 URL https://storage.googleapis.com/ 網站下載該等 h5 檔於 C:/ 使用者 / 使用者名稱 /.keras/models 資料夾，故耗時較久。

6.2　預訓練模型的用法之一

本節說明如何使用預訓練模型來辨識單張的自製圖片，請執行 Z_Example 資料夾內的範例程式「Prg_0602_ 預訓練模型 _ 單張圖片辨識 .py」，該程式使用 VGG16 預訓練模型從硬碟讀取單一圖檔，然後顯示該張圖片，並進行辨識。茲說明如下，其摘要程式如表 6-1。

- 第 1 段：使用 load_img 函數讀取圖檔，再使用 img_to_array 函數轉成色度值（如表 6-1 第 1～3 列）。load_img 函數的第 1 個參數指定圖檔之檔名及其路徑，第 2 個參數指定圖檔尺寸，本例為配合 VGG16 模型的用法，將其設定為 VGG16 模型的預設值 224×224。

- 第 2 段：將前述圖片資料由三維陣列轉成四維陣列，以符合後續模型輸入的要求（如表 6-1 第 4～5 列）。

- 第 3 段：載入預訓練模型，主要參數說明如下。

  include_top 是否包含模型上層的網路層，若設為 True，表示會載入完整的 VGG16 模型，包括最後 4 層（展平層及三個全連接層），並利用已訓練的權重進行辨識。若設為 False，則只會載入卷積與池化等前面的網路層，後面的分類處理（最後 4 層），需由 User 自行設計。本範例將 include_top 參數設定為 True，不修改 VGG16 任何網路層，直接進行辨識（如表 6-1 第 6～7 列）。

> **説明** 英文的 Top 是指模型的最後層（輸出層），Bottom 則是指模型的第一層（輸入層），include_top=True，就表示要納入模型的最後層（輸出層），VGG16 的 Top 層是指其最後的展平層及三個全連接層。

weights 參數可設定為 None、或 imagenet 或載入其他權重的路徑。本例若設定為 None，則仍可辨識，但正確率極低，且每次執行都不同。若設定為 imagenet，表示要使用 ImageNet 視覺資料庫的圖像所訓練出來的權重。

input_shape 參數指定圖片的尺寸，如果將 weights 參數值設為 imagenet，且 include_top 參數值設為 True，則 input_shape 參數必須設定為內定值 (224, 224, 3)，不能指定為其他尺寸，否則會出現錯誤。若使用內定值，則 input_shape 可設為 None，或完全省略不寫。只有當 include_top 設定為 False，User 自行設計輸出層時，才能自訂 input_shape 的參數值。

- 第 4 段：使用 preprocess_input 輸入預處理函數調整圖像資料。只需將圖片的像素值資料（陣列格式或張量格式，且為浮點數）置入括號內當作參數值即可，無其他參數需要設定（如表 6-1 第 8～9 列）。此函數會進行下列兩項工作：

● 調整各圖點的像素值。

● 變更三原色通道順序（RGB 調整為 BGR）。

調整像素值之目的，在加快模型處理速度，並提高辨識率。TensorFlow 預訓練模型的像素值調整方式有 tf、caffe、torch 等三種，VGG16 模型使用 caffe，其方法是將原始色度值減去 ImageNet 各圖片的平均色度值（ImageNet 平均 BGR 分別為 103.939、116.779、123.680）。假設某一圖點的像素值為 87、142、155，則調整後之值為 87-103.939=-16.939、142-116.779=25.221、155-123.680=31.320。此一過程稱為 Zero-centered 中心化，以均值作為數據的原點，然後計算各個原始數值與原點的距離，作為調整後之值，可縮小數值大小的差距，但仍保有原始數據的意義，以加快處理速度並避免收斂上的問題。其他兩種方法（tf 及 torch）詳後述。

變更三原色通道順序之目的，只是遷就 VGG16 的用法，早期許多套件（例如 opencv）都是使用 BGR 之順序作為顏色通道。

❑ 第 5 段：使用模型的 predict 方法進行辨識。括號內置入處理過的圖像資料即可（如表 6-1 第 10 列），predict 會傳回每一種類別的機率（本例有 1000 種），若是一般模型所傳回的辨識結果，可用 numpy 套件的 argmax 最大引數函數找出最大機率的索引順序，就是預測類別。但對於 VGG16 模型的辨識結果，可用 decode_predictions 函數進行解碼（如表 6-1 第 11 列），它可傳回各圖像的編號、分類及機率，並按照機率大小排列。該函數有兩個參數，第一個參數指定 predict 之預測結果，第二個參數 top 指定傳回數量，傳回值按照機率遞減排序，例如 top=3，則傳回機率最大的前三個類別。此傳回值為串列格式，可利用中括號切片法取出所需的分類及機率（score 分數）。

本範例提供了五張圖片，請自行切換，並觀察辨識結果，User 亦可使用自製的圖片來測試。因為 VGG16 使用 1000 種圖片資料來訓練，而本範例又完全使用其權重來進行辨識，故若辨識之圖片非該 1000 種之類別，則無法正確辨識。VGG19 預訓練模型的用法與 VGG16 相同，User 將換範例中的 16 改成 19 即可（共計 8 處）。

▌表 6-1 程式碼：VGG16 辨識單張圖像

01	Temp_image01=tf.keras.preprocessing.image.load_img(
02	"./MyData/MyPicture_01_Cat.jpg", target_size=(224, 224))
03	Temp01_array=tf.keras.preprocessing.image.img_to_array(Temp_image01)
04	Temp01_array=Temp01_array.reshape(1, Temp01_array.shape[0],
05	Temp01_array.shape[1], Temp01_array.shape[2])
06	MyModel=tf.keras.applications.vgg16.VGG16(include_top=True,
07	weights="imagenet")
08	Temp01_preprocess=tf.keras.applications.vgg16.preprocess_input(
09	Temp01_array)
10	Y_pred=MyModel.predict(Temp01_preprocess)
11	print(tf.keras.applications.vgg16.decode_predictions(Y_pred, top=3))

6.3 預訓練模型的用法之二

　　使用已經訓練好的模型來辨識不同圖像的方法稱為遷移學習，這種已經訓練好的模型（預訓練模型）通常含有複雜的網路結構，且經過大量資料的訓練而產生最佳參數（權重及偏權值），我們可利用其大部分的網路層及已訓練之參數來辨識我們想要辨識的圖像（相關但可能不同之圖像）。我們不使用完整的預訓練模型，主因是預訓練模型的分類數與欲辨識圖像之分類數不同，例如 VGG16 是利用 ImageNet資料庫中 1000 種不同類別的圖片所訓練出來的，而我們想要辨識的圖像可能只有5 種（例如後述的 tf_flowers 花卉圖像資料集），兩者輸出層神經元的數量是不同的（前者 units=1000，後者 units=5）。除了自行設計輸出層之外，為了增加辨識率，也可在輸出層之前加入密集層等不同的網路層。預訓練模型需經過調整修改才成為我們所需的新模型，調整修改方式有兩種，即 Fine Tune the model 微調模型（簡稱FT）與 Extract Features 特徵提取（簡稱 EF），本節先說明 FT 微調模型法。

我們以實例來說明，請執行 Z_Example 資料夾內的範例檔「Prg_0603_ 預訓練模型 _ 微調模型 .py」，該程式使用預訓練模型 VGG19 辨識 TensorFlow Dataset 的 tf_flowers 花卉圖像資料集。茲說明如下，其摘要程式如表 6-2。

❑ 第 1 段：從 tensorflow_datasets 載入 tf_flowers，其中 80% 作為訓練集，20% 作為測試集。

❑ 第 2 段：從訓練集隨機挑選一筆，顯示該筆資料的內容，並顯示該筆起連續 6 張圖像。（此段有需要再啟用）

❑ 第 3 段：統一圖片的大小，將每一張圖片之尺寸一律調整為 224×224（VGG16 及 VGG19 內定圖片大小為 224×224）。

❑ 第 4 段：使用 preprocess_input 輸入預處理函數調整圖像資料（如表 6-2 第 1 ～ 2 列）。其目的在調整各圖點的像素值（使用 caffe 調整法），以加快模型處理速度，並提高辨識率，另外可變更三原色通道順序（RGB 調整為 BGR）。本例需搭配 map 映射函數及 lambda 匿名函數，以便逐一調整訓練集與測試集之中每一筆特徵資料。

❑ 第 5 段：將標籤轉成單熱編碼。

❑ 第 6 段：建立批次（批次大小 32、不丟棄不足一批次者）。

❑ 第 7 段：載入 VGG19 預訓練模型（如表 6-2 第 3 ～ 4 列）。參數 weights 設定為 imagenet，代表要使用 ImageNet 圖像資料庫所訓練的權重，參數 input_shape 設定為 (224, 224, 3)，代表輸入資料為 224×224 之三通道彩色圖像，參數 include_top 設定為 False，代表只用 VGG19 的前面 22 層（卷積與池化等網路層），後面 4 層（一個展平層及三個密集層）不載入。

> 說明　遷移學習只使用預訓練模型前面的網路層，這些網路層通常由卷積層與池化層所構成，故亦稱為 Convolutional Base 卷積基底；預訓練模型後面的網路層，通常由多個密集層所構築而層，其中最後一層（輸出層）的神經元數量決定於分類數，故最後數層亦稱為 Classifier 分類器。

本例要將 VGG19 前面 22 層納入自行設計的模型，但不重新訓練，而要直接使用其權重來進行向前傳播，故將 trainable 屬性設定為 False，即可凍結該等網路層（如表 6-2 第 5 列）。

❏ 第 8 段：建立新模型，本例取名 MyModel。首先使用 add 方法將前述載入的 VGG19 加入模型的第一層（如表 6-2 第 6 ～ 7 列），該 VGG19 僅限前面 22 層，且已凍結。第二層使用 Flatten 類別建構展平層（使用 GlobalAveragePooling2D 全域二維平均池化層亦可）。第三層使用 Dense 類別建構全連結層（神經元數量為 256）。第四層使用 Dense 類別建構輸出層（神經元數量為類別數 5）。

❏ 第 9 段：訓練及評估模型。因為新模型使用 VGG19 的前面 22 層，且該等網路層已凍結，故新模型訓練時，不會重算該等網路層的權重（含偏權值），而是使用已訓練好的權重與 tf_flowers 花卉圖像的特徵資料加權計算出該等網路層的輸出（向前傳播），這些輸出資料為後面兩層（密集層與輸出層）的輸入資料，這兩層的權重在訓練時會重新計算，以找出最佳權重及偏權值。

本模型經過 3 次訓練後，訓練集的正確率可達 98%、測試集正確率可達 83%，正確率遠高於自行建構的卷積模型（例如 AI_0410.py）。

6.4　預訓練模型的用法之三

前一節採用 Fine Tune the model 微調模型的方式進行遷移學習，本節說明如何使用 Extract Features 特徵提取的方式進行遷移學習。我們以實例來說明，請執行 Z_Example 資料夾內的範例檔「Prg_0604_預訓練模型_特徵提取.py」，該程式同樣使用預訓練模型 VGG19 來辨識 TensorFlow Dataset 的 tf_flowers 花卉圖像資料集，但改用 EF 特徵提取的方式進行遷移學習。茲說明如下，其摘要程式如表 6-2。

❏ 第 1 段：從 tensorflow_datasets 載入 tf_flowers，其中 80% 作為訓練集，20% 作為測試集。

❑ 第 2 段：從訓練集隨機挑選一筆，顯示該筆資料的內容，並顯示該筆起連續 6 張圖像。（此段有需要再啟用）

❑ 第 3 段：統一圖片的大小，將每一張圖片之尺寸一律調整為 224×224。

❑ 第 4 段：使用 preprocess_input 輸入預處理函數調整圖像資料。

❑ 第 5 段：將標籤轉成單熱編碼。

❑ 第 6 段：將訓練集之中已轉成單熱編碼的標籤擷取出來，以利後續模型的訓練及評估。

❑ 第 7 段：將測試集之中已轉成單熱編碼的標籤擷取出來，以利後續模型的訓練及評估。

❑ 第 8 段：建立批次（批次大小 32、不丟棄不足一批次者）。

❑ 第 9 段：載入 VGG19 預訓練模型，並使用模型的 predict 方法進行特徵提取（如表 6-2 第 9 ～ 10 列）。所謂「特徵提取」就是使用預訓練模型的最佳權重與訓練集的特徵加權計算該等網路層的輸出（向前傳播），此等輸出將作為新建模型的訓練資料。

❑ 第 10 段：建立新模型，本例取名 MyModel，包括展平、密集與輸出等三個網路層。

❑ 第 11 段：訓練及評估模型。模型 fit 訓練及 evaluate 評估需使用 VGG19 預訓練模型所提取的特徵資料與實際標籤（如表 6-2 第 11 列）。本例從訓練集所提取的特徵為 Train_features，從測試集所提取的特徵為 Test_features，訓練集實際標籤為 Y_Train，測試集實際標籤為 Y_Test。

本節採用「特徵提取」的方式進行遷移學習，前一節則使用「微調模型」，兩者之辨識率只有些微差異。「特徵提取」所耗用的時間比「微調模型」少很多，但處理程序較麻煩些，因「特徵提取」不含標籤，故需另外備妥訓練集與測試集的標籤，供模型訓練與評估時使用。

▍表 6-2　程式碼：微調模型與特徵提取

01	Train_set=train.map(lambda x, y : (tf.keras.applications.vgg19.
02	preprocess_input(x), y))

03	Model_VGG19=tf.keras.applications.vgg19.VGG19(weights="imagenet",
04	include_top=False, input_shape=(224, 224, 3))
05	Model_VGG19.trainable=False
06	MyModel=tf.keras.models.Sequential()
07	MyModel.add(Model_VGG19)
08	
09	Train_features=Model_VGG19.predict(Train_set)
10	Test_features=Model_VGG19.predict(Test_set)
11	TrainingRecords=MyModel.fit(x=Train_features, y=Y_Train, epochs=3)

6.5 預訓練模型的比較

Fine Tune the model「微調模型」與 Extract Features「特徵提取」是遷移學習的兩種方式，它們是轉移預訓練模型之結構與權重至其他相關任務上的兩種方法，本節先說明兩者之差異。

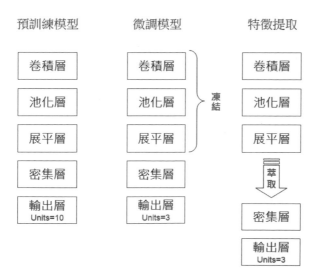

圖 6-1 微調模型與特徵提取示意圖

圖 6-1 最左方為預訓練模型，為便於理解，此模型只有 5 個網路層。中央為「微調模型」法之示意圖，它的前 3 層取自預訓練模型的前 3 層（包含權重），然後加入自行設計的 2 層（密集層與輸出層）而成為新的模型，訓練新模型的時候，前 3 層不會重新訓練（已被凍結），直接使用其權重（來自預訓練模型）與訓練集的特徵加權計算（向前傳播）而產生該 3 層的輸出，此等輸出作為後 2 層的輸入資料，後 2 層會重新訓練以找出最佳權重。最右方為「特徵提取」法之示意圖，此方法先利用預訓練模型前 3 層來萃取特徵，也就是使用預訓練模型的最佳權重與訓練集的特徵加權計算（向前傳播）而產生該 3 層的輸出，此等輸出作為新模型的輸入資料。此兩法的最大差異就是是否將預訓練模型（本例只有其前 3 層）納入新模型之中，「微調模型」法會將預訓練模型納入新模型，「特徵提取」法則不納入，本例「微調模型」法的新模型有 5 層，「特徵提取」法的新模型只有 2 層。「微調模型」法的新模型雖然包含預訓練模型之部分網路層，但不會重新訓練（已凍結），「特徵提取」法雖不包含預訓練模型，但會使用其部分網路層來萃取特徵。其實兩種方法都使用了預訓練模型的部分網路層（含權重）來產生輸出（向前傳播），只是在處理程序上不同而已。

　　雖然「微調模型」法所耗用的時間多於「特徵提取」法，但在許多案例中，「微調模型」的辨識能力會優於「特徵提取」，故在遷移學習中究竟該用哪一種方法，需同時考量時間與正確率兩種因素。

　　下表是 TensorFlow 內建圖像辨識預訓練模型之相關資訊，包括模型名稱、網路層數量、圖片內定尺寸、圖片最小尺寸及圖像資料預處理方式等。

模型名稱	網路層數量	圖片內定尺寸	圖片最小尺寸	預處理方式
VGG16	23	224×224	32×32	caffe
VGG19	26	224×224	32×32	caffe
InceptionV3	313	299×299	75×75	tf
Xception	134	299×299	71×71	tf
InceptionResNetV2	782	299×299	75×75	tf
ResNet50	177	224×224	32×32	caffe
ResNet101	347	224×224	32×32	caffe

模型名稱	網路層數量	圖片內定尺寸	圖片最小尺寸	預處理方式
ResNet152	517	224×224	32×32	caffe
ResNet50V2	192	224×224	32×32	caffe
ResNet101V2	379	224×224	32×32	caffe
ResNet152V2	566	224×224	32×32	caffe
MobileNet	91	224×224	32×32	tf
MobileNetV2	156	224×224	32×32	tf
MobileNetV3Large	273	224×224	32×32	tf
MobileNetV3Small	239	224×224	32×32	tf
DenseNet201	709	224×224	32×32	torch
DenseNet169	597	224×224	32×32	torch
DenseNet121	429	224×224	32×32	torch
NASNetLarge	1041	331×331	32×32	tf
NASNetMobile	771	224×224	32×32	tf

　　如果載入預訓練模型時將 weights 權重參數值設為 imagenet，且 include_top 參數值設為 True，則 input_shape 參數必須使用內定值，不能指定為其他尺寸，否則會出現錯誤。只有當 include_top 參數值設定為 False 時（User 需自行設計輸出層），input_shape 參數才可設為非內定值，但不能小於最小尺寸。舉例來說，在 6.4 節的範例中，我們使用 VGG19 預訓練模型來辨識 tf_flowers 花卉圖像，載入該預訓練模型時，已將 include_top 參數值設定為 False，故可將 input_shape 參數設定為內定值 224×224 以外之值（例如 300×300），但不能小於 32×32。此外，要使用 tf.image. resize 將 tf_flowers 花卉圖像的尺寸調整為一樣的大小。另須注意，圖像尺寸的大小會影像處理時間及辨識率，縮小圖像尺寸可加快處理時間，但辨識率亦可能大幅下降；擴大圖像尺寸，會增加處理時間，辨識率也未必會增加。選擇一個適當的圖像尺寸，才能獲得較佳的模型績效。

　　訓練神經網路模型的資料通常需要經過正規化或標準化的處理，其目的在加快處理速度（提高模型的收斂速度），預訓練模型使用的圖片資料亦須經過類似的處

理，但不是正規化或標準化，而是 tf、torch、caffe 等方法。從上表可看出，不同的預訓練模型所使用的方法可能不同，此等方法最主要之目的在調整各圖點的像素值，另外也可能會變更三原色的通道順序（RGB 調整為 BGR）。

caffe 方法是將原始色度值減去 ImageNet 各圖片的平均色度值，ImageNet 的平均 BGR 分別為 103.939、116.779、123.680，詳細說明請見本章 6.2 節。tf 方式則是將原始色度值轉成 -1 與 1 之間的數值，其計算公式如下：（原始數值 ÷127.5）－ 1，假設 RGB 原始數值分別為 138、117、94，則經 tf 法調整後之值為 0.082、-0.082、-0.263。

torch 方法是將原始色度值除以 255（轉成 0 與 1 之間的數值），然後減去 ImageNet 各圖片的平均色度值，再除以其標準差，ImageNet 各圖片的平均色度值也是先除以 255（轉成 0 與 1 之間的數值），再求其平均值與標準差。ImageNet 的紅綠藍三原色平均值為 0.485、0.456、0.406，ImageNet 的紅綠藍三原色標準差為 0.229、0.224、0.225。假設 RGB 原始數值分別為 128、116、89，則經 torch 法調整後之值為 0.074、-0.005、-0.253。

本章已介紹了 VGG16 及 VGG19 預訓練模型的用法，其他預訓練模型的用法（包括主要參數的設定）也大致相同，請參考本章習題之提示。

6.6　遷移學習原理

一般圖像識別都是使用特定類型的圖片（例如花卉）來訓練模型，然後使用這種已訓練模型來辨識類似的圖片，只要訓練資料的種類夠多，辨識率就會很高。本節我們進行一個大膽的嘗試，就是利用特定類型之圖片所訓練出來的模型，進行類型差異較大的圖片辨識。例如先使用阿拉伯數字 0 ～ 6 的圖像訓練模型，然後使用此模型來辨識阿拉伯數字 7 ～ 9 的圖像。另一個案例是使用 mnist 手寫阿拉伯數字圖像所訓練出來的模型，進行 fashion_mnist 時尚物品圖像的識別。

請執行 Z_Example 資料夾內的範例程式「Prg_0605_ 遷移學習解析之一 .py」，該程式使用手寫阿拉伯數字 0 ～ 6 的圖像資料訓練神經網路模型，隨後使用該模型來辨識手寫阿拉伯數字 7 ～ 9 的圖像。茲說明如下，其摘要程式如表 6-3。

❑ 第 1 段：從 tf.keras.datasets.mnist 載入手寫阿拉伯數字資料集。其資料格式為陣列而非張量，我們將訓練集與測試集合併一起運用（共計 7 萬筆），並區分特徵與標籤（如表 6-3 第 1 ～ 3 列）。

❑ 第 2 段：將分類標籤小於 7 者（手寫阿拉伯數字 0 ～ 6 的圖像資料）列入訓練集，分類標籤大於等於 7 者（手寫阿拉伯數字 7 ～ 9 的圖像資料）列入測試集。

Y_Temp 為分類標籤的陣列（內含 70000 個元素），經過邏輯運算 <7，會傳回 True 或 False，亦即 7 萬個元素都與 7 比較，傳回 7 萬個 True 或 False。7 萬個布林值（True、False）所構成的串列，作為 X_Train 特徵陣列的索引，True 代表要擷取，False 代表不擷取，如此即可將 X_Temp 之中小於 7 的特徵資料列入訓練集 X_Train（如表 6-3 第 4 列）。

仿照前述方式處理，可將 Y_Temp 之中小於 7 的標籤資料列入訓練集 Y_Train（如表 6-3 第 5 列）。

仿照前述方式處理（邏輯運算改為 >=7），可將 X_Temp 之中大於 7 的特徵資料列入測試集 X_Test（如表 6-3 第 6 列）。

仿照前述方式處理（邏輯運算改為 >=7），可將 Y_Temp 之中大於 7 的標籤資料列入測試集 Y_Test（如表 6-3 第 7 列）。另須注意，因為後續我們要將手寫數字 0 ～ 6 所訓練出來的模型應用於 7 ～ 9 的數字辨識，故須將測試集的標籤由 7 ～ 9 改成 0 ～ 2（訓練出來的模型所對應的的標籤為 0 ～ 6，沒有 7 ～ 9）。標籤由 7 ～ 9 改成 0 ～ 2 的方法是在索引陣列之後減 7 即可（如表 6-3 第 7 列，進行陣列運算，每一個標籤都會減 7，例如 7-7=0、8-7=1、9-7=2）。

經過此段處理，訓練集有 48924 筆，測試集有 21076 筆。

❑ 第 3 段：將測試集的實際標籤（轉換前與轉換後），匯出為 Excel 檔，以便與預測標籤比較（可計算正確率、驗證模型之評估結果）。

❑ 第 4 段：將訓練集與測試集的資料格式由陣列轉成張量資料集。

❑ 第 5 段：從訓練集隨機挑選一筆，顯示該筆資料的內容，並顯示該筆起連續 12 張圖像。（此段有需要再啟用）

❑ 第 6 段：特徵資料正規化，亦即將特徵值縮放至 0 與 1 之間。

❑ 第 7 段：將標籤轉成單熱編碼。訓練集的類別數為 7，測試集的類別數為 3。

❑ 第 8 段：建立批次（批次大小 256、不丟棄不足一批次者）。

❑ 第 9 段：將測試集儲存於硬碟，以供其他程式使用。使用張量資料集的 save 方法儲存，括號內指定路徑（包括磁碟機代號及資料夾名），本例為 D:/Test_set_0605，資料夾名稱無需事前建立，由系統自動建立。

❑ 第 10 段：建立 CNN 卷積神經網路模型。本例由二維卷積層（兩個）、二維最大池化層、丟棄層、展平層、密集層及輸出層所組層（共計七層）。

❑ 第 11 段：訓練及評估模型。

▌表 6-3　程式碼：遷移學習解析

01	(x_train,y_train),(x_test,y_test)=tf.keras.datasets.mnist.load_data()
02	X_Temp=np.append(x_train, x_test, axis=0)
03	Y_Temp=np.append(y_train, y_test, axis=0)
04	X_Train=X_Temp[Y_Temp<7]
05	Y_Train=Y_Temp[Y_Temp<7]
06	X_Test=X_Temp[Y_Temp>=7]
07	Y_Test=Y_Temp[Y_Temp>=7]-7
08	
09	Test_set=tf.data.Dataset.load('D:/Test_set_0605')
10	My_BestModel=tf.keras.models.load_model('D:/Test_BM_0605.h5')
11	for i in range(0,5):
12	New_Model.layers[i].trainable = False
13	New_Model.add(tf.keras.layers.Dense(units=8, activation='relu'))
14	New_Model.add(tf.keras.layers.Dense(units=3, activation='softmax'))
15	
16	My_BestModel=tf.keras.models.load_model('D:/Test_BM_0605.h5')
17	New_Model=tf.keras.models.Sequential()
18	for layer in My_BestModel.layers[0:5]:
19	New_Model.add(layer)
20	Test_features=New_Model.predict(Test_set)
21	M_FitHistory=MyModel.fit(x=Test_features, y=Y_Test, epochs=8)

接下來，我們使用前述範例程式所訓練出來的模型進行手寫阿拉伯數字 7 ～ 9 的圖像辨識。請執行 Z_Example 資料夾內的範例程式「Prg_0606_ 遷移學習解析之二 .py」，即可顯示辨識結果。本範例採用 fine tune the model 微調模型（FT）之方式來進行遷移學習。茲說明如下，其摘要程式如表 6-3。

❏ 第 1 段：使用資料集的 load 函數載入前一程式所儲存的測試集 Test_set。括號內指定測試集的儲存路徑即可，本例為 D:/Test_set_0605（如表 6-3 第 9 列）。

❏ 第 2 段：載入前一程式已訓練好的模型，本例為 D:/Test_BM_0605.h5（如表 6-3 第 10 列）。

❏ 第 3 段：使用 add 方法建立新模型。因為我們只使用前一程式已訓練好模型的前 5 層（兩個二維卷積層、二維最大池化層、丟棄層、展平層），其後的密集層與輸出層要另行建立，故使用 add 方法從 My_BestMode 取出前五層併入新模型 New_Model。

❏ 第 4 段：使用模型的 trainable 屬性凍結新模型 New_Model 的前 5 層（卷積層～展平層）。以便後續訓練新模型時，不重算這幾層的權重，直接使用前一模型的訓練結果（如表 6-3 第 11 ～ 12 列）。

❏ 第 5 段：使用 add 方法在新模型 New_Model 增加一個密集層及一個輸出層。這兩層的神經元數量與前一程式不同（如表 6-3 第 13 ～ 14 列）。

❏ 第 6 段：使用測試集資料訓練及評估新模型。因為新模型的前 5 層已被凍結，故 fit 訓練時不會重算此等網路層的權重，而是直接使用前一程式已訓練出來的權重與測試集的特徵資料加權計算（向前傳播），後面兩層（密集層及輸出層）的權重則會重新計算。

❏ 第 7 段：對測試集進行預測（數字辨識）。本段程式會將測試集的實際標籤與預測標籤匯出為 Excel 檔，以利驗證。本程式處理時間減少很多，因為重新訓練模型時無需再卷積與池化。本程式使用前一程式所訓練出來的模型作為卷積基底，雖然前一程式的訓練資料與本程式欲辨識之圖像完全不同，但正確率仍然高達 99%，顯示出遷移學習的強大效果。

　　前一程式使用「微調模型」來進行遷移學習，接下來我們使用「特徵提取」的方式進行遷移學習。請執行 Z_Example 資料夾內的範例程式「Prg_0607_ 遷移學習解

析之三 .py」，該程式使用「Prg_0605_ 遷移學習解析之一 .py」所產生的模型來辨識手寫阿拉伯數字 7 ～ 9 的圖像。茲說明如下，其摘要程式如表 6-3。

❏ 第 1 段：從 tf.keras.datasets.mnist 載入手寫阿拉伯數字資料集。

❏ 第 2 段：將分類標籤小於 7 者（手寫阿拉伯數字 0 ～ 6 的圖像資料）列入訓練集，分類標籤大於等於 7 者（手寫阿拉伯數字 7 ～ 9 的圖像資料）列入測試集。

❏ 第 3 段：將訓練集與測試集的資料格式由陣列轉成張量資料集。

❏ 第 4 段：特徵資料正規化，亦即將特徵值縮放至 0 與 1 之間。

❏ 第 5 段：將標籤轉成單熱編碼。訓練集的類別數為 7，測試集的類別數為 3。

❏ 第 6 段：建立批次（批次大小 256、不丟棄不足一批次者）。

❏ 第 7 段：載入「Prg_0605_ 遷移學習解析之一 _ 自存 .py」已訓練好的模型，本例為 D:/Test_BM_0605.h5（如表 6-3 第 16 列）。

❏ 第 8 段：使用 add 方法建立新模型。因為我們只使用前一程式已訓練好模型的前 5 層（兩個二維卷積層、二維最大池化層、丟棄層、展平層），其後的密集層與輸出層要另行建立，故使用 add 方法從 My_BestMode 取出前五層併入新模型 New_Model（如表 6-3 第 17 ～ 19 列）。

❏ 第 9 段：使用模型的 predict 進行特徵提取（如表 6-3 第 20 列）。此段就是使用已經訓練好的模型（前 5 層）之權重，進行向前傳播，以便產生卷積、池化及展平之結果，不重新計算該等網路層之權重。亦即使用 Test_set 測試集的特徵與已經訓練好的模型之權重加權計算，計算結果（提取出來的特徵）作為另建模型（本例為 MyModel）的輸入資料。

❏ 第 10 段：建立另一個新模型 MyModel，此模型只有密集層與輸出層。

❏ 第 11 段：使用測試集資料訓練及評估模型（如表 6-3 第 21 列）。因為我們採用的遷移學習方法是 EF 特徵提取，所以模型的 fit 訓練、evaluate 評估、predict 預測都須使用 Test_feature（使用已訓練好之模型所產生的卷積與池化結果），而非 Test_set（未萃取特徵，原始的特徵及標籤）。fit 訓練、evaluate 評估都須搭配 Y_Test（測試集實際標籤）。另須注意，模型 compile 的 loss 參數值必須使用 sparse_categorical_crossentropy，而非 categorical_crossentropy，因為本例 Y_Test（測試集實際標籤）未進行單熱編碼。

❑ 第12段：對測試集進行預測（數字辨識）。本段程式會將測試集的實際標籤與預測標籤匯出為 Excel 檔，以利驗證。本範例採用 EF 特徵提取，其測試集的正確率（手寫阿拉伯數字 7 ～ 9 的辨識率）與 FT 微調模型之結果只有些微差距，兩種方法都有極高的辨識率。

接下來我們進行一個更大膽的嘗試，使用手寫阿拉伯數字辨識的模型來辨識時尚物品，其範例程式為 Z_Example 資料夾內的「Prg_0608_ 遷移學習解析之四 .py」。執行本程式之前請先執行「AI_0401.py」以便產生 BM_0401.h5（使用 mnist 手寫阿拉伯數字集所訓練出來的模型），以供本程式使用。本範例程式使用 fine tune the model 微調模型進行遷移學習，茲說明如下。

❑ 第1段：從 tensorflow_datasets 載入 fashion_mnist 時尚物品圖像資料集。訓練集與測試集合併匯入，共計 7 萬筆，並將實際標籤存入 List_Y 串列，以便後續與預測值比較。

❑ 第2段：特徵資料正規化，亦即將特徵值縮放至 0 與 1 之間。

❑ 第3段：將標籤轉成單熱編碼。

❑ 第4段：建立批次（批次大小 256、不丟棄不足一批次者）。

❑ 第5段：載入「AI_0401.py」已訓練好的模型 BM_0401.h5。

❑ 第6段：使用 add 方法建立新模型。因為我們只使用已訓練好模型的前 3 層（該模型有二維卷積層、二維最大池化層、展平層及輸出層等 4 層），其後的輸出層要另行建立，故使用 add 方法從 My_BestMode 取出前 3 層併入新模型 New_Model。隨後再使用模型的 trainable 屬性將其凍結，因為稍後訓練新模型時，不再重算該等網路層的權重，直接以 fashion_mnist 時尚物品圖像資料集的特徵資料與該等權重加權計算，以產生卷積池化結果（向前傳播之結果）。

❑ 第7段：使用 add 方法在新模型 New_Model 增加一個密集層及一個輸出層。

❑ 第8段：使用 fashion_mnist 時尚物品圖像資料集訓練及評估新模型。

❑ 第9段：對時尚物品圖像資料集進行預測（物品辨識）。本段程式會將測試集的實際標籤與預測標籤匯出為 Excel 檔，以利驗證。本範例使用不同圖像所訓練出來的模型進行遷移學習，辨識率仍高達 9 成。

從前述的案例可看出，使用某種圖像資料所訓練出來的模型，其淺層網路可運用於其他圖像之辨識，例如手寫阿拉伯數字 0～6 所訓練出來的模型，可用於手寫阿拉伯數字 7～9 的辨識，又如 mnist 手寫阿拉伯數字 0～9 所訓練出來的模型，可用於 fashion_mnist 時尚物品之辨識等。TensorFlow 內建的 VGG16 等預訓練模型亦可用於非 ImageNet 的圖像辨識。只要使用這些預訓練模型來提取新圖像的特徵，或使用其淺層網路作為新模型的卷積基底，加上適合新圖像的密集層與輸出層，就能產生不錯的辨識效果。為何遷移學習有如此神奇的能力呢？一般的說法是，淺層網路層所提取的基礎特徵，例如邊緣、輪廓等，這些特徵具有泛化性，在不同圖像間具有高度的通用性。但這樣的說法並不精確，例如前述利用 mnist 手寫阿拉伯數字集所訓練出來的模型，只使用了很簡單的卷積層與池化層，它所擷取的特徵不限於圖像邊緣，還包含了圖像之核心，即便是圖像邊緣（或輪廓），不同圖像的特徵還是有很大的差異。事實上，深度學習是一套千變萬化的實踐工程，其中有很多事情都很難解釋清楚。誠如 Keras 創始者 François Chollet 所說：「有時候，你會覺得書中只告訴你如何做某件事，卻無法給出滿意的原因：那是因為我們也只知道怎麼做，但不知道為何這麼做」。

習 題

試題 0601

請使用 VGG19 預訓練模型對 tensorflow_datasets 載入的 cats_vs_dogs 貓狗圖像資料集進行辨識。原始資料集有 23262 筆,為節省時間,請從第 1000 筆開始挑選 5000 筆來進行辨識,不區分訓練集與測試集,shuffle_files 設定為 False,以便於比較。須採用 fine tune the model 微調模型法進行遷移學習,正確率需大於 99%。特徵資料需調整,標籤需單熱編碼。範例檔為 AI_0601.py,提示如下:

❏ 第 1 段:使用 tensorflow_datasets 套件的 load 函數載入 cats_vs_dogs 貓狗圖像資料集,load 函數內使用 name 參數指定所需資料集的名稱,另將 split 參數設定為 all,as_supervised 參數設定為 True,shuffle_files 參數設定為 False。使用 skip 及 take 函數擷取 5000 筆來進行辨識(從第 1000 筆開始挑選)。

❏ 第 2 段:使用 tf.image.resize 調整圖片尺寸為 224×224。

❏ 第 3 段:使用 preprocess_input 輸入預處理函數調整特徵資料。

❏ 第 4 段:將標籤轉成單熱編碼。

❏ 第 5 段:建立批次(批次大小 256、不丟棄不足一批次者)。

❏ 第 6 段:載入 VGG19 預訓練模型。weights 參數設定為 imagenet,include_top 參數設定為 False,input_shape 參數設定為 (224, 224, 3)。並使用 trainable 屬性凍結該等網路層。

❏ 第 7 段:建立新的神經網路模型。第一層加入前述載入的 VGG19 模型的「卷積基底」,第二層加入展平層,第三層加入密集層(神經元數量 256),第四層加入輸出層。

❏ 第 8 段:訓練及評估模型。

試題 0602

同 0601,使用 VGG19 預訓練模型對 tensorflow_datasets 載入的 cats_vs_dogs 貓狗圖像資料集進行辨識,但改用 Extract Features 特徵提取法進行遷移學習,正確率需大於 99%。特徵資料需調整,標籤需單熱編碼。範例檔為 AI_0602.py,提示如下:

❑ 第 1 段：使用 tensorflow_datasets 套件的 load 函數載入 cats_vs_dogs 貓狗圖像資料集，方法請見 0601 第 1 段的說明。

❑ 第 2 段：使用 tf.image.resize 調整圖片尺寸為 224×224。

❑ 第 3 段：使用 preprocess_input 輸入預處理函數調整特徵資料。

❑ 第 4 段：將標籤轉成單熱編碼。

❑ 第 5 段：建立批次（批次大小 256、不丟棄不足一批次者）。

❑ 第 6 段：擷取標籤資料（已轉成單熱編碼），以供模型訓練及評估之用。

❑ 第 7 段：載入 VGG19 預訓練模型。weights 參數設定為 imagenet，include_top 參數設定為 False，input_shape 參數設定為 (224, 224, 3)。然後使用模型的 predict 方法進行特徵提取。

❑ 第 8 段：建立新的神經網路模型。第一層為展平層，第二層為密集層（神經元數量 256），第三層為輸出層。

❑ 第 9 段：訓練及評估模型。必須以提取之特徵及其實際標籤作為模型 fit 訓練及 evaluate 評估的參數。

試題 0603

請使用 VGG16 預訓練模型對 10 Monkey Species 十種猴子圖像（jpg 檔）進行辨識。須採用 fine tune the model 微調模型法進行遷移學習，訓練集正確率需大於 99%，測試集正確率需大於 95%。特徵資料需調整，標籤需單熱編碼。範例檔為 AI_0603.py，提示如下：

❑ 第 0 段：圖片檔的取得方式請見範例檔 AI_0603.py 開頭處之說明。訓練集有 1097 張圖片，測試集有 272 張圖片，標籤 0 ～ 9 分別代表鬃毛吼猴、赤猴、白禿猴、日本獼猴、倭狨、白額卷尾猴、銀狨、松鼠猴、黑頭夜猴、印度烏葉猴。

❑ 第 1 段：使用 image_dataset_from_directory 函數讀取圖檔。color_mode 色彩模式為 rgb，image_size 圖片尺寸為 224×224。原始圖片的大小不一，本範例將其高寬都固定為 224。

❑ 第 2 段：隨機選取訓練集一筆資料，並顯示該序號起連續 12 張的圖像，但此段已標示為附註，有需要再啟用（以下各題均相同）。

❏ 第 3 段：使用 tf.image.resize 調整圖片尺寸為 224×224。

❏ 第 4 段：使用 tf.keras.applications.vgg16.preprocess_input 輸入預處理函數調整特徵資料。

❏ 第 5 段：將標籤轉成單熱編碼。

❏ 第 6 段：建立批次（批次大小 32、不丟棄不足一批次者）。

❏ 第 7 段：載入 tf.keras.applications.vgg16.VGG16 預訓練模型。weights 參數設定為 imagenet，include_top 參數設定為 False，input_shape 參數設定為 (224, 224, 3)。然後使用 trainable 屬性凍結該等網路層。

❏ 第 8 段：建立新的神經網路模型。第一層加入前述載入的 VGG16 模型的「卷積基底」，第二層加入二維全域平均池化層（等同展平層），第三層加入密集層（神經元數量 512），第四層加入輸出層。

❏ 第 9 段：訓練及評估模型。

試題 0604

同 0603，使用 VGG16 預訓練模型對 10 Monkey Species 十種猴子圖像（jpg 檔）進行辨識，但改用 Extract Features 特徵提取法進行遷移學習，訓練集正確率需大於 91%，測試集正確率需大於 10%。特徵資料需調整，標籤需單熱編碼。範例檔為 AI_0604.py，提示如下：

❏ 第 0 段：圖檔取得方式請見範例檔 AI_0604.py 開頭處之說明。

❏ 第 1 段：使用 image_dataset_from_directory 函數讀取圖檔。color_mode 色彩模式為 rgb，image_size 圖片尺寸為 224×224。原始圖片的大小不一，本範例將其高寬都固定為 224。

❏ 第 2 段：隨機選取訓練集一筆資料，並顯示該序號起連續 12 張的圖像。

❏ 第 3 段：使用 tf.image.resize 調整圖片尺寸為 224×224。

❏ 第 4 段：使用 preprocess_input 輸入預處理函數調整特徵資料。

❏ 第 5 段：將標籤轉成單熱編碼。

❏ 第 6 段：建立批次（批次大小 32、不丟棄不足一批次者）。

❏ 第 7 段：擷取標籤資料（已轉成單熱編碼），以供模型訓練及評估之用。

❏ 第 8 段：載入 VGG16 預訓練模型。weights 參數設定為 imagenet，include_top 參數設定為 False，input_shape 參數設定為 (224, 224, 3)。然後使用模型的 predict 方法進行特徵提取。

❏ 第 9 段：建立新的神經網路模型。第一層為二維全域平均池化層（等同展平層），第二層為密集層（神經元數量 512），第三層為輸出層。

❏ 第 10 段：訓練及評估模型。必須以提取之特徵及其實際標籤作為模型 fit 訓練及 evaluate 評估的參數。

試題 0605

同 0603，但改用 MobileNet 預訓練模型對 10 Monkey Species 十種猴子圖像（jpg 檔）進行辨識，須以 fine tune the model 微調模型法進行遷移學習，訓練集正確率需大於 99%，測試集正確率需大於 96%。特徵資料需調整，標籤需單熱編碼。範例檔為 AI_0605.py，提示如下：

❏ 第 0 段：圖檔取得方式請見範例檔 AI_0605.py 開頭處之說明。

❏ 第 1 段：使用 image_dataset_from_directory 函數讀取圖檔。color_mode 色彩模式為 rgb，image_size 圖片尺寸為 224×224。

❏ 第 2 段：隨機選取訓練集一筆資料，並顯示該序號起連續 12 張的圖像。

❏ 第 3 段：使用 tf.image.resize 調整圖片尺寸為 224×224。

❏ 第 4 段：使用 preprocess_input 輸入預處理函數調整特徵資料。

❏ 第 5 段：將標籤轉成單熱編碼。

❏ 第 6 段：建立批次（批次大小 32、不丟棄不足一批次者）。

❏ 第 7 段：載入 MobileNet 預訓練模型。weights 參數設定為 imagenet，include_top 參數設定為 False，input_shape 參數設定為 (224, 224, 3)。然後使用 trainable 屬性凍結該等網路層。

❏ 第 8 段：建立新的神經網路模型。第一層加入前述載入的 MobileNet 模型的「卷積基底」，第二層加入二維全域平均池化層（等同展平層），第三層加入密集層（神經元數量 1024），第四層加入密集層（神經元數量 512），第五層加入輸出層。

❏ 第 9 段：訓練及評估模型。

試題 0606

同 0603，但改用 MobileNet 預訓練模型對 10 Monkey Species 十種猴子圖像（jpg 檔）進行辨識，須以 Extract Features 特徵提取法進行遷移學習，訓練集正確率需大於 94%，測試集正確率需大於 10%。特徵資料需調整，標籤需單熱編碼。範例檔為 AI_0606.py，提示如下：

❏ 第 0 段：圖檔取得方式請見範例檔 AI_0606.py 開頭處之說明。

❏ 第 1 段：使用 image_dataset_from_directory 函數讀取圖檔。color_mode 色彩模式為 rgb，image_size 圖片尺寸為 224×224。

❏ 第 2 段：隨機選取訓練集一筆資料，並顯示該序號起連續 12 張的圖像。

❏ 第 3 段：使用 tf.image.resize 調整圖片尺寸為 224×224。

❏ 第 4 段：使用 preprocess_input 輸入預處理函數調整特徵資料。

❏ 第 5 段：將標籤轉成單熱編碼。

❏ 第 6 段：建立批次（批次大小 32、不丟棄不足一批次者）。

❏ 第 7 段：擷取標籤資料（已轉成單熱編碼），以供模型訓練及評估之用。

❏ 第 8 段：載入 VGG16 預訓練模型。weights 參數設定為 imagenet，include_top 參數設定為 False，input_shape 參數設定為 (224, 224, 3)。然後使用模型的 predict 方法進行特徵提取。

❏ 第 9 段：建立新的神經網路模型。第一層為二維全域平均池化層（等同展平層），第二層為密集層（神經元數量 1024），第三層為密集層（神經元數量 512），第四層為輸出層。建立兩個回調函數，一個自動儲存最佳模型，另一個自動調降學習率。

❏ 第 10 段：訓練及評估模型。

試題 0607

同 0603，但改用 ResNet50 預訓練模型對 10 Monkey Species 十種猴子圖像（jpg 檔）進行辨識，須以 fine tune the model 微調模型法進行遷移學習，訓練集正確率需大於 99%，測試集正確率需大於 98%。特徵資料需調整，標籤需單熱編碼。範例檔為 AI_0607.py，提示如下：

❑ 第 0、1、2、3、5、6、9 段的提示請參考 0603。

❑ 第 4 段：使用 tf.keras.applications.resnet50.preprocess_input 輸入預處理函數調整特徵資料。

❑ 第 7 段：載入 tf.keras.applications.resnet.ResNet50 預訓練模型。weights 參數設定為 imagenet，include_top 參數設定為 False，input_shape 參數設定為 (224, 224, 3)。然後使用 trainable 屬性凍結該等網路層。

❑ 第 8 段：建立新的神經網路模型。第一層加入前述載入的 ResNet50 模型之「卷積基底」，第二層加入二維全域平均池化層（等同展平層），第三層加入密集層（神經元數量 512），第四層加入輸出層。

試題 0608

同 0603，但改用 InceptionV3 預訓練模型對 10 Monkey Species 十種猴子圖像（jpg 檔）進行辨識，須以 fine tune the model 微調模型法進行遷移學習，訓練集正確率需大於 99%，測試集正確率需大於 96%。特徵資料需調整，標籤需單熱編碼。範例檔為 AI_0608.py，提示如下：

❑ 第 0、2、5、6、9 段的提示請參考 0603。

❑ 第 1 段：使用 image_dataset_from_directory 函數讀取圖檔。color_mode 色彩模式為 rgb，image_size 圖片尺寸為 299×299。

❑ 第 3 段：使用 tf.image.resize 調整圖片尺寸為 299×299。

❑ 第 4 段：使用 tf.keras.applications.inception_v3.preprocess_input 輸入預處理函數調整特徵資料。

❑ 第 7 段：載入 tf.keras.applications.inception_v3.InceptionV3 預訓練模型。weights 參數設定為 imagenet，include_top 參數設定為 False，input_shape 參數設定為 (299, 299, 3)。然後使用 trainable 屬性凍結該等網路層。

❑ 第 8 段：建立新的神經網路模型。第一層加入前述載入的 InceptionV3 模型之「卷積基底」，第二層加入二維全域平均池化層（等同展平層），第三層加入密集層（神經元數量 512），第四層加入輸出層。

試題 0609

同 0603，但改用 DenseNet201 預訓練模型對 10 Monkey Species 十種猴子圖像（jpg 檔）進行辨識，須以 fine tune the model 微調模型法進行遷移學習，訓練集正確率需大於 99%，測試集正確率需大於 99%。特徵資料需調整，標籤需單熱編碼。範例檔為 AI_0609.py，提示如下：

❏ 第 0、1、2、3、5、6、9 段的提示請參考 0603。

❏ 第 4 段：使用 tf.keras.applications.densenet.preprocess_input 輸入預處理函數調整特徵資料。

❏ 第 7 段：載入 tf.keras.applications.densenet.DenseNet201 預訓練模型。weights 參數設定為 imagenet，include_top 參數設定為 False，input_shape 參數設定為 (224, 224, 3)。然後使用 trainable 屬性凍結該等網路層。

❏ 第 8 段：建立新的神經網路模型。第一層加入前述載入的 DenseNet201 模型之「卷積基底」，第二層加入二維全域平均池化層（等同展平層），第三層加入密集層（神經元數量 512），第四層加入輸出層。

試題 0610

同 0603，但改用 NASNetLarge 預訓練模型對 10 Monkey Species 十種猴子圖像（jpg 檔）進行辨識，須以 fine tune the model 微調模型法進行遷移學習，訓練集正確率需大於 99%，測試集正確率需大於 99%。特徵資料需調整，標籤需單熱編碼。範例檔為 AI_0610.py，提示如下：

❏ 第 0、2、5、6、9 段的提示請參考 0603。

❏ 第 1 段：使用 image_dataset_from_directory 函數讀取圖檔。color_mode 色彩模式為 rgb，image_size 圖片尺寸為 331×331。

❏ 第 3 段：使用 tf.image.resize 調整圖片尺寸為 331×331。

❏ 第 4 段：使用 tf.keras.applications.nasnet.preprocess_input 輸入預處理函數調整特徵資料。

❏ 第 7 段：載入 tf.keras.applications.nasnet.NASNetLarge 預訓練模型。weights 參數設定為 imagenet，include_top 參數設定為 False，input_shape 參數設定為 (331, 331, 3)。然後使用 trainable 屬性凍結該等網路層。

❏ 第 8 段：建立新的神經網路模型。第一層加入前述載入的 NASNetLarge 模型之「卷積基底」，第二層加入二維全域平均池化層（等同展平層），第三層加入密集層（神經元數量 512），第四層加入輸出層。

試題 0611

請使用 VGG16 預訓練模型對 rock–paper–scissors 剪刀、石頭、布 3 種圖像進行辨識。須採用 fine tune the model 微調模型法進行遷移學習，並搭配圖像增廣功能來提高模型辨識力。2520 個圖檔不區分訓練集與驗證集訓練集，正確率需大於 99%。特徵資料需調整，標籤需單熱編碼。範例檔為 AI_0611.py，提示如下：

❏ 第 1 段：所需圖像可自 googleapis 谷歌應用程式介面公司下載（網址：🔲 URL https://storage.googleapis.com/download.tensorflow.org/data/rps.zip），並使用 zipfile 套件解壓縮於本程式所在目錄之下的 Temp_rps 資料夾。

❏ 第 2 段：使用 image_dataset_from_directory 函數讀取圖檔。color_mode 色彩模式為 rgb，image_size 圖片尺寸為 150×150。

❏ 第 3 段：隨機選取訓練集一筆資料，並顯示該序號起連續 12 張的圖像。

❏ 第 4 段：使用 tf.image.resize 調整圖片尺寸為 150×150。

❏ 第 5 段：使用 tf.keras.applications.vgg16.preprocess_input 輸入預處理函數調整特徵資料。

❏ 第 6 段：將標籤轉成單熱編碼。

❏ 第 7 段：建立批次（批次大小 32、不丟棄不足一批次者）。

❏ 第 8 段：載入 tf.keras.applications.vgg16.VGG16 預訓練模型。weights 參數設定為 imagenet，include_top 參數設定為 False，input_shape 參數設定為 (150, 150, 3)。然後使用 trainable 屬性凍結該等網路層。

❏ 第9段：建立新的神經網路模型。前五層為圖像資料增廣層。第一層為 RandomFlip 隨機翻轉層，本例設定為水平翻轉。第二層為 RandomRotation 隨機旋轉層，本例旋轉弧度 15/360。第三層為 RandomZoom 隨機縮放層，本例在縮小 10%～放大 10% 之間隨機縮放。第四層為 RandomContrast 隨機對比強化層，factor 設定為 (0.1, 0.2)，亦即在 0.9～1.2 之間隨機挑選一個因子來調整對比。第五層為 RandomTranslation 隨機位移層，height_factor 及 width_factor 都設定為 (-0.1, 0.1)，亦即隨機上下位移最多 10%，隨機左右位移最多 10%。第六層加入前述載入的 VGG16 模型的「卷積基底」，第七層加入展平層，第八層加入密集層（神經元數量 512），第九層加入輸出層。

❏ 第10段：訓練及評估模型。

試題 0612

同 0611，但改用 MobileNet 預訓練模型對 rock–paper–scissors 剪刀、石頭、布 3 種圖像進行辨識。須以 fine tune the model 微調模型法進行遷移學習，並搭配圖像增廣功能來提高模型辨識力。2520 個圖檔不區分訓練集與驗證集訓練集，正確率需大於 99%。特徵資料需調整，標籤需單熱編碼。範例檔為 AI_0612.py，提示如下：

❏ 第 1、2、3、4、6、7、10 段的提示請參考 0611。

❏ 第 5 段：使用 tf.keras.applications.mobilenet.preprocess_input 輸入預處理函數調整特徵資料。

❏ 第 8 段：載入 tf.keras.applications.mobilenet.MobileNet 預訓練模型。weights 參數設定為 imagenet，include_top 參數設定為 False，input_shape 參數設定為 (150, 150, 3)。然後使用 trainable 屬性凍結該等網路層。

❏ 第 9 段：建立新的神經網路模型。前五層為圖像資料增廣層。第六層加入前述載入的 MobileNet 模型的「卷積基底」，第七層加入展平層，第八層加入密集層（神經元數量 512），第九層加入輸出層。

> 🧑‍🏫 **說明** 本例所指定的輸入形狀為 150×150，而非 MobileNet 內定的 224×224，故若使用上述第 8 段的三個參數值，則會出現警告訊息：
>
> WARNING:tensorflow:`input_shape` is undefined or non-square, or `rows` is not in [128, 160, 192, 224]. Weights for input shape (224, 224) will be loaded as the default.
>
> 若要避免出現警告訊息，weights 參數必須使用含有特殊權重的模型 mobilenet_1_0_224_tf.h5（請置於本程式所在目錄的 MyData 資料夾之下），另須將 include_top 參數設為 True，因為含有特殊權重的模型為完整的網路層（非只有卷積基底），隨後再據以重建新模型（排除後面幾層的分類器），以便作為所需的預訓練模型。詳細程式請見範例檔 AI_0612_A.py 的第 7 段，但須注意，正確率反而會略為下降。
>
> 另一種更簡易的方式是將 weights 參數值設定為不含上層權重之模型 mobilenet_1_0_224_tf_no_top.h5（請置於本程式所在目錄的 MyData 資料夾之下），另將 include_top 參數設為 False 即可，詳細程式請見範例檔 AI_0612_B.py 的第 7 段，此方法不會降低正確率。

試題 0613

同 0611，但改用 ResNet50t 預訓練模型對 rock–paper–scissors 剪刀、石頭、布 3 種圖像進行辨識。須以 fine tune the model 微調模型法進行遷移學習，並搭配圖像增廣功能來提高模型辨識力。2520 個圖檔不區分訓練集與驗證集訓練集，正確率需大於 98%。特徵資料需調整，標籤需單熱編碼。範例檔為 AI_0613.py，提示如下：

❏ 第 1、2、3、4、6、7、10 段的提示請參考 0611。

❏ 第 5 段：使用 tf.keras.applications.resnet50.preprocess_input 輸入預處理函數調整特徵資料。

❏ 第 8 段：載入 tf.keras.applications.resnet.ResNet50 預訓練模型。weights 參數設定為 imagenet，include_top 參數設定為 False，input_shape 參數設定為 (150, 150, 3)。然後使用 trainable 屬性凍結該等網路層。

❏ 第 9 段：建立新的神經網路模型。前五層為圖像資料增廣層。第六層加入前述載入的 ResNet50 模型的「卷積基底」，第七層加入展平層，第八層加入密集層（神經元數量 512），第九層加入輸出層。

試題 0614

　　請使用 MobileNet 預訓練模型對 10 Monkey Species 十種猴子圖像（jpg 檔）進行辨識。須採用 Extract Features 特徵提取法進行遷移學習，並搭配圖像增廣功能來提高模型辨識力。訓練集正確率需大於 92%，測試集正確率需大於 14%。特徵資料需調整，標籤需單熱編碼。範例檔為 AI_0614.py，提示如下：

❏ 第 0 段：圖檔取得方式請見範例檔 AI_0614.py 開頭處之說明。

❏ 第 1 段：使用 image_dataset_from_directory 函數讀取圖檔。color_mode 色彩模式為 rgb，image_size 圖片尺寸為 224×224。

❏ 第 2 段：隨機選取訓練集一筆資料，並顯示該序號起連續 12 張的圖像。

❏ 第 3 段：使用 tf.image.resize 調整圖片尺寸為 224×224。

❏ 第 4 段：使用 tf.keras.applications.mobilenet.preprocess_input 輸入預處理函數調整特徵資料。

❏ 第 5 段：將標籤轉成單熱編碼。

❏ 第 6 段：建立批次（批次大小 32、不丟棄不足一批次者）。

❏ 第 7 段：擷取標籤資料（已轉成單熱編碼），以供模型訓練及評估之用。

❏ 第 8 段：載入 tf.keras.applications.mobilenet.MobileNet 預訓練模型。weights 參數設定為 imagenet，include_top 參數設定為 False，input_shape 參數設定為 (224, 224, 3)。然後使用模型的 predict 方法進行特徵提取。

❏ 第 9 段：建立新的神經網路模型。前五層為圖像資料增廣層。第六層加入展平層，第七層加入密集層（神經元數量 1024），第八層加入密集層（神經元數量 512），第九層加入輸出層。

❏ 第 10 段：訓練及評估模型。

試題 0615

　　請使用 ResNet5 預訓練模型對 tensorflow_datasets 載入的 horses_or_humans 人或馬的圖像進行辨識。須採用 Extract Features 特徵提取法進行遷移學習，並搭配圖

像增廣功能來提高模型辨識力。訓練集正確率需大於 99%，測試集正確率需大於 99%。特徵資料需調整，標籤需單熱編碼。範例檔為 AI_0615.py，提示如下：

❑ 第 1 段：使用 tensorflow_datasets 套件的 load 函數載入 horses_or_humans 人或馬之圖像資料集。

❑ 第 2 段：隨機選取訓練集一筆資料，並顯示該序號起連續 6 張的圖像。

❑ 第 3 段：使用 tf.image.resize 調整圖片尺寸為 300×300。

❑ 第 4 段：使用 tf.keras.applications.resnet50.preprocess_input 輸入預處理函數調整特徵資料。

❑ 第 5 段：將標籤轉成單熱編碼。

❑ 第 6 段：建立批次（批次大小 32、不丟棄不足一批次者）。

❑ 第 7 段：擷取標籤資料（已轉成單熱編碼），以供模型訓練及評估之用。

❑ 第 8 段：載入 f.keras.applications.resnet.ResNet50 預訓練模型。weights 參數設定為 imagenet，include_top 參數設定為 False，input_shape 參數設定為 (300, 300, 3)。然後使用模型的 predict 方法進行特徵提取。

❑ 第 9 段：建立新的神經網路模型。前五層為圖像資料增廣層。第六層加入展平層，第七層加入密集層（神經元數量 512），第八層加入輸出層。

❑ 第 10 段：訓練及評估模型。

試題 0616

請使用 Xception 預訓練模型對 tensorflow_datasets 載入的 beans 豆類植物病蟲害圖像資料集進行辨識。訓練集有 1034 筆，測試集有 128 筆。須採用 fine tune the model 微調模型法進行遷移學習，訓練集正確率需大於 94%，驗證集正確率需大於 85%。特徵資料需調整，標籤需單熱編碼。範例檔為 AI_0616.py，提示如下：

❑ 第 1 段：使用 tensorflow_datasets 套件的 load 函數載入 beans 豆類植物病蟲害圖像資料集，並查看其資料量及標籤名稱等資訊，標籤名稱有 angular_leaf_spot 角斑病、bean_rust 銹病、healthy 健康等三種，其代號分別為 0、1、2。

❑ 第 2 段：隨機選取訓練集一筆資料，並顯示該序號起連續 12 張的圖像。

❏ 第3段：使用 tf.image.resize 調整圖片尺寸為 299×299。

❏ 第4段：使用 tf.keras.applications.xception.preprocess_input 輸入預處理函數調整特徵資料。

❏ 第5段：將標籤轉成單熱編碼。

❏ 第6段：建立批次（批次大小 256、不丟棄不足一批次者）。

❏ 第7段：載入 tf.keras.applications.xception.Xception 預訓練模型。weights 參數設定為 imagenet，include_top 參數設定為 False，input_shape 參數設定為 (299, 299, 3)。並使用 trainable 屬性凍結該等網路層。

❏ 第8段：建立新的神經網路模型。第一層加入前述載入的 Xception 模型的「卷積基底」，第二層加入展平層，第三層加入密集層（神經元數量 512），第四層加入輸出層。

❏ 第9段：訓練及評估模型。

試題 0617

同 0616，但改用 InceptionResNetV2 預訓練模型對 tensorflow_datasets 載入的 beans 豆類植物病蟲害圖像資料集進行辨識。須採用 fine tune the model 微調模型法進行遷移學習，訓練集正確率需大於 90%，驗證集正確率需大於 82%。特徵資料需調整，標籤需單熱編碼。範例檔為 AI_0617.py，提示如下：

❏ 第1、2、3、5、6、9段的提示請參考 0616。

❏ 第4段：使用 tf.keras.applications.inception_resnet_v2.preprocess_input 輸入預處理函數調整特徵資料。

❏ 第7段：載入 InceptionResNetV2 預訓練模型。weights 參數設定為 imagenet，include_top 參數設定為 False，input_shape 參數設定為 (299, 299, 3)。並使用 trainable 屬性凍結該等網路層。

❏ 第8段：建立新的神經網路模型。第一層加入前述載入的 InceptionResNetV2 模型的「卷積基底」，第二層加入展平層，第三層加入密集層（神經元數量 512），第四層加入輸出層。

試題 0618

同 0616，但改用 inception_v3 預訓練模型對 tensorflow_datasets 載入的 beans 豆類植物病蟲害圖像資料集進行辨識。須採用 fine tune the model 微調模型法進行遷移學習，訓練集正確率需大於 90%，驗證集正確率需大於 81%。特徵資料需調整，標籤需單熱編碼。範例檔為 AI_0618.py，提示如下：

❑ 第 1、2、3、5、6、9 段的提示請參考 0616。

❑ 第 4 段：使用 tf.keras.applications.inception_v3.preprocess_input 輸入預處理函數調整特徵資料。

❑ 第 7 段：載入 InceptionV3 預訓練模型。weights 參數設定為 imagenet，include_top 參數設定為 False，input_shape 參數設定為 (299, 299, 3)。並使用 trainable 屬性凍結該等網路層。

❑ 第 8 段：建立新的神經網路模型。第一層加入前述載入的 InceptionV3 模型的「卷積基底」，第二層加入展平層，第三層加入密集層（神經元數量 512），第四層加入輸出層。

試題 0619

同 0616，但改用 ResNet101 預訓練模型對 tensorflow_datasets 載入的 beans 豆類植物病蟲害圖像資料集進行辨識。須採用 fine tune the model 微調模型法進行遷移學習，訓練集正確率需大於 97%，驗證集正確率需大於 89%。特徵資料需調整，標籤需單熱編碼。範例檔為 AI_0619.py，提示如下：

❑ 第 1、2、5、6、9 段的提示請參考 0616。

❑ 第 3 段：使用 tf.image.resize 調整圖片尺寸為 224×224。

❑ 第 4 段：使用 tf.keras.applications.resnet.preprocess_input 輸入預處理函數調整特徵資料。

❑ 第 7 段：載入 ResNet101 預訓練模型。weights 參數設定為 imagenet，include_top 參數設定為 False，input_shape 參數設定為 (224, 224, 3)。並使用 trainable 屬性凍結該等網路層。

❑ 第 8 段：建立新的神經網路模型。第一層加入前述載入的 ResNet101 模型的「卷
積基底」，第二層加入展平層，第三層加入密集層（神經元數量 512），第四層加
入輸出層。

試題 0620

同 0616，但改用 ResNet152 預訓練模型對 tensorflow_datasets 載入的 beans 豆類
植物病蟲害圖像資料集進行辨識。須採用 fine tune the model 微調模型法進行遷移學
習，訓練集正確率需大於 97%，驗證集正確率需大於 92%。特徵資料需調整，標籤
需單熱編碼。範例檔為 AI_0620.py，提示如下：

❑ 第 1、2、5、6、9 段的提示請參考 0616。

❑ 第 3 段：使用 tf.image.resize 調整圖片尺寸為 224×224。

❑ 第 4 段：使用 tf.keras.applications.resnet.preprocess_input 輸入預處理函數調整特
徵資料。

❑ 第 7 段：載入 ResNet152 預訓練模型。weights 參數設定為 imagenet，include_top
參數設定為 False，input_shape 參數設定為 (224, 224, 3)。並使用 trainable 屬性凍
結該等網路層。

❑ 第 8 段：建立新的神經網路模型。第一層加入前述載入的 ResNet152 模型的「卷
積基底」，第二層加入展平層，第三層加入密集層（神經元數量 512），第四層加
入輸出層。

試題 0621

同 0616，但改用 ResNet50V2 預訓練模型對 tensorflow_datasets 載入的 beans 豆類
植物病蟲害圖像資料集進行辨識。須採用 fine tune the model 微調模型法進行遷移學
習，訓練集正確率需大於 97%，驗證集正確率需大於 85%。特徵資料需調整，標籤
需單熱編碼。範例檔為 AI_0621.py，提示如下：

❑ 第 1、2、5、6、9 段的提示請參考 0616。

❑ 第 3 段：使用 tf.image.resize 調整圖片尺寸為 224×224。

❑ 第 4 段：使用 tf.keras.applications.resnet_v2.preprocess_input 輸入預處理函數調整特徵資料。

❑ 第 7 段：載入 ResNet50V2 預訓練模型。weights 參數設定為 imagenet，include_top 參數設定為 False，input_shape 參數設定為 (224, 224, 3)。並使用 trainable 屬性凍結該等網路層。

❑ 第 8 段：建立新的神經網路模型。第一層加入前述載入的 ResNet50V2 模型的「卷積基底」，第二層加入展平層，第三層加入密集層（神經元數量 512），第四層加入輸出層。

試題 0622

同 0616，但改用 ResNet101V2 預訓練模型對 tensorflow_datasets 載入的 beans 豆類植物病蟲害圖像資料集進行辨識。須採用 fine tune the model 微調模型法進行遷移學習，訓練集正確率需大於 97%，驗證集正確率需大於 85%。特徵資料需調整，標籤需單熱編碼。範例檔為 AI_0622.py，提示如下：

❑ 第 1、2、5、6、9 段的提示請參考 0616。

❑ 第 3 段：使用 tf.image.resize 調整圖片尺寸為 224×224。

❑ 第 4 段：使用 tf.keras.applications.resnet_v2.preprocess_input 輸入預處理函數調整特徵資料。

❑ 第 7 段：載入 ResNet101V2 預訓練模型。weights 參數設定為 imagenet，include_top 參數設定為 False，input_shape 參數設定為 (224, 224, 3)。並使用 trainable 屬性凍結該等網路層。

❑ 第 8 段：建立新的神經網路模型。第一層加入前述載入的 ResNet101V2 模型的「卷積基底」，第二層加入展平層，第三層加入密集層（神經元數量 512），第四層加入輸出層。

試題 0623

同 0616，但改用 ResNet152V2 預訓練模型對 tensorflow_datasets 載入的 beans 豆類植物病蟲害圖像資料集進行辨識。須採用 fine tune the model 微調模型法進行遷移

學習，訓練集正確率需大於 94%，驗證集正確率需大於 84%。特徵資料需調整，標籤需單熱編碼。範例檔為 AI_0623.py，提示如下：

❏ 第 1、2、5、6、9 段的提示請參考 0616。

❏ 第 3 段：使用 tf.image.resize 調整圖片尺寸為 224×224。

❏ 第 4 段：使用 tf.keras.applications.resnet_v2.preprocess_input 輸入預處理函數調整特徵資料。

❏ 第 7 段：載入 ResNet152V2 預訓練模型。weights 參數設定為 imagenet，include_top 參數設定為 False，input_shape 參數設定為 (224, 224, 3)。並使用 trainable 屬性凍結該等網路層。

❏ 第 8 段：建立新的神經網路模型。第一層加入前述載入的 ResNet152V2 模型的「卷積基底」，第二層加入展平層，第三層加入密集層（神經元數量 512），第四層加入輸出層。

試題 0624

同 0616，但改用 MobileNetV2 預訓練模型對 tensorflow_datasets 載入的 beans 豆類植物病蟲害圖像資料集進行辨識。須採用 fine tune the model 微調模型法進行遷移學習，訓練集正確率需大於 92%，驗證集正確率需大於 88%。特徵資料需調整，標籤需單熱編碼。範例檔為 AI_0624.py，提示如下：

❏ 第 1、2、5、6、9 段的提示請參考 0616。

❏ 第 3 段：使用 tf.image.resize 調整圖片尺寸為 224×224。

❏ 第 4 段：使用 tf.keras.applications.mobilenet_v2.preprocess_input 輸入預處理函數調整特徵資料。

❏ 第 7 段：載入 MobileNetV2 預訓練模型。weights 參數設定為 imagenet，include_top 參數設定為 False，input_shape 參數設定為 (224, 224, 3)。並使用 trainable 屬性凍結該等網路層。

❏ 第 8 段：建立新的神經網路模型。第一層加入前述載入的 MobileNetV2 模型的「卷積基底」，第二層加入展平層，第三層加入密集層（神經元數量 512），第四層加入輸出層。

試題 0625

同 0616，但改用 MobileNetV3Large 預訓練模型對 tensorflow_datasets 載入的 beans 豆類植物病蟲害圖像資料集進行辨識。須採用 fine tune the model 微調模型法進行遷移學習，訓練集正確率需大 98%，驗證集正確率需大於 92%。特徵資料需調整，標籤需單熱編碼。範例檔為 AI_0625.py，提示如下：

❏ 第 1、2、5、6、9 段的提示請參考 0616。

❏ 第 3 段：使用 tf.image.resize 調整圖片尺寸為 224×224。

❏ 第 4 段：使用 tf.keras.applications.mobilenet_v3.preprocess_input 輸入預處理函數調整特徵資料。

❏ 第 7 段：載入 MobileNetV3Large 預訓練模型。weights 參數設定為 imagenet，include_top 參數設定為 False，input_shape 參數設定為 (224, 224, 3)。並使用 trainable 屬性凍結該等網路層。

❏ 第 8 段：建立新的神經網路模型。第一層加入前述載入的 MobileNetV3Large 模型的「卷積基底」，第二層加入展平層，第三層加入密集層（神經元數量 512），第四層加入輸出層。

試題 0626

同 0616，但改用 MobileNetV3Small 預訓練模型對 tensorflow_datasets 載入的 beans 豆類植物病蟲害圖像資料集進行辨識。須採用 fine tune the model 微調模型法進行遷移學習，訓練集正確率需大 90%，驗證集正確率需大於 89%。特徵資料需調整，標籤需單熱編碼。範例檔為 AI_0626.py，提示如下：

❏ 第 1、2、5、6、9 段的提示請參考 0616。

❏ 第 3 段：使用 tf.image.resize 調整圖片尺寸為 224×224。

❏ 第 4 段：使用 tf.keras.applications.mobilenet_v3.preprocess_input 輸入預處理函數調整特徵資料。

❏ 第 7 段：載入 MobileNetV3Small 預訓練模型。weights 參數設定為 imagenet，include_top 參數設定為 False，input_shape 參數設定為 (224, 224, 3)。並使用 trainable 屬性凍結該等網路層。

❏ 第8段：建立新的神經網路模型。第一層加入前述載入的 MobileNetV3Small 模型的「卷積基底」，第二層加入展平層，第三層加入密集層（神經元數量512），第四層加入輸出層。

試題 0627

同0616，但改用 DenseNet169 預訓練模型對 tensorflow_datasets 載入的 beans 豆類植物病蟲害圖像資料集進行辨識。須採用 fine tune the model 微調模型法進行遷移學習，訓練集正確率需大94%，驗證集正確率需大於92%。特徵資料需調整，標籤需單熱編碼。範例檔為 AI_0627.py，提示如下：

❏ 第1、2、5、6、9段的提示請參考0616。

❏ 第3段：使用 tf.image.resize 調整圖片尺寸為 224×224。

❏ 第4段：使用 tf.keras.applications.densenet.preprocess_input 輸入預處理函數調整特徵資料。

❏ 第7段：載入 DenseNet169 預訓練模型。weights 參數設定為 imagenet，include_top 參數設定為 False，input_shape 參數設定為 (224, 224, 3)。並使用 trainable 屬性凍結該等網路層。

❏ 第8段：建立新的神經網路模型。第一層加入前述載入的 DenseNet169 模型的「卷積基底」，第二層加入展平層，第三層加入密集層（神經元數量512），第四層加入輸出層。

試題 0628

同0616，但改用 DenseNet121 預訓練模型對 tensorflow_datasets 載入的 beans 豆類植物病蟲害圖像資料集進行辨識。須採用 fine tune the model 微調模型法進行遷移學習，訓練集正確率需大92%，驗證集正確率需大於91%。特徵資料需調整，標籤需單熱編碼。範例檔為 AI_0628.py，提示如下：

❏ 第1、2、5、6、9段的提示請參考0616。

❏ 第3段：使用 tf.image.resize 調整圖片尺寸為 224×224。

❑ 第 4 段：使用 tf.keras.applications.densenet.preprocess_input 輸入預處理函數調整特徵資料。

❑ 第 7 段：載入 DenseNet121 預訓練模型。weights 參數設定為 imagenet，include_top 參數設定為 False，input_shape 參數設定為 (224, 224, 3)。並使用 trainable 屬性凍結該等網路層。

❑ 第 8 段：建立新的神經網路模型。第一層加入前述載入的 DenseNet121 模型的「卷積基底」，第二層加入展平層，第三層加入密集層（神經元數量 512），第四層加入輸出層。

試題 0629

同 0616，但改用 NASNetMobile 預訓練模型對 tensorflow_datasets 載入的 beans 豆類植物病蟲害圖像資料集進行辨識。須採用 fine tune the model 微調模型法進行遷移學習，訓練集正確率需大 82%，驗證集正確率需大於 78%。特徵資料需調整，標籤需單熱編碼。範例檔為 AI_0629.py，提示如下：

❑ 第 1、2、5、6、9 段的提示請參考 0616。

❑ 第 3 段：使用 tf.image.resize 調整圖片尺寸為 224×224。

❑ 第 4 段：使用 tf.keras.applications.nasnet.preprocess_input 輸入預處理函數調整特徵資料。

❑ 第 7 段： 載 入 NASNetMobile 預訓練模型。weights 參數設定為 imagenet，include_top 參數設定為 False，input_shape 參數設定為 (224, 224, 3)。並使用 trainable 屬性凍結該等網路層。

❑ 第 8 段：建立新的神經網路模型。第一層加入前述載入的 NASNetMobile 模型的「卷積基底」，第二層加入展平層，第三層加入密集層（神經元數量 512），第四層加入輸出層。

試題 0630

請使用 VGG16 預訓練模型對 seg_pred 六種風景圖像（jpg 檔）進行辨識。須採用 fine tune the model 微調模型法進行遷移學習，訓練集正確率需大於 95%，驗證集正

確率需大於 89%。特徵資料需調整，標籤需單熱編碼。範例檔為 AI_0630.py，提示如下：

❏ 第 0 段：圖檔取得方式請見範例檔 AI_0630.py 開頭處之說明。訓練集有 14034 張圖片，驗證集有 3000 張圖片，分成六大類，每一類一個子資料夾，子資料夾名稱分別為 buildings 建築、forest 森林、glacier 冰川、mountain 山脈、sea 海洋、street 街道。

❏ 第 1 段：使用 image_dataset_from_directory 函數讀取圖檔。color_mode 色彩模式為 rgb，image_size 圖片尺寸為 150×150。

❏ 第 2 段：隨機選取訓練集一筆資料，並顯示該序號起連續 12 張的圖像。

❏ 第 3 段：使用 tf.image.resize 調整圖片尺寸為 150×150。

❏ 第 4 段：使用 tf.keras.applications.vgg16.preprocess_input 輸入預處理函數調整特徵資料。

❏ 第 5 段：將標籤轉成單熱編碼。

❏ 第 6 段：建立批次（批次大小 256、不丟棄不足一批次者）。

❏ 第 7 段：載入 tf.keras.applications.vgg16.VGG16 預訓練模型。weights 參數設定為 imagenet，include_top 參數設定為 False，input_shape 參數設定為 (150, 150, 3)。然後使用 trainable 屬性凍結該等網路層。

❏ 第 8 段：建立新的神經網路模型。第一層加入前述載入的 VGG16 模型的「卷積基底」，第二層加入二維全域平均池化層（等同展平層），第三層加入密集層（神經元數量 512），第四層加入輸出層。

❏ 第 9 段：訓練及評估模型。

試題 0631

請使用 MobileNetV2 預訓練模型對 100 種運動之圖像（jpg 檔）進行辨識。須採用 fine tune the model 微調模型法進行遷移學習，訓練集正確率需大於 93%、驗證集正確率需大於 90%、測試集正確率需大於 91%。特徵資料需調整，標籤需單熱編碼。範例檔為 AI_0631.py，提示如下：

❑ 第 0 段：圖檔取得方式請見範例檔 AI_0631.py 開頭處之說明。

❑ 第 1 段：使用 image_dataset_from_directory 函數讀取圖檔。color_mode 色彩模式為 rgb，image_size 圖片尺寸為 224×224。

❑ 第 2 段：隨機選取訓練集一筆資料，並顯示該序號起連續 12 張的圖像。

❑ 第 3 段：使用 tf.image.resize 調整圖片尺寸為 224×224。

❑ 第 4 段：使用 tf.keras.applications.mobilenet_v2.preprocess_input 輸入預處理函數調整特徵資料。

❑ 第 5 段：將標籤轉成單熱編碼。

❑ 第 6 段：建立批次（批次大小 256、不丟棄不足一批次者）。

❑ 第 7 段：載入 MobileNetV2 預訓練模型。weights 參數設定為 imagenet，include_top 參數設定為 False，input_shape 參數設定為 (224, 224, 3)。並使用 trainable 屬性凍結該等網路層。

❑ 第 8 段：建立新的神經網路模型。第一層加入前述載入的 MobileNetV2 模型的「卷積基底」，第二層加入二維全域平均池化層（等同展平層），第三層加入密集層（神經元數量 512），第四層加入輸出層。

❑ 第 9 段：訓練及評估模型。

試題 0632

請使用 Xception 預訓練模型對 5 種瑜珈姿勢之圖像（jpg 檔）進行辨識。須採用 Extract Features 特徵提取法進行遷移學習，不分訓練集與測試集，正確率需大於 86%。特徵資料需調整，標籤需單熱編碼。範例檔為 AI_0632.py，提示如下：

❑ 第 0 段：圖檔取得方式請見範例檔 AI_0632.py 開頭處之說明。資料集有 1988 張圖片，分成 5 種姿勢（Downdog 下犬式、Goddess 女神式、Plank 平板式、Tree 樹式、Warrior2 戰士二式），每一種姿勢一個子資料夾。

❑ 第 1 段：使用 image_dataset_from_directory 函數讀取圖檔。color_mode 色彩模式為 rgb，image_size 圖片尺寸為 240×240。

❑ 第 2 段：隨機選取訓練集一筆資料，並顯示該序號起連續 12 張的圖像。

❑ 第 3 段：使用 tf.image.resize 調整圖片尺寸為 240×240。

❑ 第 4 段：使用 tf.keras.applications.xception.preprocess_input 輸入預處理函數調整特徵資料。

❑ 第 5 段：將標籤轉成單熱編碼。

❑ 第 6 段：建立批次（批次大小 32、不丟棄不足一批次者）。

❑ 第 7 段：擷取標籤資料（已轉成單熱編碼），以供模型訓練及評估之用。

❑ 第 8 段：載入 Xception 預訓練模型。weights 參數設定為 imagenet，include_top 參數設定為 False，input_shape 參數設定為 (240, 240, 3)。然後使用模型的 predict 方法進行特徵提取。

❑ 第 9 段：建立新的神經網路模型。第一層加入二維全域平均池化層（等同展平層），第二層為密集層（神經元數量 512），第三層為輸出層。

❑ 第 10 段：訓練及評估模型。

試題 0633

請使用 MobileNet 預訓練模型來辨識 tensorflow_datasets 的 oxford_iiit_pet 牛津大學寵物圖像。須採用 fine tune the model 微調模型法進行遷移學習，訓練集正確率需大於 97%、測試集正確率需大於 85%。特徵資料需調整，標籤需單熱編碼。範例檔為 AI_0633.py，提示如下：

❑ 第 1 段：使用 tensorflow_datasets 套件的 load 函數載入 oxford_iiit_pet 牛津大學寵物圖像資料集（狗 25 種，貓 12 種，共計 37 種）。訓練集 3680 筆，測試集 3669 筆。

❑ 第 2 段：隨機選取訓練集一筆資料，並顯示該序號起連續 12 張的圖像。

❑ 第 3 段：使用 tf.image.resize 調整圖片尺寸為 224×224。

❑ 第 4 段：使用 tf.keras.applications.mobilenet.preprocess_input 輸入預處理函數調整特徵資料。

❑ 第 5 段：將標籤轉成單熱編碼。

❑ 第 6 段：建立批次（批次大小 256、不丟棄不足一批次者）。

❏ 第 7 段：載入 MobileNet 預訓練模型。weights 參數設定為 imagenet，include_top 參數設定為 False，input_shape 參數設定為 (224, 224, 3)。並使用 trainable 屬性凍結該等網路層。

❏ 第 8 段：建立新的神經網路模型。第一層加入前述載入的 MobileNet 模型的「卷積基底」，第二層加入二維全域平均池化層（等同展平層），第三層加入密集層（神經元數量 512），第四層加入輸出層。

❏ 第 9 段：訓練及評估模型。

試題 0634

請使用 InceptionV3 預訓練模型來辨識 tensorflow_datasets 的 caltech_birds2010 加州理工學院 2010 年鳥類圖像資料集。須採用 fine tune the model 微調模型法進行遷移學習，訓練集正確率需大於 67%、測試集正確率需大於 38%。特徵資料需調整，標籤需單熱編碼。範例檔為 AI_0634.py，提示如下：

❏ 第 1 段：使用 tensorflow_datasets 套件的 load 函數載入 caltech_birds2010 加州理工學院 2010 年鳥類圖像資料集（200 種鳥類）。訓練集 3000 筆，測試集 3033 筆。

❏ 第 2 段：隨機選取訓練集一筆資料，並顯示該序號起連續 12 張的圖像。

❏ 第 3 段：使用 tf.image.resize 調整圖片尺寸為 299×299。

❏ 第 4 段：使用 tf.keras.applications.inception_v3.preprocess_input 輸入預處理函數調整特徵資料。

❏ 第 5 段：將標籤轉成單熱編碼。

❏ 第 6 段：建立批次（批次大小 256、不丟棄不足一批次者）。

❏ 第 7 段：載入 InceptionV3 預訓練模型。weights 參數設定為 imagenet，include_top 參數設定為 False，input_shape 參數設定為 (299, 299, 3)。並使用 trainable 屬性凍結該等網路層。

❏ 第 8 段：建立新的神經網路模型。第一層加入前述載入的 InceptionV3 模型的「卷積基底」，第二層加入二維全域平均池化層（等同展平層），第三層加入密集層（神經元數量 512），第四層加入輸出層。

❏ 第 9 段：訓練及評估模型。

試題 0635

　同 0634，使 用 InceptionV3 預 訓 練 模 型 來 辨 識 tensorflow_datasets 的 caltech_birds2010 加州理工學院 2010 年鳥類圖像資料集，但改用 Extract Features 特徵提取法進行遷移學習，訓練集正確率需大於 95%、測試集正確率需大於 46%。特徵資料需調整，標籤需單熱編碼。範例檔為 AI_0635.py，提示如下：

❏ 第 1、2、3、4、5、6 段的提示請參考 0634。

❏ 第 7 段：擷取標籤資料（已轉成單熱編碼），以供模型訓練及評估之用。

❏ 第 8 段：載入 InceptionV3 預訓練模型。weights 參數設定為 imagenet，include_top 參數設定為 False，input_shape 參數設定為 (299, 299, 3)。然後使用模型的 predict 方法進行特徵提取。

❏ 第 9 段：建立新的神經網路模型。第一層加入二維全域平均池化層（等同展平層），第二層為密集層（神經元數量 512），第三層為輸出層。

❏ 第 10 段：訓練及評估模型。

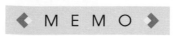

07
CHAPTER

時間數列預測

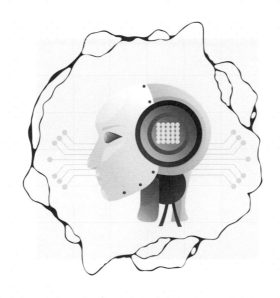

7.1 時間數列的類型

7.2 時間數列預測法

7.3 時間數列預測步驟

7.4 時間步與時間數列之切割

7.5 循環神經網路的模式

7.6 循環神經網路之原理

7.7 循環神經網路的關鍵參數

Time Series 時間數列（或稱時間序列）是按照時間發生的先後順序所排列的一組數據；通常該數列的時間間隔是相同的，例如每隔 1 秒（或 1 天或 1 年）一個數據。舉例來說，每天的氣溫、每周的銷售金額、每月的旅客人數、每年的消費者物價指數等數據及其發生時點所組成的有序排列都是時間數列。

　　通常時間數數列上各個時間點的數量（或金額）是不同的，以圖形來表示則會是一條高低起伏的線條（如圖 7-1），研究其差異原因有助於決策之制定（包括銷售策略之調整及營業預算之編制等），故時間數列之研究重點在於差異分析及預測。預測是一件非常重要而困難的工作，本章的重點就是如何運用神經網路模型來達成 Time series forecasting 時間數列預測。

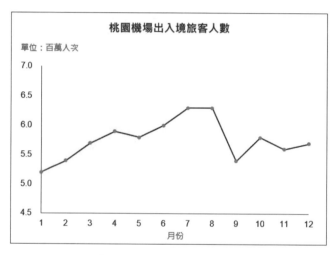

│ 圖 7-1　時間數列趨勢圖

7.1　時間數列的類型

　　時間數列可依照變量的多寡分為下列兩種：

❏ Univariate Time Series 單變量時間數列：是指同一時間點上只有一個變量的數列，如圖 7-2 上半部的股票價格（連續五天台積電股票的收盤價格）。

❏ Multivariate time series 多變量時間數列：是指同一時間點上有多個變量的數列，
如圖 7-2 下半部的空氣品質指標（某地區連續七天的 Air Quality Index）。空氣汙
染程度會受到同時點的氣壓、氣溫、風速、降雨量等多種因素（多變量）的影響，
故使用時間數列資料進行預測時，須同時考量多個相關因素（多個變量）。

單變量時間數列

日期	2022/03/08	2022/03/09	2022/03/10	2022/03/11	2022/03/12
收盤價	561	567	581	574	562

多變量時間數列

日期	氣壓	氣溫	風速	降雨量	空品指標 AQI
2022/12/01	1,018.7	24.3	2.4	11.5	97
2022/12/02	1,019.3	23.6	1.8	7.0	104
2022/12/03	1,018.1	24.0	2.0	0.0	130
2022/12/04	1,015.9	25.0	1.9	0.0	123
2022/12/05	1,015.5	25.9	2.0	1.5	133
2022/12/06	1,017.1	23.8	1.8	0.0	120
2022/12/07	1,016.1	23.9	1.9	0.0	146

▎圖 7-2　單變量與多變量時間數列

　　本章之重點在時間數列之預測，預測之期數可長可短，例如預測下一個年度的
銷售金額，或預測未來五年每一年的旅客人數。預測期越長會越困難，因為會面臨
越多難以掌控的因素而影響預測正確率。以預測期之長短來劃分預測模式，可分為
「多對一」及「多對多」兩大類，前者是以過去多期的資料來預測未來一期的狀況，
後者則是以過去多期的資料來預測未來多期的狀況。

　　兩類時間數列加上兩種預測期，可衍生出四大預測模式，即「單變量多對一」、
「單變量多對多」、「多變量多對一」、「多變量多對多」，本章稍後會以實例來說
明此四大模式的預測方法。

7.2 時間數列預測法

　　所謂「時間數列預測法」是根據過去已發生的時間數列資料，推估未來若干期內可能的狀況（可能達到的水準），例如以台積電股票過去 30 個交易日的收盤價格，預估未來一周的股價，以桃園機場過去 10 年每月出入境人數，預估下年度每月的旅客數等。

　　時間數列預測法很早就被發展出來，它們以統計學原理作為預測基礎，可稱為「傳統預測法」，例如 Auto Regressive Integrated Moving Average 自迴歸整合移動平均（簡稱 ARIMA）、Exponentially Weighted Moving Average 指數加權移動平均（簡稱 EWMA）、Holt-Winters Three Order Exponential Smoothing 霍爾特溫特三次指數平滑法等。近年則以「類神經網路預測法」為主流，使用各種 RNN 循環神經網路模型為主要預測工具。

　　「傳統預測法」解構時間數列元素而產生不同的模型，它們將時間數列分為 Trend 趨勢、Seasonal 季節、Cycle 循環（周期）、Irregular 不規則項（隨機波動）等四個部分。

❏ 「趨勢」是指數據在一段時間逐漸上揚或下降的傾向。例如我國出生率有逐年下滑的趨勢、平均壽命則有逐年增加的趨勢。

❏ 「季節」是指數據的上揚或下降傾向在一定期間會反覆呈現。例如暑假旅遊人數、年底出口金額、夏天冰品或冬天火鍋的銷售量都會隨季節之變動而增減。

❏ 「循環」或稱為「周期」是指數據每隔幾年會重複發生，亦稱為循環變動。例如經濟景氣的循環變動（成長及衰退）。「循環」通常指大於一年的長時間循環變動，「季節」則是指短時間的規律變動。

❏ 「不規則項」或稱為「隨機波動」是指數據的發生是受到偶然（非常態）因素之影響，此類數據佔比越大，預測就越困難。

　　「傳統預測法」有清晰的理論基礎，但對於非線性系統較難適用，而且事前需要花大量的功夫去研判數列的各種特性，對於多變量數列的解法也有限。「類神經網路預測法」則具有建構非線性模型的能力，適用範圍較廣，但需要大量的訓練資

料，並進行資料預處理，訓練過程需要較多的硬體資源與時間，而且預測結果較難解釋。兩種方法各有優缺點，至於孰優孰劣（誤差大小）則需視個案而定。

> **說明** Linear 線性關係是指量與量之間按比例、成直線的關係。例如一次函數 y=ax+b，其圖形為一直線。若變數之間的數學關係不是直線而是曲線、曲面、或不確定的屬性，則為 Non-Linear 非線性關係，例如 $y=ax^3+bx+c$。

7.3 時間數列預測步驟

時間數列預測之步驟大致如下 7 個，其中標準化（或正規化）視需要而定，並非每一種機器學習都需要，相關的說明請見附錄 A 的問答集 QA_21。比較特別的是要作時間數列的切割，下一節會作詳細的說明，我們先以實際範例來說明時間數列之預測。

1. 讀取資料（通常為 csv 或 xlsx 等格式的檔案）。

2. 擷取所需資料（包括刪除空值資料等）。

3. 資料標準化或正規化（歸一化）。

4. 切割時間數列，並劃分自變數與因變數（目標）。

5. 建立類神經網路模型（使用循環網路層）。

6. 模型訓練及績效評估。

7. 未來期之預測，並反轉（逆變換）預測值。

請先開啟本書隨附範例檔「Prg_0701_時間數列預測範例之一 .py」（位於 Z_Example 資料夾），表 7-1 是其摘要程式。範例檔第 1 段讀取 Number of air passengers in Taiwan_Train Set.xlsx，該檔為台灣 2008 ～ 2018 年的出入境人數資料，每一個月一筆資料，共計 132 筆，是一個單變量的時間數列。本例使用前 12 個月的資料預測下 1 個月的出入境人數，例如第 1 ～ 12 月資料預估第 13 月（次年 1 月）的出入境人數，第 2 ～ 13 月資料預估第 14 月（次年 2 月）的出入境人數，餘類推。

▌表 7-1 程式碼:時間數列預估範例之一

01	Temp_data=np.array(Temp_data)
02	time_step=12
03	Temp_X, Temp_Y = [],[]
04	for i in range(len(Temp_data)-time_step):
05	data_slice=Temp_data[i:(i+time_step), 0]
06	Temp_X.append(data_slice)
07	Temp_Y.append(Temp_data[i + time_step, 0])
08	
09	Train_X=np.reshape(Data_X, (-1, time_step, 1))
10	
11	MyModel.add(tf.keras.layers.LSTM(units=32,
12	input_shape=(Train_X.shape[1], Train_X.shape[2]),
13	activation='relu', recurrent_activation='sigmoid',
14	return_sequences=False))
15	MyModel.add(tf.keras.layers.Dense(units=1, activation=None))
16	
17	Test_set=Temp_data[len(Temp_data)-time_step:len(Temp_data)]
18	Test_set=np.reshape(Test_set, (1, Train_X.shape[1], Train_X.shape[2]))
19	
20	List_Result=[]
21	for i in range(0, 12):
22	Y_pred=My_BestModel.predict(Test_set)
23	List_Result.append(Y_pred[0][0])
24	List_Test=list(Test_set.ravel())
25	List_Test=List_Test[1:]
26	List_Test.append(List_Result[-1])
27	Test_set=np.reshape(np.array(List_Test),
28	(1, Train_X.shape[1], Train_X.shape[2]))

第 2 段程式執行時間數列的切割，這是時間數列資料處理的特色，程式如表 7-1 的第 2 ～ 7 列，下一節再作詳細的說明。第 3 段將自變數形狀轉成三維陣列，以符合模型輸入資料的要求，程式如表 7-1 的第 9 列，先將切割出來的自變數 Temp_X 之格式由串列轉成陣列，然後使用 reshape 函數將二維陣列轉成三維陣列，括號內 3 個參數值依序代表「樣本數、時間步、特徵」，樣本數就是資料量，本例設定為 -1，由系統自行計算，時間步是指自變數切割長度（詳述下一節），本例為 12，特徵是指時間數列的變量，本例是單變量時間數列，故其參數值為 1。

範例檔第 4 段建構神經網路模型，程式如表 7-1 的第 11 ～ 15 列，因為時間數列屬於序列型資料，使用循環網路層會有較佳的績效，故本例使用 LSTM 長短期記憶層，本章稍後會更深入地解析此類網路層（包括其原理及參數之設定），至於網路模型的訓練及儲存，則與其他案例相同。使用 Sequential 類別建構順序型模型，其第一層（輸入層）必須使用 input_shape 輸入形狀參數指定輸入資料的形狀，該參數有兩個參數值需指定，第一個參數指定輸入資料的 Time Steps 時間步（本例為 12），第二個參數指定輸入資料的特徵數（變量，本例為 1），亦即指定輸入資料之形狀的第 2 及第 3 個參數值，本例為 Train_X.shape[1] 及 Train_X.shape[2]，如表 7-1 的第 12 列，輸入資料的樣本數（資料量）無需指定。此外，需注意 return_sequences 參數的設定方式，若設為 True，則傳回整個序列，也就是傳回時間步每一個時點的輸出值（通常用於多變量時間數列之預測），若設為 False，則傳回輸出列的最後一值（通常用於單變量時間數列之預測），後續章節會有更多的說明。模型最後一層（輸出層）神經元的數量需與變量相同，本例為 1。

範例檔第 5 段評估模型績效。第 6 段讀取 Number of air passengers in Taiwan_Test Set.xlsx 測試集資料，它是 2019 年的出入境人數資料，讀取它的目的只是作為比較之用，因為稍後我們要用訓練好的神經網路模型來預估，看看預估出來的數字是否與實際值相近。

神經網路模型訓練完成之後，要如何利用該模型來進行預測呢？坊間相關書籍與網路文章多未探討，雖然認證考試不會列入考題，但卻是解決實務問題的關鍵，所以本書占用些許篇幅來說明一下。相關程式請見範例檔第 7 段或表 7-1 的第 17 ～ 28 列。我們要預測未來一年（12 期）的出入境人數，首先擷取 Number of air passengers in Taiwan_Train Set.xlsx 訓練集最後 12 個月的資料，因為我們要以該期

間的資料作基礎，以便預測下一個月，也就是 2019 年 1 月的出入境人數，程式如表 7-1 的第 17 列，使用中括號切片法擷取 Temp_data 訓練集最後 12 個資料，起始序號為訓練集的長度減時間步長，亦即 132-12=120，終止序號為訓練集的長度 132，亦即以 [120:132] 作為訓練集之下標，即可擷取訓練集的最後 12 個資料。擷取之後需轉成三維陣列，以符合模型輸入資料的要求，程式如表 7-1 的第 18 列，使用 reshape 函數將二維陣列轉成三維陣列，括號內 3 個參數值依序代表「樣本數、時間步、特徵」，本例分別為 1、12、1。

　　隨後我們使用 for 迴圈，逐一產生未來 12 個月各月份的預測數，先建立 List_Result 空串列，以便儲存預測結果（第 20 列）。迴圈內第 1 列之 predict 函數根據 Test_set 訓練集最後 12 個資料，來產生第 13 個月的預測數，因為丟入模型的訓練集之結構就是多對一（自變數 12 個、因變數 1 個），所以模型 predict 之輸出亦為 1 個（第 22 列）。因為預測結果 Y_pred 的資料格式為二維陣列，故先使用中括號切片法轉成浮點數，再併入暫存串列 List_Result（第 23 列）。

　　第 13 個月的預測基礎是訓練集最後 12 個資料，第 14 個月的預測基礎則是訓練集最後 11 個資料加上第 13 個月的預測數（第一個預測數），第 15 個月的預測基礎則是訓練集最後 10 個資料加上第 13 ～ 14 個月的預測數（第一及第二個預測數），第 16 個月的預測基礎則是訓練集最後 9 個資料加上第 13 ～ 15 個月的預測數（第一～第三個預測數），餘類推。每一個預測基礎的長度都是相同的（與時間步長相同），本例為 12。這個處理過程的程式請見表 7-1 的第 24 ～ 28 列。首先使用 ravel 函數將二維陣列降為一維陣列，然後轉成串列，本例取名 List_Test（第 24 列）。然後使用中括號切片法擷取暫存串列 List_Test 的後面 11 個元素，亦即去除第一個元素（第 25 列）。然後併入 List_Result 暫存串列最後一個元素，該元素為最新一期的預測值（第 26 列）。隨後將串列轉成陣列，並使用 reshape 函數將其成三維陣列，括號內 3 個參數值依序代表「樣本數、時間步、特徵」，本例分別為 1、12、1，以符合模型的輸入需求，這個新的預測基礎 Test_set 會在下一迴圈丟入模型，以產生下一期的預測數（第 27 ～ 28 列）。

　　範例檔第 7 段末尾（7-2 節）可將預測結果匯出為 Excel 檔（實際數與預測數並列），為節省篇幅，本書不贅述，請自行參考該檔之程式。範例檔第 8 段使用 sklearn 套件計算三種預測誤差，包括 MSE 均方誤差、MAE 平均絕對誤差、MAPE

平均絕對百分比誤差，以便了解模型的預測績效。有關誤差計算之詳細說明請見附錄 A 的問答集 QA_18 及 QA_19。

7.4 時間步與時間數列之切割

時間數列是一序列隨時間而變化的資料，沒有自變數（特徵）與因變數（標籤）的區分，無法以 Supervised learning 監督式學習的方式來訓練模型，故須將時間數列切割為若干個區間，以便產生監督式學習所需的二元組資料。

時間數列的切割方式有多種（稍後會詳述），圖 7-3 是其中的一種，該數列有 12 個資料，我們以每 3 個資料作為一組，每一組間隔 1 個資料。第 1 ～ 3 個資料作為第一組自變數（特徵），第 4 個資料作為第一組因變數（標籤）。第 2 ～ 4 個資料作為第二組自變數（特徵），第 5 個資料作為第二組因變數（標籤），餘類推。

在程式中，我們可一次切割 4 個連續的資料（例如第 1 ～ 4 個），然後將其中前 3 個資料劃歸自變數（特徵），最後 1 個劃歸因變數（標籤）。如此，即可切割出多組的資料來訓練神經網路模型，不但合乎監督式學習的要求，也可增加資料的泛化性。

將時間數列劃分為若干個等長的區間，每個區間的長度就是所謂的 Time Steps 時間步（或稱時間步長）。以前述的例子而言，每個區間的長度（自變數的長度）都是 3，故時間步為 3。如果我們要使用 4 個月的資料來預測下一個月的狀況，則須將連續 4 個月的資料劃為一個區間作為自變數，其時間步為 4。如果我們要使用 12 個月的資料來預測下一個月（第 13 個月）的狀況，則須將連續 12 個月的資料劃為一個區間作為自變數，其時間步為 12，餘類推。

圖 7-3 是將每 3 個觀測值劃作一個區間（時間步 =3），每個區間的起始值遞延一個時間點（亦稱為 shift 位移量），故可用下列公式計算切割出來的組數：

可切割組數＝時間數列資料量－時間步

本例為 12 － 3 ＝ 9（可切割出 9 組資料）

前述案例是將每個區間的下一個時點之值作為因變數（標籤），亦即每個區間的起始值遞延一個時間點，但亦可遞延一個以上的時點。另外，前述案例的因變數（標籤）只有一個，但亦可有多個。故實務上，有多種切割方式，不同切割方式會對模型績效產生不同的影響。圖 7-3 是單變量時間數列的切割示意圖，至於多變量時間數列的切割原理是相同的，我們稍後再以實例來說明。

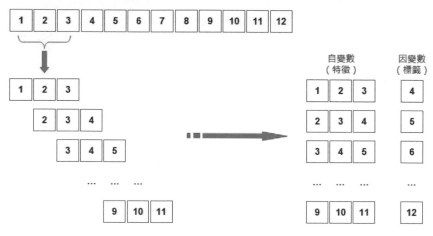

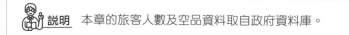
圖 7-3　時間數列切割示意圖

7.4.1　切割方式 1

接下來我們以實例來說明時間數列的切割方法，請開啟 Z_Example 資料夾內的範例檔「Prg_0702_時間數列切割範例之一 .py」，表 7-2 是其摘要程式。本程式示範如何切割時間數列，資料檔為「Number of air passengers in Taiwan_Train Set.xlsx」，是 2008 年 1 月至 2018 年 12 月台灣入出境航空旅客資料，每月一筆，共計 132 筆，屬於單變量的時間數列，詳細內容請見「0700_時間數列切割解析 .xlsx」的 A00 工作表。因為本例要利用前 12 個月的資料來預測當月資料，例如第 1 ～ 12 月的資料預測第 13 個月的人數，第 2 ～ 13 月的資料預測第 14 個月的人數，餘類推，故屬於「單變量多對一」的模式。

> 說明　本章的旅客人數及空品資料取自政府資料庫。

▌表 7-2　程式碼：時間數列切割範例之一

01	Temp_data=np.array(Temp_data)
02	time_step=12
03	Temp_X, Temp_Y = [],[]
04	M_stop=len(Temp_data)-time_step
05	for i in range(0, M_stop):
06	data_slice=Temp_data[i:(i+time_step), 0]
07	Temp_X.append(data_slice)
08	Temp_Y.append(Temp_data[i + time_step, 0])
09	
10	Temp_data=np.array(Temp_data)
11	time_step=12
12	Temp_X, Temp_Y = [],[]
13	M_stop=len(Temp_data)-time_step-time_step+1
14	for i in range(0, M_stop):
15	data_slice=Temp_data[i:(i+time_step), 0]
16	Temp_X.append(data_slice)
17	Temp_Y.append(Temp_data[(i+time_step):(i+time_step+time_step), 0])

　　我們先看看切割後的樣貌，再來說明如何切割。因為本例要使用前 12 個月的資料來預測當月資料，所以切割方式如「0700_時間數列切割解析.xlsx」的 A01 工作表，紅框擷取所需的自變數（特徵），從第 1 筆（序號 0）開始，一次擷取 12 個時間點的資料，擷取之後，將紅框向下移動一個時間點（shift=1），再擷取 12 個時間點的資料，反覆此等擷取動作即可切割出 120 組的自變數（特徵），切割結果請見 A02工作表。綠框擷取所需的因變數（目標），從第 13 筆（序號 12）開始擷取，一次擷取 1 個時間點的資料，擷取之後，將綠框向下移動一個時間點（shift=1），再擷取 1個時間點的資料，反覆此等擷取動作即可切割出 120 組的因變數（目標），切割結果請見 A02 工作表。

　　A02 工作表格位 B7 ～ M126 是切割出來的自變數（訓練模型時當作特徵），共計120 組，每一組有 12 欄（連續 12 個月的資料），第一組取自原始數列的第 1 ～ 12

筆（序號 0 ～ 11），第二組取自原始數列的第 2 ～ 13 筆（序號 1 ～ 12），餘類推。格位 P7 ～ P126 是切割出來的因變數（訓練模型時當作目標），共計 120 組，第一組取自原始數列的第 13 筆（序號 12），也就是第一組自變數末尾的下一筆，第二組取自原始數列的第 14 筆（序號 13），也就是第二組自變數末尾的下一筆，餘類推。

因為本例要使用前 12 個月的資料來預測當月資料，故時間步為 12，每 12 個月份的資料為一個區段，每一個區段位移一個月分（每區段之起始時間相差一個時點），每一區段的全部資料作為自變數，每區段末尾之下一個時點的資料作為因變數。本範例的切割程式如表 7-2 的第 1 ～ 8 列，程式第 1 列先將 Temp_data 原始時間數列資料轉成陣列格式，以方便後續的處理。第 2 列設定時間步變數，本例為 12。第 3 列建立兩個空串列，以便後續併入切割出來的自變數與因變數。第 4 列計算可切割組數，以便作為迴圈計數的中止值，如前述，可切割組數＝時間數列資料量－時間步，故本例可切割出 132-12=120（組）。第 5 列使用 for 迴圈切割原始資料，迴圈計數由 0 開始，每一迴圈產生一組自變數及其對應的因變數。第 6 列使用中括號切片法擷取自變數資料，第一迴圈的列號為 0:12，第二迴圈的列號為 1:13，餘類推，行號固定為 0；例如第一迴圈以 [0:12, 0] 作為 Temp_data 的下標，可從原始時間數列擷取第 1 ～ 12 筆（序號 0 ～ 11），第二迴圈以 [1:13, 0] 作為 Temp_data 的下標，可從原始時間數列擷取第 2 ～ 13 筆（序號 1 ～ 12）。第 7 列將擷取出來的自變數併入暫存串列 Temp_X。第 8 列將擷取出來的因變數併入暫存串列 Temp_Y，因變數的擷取方式與自變數相同，只是中括號之內的列號不同，每一迴圈只擷取一筆，第一迴圈的列號為 0+12=12，第二迴圈的列號為 1+12=13，餘類推，行號固定為 0；例如第一迴圈以 [12, 0] 作為 Temp_data 的下標，可從原始時間數列擷取第 13 筆（序號 12），第二迴圈以 [13, 0] 作為 Temp_data 的下標，可從原始時間數列擷取第 14 筆（序號 13）。

完整程式請見「Prg_0702_時間數列切割範例之一 .py」，茲摘要說明如下：

❏ 第 1 段：讀取台灣入出境航空旅客資料。為便於了解時間數列之切割，本範例不進行特徵縮放。

❏ 第 2 段：切割時間數列（多對一、時間步 12）。

❏ 第 3 段：將切割後的自變數與因變數匯出為 Excel 檔，以便了解資料的組成方式。

❏ 第4段：將訓練集自變數由二維陣列轉成三維陣列，形狀為（樣本數、時間步、特徵數），以符合模型之輸入要求。因變數仍維持二維陣列，無需變更形狀，但物件名稱改為 Train_Y。

❏ 第5段：建立及訓練神經網路模型。一個 LSTM 長短期記憶層及一個輸出層，input_shape 參數取自輸入資料之形狀的第2及第3個參數，本例分別為時間步 12 及特徵數 1。

❏ 第6段：評估模型效能。

7.4.2 切割方式 2

前述為「單變量多對一」的模式，如果我們要使用前 12 個月的資料來預測下 12 個月的人數，例如以第 1 ～ 12 月的資料預測第 13 ～ 24 個月的人數，第 2 ～ 13 月的資料預測第 14 ～ 25 個月的人數，餘類推，則是屬於「單變量多對多」的模式，且位移量為 1（shift=1）。

我們先看看切割後的樣貌，再來說明如何切割。切割方式如「0700_時間數列切割解析.xlsx」的 A11 工作表，紅框擷取所需的自變數（特徵），從第 1 筆（序號 0）開始，一次擷取 12 個時間點的資料，擷取之後，將紅框向下移動一個時間點（shift=1），再擷取 12 個時間點的資料，反覆此等擷取動作即可切割出 109 組的自變數（特徵），切割結果請見 A12 工作表。綠框擷取所需的因變數（目標），從第 13 筆（序號 12）開始擷取，一次擷取 12 個時間點的資料，擷取之後，將綠框向下移動一個時間點（shift=1），再擷取 12 個時間點的資料，反覆此等擷取動作即可切割出 109 組的因變數（目標），切割結果請見 A12 工作表。

A12 工作表格位 B7 ～ M115 是切割出來的自變數（訓練模型時當作特徵），共計 109 組，每一組有 12 欄（連續 12 個月的資料），第一組取自原始數列的第 1 ～ 12 筆（序號 0 ～ 11），第二組取自原始數列的第 2 ～ 13 筆（序號 1 ～ 12），餘類推。格位 P7 ～ AA115 是切割出來的因變數（訓練模型時當作目標），共計 109 組，第一組取自原始數列的第 13 ～ 24 筆（序號 12 ～ 23），也就是第一組自變數末尾的下 12 筆，第二組取自原始數列的第 14 ～ 25 筆（序號 13 ～ 24），也就是第二組自變數末尾的下 12 筆，餘類推。

因為本例要使用前 12 個月的資料來預測下 12 個月的資料，故時間步為 12，每 12 個月份的資料為一個區段，每一個區段位移一個月分（每區段之起始時間相差一個時點），每一區段的全部資料作為自變數，每區段末尾之下 12 個時點的資料作為因變數。本範例的切割程式如表 7-2 的第 10～17 列，程式第 10 列先將 Temp_data 原始時間數列資料轉成陣列格式，以方便後續的處理。第 11 列設定時間步變數，本例為 12。第 12 列建立兩個空串列，以便後續併入切割出來的自變數與因變數。第 13 列計算可切割組數，以便作為迴圈計數的中止值，可切割組數＝時間數列資料量－時間步－時間步＋ 1，故本例可切割出 132-12-12+1=109（組）。第 14 列使用 for 迴圈切割原始資料，迴圈計數由 0 開始，每一迴圈產生一組自變數及其對應的因變數。第 15 列使用中括號切片法擷取自變數資料，第一迴圈的列號為 0:12，第二迴圈的列號為 1:13，餘類推，行號固定為 0；例如第一迴圈以 [0:12, 0] 作為 Temp_data 的下標，可從原始時間數列擷取第 1～12 筆（序號 0～11），第二迴圈以 [1:13, 0] 作為 Temp_data 的下標，可從原始時間數列擷取第 2～13 筆（序號 1～12）。第 16 列將擷取出來的自變數併入暫存串列 Temp_X。第 17 列將擷取出來的因變數併入暫存串列 Temp_Y，因變數的擷取方式與自變數類似，只是中括號之內的列號不同，每一迴圈擷取 12 筆，第一迴圈的列號為 0+12:0+12+12=12:24，第二迴圈的列號為 1+12:1+12+12=13:25，餘類推，行號固定為 0；例如第一迴圈以 [12:24, 0] 作為 Temp_data 的下標，可從原始時間數列擷取第 13～24 筆（序號 12～23），第二迴圈以 [13:25, 0] 作為 Temp_data 的下標，可從原始時間數列擷取第 14～25 筆（序號 13～24）。

　　完整程式請見「Prg_0703_時間數列切割範例之二 .py」，茲摘要說明如下：

❏ 第 1 段：讀取台灣入出境航空旅客資料。為便於了解時間數列之切割，本範例不進行特徵縮放。

❏ 第 2 段：切割時間數列（多對多、時間步 12、位移量 1）。

❏ 第 3 段：將切割後的自變數與因變數匯出為 Excel 檔，以便了解資料的組成方式。

❏ 第 4 段：將訓練集自變數由二維陣列轉成三維陣列，形狀為（樣本數、時間步、特徵數），以符合模型之輸入要求。因變數仍維持二維陣列，無需變更形狀，但物件名稱改為 Train_Y。

❏ 第 5 段：建立及訓練神經網路模型。一個 LSTM 長短期記憶層及一個輸出層，input_shape 參數取自輸入資料之形狀的第 2 及第 3 個參數，本例分別為時間步 12 及特徵數 1。return_sequences 參數設為 True。

❏ 第 6 段：評估模型效能。

7.4.3　切割方式 3

前述切割方式 1 為「單變量多對一」的模式，切割程式使用 for 迴圈搭配中括號切片法來處理，本節改用 dataset.window 函數來切割時間數列，程式寫法不同，但切割結果完全相同。我們以實例來說明，請開啟 Z_Example 資料夾內的範例檔「Prg_0704_時間數列切割範例之三.py」，表 7-3 是其摘要程式，資料檔仍為「Number of air passengers in Taiwan_Train Set.xlsx」，但為使讀者瞭解完整的處理程序，本範列切割標準化之後的資料，切割結果請見「0700_時間數列切割解析.xlsx」的 A21 工作表。

本範例的切割程式如表 7-3 的第 1 ~ 10 列。程式第 1 列先設定視窗切割之大小（以時間步為準，本例為 12）。第 2 列設定批次大小，本例因為資料量不多，故批次大小設為 1（一批次只有一組資料，即使如此，亦不能省略批次函數之使用，否則後續工作無法將訓練資料的形狀轉成三維陣列）。第 3 ~ 8 列為時間數列切割之自訂函數，本例取名 windowed_dataset，三個接收參數，series 待切割的時間數列（已標準化）、WindowSize 視窗切割之大小、BatchSize 批次大小。第 4 列使用 from_tensor_slices 函數將「待切割的時間數列」之格式由陣列轉成張量資料集。第 5 列使用 dataset 的 window 函數定義切割方式，內含 3 個參數，size 參數指定視窗大小，本例為 12+1=13，shift 參數指定位移量（每次切割的移動時點），本例為 1，drop_remainder 參數指定是否將時間數列末尾不足一個視窗大小的資料拋棄，本例設為 True。第 6 列使用 flap_map 展平映射函數開始切割資料，此函數的用法與 map 函數類似，括號內使用 lambda 匿名函數定義計算方式，冒號左方指定要處理的對象（本例為前述使用 window 函數所定義的切割視窗），冒號右方使用 batch 函數指出組成每一視窗的元素數量，本例每一視窗有 12+1=13 個元素，如果 batch 函數內指定的參數值小於 ds.window 函數內指定的參數值，則會切割出更多的視窗（更多組的資料量）。第 7 列使用 map 映射函數將 flap_map 展平映射函數產出的每一元素切割出

兩組，第一組作為自變數，第二組作為因變數，括號內使用 lambda 匿名函數定義計
算方式，冒號左方指定要處理的對象（本例為每一個切割視窗），冒號右方有兩個
運算公式（使用括號括住），第一個公式使用中括號切片法，指出所需資料為第一
個資料至倒數第二個（最後一個除外），第二個公式使用中括號切片法，指出所需
資料為倒數第一個（最後一個）。第 8 列傳回自訂函數的處理結果，本例使用 batch
函數將切割後資料組成批次（本例將 1 組資料列為一個批次）。第 9 列程式呼叫前述
自訂函數，進行切割，以便將訓練集切割出多組，每一組包含自變數序列與因變數
序列；本例同時傳遞 3 個參數，依序為：Temp_data_std 切割前的訓練集時間數列（已
標準化）、視窗切割之大小（本例為 12）、批次大小。

■ 表 7-3　程式碼：時間數列切割範例之二

01	window_size=12
02	batch_size=1
03	def windowed_dataset(series, WindowSize, BatchSize):
04	ds=tf.data.Dataset.from_tensor_slices(series)
05	ds=ds.window(size=WindowSize+1, shift=1, drop_remainder=True)
06	ds=ds.flat_map(lambda w: w.batch(window_size + 1))
07	ds=ds.map(lambda w: (w[:-1], w[-1:]))
08	return ds.batch(BatchSize)
09	train_set=windowed_dataset(Temp_data_std, WindowSize=window_size,
10	BatchSize=batch_size)
11	
12	List_01=[]
13	List_02=[]
14	for i in train_set:
15	for j in i[0]:
16	List_01.append(j.numpy())
17	for k in i[1]:
18	List_02.append(k.numpy())
19	
20	Temp_array_x=np.array(List_01)

21	Temp_array_x=np.reshape(Temp_array_x, (-1, 12))
22	Out_01=pd.DataFrame(Temp_array_x)
23	Temp_array_y=np.array(List_02)
24	Temp_array_y=np.reshape(Temp_array_y, (-1, 1))
25	Out_02=pd.DataFrame(Temp_array_y)
26	with pd.ExcelWriter("D:/Test_時間數列切割範例之三.xlsx",
27	engine="openpyxl") as MyWriter:
28	Out_01.to_excel(MyWriter, sheet_name="切割後自變數", index=True)
29	Out_02.to_excel(MyWriter, sheet_name="切割後因變數", index=True)

完整程式請見「Prg_0704_時間數列切割範例之三.py」，茲摘要說明如下：

❏ 第 1 段：讀取台灣入出境航空旅客資料。

❏ 第 2 段：資料標準化。將各個觀測值都轉換到均值為 0，標準差為 1 的範圍內。

❏ 第 3 段：切割時間數列（多對一、時間步 12、位移量 1）。

❏ 第 4 段：分成兩節，第 4-1 節使用 for 迴圈查看切割後張量資料集的結構，只顯示第一批次的相關資訊即可。每一筆包含兩組資料，第一組為自變數，shape=(1, 12, 1) 之三維張量，亦即每一批次有 1 組資料，每一組 12 列 1 行。第二組為因變數，shape=(1, 1, 1) 之三維張量，每一批次有 1 組資料，每一組 1 列 1 行。第 4-2 節將切割後的自變數與因變數匯出為 Excel 檔，以便了解資料的組成方式，詳細方式請見下一節之說明。

❏ 第 5 段：建立及訓練神經網路模型。一個 LSTM 長短期記憶層及一個輸出層，input_shape 參數取自輸入資料之形狀的第 2 及第 3 個參數，本例分別為時間步 12 及特徵數 1。return_sequences 參數設為 False。

❏ 第 6 段：評估模型效能。

✤ 如何將三維張量資料集匯出為 Excel 檔？

程式如表 7-3 的第 12 ～ 29 列。第 12 ～ 13 列先建立兩個空串列，以便儲存從張量資料集擷取的自變數與因變數。第 14 ～ 18 列使用雙層 for 迴圈從張量資料集之中，將自變數與因變數擷取出來，外迴圈每處理一次，可擷取一個批次的資料，然

後交由內迴圈處理，將批次中的每組資料擷取出來，內迴圈有兩個，都使用 numpy 函數分別讀取自變數與因變數，再併入暫存串列 List_01 及 List_02。

第 20 ～ 22 列將擷取出來的自變數由串列轉成陣列，然後將三維陣列轉成二維陣列（n 列 12 行），再轉成資料框格式。第 23 ～ 25 列將擷取出來的因變數由串列轉成陣列，然後將三維陣列轉成二維陣列（n 列 1 行），再轉成資料框格式。第 26 ～ 29 列將前述資料框匯出為 Excel 檔，自變數與因變數分別存入不同的工作表。

7.4.4　切割方式 4

前述切割方式 2 為「單變量多對多」的模式，亦即使用前 12 個月的資料來預測下 12 個月的人數，切割程式使用 for 迴圈搭配中括號切片法來處理，本節改用 dataset. window 函數來切割時間數列，程式寫法不同，但切割結果完全相同。我們以實例來說明，請開啟 Z_Example 資料夾內的範例檔「Prg_0705_時間數列切割範例之四.py」，表 7-4 是其摘要程式，資料檔仍為「Number of air passengers in Taiwan_ Train Set.xlsx」，但為使讀者瞭解完整的處理程序，本範列切割標準化之後的資料，切割結果請見「0700_時間數列切割解析.xlsx」的 A31 工作表。

本範例的切割程式如表 7-4。程式第 1 列先設定視窗切割之大小（以時間步為準，本例為 12）。第 2 列設定批次大小，本例因為資料量不多，故批次大小設為 1（一批次只有一組資料，即使如此，亦不能省略批次函數之使用，否則後續工作無法將訓練資料的形狀轉成三維陣列）。第 3 ～ 8 列為時間數列切割之自訂函數，本例取名 windowed_dataset，三個接收參數，series 待切割的時間數列（已標準化）、WindowSize 視窗切割之大小、BatchSize 批次大小。第 4 列使用 from_tensor_ slices 函數將「待切割的時間數列」之格式由陣列轉成張量資料集。第 5 列使用 dataset 的 window 函數定義切割方式，內含 3 個參數，size 參數指定視窗大小，本例為 12+12=24，shift 參數指定位移量（每次切割的移動時點），本例為 1，drop_ remainder 參數指定是否將時間數列末尾不足一個視窗大小的資料拋棄，本例設為 True。第 6 列使用 flap_map 展平映射函數開始切割資料，此函數的用法與 map 函數類似，括號內使用 lambda 匿名函數定義計算方式，冒號左方指定要處理的對象（本例為前述使用 window 函數所定義的切割視窗），冒號右方使用 batch 函數指出組成每一視窗的元素數量，本例每一視窗有 12+12=24 個元素，如果 batch 函數內指定的

參數值小於ds.window 函數內指定的參數值，則會切割出更多的視窗（更多組的資料量）。第7列使用 map 映射函數將 flap_map 展平映射函數產出的每一元素切割出兩組，第一組作為自變數，第二組作為因變數，括號內使用 lambda 匿名函數定義計算方式，冒號左方指定要處理的對象（本例為每一個切割視窗），冒號右方有兩個運算公式（使用括號括住），第一個公式使用中括號切片法，指出所需資料為第 1 ～ 12 個資料，第二個公式使用中括號切片法，指出所需資料為第 13 個至最後一個資料。第8列傳回自訂函數的處理結果，本例使用 batch 函數將切割後資料組成批次（本例將 1 組資料列為一個批次）。第 9 列程式呼叫前述自訂函數，進行切割，以便將訓練集切割出多組，每一組包含自變數序列與因變數序列；本例同時傳遞 3 個參數，依序為：Temp_data_std 切割前的訓練集時間數列（已標準化）、視窗切割之大小（本例為 12）、批次大小。

▌表 7-4　程式碼：時間數列切割範例之三

01	window_size=12
02	batch_size=1
03	def windowed_dataset(series, WindowSize, BatchSize):
04	ds=tf.data.Dataset.from_tensor_slices(series)
05	ds=ds.window(size=WindowSize+12, shift=1, drop_remainder=True)
06	ds=ds.flat_map(lambda w: w.batch(WindowSize + 12))
07	ds=ds.map(lambda w: (w[0:12], w[12:]))
08	return ds.batch(BatchSize)
09	train_set=windowed_dataset(Temp_data_std, WindowSize=window_size,
10	BatchSize=batch_size)

完整程式請見「Prg_0705_時間數列切割範例之四.py」，茲摘要說明如下：

❑ 第1段：讀取台灣入出境航空旅客資料。

❑ 第2段：資料標準化。將各個觀測值都轉換到均值為 0，標準差為 1 的範圍內。

❑ 第3段：切割時間數列（多對一、時間步 12、位移量 1）。

❑ 第4段：分成兩節，第 4-1 節使用 for 迴圈查看切割後張量資料集的結構，只顯示第一批次的相關資訊即可。第 4-2 節將切割後的自變數與因變數匯出為 Excel 檔，以便了解資料的組成方式。

❑ 第 5 段：建立及訓練神經網路模型。一個 LSTM 長短期記憶層及一個輸出層，input_shape 參數取自輸入資料之形狀的第 2 及第 3 個參數，本例分別為時間步 12 及特徵數 1。return_sequences 參數設為 True。

❑ 第 6 段：評估模型效能。

7.4.5　切割方式 5

前述切割方式 1 及 3 都是「單變量多對一」的模式，接下來我們說明「多變量多對一」的時間數列要如何切割。請開啟 Z_Example 資料夾內的範例檔「Prg_0706_時間數列切割範例之五 .py」，表 7-5 是其摘要程式。資料檔為 Pollution_New.csv，是某地區每小時一筆的空氣品質指標，每一筆資料有「細懸浮微粒」、「氣溫」、「氣壓」、「風速」等四個特徵，屬於多變量的時間數列，詳細內容請見「0700_時間數列切割解析 .xlsx」的 B00 工作表。因為本例要利用前 24 小時的資料來預測下一小時的狀況，屬於「多變量多對一」的模式。切割後資料請見「0700_時間數列切割解析 .xlsx」的 B01 工作表。

本範例的切割程式如表 7-5。程式第 1 ～ 4 列先設定相關參數，BATCH_SIZE 批次大小（本例為 32）、N_PAST 預測基準期數（本例為 24）、N_FUTURE 預測期數（本例為 1）、SHIFT 位移量（本例為 1）。第 5 ～ 11 列為時間數列切割之自訂函數，本例取名 windowed_dataset，五個接收參數，series 待切割的時間數列（已正規化）、batch_size 批次大小、n_past 預測基準期數、n_future 預測期數、shift 位移量。第 7 列使用 from_tensor_slices 函數將「待切割的時間數列」之格式由陣列轉成張量資料集。第 8 列使用 dataset 的 window 函數定義切割方式，內含 3 個參數，size 參數指定視窗大小，本例為 24+1=25，shift 參數指定位移量（每次切割的移動時點），本例為 1，drop_remainder 參數指定是否將時間數列末尾不足一個視窗大小的資料拋棄，本例設為 True 。第 9 列使用 flap_map 展平映射函數開始切割資料，此函數的用法與 map 函數類似，括號內使用 lambda 匿名函數定義計算方式，冒號左方指定要處理的對象（本例為前述使用 window 函數所定義的切割視窗），冒號右方使用 batch 函數指出組成每一視窗的元素數量，本例每一視窗有 24+1=25 個元素，如果 batch 函數內指定的參數值小於 ds.window 函數內指定的參數值，則會切割出更多的視窗（更多組的資料量）。第 10 列使用 map 映射函數將 flap_map 展平映射函數

產出的每一元素切割出兩組，第一組作為自變數，第二組作為因變數，括號內使用
lambda 匿名函數定義計算方式，冒號左方指定要處理的對象（本例為每一個切割視
窗），冒號右方有兩個運算公式（使用括號括住），第一個公式使用中括號切片法，
指出所需資料為第 1 個資料至第 24 個，第二個公式使用中括號切片法，指出所需資
料為第 24 個之後的資料（最後一個）。第 11 列傳回自訂函數的處理結果，本例使用
batch 函數將切割後資料組成批次（本例將 32 組資料列為一個批次）。第 13 列程式
呼叫前述自訂函數，進行切割，以便將訓練集切割出多組，每一組包含自變數序列
與因變數序列；本例同時傳遞兩個參數，依序為：切割前的訓練集時間數列、批次
大小。第 14 列程式再次呼叫前述自訂函數，進行切割，以便將測試集切割出多組；
本例同時傳遞兩個參數，依序為：切割前的測試集時間數列、批次大小。

▌表 7-5　程式碼：時間數列切割範例之四

01	BATCH_SIZE=32
02	N_PAST=24
03	N_FUTURE=1
04	SHIFT=1
05	def windowed_dataset(series, batch_size, n_past=N_PAST,
06	n_future=N_FUTURE, shift=SHIFT):
07	ds=tf.data.Dataset.from_tensor_slices(series)
08	ds=ds.window(size=n_past+n_future, shift=shift, drop_remainder=True)
09	ds=ds.flat_map(lambda w: w.batch(n_past + n_future))
10	ds=ds.map(lambda w: (w[:24], w[24:]))
11	return ds.batch(batch_size)
12	
13	Train_set=windowed_dataset(series=Temp_Train_set, batch_size=BATCH_SIZE)
14	Test_set=windowed_dataset(series=Temp_Test_set, batch_size=BATCH_SIZE)

完整程式請見「Prg_0706_ 時間數列切割範例之五 .py」，茲摘要說明如下：

❑ 第 1 段：讀取空污資料（後四欄），並將其格式由資料框轉成陣列，以利後續之
處理。

❑ 第 2 段：資料正規化。將各個觀測值縮放至 0 與 1 之間。

❑ 第 3 段：將已正規化的資料劃分為訓練集與測試集。取最後 30 天 720 筆資料作為測試集，其餘 7941 筆作為訓練集。

❑ 第 4 段：切割時間數列。

❑ 第 5 段：分成兩節，第 5-1 節使用 for 迴圈查看切割後張量資料集的結構，只顯示第一批次的相關資訊即可。第 5-2 節將訓練集切割後的自變數與因變數匯出為 Excel 檔，以便了解資料的組成方式。第 5-3 節將測試集切割後的自變數與因變數匯出為 Excel 檔，以便了解資料的組成方式。匯出方式請見下一節之說明。

❑ 第 6 段：建立及訓練神經網路模型。一個 LSTM 長短期記憶層及一個輸出層，input_shape 參數取自輸入資料之形狀的第 2 及第 3 個參數，本例分別為時間步 24 及特徵數 4。return_sequences 參數設為 False。

❑ 第 7 段：評估模型效能。

✤ 如何匯出張量資料集的資料？

程式如表 7-6。第 1 ～ 2 列先使用 numpy 套件的 empty 函數建立兩個空陣列（1 列 4 行的二維陣列），以便後續程式可併入張量流資料集之中的陣列資料。第 3 ～ 7 列使用 for 迴圈從張量資料集之中，將自變數與因變數擷取出來。第 4 列使用中括號切片法搭配 numpy 函取出第一組資料（自變數），並存入 Temp_01，因批次資料是三維陣列，故先使用 reshape 函數轉成二維陣列，形狀為 (768,4)。因為自變數一個批次有 32 組資料，一組有 24 筆資料，故每一迴圈可併入 32×24=768 筆資料。第 5 列使用中括號切片法搭配 numpy 函取出第二組資料（因變數），並存入 Temp_02，因批次資料是三維陣列，故先使用 reshape 函數轉成二維陣列，形狀為 (32,4)。因為因變數一個批次有 32 組資料，一組有 1 筆資料，故每一迴圈可併入 32×1=32 筆資料。第 6 列將一批次的自變數資料併入 Temp_Array_1A 暫存陣列，參數 axis 設為 0，代表垂直（上下）合併。第 7 列將一批次的因變數資料併入 Temp_Array_1B 暫存陣列。第 8 ～ 9 列將 Temp_Array_1A 及 Temp_Out_1B 的格式由陣列轉成資料框。因為第 1 ～ 2 列使用 np.empty 函數建立空陣列時會產生一筆極小值的資料，故第 10 ～ 11 列使用 pandas 套件的 drop 函數刪除兩個暫存陣列的第一筆。第 12 ～ 13 列重設資料框的索引。第 14 ～ 16 列將前述資料框匯出為 Excel 檔，自變數與因變數分別存入不同的工作表。上述為訓練集資料的匯出方法，測試集的匯出方法相同，故不贅述，請自行參考「Prg_0706_時間數列切割範例之五 .py」第 5-3 節。

▌表 7-6　程式碼：時間數列切割範例之五

01	Temp_Array_1A=np.empty(shape=(1,4))
02	Temp_Array_1B=np.empty(shape=(1,4))
03	for i in Train_set:
04	Temp_01=np.reshape(i[0].numpy(), (-1, 4))
05	Temp_02=np.reshape(i[1].numpy(), (-1, 4))
06	Temp_Array_1A=np.append(Temp_Array_1A, Temp_01, axis=0)
07	Temp_Array_1B=np.append(Temp_Array_1B, Temp_02, axis=0)
08	Temp_Out_1A=pd.DataFrame(Temp_Array_1A)
09	Temp_Out_1B=pd.DataFrame(Temp_Array_1B)
10	Out_1A=Temp_Out_1A.drop([0], axis=0, inplace=False)
11	Out_1B=Temp_Out_1B.drop([0], axis=0, inplace=False)
12	Out_1A.reset_index(drop=True, inplace=True)
13	Out_1B.reset_index(drop=True, inplace=True)
14	with pd.ExcelWriter("D:/Test_切割.xlsx", engine="openpyxl") as MyWriter:
15	Out_1A.to_excel(MyWriter, sheet_name='訓練集自變數_切割後', index=True)
16	Out_1B.to_excel(MyWriter, sheet_name='訓練集因變數_切割後', index=True)

7.4.6　切割方式 6

前述切割方式 2 及 4 都是「單變量多對多」的模式，接下來我們說明「多變量多對多」的時間數列要如何切割。請開啟 Z_Example 資料夾內的範例檔「Prg_0707_時間數列切割範例之六 .py」。資料檔為 Pollution_New.csv，是某地區每小時一筆的空氣品質指標，每一筆資料有「細懸浮微粒」、「氣溫」、「氣壓」、「風速」等四個特徵，屬於多變量的時間數列，詳細內容請見「0700_時間數列切割解析 .xlsx」的 B00 工作表。因為本例要利用前 24 小時的資料來預測下 24 小時的狀況，屬於「多變量多對多」的模式。切割後資料請見「0700_時間數列切割解析 .xlsx」的 B02 工作表。

本範例的切割程式如表 7-5 相同，只需將 N_FUTURE 預測期數改為 24 即可。完整程式請見「Prg_0707_時間數列切割範例之六 .py」，茲摘要說明如下：

❑ 第 1 段：讀取空污資料（後四欄），並將其格式由資料框轉成陣列，以利後續之處理。

❑ 第 2 段：資料正規化。將各個觀測值縮放至 0 與 1 之間。

❑ 第 3 段：將已正規化的資料劃分為訓練集與測試集。取最後 30 天 720 筆資料作為測試集，其餘 7941 筆作為訓練集。

❑ 第 4 段：切割時間數列。

❑ 第 5 段：分成兩節，第 5-1 節使用 for 迴圈查看切割後張量資料集的結構，只顯示第一批次的相關資訊即可。第 5-2 節將訓練集切割後的自變數與因變數匯出為 Excel 檔，以便了解資料的組成方式。第 5-3 節將測試集切割後的自變數與因變數匯出為 Excel 檔，以便了解資料的組成方式。

❑ 第 6 段：建立及訓練神經網路模型。一個 LSTM 長短期記憶層及一個輸出層，input_shape 參數取自輸入資料之形狀的第 2 及第 3 個參數，本例分別為時間步 24 及特徵數 4。return_sequences 參數設為 True。

❑ 第 7 段：評估模型效能。

7.5　循環神經網路的模式

循環神經網路依照輸入及輸出的多寡可分為下列模式：

❑ one to many 一對多：單一輸入、多個輸出，例如 Image Captioning 影像標題，輸入一個影像，辨識出影像中的多個物體，並分別給予標題，稱之為 Sequence output。另外如輸入一張圖片，然後產生一段有關該圖片的說明文字，亦屬一對多模式。

❑ many to one 多對一：多個輸入、單一輸出，例如 Sentiment Analysis 情緒分析，輸入文本，判斷該段文字為正面或負面的情緒表達（正面或負面的評價），稱之為 Sequence input。另外如輸入一則新聞（文本），然後判斷該新聞的分類（政治、財經或運動等），亦屬多對一模式。

❏ many to many 多對多：多個輸入、多個輸出，例如 Machine Translation 機器翻譯，
輸入一段英文句子，翻譯成中文，稱之為 Sequence input and sequence output。

7.6　循環神經網路之原理

經過多年的努力，Artificial Neural Network 人工神經網路已發展出多種不同的模
型，且各有其特殊結構與適用對象。例如 Multilayer Perceptron 多層感知機可處理分
類及迴歸問題，Convolutional Neural Network 卷積神經網路模型可用於圖片辨識。
傳統的神經網路模型有一個共同點，就是每個輸入值被單獨處理，輸出（預測）時
不考慮其他輸入值的影響，例如在貓狗圖片辨識的案例中，前 3 張圖片是狗，不保
證第 4 張圖片一定是狗或一定不是狗。所以此類模型較不適用於與時間有關的資料
或具有前後順序的資料，例如利用前一周的股票收盤價來預測下一個交易日的股
價，又如從一篇電影評論來判斷評論者所給予的評價究竟是正面的還是負面的。

Time series 時間數列是與時間有關的一序列資料，它具有週期性或某種趨勢，例
如暑假是旅遊旺季，故 7、8 月的旅客人數較多，其他月份會較少，故我們無法利
用某一個月的旅客人數來預測未來可能的人數，而必須利用連續數個月的資料來預
測，而且這些資料的前後順序不能隨意更動。另一個例子是，我們要作新聞的分
類，判斷這則新聞是屬於政治、財經、體育還是娛樂，我們無法只從新聞的某一個
單字來判斷，而是要通篇閱讀，並記住前後文的關鍵字詞，才有辦法作出正確的分
類。

所以我們需要的神經網路是一種能夠根據前後文或前後順序的輸入值來作出預
測（輸出），這種模型稱為 Recurrent Neural Network 循環神經網路（或稱為遞歸神
經網路，縮寫 RNN）。它與一般神經網路不同點在於其神經元能夠接受兩個值：
一個是當前時刻的輸入值，另一個是前一時刻的輸入值，最終輸出值會受到整個
時間序列多個輸入值的影響，從而實現了「考慮上文資訊」的功能。此類模型又
有 SimpleRNN 簡單循環網路、Long Short-Term Memory 長短期記憶模型（縮寫
LSTM）、Gated Recurrent Unit 閘門循環單元（縮寫 GRU）、Bi-directional Long

Short-Term Memory 雙向長短期記憶模型（縮寫 BiLSTM）等多種變形，對於時間數列資料及自然語言（包括文本及語音）之處理特別有效。

7.6.1 SimpleRNN 簡單循環網路

SimpleRNN 是最早發展出來的循環網路（或稱為 Vanilla RNN 一般循環神經網路），其處理流程如圖 7-4，圖中央有三個方框，每一個方框處理一個特定時點的資料，最左邊是處理第一個時點的資料，其向前傳播之演算方式與一般網路模型相同，方框下方 X_t 為第一時點的輸入資料，輸入資料先乘以權重（可能有多個），再加上偏權值，然後經過激發函數（一般使用 tanh 雙曲正切函數）轉換後，再送往下一層處理（方框上方的 y_t），與一般網路模型不相同之處是，送往下一層的資料還要傳遞給下一個時點去處理。

由左算起，第二個方框是處理第二個時點的資料，它除了需處理該時點的資料外（方框下方的 X_{t+1}），還需同時處理來自前一時點的輸出資料，這種處理模式沿用於其後的各個時點，直至最後一個時點。圖 7-4 最右邊的方框就是處理最後一個時點的資料，方框下方 X_{t+n} 代表最後時點的輸入資料，方框上方 y_{t+n} 代表最後一個時點的輸出。

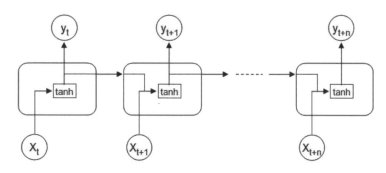

▌圖 7-4　簡單循環網路之處理流程一

圖 7-5 是從另一個角度來了解簡易循環網路之處理流程，左上角是與時間有關的資料或有前後關係的資料（例如不同日期的股價或一篇文章的多個字詞），x_t 表示第 1 時點的資料，x_{t+1} 表示第 2 時點的資料，餘類推。SimpleRNN 會逐一將各時點的資料送入模型，進行向前傳播演算，簡單循環層（亦即隱藏層）的輸出除了送入下一

層之外，還會送入 state layer 狀態層，此層的神經元數量與隱藏層相同，主要是用來儲存前一時點隱藏層的輸出，以供下一時點之處理，詳細處理過程請見圖 7-6。

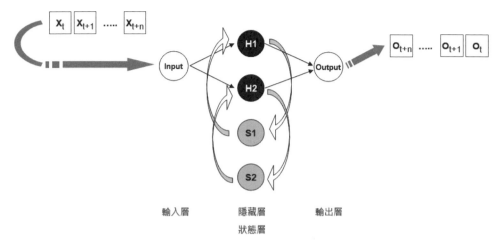

輸入層　　　　　隱藏層　　　　　輸出層
　　　　　　　　狀態層

圖 7-5　簡單循環網路之處理流程二

　　圖 7-4 之中每一個方框代表某一時點的資料處理，本段繼續說明該等方框內的細部處理方式。圖 7-6 展示了第一時點及第二時點之處理。左下角 X_t 表示第 1 時點的資料，它會先乘以權重再加上偏權值（U_t 代表第 1 個時點的輸入權重，帶有 X 號的小圓圈代表乘法），這個處理結果要使用激發函數來轉換，但在轉換之前，必須先合併前一時間點的輸出值。因為本階段是處理第一時點的資料，所以沒有前一時間點的輸出值（S_0 代表狀態層的初始值，此時為 0），但在處理第二時點的資料時就會有前一時點的資料。

　　目前時點的資料與前一時點的資料合併之後，經過激發函數轉換之後（如圖之中帶有 tanh 字樣的小方框），其資料會流向兩處，一是送入下一層，先與層權重 V_t 相乘之後再加上偏權值，成為輸出值 y_t，二是送入第二時點去處理。

　　SimpleRNN 在處理第二時點資料時，除了接受該時點的資料（X_{t+1}）之外，還會接收前一時點的輸出值，亦即狀態層所保存的資料，如圖中的 S_t 會先乘以權重，再與該時點輸入值加總。

> **說明**　W_s 代表狀態層的權重，基於權重共享原則，其權重值在每一個時點都是相同的，不會隨訓練而變動。

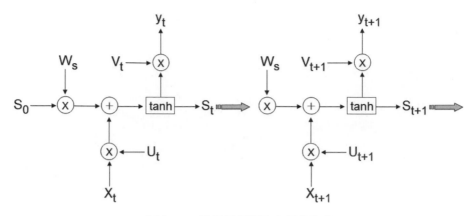

▎圖 7-6　簡單循環網路之細部作業

　　循環神經網路會將一序列的最終輸出值與實際值做比較,算出差異(損失),再使用反向傳播之梯度下降法來調整權重(狀態層權重除外),如此反覆訓練直到找出最適權重為止,其原理與一般神經網路的 Back Propagation 倒傳遞法相同,差別在於循環神經網路須隨時間逐步調整,所以稱之為 Back Propagation Through Time 透過時間的反向傳播(縮寫 BPTT)。有關 SimpleRNN 簡單循環層的更多說明請見附錄 A 的問答集 QA_24,該節以實際的數據在 Excel 工作表中展示 SimpleRNN 的正向傳播演算過程,可帶給讀者更為清晰的概念。

7.6.2　Long Short-Term Memory 長短期記憶模型

　　前述 SimpleRNN 簡易循環神經網路雖然能夠記憶前面時點的資訊,但只能保留很短時步的資訊,這是因為當序列資料的時步很長的時候(同一時間步之內有非常多的時點),會發生 Vanishing gradient problem 梯度消失問題,以致權重無法更新,模型績效變得很差。

> 🖐️ **說明**　神經網路使用反向傳播法來更新權重,如果梯度小於 1,則經過多次訓練(反覆求導)之後,梯度快速縮小(呈現指數型衰減),若未傳送至最前面的網路層,梯度就變成零(或趨近於零),則淺層的神經網絡權重幾乎得不到更新,以致神經網路模型無法優化(無法產生最佳模型),這種現象叫做梯度消失,更詳細的說明請見附錄 A 的 QA_33。

為了解決這個問題，陸續發展出多種改良版本，其中最受人推崇的就是 LSTM 長短期記憶模型，它透過 gate 閘門的設計，而能夠記憶較長期的資訊。圖 7-7 是長短期記憶神經網路的結構圖，它呈現了 LSTM 每一個時點的處理過程。

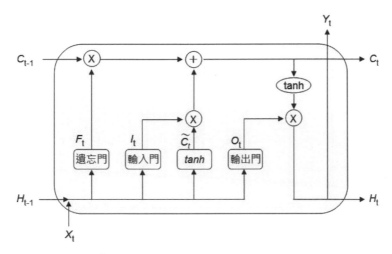

▌圖 7-7　長短期記憶神經網路結構圖

LSTM 有兩個特殊的記憶單元，C_t 元胞狀態及 H_t 隱狀態。t 是時間標記，t-1 是前一時點，t 是當前時點，t+1 是下一時點。圖中帶 X 號的圓圈代表乘法運算，帶＋號的圓圈代表加法運算。

C_t 元胞狀態（cell state，有些人翻譯為細胞狀態或單元狀態，亦稱為 memory cell 記憶單元），用來儲存長期記憶的內容。貫穿結構圖上方的橫線代表它在本時點被處理的流程，C_{t-1} 是前一時點的內容，C_t 則是本時點處理後的內容。

H_t 隱狀態（hidden state），用來儲存短期記憶的內容。貫穿結構圖下方的橫線代表它在本時點被處理的流程，H_{t-1} 是前一時點的內容，H_t 則是本時點處理後的內容。

圖中有三個閘門，Forget gate 遺忘門、Input gate 輸入門、Output gate 輸出門，它是決定資訊是否流通及流通程度的一種機制，亦即用來調整前述兩個記憶單元儲存值的控制器。

遺忘門可決定前一時點傳來的元胞狀態 C_{t-1} 之內容，是否需要保留下來，其計算公式如下：

$$F_t = \sigma\,(W_f X_t + U_f H_{t-1} + b_f)$$

F_t 遺忘門的輸出，X_t 當前時點的輸入資料，H_{t-1} 前一時點的隱狀態資料（初始值為 0），W_f 遺忘門本時點的權重，U_f 遺忘門前一時點的權重，b_f 遺忘門的偏權值，σ（讀音為 sigma）激發函數。

先將本時點的輸入資料 X_t 乘以遺忘門本時點的權重 W_f，另將前一時點的隱狀態 H_{t-1} 乘以遺忘門前一時點的權重 U_f，前述兩項資料與遺忘門的偏權值 b_f 加總之後，使用 Sigmoid 雙曲線函數（S 函數）轉換，即為遺忘門輸出值 F_t。

遺忘門輸出值乘以 C_{t-1} 前一時點元胞狀態的內容，即可決定以前時點的資料是否保留。因為 S 函數轉換後之值為介於 0 與 1 之間的數值，若 S 轉換結果為 0，則元胞狀態內的資料變為 0，相當於遺忘原有資料，亦即重新 reset；若 S 轉換結果為 1，則元胞狀態內的資料不變，相當於保留原有資料；若 S 轉換結果大於 0 且小於 1，則相當於保留元胞狀態內的部分資料（亦即遺忘部分資料）。

 説明 正向傳播是利用矩陣乘法（點積運算）進行計算，該法將輸入資料與權重分別存入兩個不同的矩陣，然後利用矩陣乘法即可算出網路層的輸出值，更詳細的說明請見附錄 A 的問題集 QA_30。

説明 下句自然語言為序列資料，在文本生成的案例中（例如模擬名家的語法來創作詩歌或歌詞），很顯然，LSTM 應該記憶的是 Taiwan，模型輸出才會是 Taiwanese。

John Collins grew up in **Taiwan**, so he can speak **Taiwanese** fluently.

模型應該記住哪個單字是由學習而來，也就是經由參數（權重及偏權值）的調整來決定何者應保留（或遺忘）。只要資料量足夠，訓練多次後就會找出最佳的權重及偏權值，從而使記憶單元可保留適當的單字。

輸入門可決定有多少的資料應該加入到當前的元胞狀態 C_t，其計算公式如下兩項：

$$I_t = \sigma (W_i X_t + U_i H_{t-1} + b_i)$$

$$\widetilde{C}_t = \tanh (W_c X_t + U_c H_{t-1} + b_c)$$

I_t 輸入門的輸出，X_t 當前時點的輸入資料，H_{t-1} 前一時點的輸出資料（初始值為 0），W_i 輸入門本時點的權重，U_i 輸入門前一時點的權重，b_i 輸入門的偏權值，σ 激發函數。

先將本時點的輸入資料 X_t 乘以輸入門本時點的權重 W_i，另將前一時點的輸出資料 H_{t-1} 乘以輸入門前一時點的權重 U_i，前述兩項資料與輸入門的偏權值 b_i 加總之後，使用 Sigmoid 雙曲線函數（S 函數）轉換，轉換後之值即為上述公式 1 的 I_t 輸入門的輸出值，它是介於 0 與 1 之間的數值。

如圖 7-7 所示，輸入門的右方還有一個方框 tanh，稱為 candidate cell 候選記憶單元，亦可稱之為 tanh 層（雙曲正切函數層），其輸出為 $\tilde{c}_t$。

此層之計算是先將本時點的輸入資料 X_t 乘以 tanh 層本時點的權重 W_c，另將前一時點的輸出資料 H_{t-1} 乘以 tanh 層前一時點的權重 U_c，前述兩項資料與 tanh 層的偏權值 b_c 加總之後，使用 tanh 雙曲正切函數轉換，轉換後之值即為上述公式 2 的 $\tilde{c}_t$。

當前元胞狀態 C_t 的內容會受到遺忘門、輸入門及 tanh 層的影響，其計算公式如下：

$$C_t = F_t * C_{t-1} + I_t * \tilde{C}_t$$

C_t 當前元胞狀態＝ F_t 遺忘門輸出 $\times C_{t-1}$ 前一時點元胞狀態＋ I_t 輸入門輸出 $\times$ tanh 層輸出

輸出門的輸出會影響本時點的輸出資訊及隱狀態之內容，其計算公式如下：

$$O_t = \sigma (W_o X_t + U_o H_{t-1} + b_o)$$

O_t 輸出門的輸出，X_t 當前時點的輸入資料，H_{t-1} 前一時點的輸出資料（初始值為 0），W_o 輸出門本時點的權重，U_o 輸出門前一時點的權重，b_o 輸出門的偏權值，σ 激發函數。

先將本時點的輸入資料 X_t 乘以輸出門的權重 W_o，另將前一時點的輸出資料 H_{t-1} 乘以輸出門前一時點的權重 U_o，前述兩項資料與輸出門的偏權值 b_0 加總之後，使用 Sigmoid 雙曲線函數（S 函數）轉換，即為輸出門的輸出值 O_t。

另外將 C_t 當前元胞狀態的內容使用 tanh 雙曲正切函數轉換，再乘以輸出門的輸出值 O_t，即為本時點的輸出 Y_t，同時作為下一個時點之隱狀態資料 H_t，其計算公式如下：

$$Y_t = H_t = O_t * tanh(C_t)$$

有關 LSTM 演算的更多說明請見本書附錄 A 的問答集 QA_25，該節以實際的數據在 Excel 工作表中展示該網路層的正向傳播演算過程，將抽象的概念具體化，可給予讀者更清晰的觀念。

7.6.3　Gated Recurrent Unit 閘門循環單元神經網路

Gated Recurrent Unit 閘門循環單元，簡稱 GRU，是 LSTM 的改良版，模型結構較簡易，處理速度較快，記憶體耗用也較少。處理相同資料，GRU 與 LSTM 之績效可能不同，但差異不大，實務上應選用 LSTM 還是 GRU，需視資料而定。

圖 7-8 是閘門循環單元的結構圖，它呈現了 GRU 每一個時點的處理過程。現有坊間書籍與網路文章的示意圖都不理想，因為線條之間有太多的交叉點，容易混淆資料的流向，故本書重新繪製。

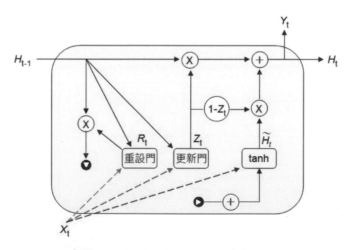

▌圖 7-8　閘門循環單元神經網路結構圖

LSTM 有兩個特殊的記憶單元，C_t 元胞狀態及 H_t 隱狀態，但是 GRU 只有一個記憶單元 H_t 隱狀態。LSTM 有三個閘門，但 GRU 只有 Reset gate 重設門及 Update gate

更新門。除了閘門之外，兩種模型都有 tanh 層。閘門與 tanh 層共同控制前期資料的記憶與模型的輸出。

上圖中大部分的符號都與 LSTM 結構圖之符號相同，帶 X 號的圓圈代表乘法運算，帶＋號的圓圈代表加法運算，帶▼號的圓圈代表流程之連結，此符號有兩個，取代之間的線條，以免交叉點太多而影響閱讀。另外，t 是時間標記，t-1 是前一時點，t 是當前時點，t+1 是下一時點。

Reset gate 重設門可決定前一時點傳來的隱狀態 H_{t-1} 之內容是否需要保留下來或保留多少，重設門的計算公式如下：

$$R_t = \sigma\,(W_r\,X_t + b_r + U_r H_{t-1} + b_{r-1})$$

R_t 重設門的輸出，X_t 當前時點的輸入資料，H_{t-1} 前一時點的隱狀態（初始值為0），W_r 重設門本時點的權重，U_r 重設門前一時點的權重，b_r 重設門本時點的偏權值，b_{r-1} 重設門前一時點的偏權值，σ 激發函數。

先將輸入資料 X_t 乘以重設門本時點的權重 W_r，另將前一時點的隱狀態 H_{t-1} 乘以重設門的前一時點權重 U_r，前述兩項資料與重設門本時點的偏權值 b_r 及重設門前一時點的偏權值 b_{r-1} 加總之後，使用 Sigmoid 雙曲線函數（S 函數）轉換，即為重設門的輸出值 R_t。

説明　GRU 的權重有兩組，第一組是輸入資料對應重設門、更新門及 tanh 層的權重，第二組是隱狀態對應重設門、更新門及 tanh 層的權重，本文將第一組權重稱為本時點的權重，第二組權重稱為前一時點的權重。

GRU 的偏權值亦有兩組，第一組是輸入資料對應重設門、更新門及 tanh 層的偏權值，第二組是隱狀態對應重設門、更新門及 tanh 層的偏權值，本文將第一組偏權值稱為本時點的偏權值，第二組偏權值稱為前一時點的偏權值。

重設門的輸出值乘以 H_{t-1} 前一時點隱狀態的內容，即可決定以前時點的資料是否保留。因為 S 函數轉換後之值為介於 0 與 1 之間的數值，若 S 轉換結果為 0，則隱狀態內的資料變為 0，相當於遺忘原有資料，亦即重新 reset；若 S 轉換結果為 1，則隱狀態內的資料不變，相當於保留原有資料；若 S 轉換結果大於 0 且小於 1，則相當

於保留隱狀態內的部分資料（亦即重設部分記憶資料）。但是重設門的輸出值並不直接更新隱狀態，而是與前一時點隱狀態相乘之後傳遞至 tanh 層，再更新隱狀態之內容（詳後述）。

Update gate 更新門會以當前時點的輸入資料來更新隱狀態，亦即更新記憶單元之內容，其計算公式如下：

$$Z_t = \sigma\,(W_z X_t + b_z + U_z H_{t-1} + b_{z-1})$$

Z_t 更新門的輸出，X_t 當前時點的輸入資料，H_{t-1} 前一時點的隱狀態（初始值為 0），W_z 更新門本時點的權重，U_z 更新門前一時點的權重，b_z 更新門本時點的偏權值，b_{z-1} 更新門前一時點的偏權值，σ 激發函數。

先將輸入資料 X_t 乘以更新門的本時點的權重 W_z，另將前一時點的隱狀態 H_{t-1} 乘以更新門前一時點的權重 U_z，前述兩項資料與更新門本時點的偏權值 b_z 及更新門前一點的偏權值 b_{z-1} 加總之後，使用 Sigmoid 雙曲線函數（S 函數）轉換，即為更新門的輸出值 Z_t，此值亦會用以更新隱狀態（詳後述）。

tanh 層也是處理當前時點的輸入資料，然後與更新門的輸出等資料共同更新隱狀態，其計算公式如下：

$$\widetilde{H}_t = \tanh\,(W_h X_t + b_h + R_t\,(\,U_h H_{t-1} + b_{h-1}\,)\,)$$

$\widetilde{H}_t$ 為 tanh 層的輸出，X_t 為當前時點的輸入資料，H_{t-1} 前一時點的隱狀態（初始值為 0），R_t 為重設門的輸出，W_h 為 tanh 層本時點的權重，U_h 為 tanh 層前一時點的權重，b_h 為 tanh 層本時點的偏權值，b_{h-1} 為 tanh 層本時點的偏權值，tanh 為激發函數。tanh 層的輸出計算分為下列三部分：

❏ 本時點的輸入資料 X_t 乘以 tanh 層本時點的權重 W_h。

❏ 前一時點的隱狀態 H_{t-1} 乘以 tanh 層前一時點的權重 U_h，然後與 tanh 層的前一時點偏權值 b_{h-1} 加總，再乘以 R_t 重設門的輸出。

❏ 上述 1、2 與 tanh 層的本時點偏權值 b_h 加總，再使用 tanh 雙曲正切函數轉換。

tanh 層的輸出計算較複雜，務必注意括號之運用，否則會發生錯誤。

最後利用前述產生的 Z_t 更新門的輸出及 tanh 層的輸出，共同更新隱狀態，更新結果即為本時點的輸出 Y_t，同時作為下一個時點之隱狀態資料 H_t，其計算公式如下：

$$H_t = Z_t * H_{t-1} + (1 - Z_t) * \widetilde{H}_t$$

H_t 更新後的隱狀態之計算分為下列兩部分：

❏ 更新門輸出 Z_t 乘以前一時點隱狀態 H_{t-1}。

❏ 更新門輸出的補數（$1-Z_t$）乘以 tanh 層的輸出 $\widetilde{H}_t$。

將前述兩項資料加總即為所求。

有關 GRU 閘門循環單元的更多說明請見附錄 A 的問答集 QA_26，該節以實際的數據在 Excel 工作表中展示其正向傳播之演算過程，可給予讀者更為清晰的概念。

7.6.4 Bidirectional Recurrent Network 雙向循環網路

前面介紹的循環神經網路，無論是 SimpleRNN 簡單循環網路、Long Short-Term Memory 長短期記憶模型或是 Gated Recurrent Unit 閘門循環單元，雖有記憶功能，但在決定當前時點的輸出時只考慮了前面時點的資料，而未顧及後面時點的資料。然而在某些問題中，當前時刻的輸出不僅與之前的輸入有關，還可能與未來的輸入有關。所以神經網路模型不僅需要記憶前面時點的資訊，還要能記憶後面時點的資訊，如此才能真正根據上下文的資訊來決定當前的輸出（以免斷章取義）。這種網路模型稱為 Bidirectional Recurrent Network 雙向循環神經網路（簡稱 BiRNN），它在自然語言處理（例如機器翻譯及情緒分析等）方面有很大的幫助。

雙向循環神經網路的結構如圖 7-9，它是在單向 RNN 的基礎上，添加了一層反向運算（原序列資料的反轉），這兩層的運算方式與單向 RNN 相同（當前時點的輸出都會考慮前面時點與當前時點的資訊），只是其輸出由正向 RNN 與反向 RNN 的結果堆疊而成。Forward Layer 正向層與 Backward Layer 反向層都有各自的隱狀態（記憶單元），一個是 forward states 向前狀態，另一個是 backward states 向後狀態，均負責記憶各該層的資訊。

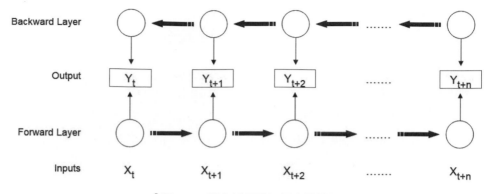

▌圖 7-9　雙向循環神經網路結構圖

在 Tensorflow 中可使用 wrapper 包裹模組來實現雙向循環網路，無論是 SimpleRNN、LSTM 或 GRU 都可變成雙向循環的模型，範例如下：

```
model.add(Bidirectional(SimpleRNN(16, return_sequences=True), merge_
mode='concat'))
```

建構雙向循環網路需使用 Bidirectional 類別，第一個參數指定模型種類，本例為 SimpleRNN，第二個參數 merge_mode 指定合併方式，可使用的參數值有 sum 相加、mul 相乘（multiply 之縮寫）、concat 串接（concatenate 之縮寫）、ave 平均及 None，此參數值決定了正向層與反向層的結合方式，例如 sum 會將兩層之輸出相加之後再交給激發函數處理。內定參數值為 concat，假設正向層的產出為 [0.1, 0.2]，反向層的產出為 [0.3, 0.4]，則串接結果為 [0.1, 0.2, 0.3, 0.4]。若參數值設為 None，則正向層與反向層的產出為串列格式（非張量），此特殊處理方式只用於 Functional API 函數式應用程式介面所建構的複雜模型。

另外在某些案例中，可在循環神經網路中多加幾個隱藏層，以增加模型的績效，這種由多層的循環網路疊加而成的模型稱為 Deep RNN 深度循環神經網路（或稱為 Stacked RNN 堆疊循環神經網路）。

7.7　循環神經網路的關鍵參數

「循環神經網路模型」不但是時間數列預測的主要工具，而且後續章節介紹之「文本分類」與「文本生成」等自然語言處理也會使用此類模型，故前述章節說明其原理。然而該等模型之結構異常複雜，初學者難以理解，故本書建議從隨附的習題著手，透過實作來了解其特色與原理，但在動手實作之前，需先理解循環層的各種參數，因為它們是循環神經網路模型能否正確運作的關鍵。

7.7.1　activation 與 recurrent_activation 的差異

各網路層通常會配置一個適當的 Activation function 激發函數（亦稱為激勵函數或啟動函數），將網路層的輸出資料做一個轉換，然後再傳遞給下一層或作為模型的輸出，這種運作模式是源自生物神經元對資訊處理的方式（達到某一閾值才傳遞出去），有關激發函數的更多說明請見本書附錄 A 的問答集 QA_27。

一般網路層使用 activation 參數設定所需的激發函數，但在循環網路層（包含 LSTM 及 GRU 等），有兩個參數 activation 與 recurrent_activation 可設定激發函數，這兩個參數有甚麼差異呢？在 LSTM 長短期記憶層之中，recurrent_activation 循環激發參數用於遺忘門、輸入門及輸出門等三個閘門的輸出轉換，activation 激發參數用於 tanh 層（候選記憶單元）之輸出轉換及元胞狀態之更新，進而影響隱狀態之值。在 LSTM 長短期記憶層之中，activation 激發參數的內定值為 hyperbolic tangent 雙曲正切函數（tanh），若不使用激發參數，則可設為 None。recurrent_activation 循環激發參數的內定值為 sigmoid 函數（S 函數），若不使用激發參數，則可設為 None。

在 GRU 閘門循環單元網路層之中，recurrent_activation 循環激發參數用於重設門及更新門等兩個閘門的輸出轉換，activation 激發參數用於 tanh 層之輸出轉換（在 GRU 之中的隱狀態無需直接使用激發函數轉換）。在 GRU 閘門循環單元網路層之中，recurrent_activation 循環激發參數的內定值為 sigmoid 函數（S 函數），若不使用激發函數，則可設為 None。activation 激發參數的內定值為 hyperbolic tangent 雙曲正切函數（tanh），若不使用激發參數，則可設為 None。SimpleRNN 簡易循環層沒有 recurrent_activation 參數可用。

7.7.2　return_sequences 如何設定

TensorFlow 對此參數的說明如下：

return_sequences: Boolean. Whether to return the last output in the output sequence, or the full sequence.

布林值，返回輸出序列中的最後一個輸出，或是返回完整序列。

這樣的解說很抽象，多數 User 可能不知所云。我們以實例來說明，就能清楚理解 return_sequences 是怎麼一回事。請開啟 Z_Example 資料夾內的範例檔「1024A_SimpleRNN 正向傳播解析 _ 多對一 .xlsx」，該檔以國際航空旅客人數的時間數列預測為例，說明 SimpleRNN 簡單循環層的正向傳播演算法。請先切換至該檔的 B01 工作表，這個切割後的每組資料有三個時點（時間步為 3），經過正向傳播之演算後，該網路層的輸出顯示於第 7 欄，從該欄可看出每一個時間步有 3 組輸出資料，每一組有兩筆資料（因為該網路層有兩個神經元）。如果將 return_sequences 參數設定為 False，則只會傳回最後一組的資料（本例為第 3 組），如果將 return_sequences 參數設定為 True，則每一個時點的輸出都會傳回（本例會傳回 3 組）。

return_sequences 參數應該設定為 True 或 False，取決於您的預測需求，如果是多對一模式（例如使用前三個月的資料預測下一個月的旅客人數），則應設定為 False，如果是多對多模式（例如使用前三個月的資料預測未來 3 個月的旅客人數），則應設定為 True。B01 工作表的參數取自 AI_1024A.py，該 Python 程式示範了多對一的時間數列預測，它的 return_sequences 參數設定為 False，所以輸出層只會使用 SimpleRNN 層最後一組的資料來計算其輸出。B01 工作表的第 7 欄雖有 3 組輸出，但是輸出層（第 10 欄）只會利用第 7 欄最後一組（格位 I26 ～ I27）的資料來計算其輸出。B01 工作表第 7 欄前兩組（紅色框標示）的資料在系統內部仍會計算（因為第 3 組資料之計算會用到），只是無法傳回給 User，也不會被輸出層利用。

請開啟 Z_Example 資料夾內的範例檔「1024B_SimpleRNN 正向傳播解析 _ 多對多 .xlsx」，該檔仍然以國際航空旅客人數的時間數列預測為例，說明 SimpleRNN 簡單循環層的正向傳播演算法，但為多對多的模式，例如以 1 ～ 3 月的資料預估 4 ～ 6 月的旅客人數。請切換至 B01 工作表，這張工作表展示了 SimpleRNN 的正向傳播演算法，請注意第 10 欄的預測值，每一組資料有三個輸出，亦即每一時間步的三

個時點都有輸出資料，每一個輸出層的輸出都是利用 SimpleRNN 層（第 7 欄）同一時點的輸出資料來計算的，例如輸出層的第一個輸出 550.8203（格位 L11）是利用 SimpleRNN 層的第一時點的輸出資料（格位 I11 ～ I12），請查看 L 欄相關格位內的公式，即可了解其產出方式。這張工作的相關資料可利用範例程式 AI_1024B.py 產生，它的 return_sequences 參數設定為 True。

在 Python 程式中想要取回 SimpleRNN 層（或其他循環層）的輸出，可利用模型的 predict 方法或將訓練資料丟入模型即可取得，範例程式請見 Prg_0708A_ 循環層參數 _return_sequences.py。該程式第 1 段設定所需資料，並轉成三維陣列，其形狀為「樣本數、時間步、特徵數」。第 2 段建立循環層模型。第 3 段在模型層之後，將訓練資料丟入模型，或使用 predict 方法，即可傳回循環層的輸出。請切換第 2 段的 return_sequences 參數值為 True 或 False，程式執行後會傳回不同組數的資料，即可明白 return_sequences 參數的意義。

如前述，當預測模式為多對多的時候才需將 return_sequences 參數設定為 True。若在多對一的模式之中，將 return_sequences 參數設定為 True，則程式仍可執行，且同一組資料的預測值（模型輸出）會有多個，例如時間步為 3 的時間數列會傳回 3 個預測值，但是這樣的結果並無意義，因為丟入模型的訓練集為多對一的資料，例如自變數有 3 個資料，而因變數只有 1 個。若將此預測結果與實際的因變數進行比較，就會發生不對稱的錯誤（無法計算 MSE 等誤差），因為預測結果將會是實際因變數的數倍，例如時間步為 3 的測試集有 12 組資料，其自變數有 12 組每組 3 個資料、因變數有 12 組每組 1 個資料，而模型預測結果會有 36 個，是實際因變數的 3 倍。

如前述，當預測模式為多對一的時候需將 return_sequences 參數設定為 False，但若您的模型是用多個循環層所疊加而成的深度神經網路，則可將前面循環層的 return_sequences 參數設定為 True，而將最後一個循環層（最接近輸出層者）設定為 False 即可。

7.7.3　輸出層的 units 如何設定

用於時間數列預測之模型，其輸入層與隱藏層的神經元數量可視需要而自由設定，但輸出層的神經元數量（units 參數值）則取決於時間數列的變量。若是單變量

的時間數列預測，則輸出層的 units 應設為 1。若是多變量的時間數列預測，則輸出層的 units 應設為變量數，例如本章圖 7-2 下方所舉的空污資料，它的變量有氣壓、氣溫、風速等 5 個，所以輸出層的 units 應設為 5。

7.7.4　input_shape 如何設定

建構 Sequential Model 順序型模型時，第一個網路層需使用 input_shape 參數指定輸入資料的形狀，這個參數有兩個參數值需要設定，以時間數列預測案例而言，需以輸入資料之形狀的後兩個參數值為準。本書建議將輸入資料轉換為 [樣本數 , 時間步 , 變量] 之三維陣列（或張量），故 input_shape 指定該形狀的後兩個參數即可（亦即時間步與變量），輸入資料的列數（樣本數、組數）則無需指定。

以前述範例檔「Prg_0701_ 時間數列預測範例之一 .py」（位於 Z_Example 資料夾）為例，該檔以台灣 2008 ～ 2018 年的出入境人數資料作為訓練集，並將切割出來的資料轉成形狀為 (120, 12, 1) 的三維陣列，亦即自變數有 120 組，每組有 12 個時點的資料（時間步 12），變量 1（單變量）。所以 input_shape 的參數值應設定為 (12, 1)，亦即輸入資料之形狀的後兩個參數（時間步與變量）。

若將輸入資料之形狀轉換為 [樣本數 , 變量 , 時間步] 之三維陣列，則同一組的各個資料屬於同一時點，此時使用 SimpleRNN 等網路層所建構的模型仍可運作，但狀態層不會作用（因為同一組的各個資料屬於同時間發生），其輸出結果與一般密集層相同，失去循環神經網路的意義。因為同一組的各個資料屬於同一時點，故即使將 return_sequences 參數值設定為 True，每一個序列也只會傳回一個輸出（無法滿足多對多的預測需求）。所以務必注意輸入資料的形狀，才能訓練出所需的神經網路模型。

7.7.5　stateful 的用途

閱讀本段之前需先了解循環層的運作方式，若對其不甚熟悉，建議您先閱讀本書附錄 A 的 QA_24、QA_25、QA_26 等三個問題集。

TensorFlow 對此參數的說明如下：

Boolean (default `False`). If True, the last state for each sample at index i in a batch will be
used as initial state for the sample of index i in the following batch.

布林值,如果為真,則批次中索引 *i* 處每個樣本的最後狀態將用作下一批次中
索引 *i* 樣本的初始狀態。

這樣的說明如同天書,地球人應該都看不懂吧!其實這個參數的用法很單純,只
要說清楚了,大家都懂。我們先回顧前述章節的重點,循環層的特色就是能夠記住
前面時點的資訊,因而能大幅增加序列資料的判斷(或預測)之正確性。而能夠記
住前面資訊的關鍵,是因循環層有一個特殊的單元,能夠儲存前面時點的資訊,以
便與後續資料來共同進行判斷(或預測)。這些負責記憶的單元,在 SimpleRNN 簡
單循環層之中稱為 state layer 狀態層,在 LSTM 長短期記憶層為 cell state 元胞狀態
及 hidden state 隱狀態,在 GRU 閘門循環單元層則為 hidden state 隱狀態。這些記憶
單元內的資訊要保留多久呢?這是可由 User 自行控制的,因為從頭到尾一直保留
著,並不見得件好事,要保留多久較妥當需視案例而定。

stateful(中文翻譯為有狀態)這個參數的內定值是 False,在此狀態下(亦即
stateless 無狀態),記憶單元內的資訊只保留於同一組資料的各個時點,當模型訓
練至下一組資料時,記憶單元內的資訊會被清空(重新 reset),然後根據新一組的
資料來保留所需的記憶資訊,也就是各組資料之間沒有任何關連。我們以本章一開
始所介紹的範例檔「Prg_0701_時間數列預測範例之一 .py」為例,這個單變量的時
間數列經切割之後會產生 120 組的訓練資料,每一組有 12 個時點的資料(時間步
=12)。當模型開始訓練第一組第一個時點的資料時,記憶單元內的資訊是空的,訓
練完之後,記憶單元會記住第一個時點的資訊,供第二個時點使用,當第二個時點
的資料訓練完成之後,記憶單元的內容會被更新,以供第三個時點使用,這個過程
會一直延續到同一組資料訓練完畢為止(本例有 12 個時點)。當模型開始訓練第二
組資料時,記憶單元內的資訊會被清空,所以組與組之間是沒有任何關連的。

但是這樣的記憶模式並不適用於所有案例,例如在「文本分類」與「文本生成」
等自然語言處理中,第二句話可能是第一句話的延續,如果切斷兩者之間的關係,
就無法判斷出真正的意思,例如前述所舉的例句:

John Collins grew up in Taiwan, so he can speak Taiwanese fluently.
約翰柯林斯在台灣長大,所以他能說一口流利的台語。

當 stateful 設定為 False 時（內定值），記憶單元的作用限於同一句話之內的各個單字，例如模型訓練第一句話時，Collins grew up in Taiwan 等每一個單字都會受到其前面單字的影響，但是當模型訓練第二句話時，它已忘掉第一句（記憶單元內的資訊已重新 reset）。如果要能判斷出真正的意思，則訓練第二句話的時候必須記住第一句話的內容，也就是要能延用記憶單元內的資訊而不能清空。若要達到這個目的，就須將 stateful 的參數值設定為 True。當 stateful 設定為 True 時，記憶單元內的資訊也不是從頭到尾一直保留著，它還是有一些彈性及使用規則的。

　　當 stateful 設定為 True 時，記憶單元內的資訊保留時間是以 batch_size 批次大小為準。假設我們將 batch_size 設定為 3，則記憶單元內的資訊會保留 3 組，亦即模型訓練第 1 ～ 3 組的時候，記憶單元內的資訊會不斷地延續更新及使用，當模型訓練第 4 組資料時，記憶單元就會被清空（重新 reset），所以藉由 batch_size 批次大小的設定，就可控制記憶單元內的資訊應保留多久。另外，TensorFlow 說明文件所指的 the last state for each sample at index i in a batch will be used as initial state for the sample of index i in the following batch. 究竟是甚麼意思呢？我們還是以實例來說明吧！

✤ SimpleRNN 層之中的 stateful 參數

　　請開啟 Z_Example 資料夾之內的範例檔「0701_ 循環層參數 _stateful_SimpleRNN.xlsx」，並切換至 A01 工作表。這張工作表展示了 SimpleRNN 簡單循環層的正向傳播過程，共有 3 組資料，batch_size 設定為 1，故每一批次訓練一組資料，每一組資料有 3 個時點（x_t、x_{t+1}、x_{t+2}）。其中第 5B 欄就是記憶單元的內容，第 7 欄是 SimpleRNN 層的輸出，第 10 欄是輸出層的輸出（模型的最終輸出）。請注意第 5B 欄每一組資料第一個時點之輸出，其中除了第一組第一個時點（格位 G8）之外，其他各組第一個時點（格位 G14 及 G20）的輸出都會沿用前一組最後一個時點的輸出，這是因為我們將 stateful 設定為 True，如果我們將 stateful 設定為 False，則每一組第一個時點的輸出（格位 G8、G14、G20）都會是 0。

　　請開啟 Z_Example 資料夾之內的範例檔「Prg_0708_ 循環層參數 _stateful_SimpleRNN.py」，這個 Python 程式展示了前述 Excel 工作表的演算，我們來看看 stateful 參數要如何使用。該檔之程式有三段，第 1 段設定所需的資料。第 2 段使用

SimpleRNN 層建構模型，該網路層將 stateful 參數設定為 True，請注意輸入資料的形狀設定方法；建構 Sequential model 順序式模型時，第一個網路層需要指定輸入資料的形狀，而且通常使用 input_shape 參數來指定，這個參數需要設定兩個參數值，以時間數列之預測而言，需要指定時間步及變量（特徵數），資料量無需指定，但是當 stateful 參數設定為 True，就必須使用 batch_input_shape 批次輸入形狀參數來替代 input_shape 輸入形狀參數。batch_input_shape 有三個參數值要設定，以時間數列之預測而言，需要指定批次大小、時間步及變量（特徵數），其中第一個參數值「批次大小」必須與模型 fit 訓練之 batch_size 參數值一致。此外須注意，當 stateful 參數值設定為 True 時，務必將模型 fit 訓練之 shuffle 參數值設定為 False（不打亂訓練集切割後的順序），因為模型訓練時，shuffle 的預設值為 True（隨機打亂訓練集切割後的順序，以增加模型的泛化性），在此情況下，各組資料之間的關係會亂掉（記憶單元所儲存的內容非來自前文），因而失去循環層的意義。

> 說明　若在 Function API 函數式應用程式介面模型中，將 stateful 參數值設定為 True，則需使用 batch_shape 參數來指定輸入資料的形狀，此參數同樣需要三個參數值，依序為批次大小、時間步及變量（特徵數）。

「Prg_0708_ 循環層參數 _stateful_SimpleRNN.py」，第 3 段加入密集層，並取出密集層的輸出，最後再取出模型的權重及偏權值。若要執行第 3 段，必須先將第 2 段取出 SimpleRNN 層的輸出指令 mark 起來，否則最終輸出結果會不同。這個 Python 程式的輸出與前述 Excel 工作表的產出是完全相同的。

接下來，請將範例檔「0701_ 循環層參數 _stateful_SimpleRNN.xlsx」切換至 B01 工作表。這張工作表仍然展示了 SimpleRNN 簡單循環層的正向傳播過程，但資料擴增為 6 組，並將 batch_size 改為 2，故每一批次訓練兩組資料，例如第一組資料（112、118、132）及第二組資料（118、132、129）同屬於第一批次。又如第三組資料（132、129、121）及第四組資料（129、121、135）同屬於第二批次。又如第五組資料（121、135、148）及第六組資料（135、148、148）同屬於第三批次。

請注意第 5B 欄（記憶單元的內容），第一批次每一組資料之第一時點（格位 G8 及 G14）的輸出都是 0。第二批次第一組資料之第一時點（格位 G20）的輸出源自第

一批次第一組最後的循環層輸出（格位 I12）；第二批次第二組資料之第一時點（格位 G26）的輸出源自第一批次第二組最後的循環層輸出（格位 I18）。第三批次第一組資料之第一時點（格位 G32）的輸出源自第二批次第一組最後的循環層輸出（格位 I24）；第三批次第二組資料之第一時點（格位 G38）的輸出源自第二批次第二組最後的循環層輸出（格位 I30）。

從上述的計算過程可看出，每一批次的輸出都與前一批次有關，但同一批次內各組資料的輸出雖然都是源自前一批次的輸出，但會按所屬組別來區分，例如第一組源自前一批的第一組，第二組源自前一批的第二組，也就是說每一組的輸出都會考慮到前面多個批次同一組的資料。TensorFlow 說明指出 the last state for each sample at index i in a batch will be used as initial state for the sample of index i in the following batch. 批次中索引 i 處每個樣本的最後狀態將用作下一批次中索引 i 樣本的初始狀態。

說明文件中所稱的索引 i 就是前述的「組數」，各組最後時點的輸出，將成為下一批次第 i 組的初始狀態（第 i 組第一時點的計算來源）。我們以示意圖來說明，會比較清楚。

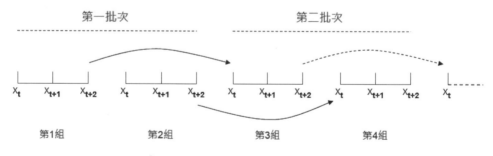

圖 7-10　循環層參數 stateful 示意圖

請參考圖 7-10 的示意圖，此圖是從某個時間數列切割出來的多組資料，如果我們將 batch_size 批次大小設為 2，則每一批次有兩組資料，第 1 ～ 2 組屬於第一批次，第 3 ～ 4 組屬於第二批次，餘類推。每一組資料有 3 個時點（x_t、x_{t+1}、x_{t+2}），亦即時間步 =3。第一批次第 1 組第 1 時點的記憶單元之內容為 0，第一批次第 2 組第 1 時點的記憶單元之內容亦為 0，因為它們是起始批次，前面沒有資料可記憶。第二批次第 1 組第 1 時點（圖 7-10 之中的第 3 組第 1 時點 x_t）的記憶單元之內容源自第

一批次第 1 組第 3 時點（圖 7-10 之中的第 1 組第 3 時點 x_{t+2}）的輸出，如圖中的上凸箭頭曲線所示。第二批次第 2 組第 1 時點（圖 7-10 之中的第 4 組第 1 時點 x_t）的記憶單元之內容源自第一批次第 2 組第 3 時點（圖 7-10 之中的第 2 組第 3 時點 x_{t+2}）的輸出，如圖中的下凹箭頭曲線所示。除了第一批次之外，其他各批次各組的第 1 時點的記憶單元之內容都是源自前一批次「相同組號」的最後時點的輸出，第 1 組第 1 時點的記憶單元之內容源自前一批次第 1 組最後時點的輸出，第 2 組第 1 時點的記憶單元之內容源自前一批次第 2 組最後時點的輸出，如果有第 3 組（batch_size=3），則第 3 組第 1 時點的記憶單元之內容源自前一批次第 3 組最後時點的輸出，餘類推。

請開啟 Z_Example 資料夾之內的範例檔「Prg_0709_循環層參數_stateful_SimpleRNN_A.py」，這個 Python 程式展示了前述 Excel 工作表的演算。請注意，本例將批次大小設定為 2，所以循環層的 batch_input_shape 參數要設定為 (2, 3, 1)，此三個參數值分別為批次大小、時間步、變量（特徵數），本程式其他須注意事項請參考前段對於「Prg_0708_循環層參數_stateful_SimpleRNN.py」之說明。

接下來，請將範例檔「0701_循環層參數_stateful_SimpleRNN.xlsx」切換至 C01 工作表。這張工作表仍然展示了 SimpleRNN 簡單循環層的正向傳播過程，而且輸入資料與 B01 工作表完全相同，但將 batch_size 改為 3，故每一批次訓練三組資料，例如第一組資料（112、118、132）、第二組資料（118、132、129）及第三組資料（132、129、121）同屬於第一批次。又如第四組資料（129、121、135）、第五組資料（121、135、148）及第六組資料（135、148、148）同屬於第二批次。

請注意第 5B 欄（記憶單元的內容），第一批次每一組資料之第一時點（格位 G8、G14 及 G20）的輸出都是 0。第二批次第一組資料之第一時點（格位 G26）的輸出源自第一批次第一組最後的循環層輸出（格位 I12）；第二批次第二組資料之第一時點（格位 G32）的輸出源自第一批次第二組最後的循環層輸出（格位 I18）；第二批次第三組資料之第一時點（格位 G38）的輸出源自第一批次第三組最後的循環層輸出（格位 I24）。

從上述的計算過程可看出，每一批次的輸出都與前一批次有關，但同一批次內各組資料的輸出雖然都是源自前一批次的輸出，但會按所屬組別來區分，例如第一組源自前一批的第一組，第二組源自前一批的第二組，第三組源自前一批的第三組，也就是說每一組的輸出都會考慮到前面多個批次同一組的資料。

請開啟 Z_Example 資料夾之內的範例檔「Prg_0710_循環層參數_stateful_SimpleRNN_B.py」，這個 Python 程式展示了前述 Excel 工作表的演算。請注意，本例將批次大小設定為 3，所以循環層的 batch_input_shape 參數要設定為 (3, 3, 1)，此三個參數值分別為批次大小、時間步、變量（特徵數），本程式其他須注意事項請參考前段對於「Prg_0708_循環層參數_stateful_SimpleRNN.py」之說明。

以上舉例說明批次大小設定為 1、2 及 3 時，循環層的運作方式，當批次大小擴增時（例如 32），循環層的運作方式仍然是相同的。上述 Excel 的三個工作表內都有計算公式可參考，建議您將游標移至相關格位，然後按 F2 功能鍵，查閱其中的公式，就可了解循環層的運作方式及 stateful 參數值設定為 True 時，記憶單元更新的時機。

✤ LSTM 層之中的 stateful 參數

接下來說明在 LSTM 長短期記憶層之中，將 stateful 參數設定為 True 時，記憶單元（cell state 元胞狀態及 hidden state 隱狀態）內的資訊如何保留。請開啟 Z_Example 資料夾之內的範例檔「0702_循環層參數_stateful_LSTM.xlsx」，這張工作表展示了 LSTM 長短期記憶層的正向傳播過程，共有 3 組資料，batch_size 設定為 1，故每一批次訓練一組資料，每一組資料有 3 個時點（x_t、x_{t+1}、x_{t+2}）。其中第 4A、7、8A、11A、15A 等五欄就是記憶單元的內容，第 19 欄是 LSTM 層的輸出，第 22 欄是輸出層的輸出（模型的最終輸出）。請注意前述五欄每一組資料第一個時點之輸出，其中除了第一組第一個時點（格位 F11、J11、K11、O11、T11）之外，其他各組第一個時點（例如格位 F20、J20 等）的輸出都會沿用前一組最後一個時點的輸出（請查看該等格位內的公式），這是因為我們將 stateful 設定為 True，如果我們將 stateful 設定為 False，則每一組第一個時點的輸出（例如格位 F20、F29、J20、J29 等）都會是 0。

請開啟 Z_Example 資料夾之內的範例檔「Prg_0711_循環層參數_stateful_LSTM.py」，這個 Python 程式展示了前述 Excel 工作表的演算，我們來看看 stateful 參數要如何使用。該檔之程式有三段，第 1 段設定所需的資料。第 2 段使用 LSTM 層建構模型，該網路層將 stateful 參數設定為 True，請注意輸入資料的形狀設定方式，同樣須使用 batch_input_shape 批次輸入形狀參數來替代 input_shape 輸入形狀參數。

batch_input_shape 有三個參數值要設定，以時間數列之預測而言，需要指定批次大小、時間步及變量（特徵數），其中第一個參數值「批次大小」必須與模型 fit 訓練之 batch_size 參數值一致。此外須注意，當 stateful 參數值設定為 True 時，務必將模型 fit 訓練之 shuffle 參數值設定為 False（不打亂訓練集切割後的順序），因為模型訓練時，shuffle 的預設值為 True（隨機打亂訓練集切割後的順序，以增加模型的泛化性），在此情況下，各組資料之間的關係會亂掉（記憶單元所儲存的內容非來自前文），因而失去循環層的意義。

「Prg_0711_ 循環層參數 _stateful_LSTM.py」，第 3 段加入密集層，並取出密集層的輸出，最後再取出模型的權重及偏權值。若要執行第 3 段，必須先將第 2 段取出 LSTM 層的輸出指令 mark 起來，否則最終輸出結果會不同。這個 Python 程式的輸出與前述 Excel 工作表的產出是完全相同的。

✦ GRU 層之中的 stateful 參數

本段說明在 GRU 閘門循環單元層之中，將 stateful 參數設定為 True 時，記憶單元（hidden state 隱狀態）內的資訊如何保留。請開啟 Z_Example 資料夾之內的範例檔「0703_ 循環層參數 _stateful_GRU.xlsx」，這張工作表展示了 GRU 閘門循環單元層的正向傳播過程，共有 3 組資料，batch_size 設定為 1，故每一批次訓練一組資料，每一組資料有 3 個時點（x_t、x_{t+1}、x_{t+2}）。其中第 4A、7A、10A、13 等四欄就是記憶單元的內容，第 15 欄是 GRU 層的輸出，第 18 欄是輸出層的輸出（模型的最終輸出）。請注意前述欄每一組資料第一個時點之輸出，其中除了第一組第一個時點（格位 G11、K11、O11、S11）之外，其他各組第一個時點（例如格位 G20、K20 等）的輸出都會沿用前一組最後一個時點的輸出（請查看該等格位內的公式），這是因為我們將 stateful 設定為 True，如果我們將 stateful 設定為 False，則每一組第一個時點的輸出（例如格位 G20、G29、K20、K29 等）都會是 0。

請開啟 Z_Example 資料夾之內的範例檔「Prg_0712_ 循環層參數 _stateful_GRU.py」，這個 Python 程式展示了前述 Excel 工作表的演算，我們來看看 stateful 參數要如何使用。該檔之程式有三段，第 1 段設定所需的資料。第 2 段使用 GRU 層建構模型，該網路層將 stateful 參數設定為 True，請注意輸入資料的形狀設定方式，同樣須使用 batch_input_shape 批次輸入形狀參數來替代 input_shape 輸入形狀參數。

batch_input_shape 有三個參數值要設定，以時間數列之預測而言，需要指定批次大小、時間步及變量（特徵數），其中第一個參數值「批次大小」必須與模型 fit 訓練之 batch_size 參數值一致。此外須注意，當 stateful 參數值設定為 True 時，務必將模型 fit 訓練之 shuffle 參數值設定為 False（不打亂訓練集切割後的順序），因為模型訓練時，shuffle 的預設值為 True（隨機打亂訓練集切割後的順序，以增加模型的泛化性），在此情況下，各組資料之間的關係會亂掉（記憶單元所儲存的內容非來自前文），因而失去循環層的意義。

「Prg_0712_ 循環層參數 _stateful_GRU.py」，第 3 段加入密集層，並取出密集層的輸出，最後再取出模型的權重及偏權值。若要執行第 3 段，必須先將第 2 段取出 GRU 層的輸出指令 mark 起來，否則最終輸出結果會不同。這個 Python 程式的輸出與前述 Excel 工作表的產出是完全相同的。

7.7.6　return_state 的用途

TensorFlow 對此參數的說明如下：

Boolean. Whether to return the last state in addition to the output.

布林值。除了輸出之外是否返回最後一個狀態。

看得懂嗎？其實這個參數的用途很簡單，就是傳回循環層（SimpleRNN、LSTM、GRU 等網路層）的輸出，外加最後時點的輸出。如前述，return_sequences 參數若設定為 True，則傳回每一個時點的輸出，若設定為 False，則只傳回最後一個時點的輸出，return_state 參數可說是 return_sequences 參數設定為 True 及 False 的結合。return_state 參數比較有用的是在 LSTM 層，因為在 LSTM 層將 return_state 設定為 True 時，除了可取回該層的輸出，還可取回 cell state 元胞狀態的輸出，至於 SimpleRNN 簡單循環層及 GRU 閘門循環單元層，即使不使用 return_state 參數仍可取得最後時點的輸出。我們以實例來說明吧！

請開啟 Z_Example 資料夾之內的範例檔「0705_ 循環層參數 _return_state_LSTM.xlsx」，這張工作表展示了 LSTM 長短期記憶層的正向傳播過程，共有 3 組資料，batch_size 設定為 1，故每一批次訓練一組資料，每一組資料有 3 個時點（x_t、x_{t+1}、x_{t+2}）。第 14 欄是元胞狀態的輸出，第 19 欄是 LSTM 層的輸出。如果將 return_state

參數設定為 True，除了可取得第 19 欄是 LSTM 層每一個時點的輸出（須將 return_sequences 設定為 True），還可取得第 14 及 19 欄每一組最後時點的輸出，如工作表中以紅色框標示的資料，包括 S18、Y18 等 6 個格位。至於要如何取得這些資料呢？請看下述的 Python 程式。

👨‍🏫 **説明**　本範例檔將 stateful 參數設定為 False，所以每一組第一時點的記憶單元都會 Reset，重設歸零。

請開啟 Z_Example 資料夾之內的範例檔「Prg_0714_ 循環層參數 _return_state_LSTM.py」，這個 Python 程式展示了前述 Excel 工作表的演算，我們來看看 return_state 參數要如何使用。該檔之程式有三段，第 1 段設定所需的資料。第 2 段使用 LSTM 層建構模型，須注意的是，若要將參數 return_state 設定為 True，則必須使用 Function API 函數式應用程式介面來建構模型，而不能使用 Sequential model 順序式模型。使用 Functional API 建立模型的第一步需定義輸入層，範例如下：

```
Inputs_A=tf.keras.layers.Input(shape=(3, 1), batch_size=1)
```

使用 TensorFlow 的 layers 模組的 Input 函數指定輸入資料的資訊，括號內有兩個參數，shape 指定輸入資料的形狀，本例為 (3, 1)，是指時間步與變量。另一個參數 batch_size 指定輸入資料的批次大小，本例為 1。

然後使用 LSTM 建立輸出層，範例如下：

```
Outputs_A=tf.keras.layers.LSTM(units=1, return_state=True,
...............  name="layer_1")(Inputs_A)
```

Sequential model（順序式模型）除了第一層之外，每一層的輸入就是前一層的輸出，所以第二層起，無需再指定其輸入，但在 Functional API model（函數式應用程式介面模型），每一層都要指定其輸入。其方法是使用括號括住「輸入」並置於該網路層之後，如上述的 Inputs_A。

最後使用 Model 類別完成模型之建構，範例如下：

```
MyModel=tf.keras.models.Model(inputs=Inputs_A, outputs=Outputs_A)
```

括號內有兩個參數，分別指定輸入層及輸出層。第 3 段使用模型的 predict 函數即可取回 LSTM 層的輸出及元胞狀態之輸出。這個 Python 程式的輸出（先顯示 H_t，再顯示 C_t）與前述 Excel 工作表的產出（19 欄、14 欄）是完全相同的。

接下來，我們看看在 SimpleRNN 層之中將 return_state 設定為 True，可取得哪些資料。請開啟 Z_Example 資料夾之內的範例檔「0704_ 循環層參數 _return_state_ SimpleRNN.xlsx」，這張工作表展示了 SimpleRNN 簡單循環層的正向傳播過程，共有 3 組資料，batch_size 設定為 1，故每一批次訓練一組資料，每一組資料有 3 個時點（x_t、x_{t+1}、x_{t+2}）。第 7 欄是隱藏層的輸出，如果將 return_state 參數設定為 True，除了可取得該欄每一個時點的輸出（須將 return_sequences 設定為 True），還可取得該欄每一組最後時點的輸出，如工作表中以紅色框標示的資料，包括 I12、I18 及 I24 等 3 個格位。至於要如何取得這些資料呢？請看下述的 Python 程式。

> **說明** 本範例檔將 stateful 參數設定為 False，所以每一組第一時點的記憶單元都會 Reset，重設歸零。

請開啟 Z_Example 資料夾之內的範例檔「Prg_0713_ 循環層參數 _return_state_ SimpleRNN.py」，這個 Python 程式展示了前述 Excel 工作表的演算，而且其輸出與 Excel 工作表完全相同。因為 return_state 參數在 SimpleRNN 層的用法與前述 LSTM 層完全相同，故詳細說明請參考前段有關「Prg_0714_ 循環層參數 _return_state_ LSTM.py」之解說。

接下來，我們看看在 GRU 層之中將 return_state 設定為 True，可取得哪些資料。請開啟 Z_Example 資料夾之內的範例檔「0706_ 循環層參數 _return_state_GRU. xlsx」，這張工作表展示了 GRU 閘門循環單元層的正向傳播過程，共有 3 組資料，batch_size 設定為 1，故每一批次訓練一組資料，每一組資料有 3 個時點（x_t、x_{t+1}、x_{t+2}）。如果將 return_state 參數設定為 True，除了可取得第 15 欄每一個時點的輸出（須將 return_sequences 設定為 True），還可取得該欄每一組最後時點的輸出，如工作表中以紅色框標示的資料，包括 U18、U27 及 U36 等 3 個格位。至於要如何取得這些資料呢？請看下述的 Python 程式。

> 說明 本範例檔將 stateful 參數設定為 False，所以每一組第一時點的記憶單元都會 Reset，重設歸零。

請開啟 Z_Example 資料夾之內的範例檔「Prg_0715_ 循環層參數 _return_state_ GRU.py」，這個 Python 程式展示了前述 Excel 工作表的演算，而且其輸出與 Excel 工作表完全相同。因為 return_state 參數在 GRU 層的用法與前述 LSTM 層完全相同，故詳細說明請參考前段有關「Prg_0714_ 循環層參數 _return_state_LSTM.py」之解說。

7.7.7　其他參數的用途

訓練神經網路時需要給予權重及偏權值的初始值，一般網路層（例如 Dense layer）使用 kernel_initializer「核心初始化器」設定權重的初始值，使用 bias_ initializer「偏差初始化器」來設定偏權值的初始值。循環網路層（例如 LSTM layer 及 GRU layer）除了使用前述兩個初始化器之外，還需使用 recurrent_initializer「循環初始化器」設定權重的初始值，kernel_initializer 用於本時點權重之設定，recurrent_initializer 用於前一時點權重之設定。

權重及偏權值的多寡決定於神經元的數量，它們通常是隨機產生的，如有特殊需求，亦可逐一指定。以人工指定 0.1 及 0.2 作為初始權重的範例為 kernel_ initializer=tf.keras.initializers.Constant([0.1, 0.2])。

另一種方式是使用初始化類別來設定初始值，初始值可為固定值（全部都是 0 或 1），亦可為隨機抽樣產生的數值，主要的初始化類別如下：

```
tf.keras.initializers.Zeros()
tf.keras.initializers.Ones()
tf.keras.initializers.GlorotUniform(seed=None)
tf.keras.initializers.GlorotNormal(seed=None)
tf.keras.initializers.RandomNormal(mean=0.0, stddev=0.05, seed=None)
tf.keras.initializers.RandomUniform(minval=0., maxval=1.)
tf.keras.initializers.TruncatedNormal(mean=0., stddev=1.)
tf.keras.initializers.Orthogonal(gain=1.0, seed=None)
```

另一種方式是使用關鍵字來設定初始值，它們的功能與前述初始化類別相同，可簡化程式，但不能指定超參數，例如均數、標準差、最小值、最大值、正交矩陣乘法因子及隨機種子等。若超參數使用內定值，則建議使用關鍵字即可，主要關鍵字如下：

❑ Zeros（或 zeros）：全部初始值都是 0。

❑ Ones（或 ones）：全部初始值都是 1。

❑ GlorotUniform（或 glorot_uniform）：均勻分布抽樣。

❑ GlorotNormal（或 glorot_normal）：常態分布抽樣。

❑ RandomNormal（或 random_normal）：隨機常態分布抽樣。

❑ RandomUniform（或 random_uniform）：隨機均勻分布抽樣。

❑ TruncatedNormal（或 truncated_normal）：截尾常態分佈抽樣。

❑ Orthogonal（或 orthogonal）：正交矩陣抽樣。

　　kernel_initializer「核心初始化器」的內定值為 glorot_uniform，recurrent_initializer「循環初始化器」的內定值為 orthogonal，bias_initializer「偏差初始化器」的內定值為 Zeros。前述關鍵字與初始化類別均可用於 kernel_initializer 及 recurrent_initializer，bias_initializer 可使用 orthogonal 除外的關鍵字與初始化類別。實際應用範例請見 Z_Example 資料夾內的「Prg_0716_循環層參數_Weights.py」。

　　另外與權重及偏權值設定有關的參數是 use_bias 及 unit_forget_bias。use_bias 若設定為 True（內定值），則模型訓練會使用偏權值，若設定為 False，則模型訓練不使用偏權值，bias_initializer 之設定會失效（無作用）。unit_forget_bias 若設定為 True（內定值），則遺忘門偏權值強制設定為 1，其他偏權值仍依照 bias_initializer 之設定給予初始值。

習 題

試題 0701

請使用 SimpleRNN 層建構神經網路模型，以便能對 AirPassengers.csv 國際航空旅客人數進行時間數列預測，以過去 12 個月的資料預測下個月旅客人數（單變量多對一模式）。訓練集的 MSE 均方誤差需小於 237、測試集的 MSE 均方誤差需小於 951。資料無需標準化，原始資料切割為 132 組，前面 120 組的資料作為訓練集，最後 12 組的資料作為測試集。範例檔為 AI_0701.py，提示如下：

❑ 第 0 段：資料檔取得方式請見範例檔 AI_0701.py 開頭處之說明。

❑ 第 1 段：讀取資料檔，擷取所需欄位，並轉成二維陣列。

❑ 第 2 段：切割時間數列（時間步 12）。

❑ 第 3 段：劃分訓練集與測試集，並將自變數轉成三維陣列（樣本數，時間步，變量）。

❑ 第 4 段：建構神經網路模型（SimpleRNN 層及輸出層）。

❑ 第 5 段：訓練及評估模型。

❑ 第 6 段：對測試集進行預測。

❑ 第 7 段：計算預測結果的 MAPE、MAE、MSE、RMSE 等誤差。

試題 0702

同 0701，但以過去 36 個月的資料預測未來 12 個月的旅客人數（單變量多對多模式）。訓練集的 MSE 均方誤差需小於 858、測試集的 MSE 均方誤差需小於 1305。資料無需標準化，原始資料切割為 97 組，前面 85 組的資料作為訓練集，最後 12 組的資料作為測試集。範例檔為 AI_0702.py。

試題 0703

同 0701，但以過去 12 個月的資料預測未來 12 個月的旅客人數（單變量多對多模式）。訓練集的 MSE 均方誤差需小於 3748、測試集的 MSE 均方誤差需小於 8377。

資料無需標準化，原始資料切割為 121 組，前面 109 組的資料作為訓練集，最後 12 組的資料作為測試集。範例檔為 AI_0703.py。

試題 0704

請使用 SimpleRNN 層建構神經網路模型，以便能對 Pollution_New.csv 空污資料進行時間數列預測，以過去 24 小時的資料預測下一小時的狀況（多變量多對一模式）。訓練集的 MSE 均方誤差需小於 1484、測試集的 MSE 均方誤差需小於 2951。資料無需標準化。範例檔為 AI_0704.py，提示如下：

❏ 第 1 段：讀取資料檔，擷取所需欄位（後 4 欄），PM25 欄作為因變數（目標），PM25、TEMP、PRES、SPEED 等四欄作為自變數（特徵）。劃分訓練集與測試集，取最後 720 筆資料列為測試集，其餘 7941 筆列為訓練集。

> 👤 **説明** 本資料改自政府資料庫。

❏ 第 2 段：使用自訂函數切割時間數列，並組成批次（批次大小 32、時間步 24、切割位移量 1）。

❏ 第 3 段：建構神經網路模型（SimpleRNN 層及輸出層）。

❏ 第 4 段：訓練及評估模型。

❏ 第 5 段：對測試集進行預測。

試題 0705

同 0704，但以過去 24 小時的資料預測未來 24 小時的空污狀況（多變量多對多模式）。訓練集的 MSE 均方誤差需小於 6528、測試集的 MSE 均方誤差需小於 9865。資料無需標準化。範例檔為 AI_0705.py。

試題 0706

同 0704，但以過去 48 小時的資料預測未來 24 小時的空污狀況（多變量多對多模式），並使用 Functional API Model 函數式應用程式介面模型來處理。訓練集的

MSE 均方誤差需小於 2675、測試集的 MSE 均方誤差需小於 5048。資料無需標準化。範例檔為 AI_0706.py，提示如下：

❏ 第 1 段：讀取資料檔，擷取所需欄位（後 4 欄），PM25 欄作為因變數（目標），PM25、TEMP、PRES、SPEED 等四欄作為自變數（特徵）。劃分訓練集與測試集，取前面 7941 筆資料作為訓練集，其餘 720 筆資料作為測試集。

❏ 第 2 段：使用 dataset.window 函數切割時間數列，訓練集與測試集分別切割，並將切割出來的資料組成批次，批次大小 32。

❏ 第 3 段：建構神經網路模型。

❏ 第 4 段：訓練及評估模型。

❏ 第 5 段：對測試集進行預測。

模型建構摘要：

1. 定義輸入層，shape=(48, 4)。

2. 建立 LSTM 長短期記憶層。

3. 使用 RepeatVector 向量重複層，擴增輸入資料 24 倍。

4. 建立 LSTM 長短期記憶層。

5. 使用 TimeDistributed 時間分配層，以便將前述輸出套用於每一個變量。

6. 使用 Model 類別完成模型之建構。

試題 0707

　　請使用 LSTM 層建構神經網路模型，以便能對 household_power_consumption.csv 家庭電力消耗進行時間數列預測，以過去 24 分鐘的資料預測未來 24 分鐘的狀況（多變量多對多模式）。驗證集的 MAE 平均絕對誤差需小於 0.073。資料需正規化。範例檔為 AI_0707.py，提示如下：

❏ 第 1 段：所需資料可自 googleapis 谷歌應用程式介面公司下載：URL https://storage.googleapis.com/download.tensorflow.org/data/certificate/household_power.zip，下載後使用 zipfile 套件解壓縮。

❏ 第 2 段：讀取前述 csv 檔，擷取所需欄位（如下 7 欄），並轉成二維陣列。

Global_active_power 總消耗電功率、Global_reactive_power 總無功功率（虛功率）、Voltage 電壓、Global_intensity 平均電流強度、Sub_metering_1 廚房用能、Sub_metering_2 洗衣用能、Sub_metering_3 空調用能。

❏ 第 3 段：設定所需參數值：N_FEATURES=len(Temp_data.columns) 計算特徵（欄位）數、split_time=int(len(data) * 0.5) 計算訓練集資料筆數（50%）、BATCH_SIZE=32 批次大小、N_PAST=24 預測基準期數、N_FUTURE=24 預測期數、SHIFT=1 切割位移量。

❏ 第 4 段：資料 Normalization 正規化，將各個觀測值縮放至 0 與 1 之間。

❏ 第 5 段：劃分訓練集與驗證集（前面 50% 列入訓練集，其餘列入驗證集）。

❏ 第 6 段：使用 dataset.window 函數，將前述已正規化的訓練集資料切割出多組的自變數與因變數（驗證集比照辦理）。並將切割出來的資料組成批次，相關參數都使用第 3 段所設定的參數值。處理後的自變數與因變數的資料格式都是三維張量，其形狀為 (32, 24, 7)，括號內依序為批次大小、時間步、變量。

❏ 第 7 段：建構神經網路模型（LSTM 層及輸出層）。

❏ 第 8 段：訓練及評估模型。

試題 0708

同 0707，但以雙向 LSTM 層建構模型。驗證集的 MAE 平均絕對誤差需小於 0.053。範例檔為 AI_0708.py。

試題 0709

同 0707，但以雙向 GRU 層建構模型。驗證集的 MAE 平均絕對誤差需小於 0.052。範例檔為 AI_0709.py。

試題 0710

同 0707，但以 Functional API Model 函數式應用程式介面模型來處理。驗證集的 MAE 平均絕對誤差需小於 0.051。範例檔為 AI_0710.py。

模型建構摘要：

1. 定義輸入層，shape=(24, 7)。

2. 建立 LSTM 長短期記憶層。

3. 使用 RepeatVector 向量重複層，擴增輸入資料 24 倍。

4. 建立 LSTM 長短期記憶層。

5. 使用 TimeDistributed 時間分配層，以便將前述輸出套用於每一個變量。

6. 使用 Model 類別完成模型之建構。

試題 0711

　　同 0707，但以過去 48 分鐘的資料預測未來 24 分鐘的狀況（多變量多對多模式），並以 Functional API Model 函數式應用程式介面模型來處理。驗證集的 MAE 平均絕對誤差需小於 0.051。範例檔為 AI_0711.py。模型建構摘要請參考 0710 之說明。

試題 0712

　　同 0707，但以過去 36 分鐘的資料預測未來 1 分鐘的狀況，並以 Functional API Model 函數式應用程式介面模型來處理。驗證集的 MAE 平均絕對誤差需小於 0.016。範例檔為 AI_0712.py。模型建構摘要請參考 0710 之說明。

試題 0713

　　請使用 GRU 層建構神經網路模型，以便能對 Metro_Interstate_Traffic_Volume.csv 洲際地鐵運量進行時間數列預測，以過去 48 小時的資料預測未來 10 小時的運量。驗證集的 MAE 平均絕對誤差需小於 0.12。資料需正規化，前面 30000 筆列入訓練集，後面 18204 筆列入驗證集。訓練集自變數切割出 1437264 組，因變數切割出 29943 組。驗證集自變數切割出 871056 組，因變數切割出 18147 組。範例檔為 AI_0713.py，提示如下：

❑ 第 0 段：資料檔取得方式請見範例檔 AI_0713.py 開頭處之說明。

❑ 第 1 段：讀取資料檔。本資料檔有 48204 筆，9 個欄位如下：

holiday 假日（Labor Day 勞動節等 12 種假日，非假日則以 None 表示）、temp 開爾文平均溫度（亦翻譯為克耳文溫度或克氏溫度，它是絕對溫度，減 273.15 即為攝氏溫度）、rain_1h 時雨量（毫米）、snow_1h 時雪量（毫米）、clouds_all 雲的覆蓋百分比、weather_main 天氣的短文字描述（Rain、Snow、Clear 等 12 種）、weather_description 天氣的長文字描述（heavy snow、light snow 等 37 種）、date_time 數據收集時間（每一小時一筆）、traffic_volume 交通量。

資料讀取時將 date_time 轉為索引，其他 8 欄作為自變數（包括 traffic_volume 欄），traffic_volume 欄作為因變數（預測目標）。

資料讀取後進行下列預處理：

- 進行標籤編碼，將 holiday、weather_main、weather_description 等三欄轉成數字代碼。
- 轉成二維陣列。
- 資料正規化，將各個觀測值縮放至 0 與 1 之間。
- 劃分訓練集與驗證集，前面 3 萬筆列入訓練集，其餘列入驗證集。

❏ 第 2 段：切割時間數列（時間步 12）。使用自訂函數 F_XYsplit 切割，此函數接收三個參數，欲處理的資料集、預測基準期數（48）、預測期數（10）。

❏ 第 3 段：將自變數轉成三維陣列（樣本數, 時間步, 變量）。

❏ 第 4 段：建構神經網路模型（兩個 GRU 層及輸出層）。

❏ 第 5 段：訓練及評估模型。

❏ 第 6 段：對測試集進行預測。

試題 0714

同 0713，但以雙向 GRU 層建構模型。驗證集 MAE 平均絕對誤差需小於 0.11。範例檔為 AI_0714.py。

試題 0715

請使用雙向 LSTM 層建構神經網路模型,以便能對 AirQualityUCI.csv 空氣品質資料進行時間數列預測,以過去 24 小時的資料預測未來 24 小時的狀況。驗證集的 MAE 平均絕對誤差需小於 0.15。資料需正規化。範例檔為 AI_0715.py,提示如下:

❏ 第 0 段:資料檔取得方式請見範例檔 AI_0715.py 開頭處之說明。

❏ 第 1 段:讀取資料檔。資料讀取後須使用 iloc 函數擷取有效欄位(原 csv 檔有多餘的欄位及列數),有效資料有 9357 筆,15 個欄位如下:

Date 日期、Time 時間、CO(GT) 一氧化碳濃度、PT08.S1(CO) 氧化錫、NMHC(GT) 非金屬碳氫化合物濃度、C6H6(GT) 每小時平均苯濃度、PT08.S2(NMHC) 二氧化鈦、NOx(GT) 氮氧化物、PT08.S3(NOx) 氧化鎢 _S3、NO2(GT) 二氧化氮、PT08.S4(NO2) 氧化鎢 _S4、PT08.S5(O3) 氧化銦、T 溫度、RH 相對濕度、AH 絕對濕度。

資料讀入之後,刪除前兩欄(日期與時間),再刪除錯誤資料(各欄之值小於等於 -200 的資料),處理後的資料有 827 筆 13 欄。

❏ 第 2 段:進行下列預處理:

- 將資料格式由資料框轉成二維陣列。

- 設定所需變數值。批次大小 32、預測基準期數 24、預測期數 24、切割位移量 1。

- 資料正規化,將各個觀測值縮放至 0 與 1 之間。

❏ 第 3 段:劃分訓練集與驗證集。前面 720 筆列入訓練集,其餘資料列入驗證集。

❏ 第 4 段:切割時間數列(時間步 24)。使用 dataset.window 函數切割。自變數(特徵)取全部 13 欄,因變數(目標)取前面 10 欄。

❏ 第 5 段:建構神經網路模型(雙向 LSTM 層及輸出層)。

❏ 第 6 段:訓練及評估模型。

❏ 第 7 段:對測試集進行預測,反轉預測結果,並匯出為 Excel 檔。

試題 0716

請使用兩個 GRU 層建構神經網路模型，以便能對 PRSA_data_2010.1.1-2014.12.31.csv 北京空污資料進行時間數列預測，以過去 24 小時的資料預測未來 1 小時的狀況。驗證集的 MAE 平均絕對誤差需小於 0.014。資料需正規化。範例檔為 AI_0716.py，提示如下：

❏ 第 0 段：資料檔取得方式請見範例檔 AI_0716.py 開頭處之說明。

❏ 第 1 段：讀取資料檔。本資料檔有 43824 筆，13 個欄位如下：

No 序號、year 年度、month 月份、date 日期、hour 時間、pm2.5 細懸浮微粒、DEWP 露點、TEMP 溫度、PRES 氣壓、cbwd 風向、Iws 風速、Is 累積雪量、Ir 累積雨量。

資料讀入之後，刪除空值資料，合併 year、month、day、hour 等 4 欄資料，再存入新的欄位 time（日期時間格式），然後刪除 No、year、month、day、hour 等 5 欄，最後將 time 欄設為索引。資料處理後有 41757 筆 8 欄。

❏ 第 2 段：進行下列預處理：

- 對 cbwd 風向欄進行標籤編碼（轉成數字代碼）。

- 將資料格式由資料框轉成二維陣列。

- 資料正規化，將各個觀測值縮放至 0 與 1 之間。

❏ 第 3 段：劃分訓練集與驗證集。前面 8760 筆列入訓練集，其餘 32997 筆列入驗證集。

❏ 第 4 段：切割時間數列（時間步 24）。使用自訂函數切割訓練集與驗證集。自變數（特徵）取全部 8 欄，因變數（目標）取第 1 欄（pm2.5）。

❏ 第 5 段：將切割後訓練集轉成三維張量資料集（自變數與因變數合併於同一個 Dataset），切割後驗證集比照辦理。切割量大耗時較久。

❏ 第 6 段：建構神經網路模型（兩個 GRU 層及輸出層）。

❏ 第 7 段：訓練及評估模型。

❏ 第 8 段：對測試集進行預測（使用 DS_Valid 驗證集資料），並反轉預測結果。

試題 0717

同 0716，對同樣的資料進行時間數列預測，但作如下之修正：

❑ 以過去 48 小時的資料預測未來 48 小時的狀況。

❑ 以兩個雙向 LSTM 層建構模型。

❑ 改用 dataset.window 函數切割時間數列。

❑ 前三年的資料列入訓練集（24*365*3=26280 筆），其餘資料列入驗證集。

❑ 最後一段對驗證集（Valid_set）進行預測，並使用 sklearn 套件計算 4 種誤差。驗證集 MAE 平均絕對誤差需小於 0.065。範例檔為 AI_0717.py。

試題 0718

請使用兩個 GRU 層建構神經網路模型，以便能對 Taipei Temperature.csv 台北歷年之月平均氣溫進行時間數列預測，以過去 24 個月的資料預測未來 3 個月的氣溫。訓練集的 MAE 平均絕對誤差需小於 0.055、測試集的 MAE 平均絕對誤差需小於 0.043。資料需正規化，前面 56 年（672 筆）的資料作為訓練集，後面 5 年（60 筆）的資料作為測試集。範例檔為 AI_0718.py，提示如下：

❑ 第 1 段：讀取資料檔。該檔從 1960 年 1 月～ 2020 年 12 月，每月一筆，連續 61 年，共計 12*61=732 筆。

> 💁 **説明** 資料改自政府資料庫。

❑ 第 2 段：資料正規化，將觀測值縮放至 0 與 1 之間。

❑ 第 3 段：劃分訓練集與測試集，並轉成一維陣列。

❑ 第 4 段：以自訂函數切割訓練集與測試集。切割後之訓練集有 646 組，切割後之測試集有 34 組。

❑ 第 5 段：將自變數由二維陣列轉成三維陣列，以符合模型之輸入要求（n 列、時間步、變量）。

❑ 第 6 段：建構神經網路模型（兩個 GRU 層及輸出層）。

❑ 第 7 段：訓練及評估模型。

❑ 第 8 段：對測試集進行預測。

❑ 第 9 段：計算預測結果的 MAPE、MAE、MSE、RMSE 等誤差。

❑ 第 10 段：將測試集的預測結果匯出為 Excel 檔。

試題 0719

同 0718，對同樣的資料進行時間數列預測，但作如下之修正：

❑ 以過去 12 個月的氣溫預測未來 12 個月的氣溫度。

❑ 資料正規化改為資料標準化。

❑ 使用 dataset.window 函數來切割時間數列。

❑ 未正規化的測試集需要切割一次，以便與預測值比較。

訓練集的 MAE 平均絕對誤差需小於 0.07，驗證集的 MAE 平均絕對誤差需小於 0.026。範例檔為 AI_0719.py，提示如下：

❑ 第 1 段：讀取資料檔（請見 0718）。

❑ 第 2 段：資料標準化，將觀測值轉換到均值為 0，標準差為 1 的範圍內。

❑ 第 3 段：劃分訓練集與測試集。

❑ 第 4 段：以 dataset.window 函數來切割訓練集與測試集。

❑ 第 5 段：建構神經網路模型（兩個 GRU 層及輸出層）。

❑ 第 6 段：訓練及評估模型。

❑ 第 7 段：對測試集進行預測。

❑ 第 8 段：計算預測結果的 MAPE、MAE、MSE、RMSE 等誤差。先將未正規化的測試集切割一次，以便取得測試集因變數實際值。

❑ 第 9 段：將測試集的預測結果匯出為 Excel 檔。

試題 0720

請使用兩個 GRU 層建構神經網路模型，以便能對 Covid_19.csv 新冠肺炎確診及死亡人數進行時間數列預測，以過去 7 天的資料預測未來 7 天的狀況。訓練集的 MAE 平均絕對誤差需小於 0.035、驗證集的 MAE 平均絕對誤差需小於 0.038。資料需正規化，前面 510 筆資料作為訓練集，後面 91 筆資料作為驗證集。範例檔為 AI_0720.py，提示如下：

❏ 第 1 段：讀取資料檔，再轉成二維陣列。原始資料有 3 欄 Sno 序號、Confirmed 確診（7 天移動平均）、Deaths 死亡（7 天移動平均），讀入資料時將 Sno 設為索引欄。

 説明 改自衛福部疾管署所公布的某國數據。

❏ 第 2 段：資料正規化，將觀測值縮放至 0 與 1 之間。

❏ 第 3 段：劃分訓練集與驗證集。

❏ 第 4 段：使用 dataset.window 函數來切割訓練集與驗證集。相關參數：BATCH_SIZE=32：批次大小、N_PAST=7：預測基準期數、N_FUTURE=7：預測期數、SHIFT=1：切割位移量。

❏ 第 5 段：建構神經網路模型（GRU 層及輸出層）。

❏ 第 6 段：訓練及評估模型。

❏ 第 7 段：進行預測（使用驗證集 Valid_set），並反轉預測結果。

❏ 第 8 段：計算預測結果的 MAPE、MAE、MSE、RMSE 等誤差。8-0 將反轉後的預測結果轉成二維陣列。8-1 取出未正規化的驗證集資料 Test_series_A，然後使用 windowed_dataset 自訂函數進行切割。8-2 取出切割之後的自變數及因變數。8-3 計算四種預測誤差。

❏ 第 9 段：將測試集的預測結果匯出為 Excel 檔。

試題 0721

同 0720，但使用 LSTM 層及 Functional API Model 函數式應用程式介面模型來建構神經網路。訓練集 MAE 的平均絕對誤差需小於 0.022、驗證集的 MAE 平均絕對

誤差需小於 0.030。資料需正規化,前面 510 筆的資料作為訓練集,後面 91 筆的資料作為測試集。範例檔為 AI_0721.py。

模型建構摘要:

1. 定義輸入層,shape=(7, 2)。

2. 建立 LSTM 長短期記憶層。

3. 使用 RepeatVector 向量重複層,擴增輸入資料 7 倍。

4. 建立 LSTM 長短期記憶層。

5. 使用 TimeDistributed 時間分配層,以便將前述輸出套用於每一個變量。

6. 使用 Model 類別完成模型之建構。

試題 0722

同 0720,但使用雙向 LSTM 層建構神經網路模型。訓練集 MAE 平均絕對誤差需小於 0.037、驗證集的 MAE 平均絕對誤差需小於 0.033。範例檔為 AI_0722.py。

試題 0723

請使用 GRU 層建構神經網路模型,以便能對 Stock_TMSC.xlsx 台積電股價資料進行時間數列預測,以過去 30 個交易日的資料預測下一個交易日的收盤價格。驗證集的 MAE 的平均絕對誤差需小於 0.0065。資料需正規化,前面 80%(2057 筆)資料作為訓練集,其餘 515 筆資料作為驗證集。範例檔為 AI_0723.py,提示如下:

❑ 第 1 段:讀取資料檔,再轉成二維陣列。原始資料有兩欄,date 日期及 Close Price 收盤價格,讀入資料時將 date 設為索引欄。

說明 資料取自台灣證券交易所網站。

❑ 第 2 段:資料正規化,將觀測值縮放至 0 與 1 之間。

❑ 第 3 段:劃分訓練集與驗證集。

❏ 第 4 段：使用 dataset.window 函數來切割訓練集與驗證集。相關參數：BATCH_SIZE=32 批次大小、N_PAST=30 預測基準期數、N_FUTURE=1 預測期數、SHIFT=1 切割位移量。

❏ 第 5 段：建構神經網路模型（GRU 層及輸出層）。

❏ 第 6 段：訓練及評估模型。

❏ 第 7 段：進行預測（使用驗證集 Valid_set），並反轉預測結果。

❏ 第 8 段：計算預測結果的 MAPE、MAE、MSE、RMSE 等誤差。8-1 取出未正規化的驗證集資料 Test_series_A，然後使用 windowed_dataset 自訂函數進行切割。8-2 取出切割之後的自變數及因變數。8-3 計算四種預測誤差。

❏ 第 9 段：將測試集的預測結果匯出為 Excel 檔。

試題 0724

同 0723，但使用 LSTM 層及 Functional API Model 函數式應用程式介面模型來建構神經網路。驗證集的 MAE 平均絕對誤差需小於 0.0088。範例檔為 AI_0724.py。

試題 0725

請使用 LSTM 層建構神經網路模型，以便能對 sunspots.csv 太陽黑子數進行時間數列預測，以過去 60 個月的資料預測下一個月的黑子數。驗證集的 MAE 的平均絕對誤差需小於 0.051。資料需正規化，前面 80%（2588 筆）資料作為訓練集，其餘 647 筆資料作為驗證集。範例檔為 AI_0725.py，提示如下：

❏ 第 1 段：從 googleapis 谷歌應用程式介面公司下載資料檔，🔲 https://storage.googleapis.com/download.tensorflow.org/data/Sunspots.csv。原始資料有序號、日期、黑子月平均數等三欄。下載後使用 csv 套件的 reader 函數將 csv 檔載入記憶體，再使用 for 迴圈將 csv 檔逐筆併入暫存串列，最後將串列轉成陣列。

❏ 第 2 段：資料正規化，將觀測值縮放至 0 與 1 之間。

❏ 第 3 段：劃分訓練集與驗證集。

❏ 第 4 段：使用自訂函數 F_XYsplit 切割訓練集與驗證集（先將已正規化的資料轉成二維陣列）。

❏ 第 5 段：將訓練集自變數由二維陣列轉成三維陣列（樣本數、時間步、變量），驗證集比照辦理。

❏ 第 6 段：建構神經網路模型（3 個 LSTM 層及輸出層）。

❏ 第 7 段：訓練及評估模型。

❏ 第 8 段：進行預測（使用驗證集 Valid_X），並反轉預測結果。

❏ 第 9 段：計算預測結果的 MAPE、MAE、MSE、RMSE 等誤差。9-1 取出未正規化的驗證集資料 Test_series_A，然後使用自訂函數進行切割。9-2 計算四種預測誤差。

❏ 第 10 段：將測試集的預測結果匯出為 Excel 檔。

試題 0726

同 0725，但使用卷積池化層建構神經網路模型，並使用 dataset.window 函數切割時間數列。驗證集的 MAE 平均絕對誤差需小於 0.045。範例檔為 AI_0726.py，提示如下：

❏ 第 1 段：讀取資料檔（請見 0725 第 1 段）。

❏ 第 2 段：資料正規化，將觀測值縮放至 0 與 1 之間。

❏ 第 3 段：劃分訓練集與驗證集。

❏ 第 4 段：使用 dataset.window 函數切割時間數列（先將已正規化的資料轉成二維陣列）。相關參數：BATCH_SIZE=32 批次大小、N_PAST=60 預測基準期數、N_FUTURE=1 預測期數、SHIFT=1 切割位移量。

❏ 第 5 段：建構神經網路模型（一維卷積層、一維池化層、展平層、全連結層及輸出層）。

❏ 第 6 段：訓練及評估模型。

❏ 第 7 段：進行預測（使用驗證集 Valid_set），並反轉預測結果。

❏ 第 8 段：計算預測結果的 MAPE、MAE、MSE、RMSE 等誤差。8-1 取出未正規化的驗證集資料 Test_series_A，然後使用 dataset.window 函數進行切割。8-2 取出切割之後的自變數及因變數。8-3 計算四種預測誤差。

❏ 第 9 段：將測試集的預測結果匯出為 Excel 檔。

試題 0727

同 0725，但以過去 60 個月的資料預測未來 12 個月的黑子數，並使用雙向 LSTM 層建構神經網路模型，以及使用 dataset.window 函數切割時間數列。驗證集的 MAE 平均絕對誤差需小於 0.054。範例檔為 AI_0727.py。

試題 0728

同 0725，但以過去 60 個月的資料預測未來 12 個月的黑子數，並使用 GRU 層及 LSTM 層建構神經網路模型，以及使用 dataset.window 函數切割時間數列。驗證集的 MAE 平均絕對誤差需小於 0.058。範例檔為 AI_0728.py。

試題 0729

同 0725，但以過去 60 個月的資料預測未來 12 個月的黑子數，並使用 LSTM 層及 Functional API Model 函數式應用程式介面模型來建構神經網路，以及使用 dataset. window 函數切割時間數列。驗證集的 MAE 平均絕對誤差需小於 0.057。範例檔為 AI_0729.py。

模型建構摘要：

1. 定義輸入層，shape=(60, 1)。

2. 建立 LSTM 長短期記憶層。

3. 使用 RepeatVector 向量重複層，擴增輸入資料 1 倍。

4. 建立 LSTM 長短期記憶層。

5. 使用 TimeDistributed 時間分配層，以便將前述輸出套用於每一個變量。

6. 使用 Model 類別完成模型之建構。

試題 0730

前述習題都屬「時間數列預測」問題，本題則為「時間數列分類」問題，以多變量時間數列來進行動作（人類行為）的分類（識別）。運動手環及運動手錶等穿戴裝置或手機內建的「健康 App」，都是透過其內的 Inertial Measurement Unit 慣性感測

單元記錄各種動作的速度及方向，然後以人工智慧來辨識 User 的動作究竟是哪一種（走路、跑步或跳躍等），再統計該等動作的數據，供 User 參考。本習題即屬此類訊息之辨識。

請使用雙向 LSTM 層建構神經網路模型，以便能對 WISDM_ar_v1.1_raw.txt「WISDM 使用者行為識別資料集」進行人類動作之辨識。WISDM 是 Wireless Sensor Data Mining 的縮寫，本資料集是無線感測器資料採擷實驗室所公開的資料，內含 36 人的走路、慢跑、上樓梯、下樓梯、坐下、站起等六種動作的記錄。本檔案的取樣頻率為 20Hz，亦即每一秒有 20 個記錄（每一秒 =1000 毫秒，20Hz 就是 50 毫秒取樣一次，50 毫秒 =0.05 秒，故 0.05 秒一筆記錄）。共計 109 萬 8209 筆，其欄位如下：

user_id 使用者代號、activity 動作（行為）、timestamp 時間戳記、x_axis X 軸速度值（左右移動的加速度，正數向右，負數向左）、y_axis Y 軸速度值（前進後退的加速度，正數前進，負數後退）、z_axis Z 軸速度值（上下移動的加速度，正數向上，負數向下）。

「時間戳記」是代表日期時間的一組數字，例如在 Python 中，1591008786 代表 2020 年 6 月 1 日 18 時 53 分 6 秒。XYZ 三軸的數值代表某時點一個動作的方向及加速度，屬於三個特徵（自變數）的時間數列，activity「動作」是因變數，是神經網路模型要辨識的目標。因為本資料集之中每一筆記錄是使用者瞬間的動作記錄（方向與加速度記錄），但一個動作完成可能要好幾秒，故須以連續時間的記錄來判斷，而不能以單筆資料的對應關係來判斷運動的種類。很多動作在啟動時（例如上樓或慢跑）的方向及加速度是相同的，所以要考慮前後時點的資料來進行辨識，故本例需要使用循環神經網路來處理，一般密集層是無法達成的。

測試集的正確率需大於 0.85。資料需 Robustization 穩健化（直譯魯棒化），範例檔為 AI_0730.py，提示如下：

❏ 第 0 段：資料檔取得方式請見範例檔 AI_0730.py 開頭處之說明。

❏ 第 1 段：讀取資料檔。因為原檔沒有欄位名稱，故讀入時使用 names 參數設定欄位名稱（如前述 user_id 等 6 個），以利後續之操作。另外，原檔案有部分錯誤，例如第 134634 筆的末尾缺少分行符號，以致與下一筆連在一起，故須使用參數

error_bad_lines=False 或 on_bad_lines='skip'，以便略過該等資料（不讀入）。這兩個參數都可排除錯誤資料，所不同的是，前者會顯示錯誤資料的索引順序（列號），後者則不顯示任何訊息。資料讀取之後，再使用 dataframe 的 replace 函數去掉最後一欄（z_axis）的分號，並變更該欄的資料型態為浮點數。原檔有 109萬 8209 筆，排除錯誤資料之後剩餘 108 萬 6465 筆。

❏ 第 2 段：劃分訓練集與測試集。依照使用者代號劃分，代號小於等於 30 者之記錄（886622 筆）列入訓練集，其餘 6 人的記錄（199843 筆）列入測試集。

❏ 第 3 段：資料穩健化（直譯魯棒化）。它是另一種資料轉換方式，可縮小各特徵中間 50% 數據的離散程度，詳細說明請見附錄 A 的 QA_21 問答集。

本例使用 sklearn 套件的 RobustScaler 定標器縮放 XYZ 三軸的加速度資料。因為定標器的處理對象必須是多維陣列，故先取出三軸資料，再使用 reshape 函數轉成二維陣列。並將轉換後的資料存入新增的欄位。

❏ 第 4 段：時間數列切割。使用自訂函數 F_XYsplit 來切割，切割後每一組自變數資料（100 列 3 行的二維陣列）對應 1 個因變數（動作名稱），屬於多變量多對一模式。因為本例的取樣頻率為 20Hz，故每一秒有 20 個記錄，所以 100 列資料的時間為 5 秒，相當於以 5 秒鐘的記錄來識別一個動作。本例屬於多變量多對一的模式，但以過去 100 個時點的資料來辨識一個動作，而非以過去 100 個時點的資料來預測下一個動作，故屬於時間數列分類（辨識）問題，而非時間數列預測問題。因為連續 100 個時點所對應的動作可能不相同，故其對應的因變數（動作）須作一個取捨，本例以出現次數最多者為準，如果出現次數相同，則取遞增排序在前者，此因變數（動作）之取捨可用 scipy 套件的 mode 函數來達成。

❏ 第 5 段：因變數單熱編碼。本例因變數為文字（動作名稱），故需先進行標籤編碼（轉成數字代碼），再進行單熱編碼。

❏ 第 6 段：建構神經網路模型。雙向 LSTM 層（輸入形狀參數為時間步 100 及變量3）、丟棄層（rate=0.2）、批次正規化層、密集層、輸出層（units=6）。

❏ 第 7 段：訓練及評估模型。

❏ 第 8 段：對測試集進行辨識，並將辨識結果的數字代碼轉回文字標籤。

❏ 第 9 段：對測試集進行交叉分析，計算預測正確率，再匯出預測結果。

試題 0731

同 0730，但使用卷積池化層建構神經網路模型。測試集的正確率需大於 0.91。範例檔為 AI_0731.py。

因為卷積層會處理連續範圍的資料，與循環層考慮連續時點的資料有同樣功能，故卷積層適用於時間數列預測（或分類辨識）問題，甚至在某些案例的績效可能更好（較少的訓練次數就可達到較大的正確率）。但須注意，需使用一維卷積層，而非二維卷積層，後者的輸入資料須為四維陣列或四維張量；另須注意，卷積池化層之後需接展平層，才能連結輸出層（全連結層）。

文本分類

8.1 文本處理步驟

8.2 移除停用詞

8.3 斷詞器

8.4 嵌入層與詞向量

8.5 預訓練的詞向量

8.6 文本分類的意義與程序

8.7 文本分類資料集簡介

8.8 文本預訓練模型之運用

8.9 文本分類的進階處理

文本分類是自然語言處理的要項之一，在說明文本分類之前，需對自然語言之處理有所了解。Natural language 自然語言是指人與人之間溝通所使用的語言，例如美語、日語、台語或中文、英文及韓文等，它是隨著人類演化而自然產生的。與自然語言相對的是 Programming language 程式語言（或稱機器語言），它是人類為了與電腦等機器溝通所設計出來的語言，例如 Visual Basic、Python、C# 及 R 等語言。而所謂 Natural Language Processing 自然語言處理（簡稱 NLP）則是讓電腦能夠理解人類的自然語言，以便協助人類進行語言翻譯、機器人問答、資訊檢索、文本摘要、文本朗讀、文本分類及文本生成等工作。

處理自然語言的主要神經網路是 RNN 循環神經網路，包括 SimpleRNN、LSTM 及 GRU 等模型（此等模型亦可用於時間數列預測），其所處理對象可分成兩大類，即 Speech 語音及 Text 文本。所謂「文本」是指以書面語言所呈現的一個句子、一段文字或一篇文章。

8.1　文本處理步驟

欲訓練出高績效的神經網路模型，除了需要大量的資料外，還必須妥適地處理資料（包括資料清理、資料標準化及資料格式之轉換等），才能丟入模型，展開訓練；因為此等工作是在模型訓練之前執行的，故稱為 Data Preprocessing 資料預處理，其主要目的在符合模型所需之規格、加快處理速度及提高正確率。不同的神經網路模型訓練（例如分類預測及圖片辨識）會有不同的預處理工作，文本處理的步驟如下 8 項，其中第 3、4 項是其特有的預處理工作。

1. 讀取資料（通常為 txt 或 csv 等格式的檔案）。

2. 轉換資料格式（例如 list 串列）。

3. 移除停用字（視需要而定）。

4. 自變數（輸入文本）處理，包括「斷詞與建立字典」、「轉成代碼序列」、「填充或裁切使句子等長」。

5. 因變數（目標文本）處理，包括「標籤編碼」、「單熱編碼」。

6. 劃分訓練集與驗證集（可能需用分層抽樣法）。

7. 建立類神經網路模型（第一層為 Embedding Layer 嵌入層）。

8. 模型訓練及績效評估。

8.2 移除停用詞

所謂 Remove Stop Words 移除停用詞，是將特定字詞從文本中去除，可減少模型訓練時間、提高分類的準確性及增加資料檢索速度。停用詞可分為兩類，第一類是 Function word 功能詞（亦稱為虛詞），包含介詞、連接詞、助詞、感嘆詞等，這些功能詞很普遍，但沒有什麼實際含義，例如 the、is、are、at、which、who、on 等。第二類是 lexical word 辭彙詞（含有具體意義的詞彙），例如 want、new、provide 等，這些字詞應用也很廣泛，但在某些運用中（例如搜尋）無所助益，故亦會將其移除，以提高搜索效能。英文常用的停用詞可在下列網頁找到：URL https://www.ranks.nl/stopwords。

讀者亦可從 nltk 套件下載停用字，該套件內建了 179 個英文停用字，包括 i、my、me、of、to 等。此外，標點符號及特殊符號通常也會自文本中移除，nltk 套件內建了 32 個此等符號，包括逗號、驚嘆號、問號及 #、$ 等特殊符號。

並非所有的自然語言處理都需移除停用詞，移除停用詞通常用於文本分類、標題生成及垃圾郵件過濾等作業，而在機器翻譯、文本摘要、文本生成及問答系統（聊天機器人）等作業則不建議移除停用詞。nltk 及 gensim 這兩個套件可幫助我們移除停用字，但適用對象稍有不同，詳細說明請見附錄 A 的問答集 QA_09。

8.3 斷詞器

電腦無法理解自然語言中各個字詞的意義，所以在處理自然語言時，須先將句子拆成單字，再轉成數字代碼，例如 This is a book. 這句話會轉成 [2, 3, 4, 5] 這樣的串

列，以便於類神經網路模型的運算處理。我們先舉個簡單的例子，以便了解文本預處理的樣貌。

假設我們要處理的文本包含下列三個句子：

He is your friend.

He is a good man.

Is he a good boss?

經過處理之後，變成下列的數字代碼，才能丟入神經網路模型：

[2 3 6 7 0]

[2 3 4 5 8]

[3 2 4 5 9]

轉換之前是文字串列，轉換之後變成數字陣列，轉換之前有標點符號，轉換之後已無標點符號，轉換之前每個句子的長度不同，轉換之後每個句子的長度都相同。這個文本預處理工作可使用表 8-1 的程式來完成。

▍表 8-1　程式碼：TensorFlow 之文本預處理

01	import tensorflow as tf
02	M_Text=['He is your friend.', 'He is a good man.', 'Is he a good boss?']
03	My_tokenizer=tf.keras.preprocessing.text.Tokenizer(num_words=None,
04	filters='!"#$%&()*+,-./:;<=>?@[\\]^_`{|}~\t\n',
05	split=' ', lower=True, oov_token="OOV", char_level=False)
06	My_tokenizer.fit_on_texts(M_Text)
07	My_dictionary=My_tokenizer.word_index
08	M_Codes=My_tokenizer.texts_to_sequences(M_Text)
09	M_Pads=tf.keras.preprocessing.sequence.pad_sequences(M_Codes,
10	padding='post', truncating='post', maxlen=None, dtype='int32', value=0)

文本資料通常要經過「斷詞與建立字典」、「轉成代碼序列」及「填充或裁切使句子等長」等程序之處理，才能丟入模型進行訓練，此等程序稱為 Text Preprocessing

文本預處理。在 TensorFlow 之中 Tokenizer 斷詞器（或稱為分詞器）及 pad_sequences 序列填充模組可完成此等工作。

　　表 8-1 第 2 列是我們要處理的文本，內含三句英文，是一個串列格式，取名為 M_Text。tensorflow 的 Tokenizer 斷詞器可以完成斷詞、過濾標點符號、建立字典及轉成代碼序列等工作，程式如表 8-1 第 3 ～ 8 列。隨後再使用 pad_sequences 序列填充模組使每一個句子的長度都相同（第 9 ～ 10 列）。

　　第 3 ～ 5 列先定義 Tokenizer 斷詞器，以便決定文本預處理的方式，其主要參數說明如下。

　　num_words 設定需要轉換成對應代碼的字數，若不想限制（全文都轉換），則可設為 0 或 None（內定值）。如果此參數設定了限制字數（例如 50 或 1000），則部分字詞可能不會轉成對應的代碼，而是一律轉成特定的代碼（例如 1），為何要限制轉換字數而不轉換文本中的全部單字呢？因為此舉可將出現頻率較少的字詞都轉同一代碼，理論上可提高模型的正確率，因為常用字影響分類結果較大，罕用字類似噪音，干擾預估的結果。num_words 參數值的設定不會影響字典的字數，但會影響後續轉換成序列代碼的結果（稍後再解釋）。

　　filters 設定需要過濾的字符，例如：filters='!"#$%&()*+,-./:;<=>?@[\\]^_`{|}~\t\n'，可過濾掉 33 個標點符號及特殊符號，包括 line breaks 換行符號 \n 及 Tab 鍵 \t，但不包括 ' 單引號，例如 isn't，不會變成 isnt。上述 33 個字符是內定值，若要使用這些內定值，亦可省略整個參數（不書寫）。

　　split 指定拆分（斷詞）的符號，通常要將句子拆成單字，所以將其參數值設為 space 空白（例如 split=' '），若設為逗號或句號，則會將一篇文章拆成多個句子。

　　lower 轉成小寫，預設為 True，通常區分大小寫對自然語言的處理無助益，故一般都將大寫英文轉成小寫。

　　char_level 拆分層級，內定為 False，若設為 True，則會將句子拆成一個一個的英文字母，設為 False，才能將句子拆成一個一個的單字。char_level 是 character level 字元（字符）層級的意思，字元的例子有：字母、數字或標點符號等。

　　oov_token 指定非保留字（省略字）的符號，oov 是 Out of Vocabulary「超出字彙」的縮寫，token 是代號（符號）之意。如前述，在處理文本資料時，並不一定需要

將所有的單字都轉成對應的代碼，有時候只轉換部分單字，反而可提高模型的正確率並加快處理速度，此時可將不轉成對應代碼的單字，一律轉成同樣的字符（例如 OOV 或 Error），隨後再轉成固定代碼（例如 1），稍後再舉例說明，我們先說明文本預處理的其他工作。

表 8-1 第 6 列使用 Tokenizer 的 fit_on_texts 設定斷詞器處理對象，本例為 M_Text。程式第 7 列使用 Tokenizer 的 word_index 來建立字典。字典就是文本中各個單字及其代碼的對照表，本例會產生如下的字典（對照表）：

```
{'OOV': 1, 'he': 2, 'is': 3, 'a': 4, 'good': 5, 'your': 6, 'friend': 7,
'man': 8, 'boss': 9}
```

因為本例已將逗點及句點等標點符號排除（停用），其他英文單字（不分大小寫）按照出現的頻率來編製其代碼，出現越頻繁（亦即出現次數越多）的單字會被編在越前面（代碼越小），出現次數相同的單字則依其在文本中出現的順序編列代碼，越早出現的單字，其代碼越小。本例出現最多次的單字為 he 及 is（各三次），但因 he 比 is 早出現，故 he 的代碼為 2，is 的代碼為 3。各個字詞的代碼從 2 開始編列，因為 1 是省略字的代碼。

本例排除標點符號之後，有 8 個不重複的單字，he is a good your friend man boss，再加上 1 個省略字的替代符號（本例為 OOV），共有 9 個單字。故若將 num_words 的參數值設為 9（不含）以上，則會完整轉換，亦即每一個單字都會轉成對應的代碼。但若將 num_words 的參數值設為 9（含）以下，則不會完整轉換，部分單字會轉換成省略字的代碼（本例為 1）。假設我們將 Tokenizer 斷詞器的 num_words 參數值設為 9，則轉換結果如下：

[2 3 6 7 0]

[2 3 4 5 8]

[3 2 4 5 1]

boss 在字典中的代碼為 9，此時被 1 所取代。

本節的實際範例請參考下列三檔（位於 Z_Example 資料夾）：

❑ Prg_0801_ 文本預處理之概念 _1.py，可了解文本預處理的過程。

❑ Prg_0802_ 文本預處理之概念 _2.py，可測試 num_words 參數的影響。

❑ Prg_0803_ 文本預處理之概念 _3.py，可測試 maxlen、padding、truncating 等三個
參數的影響。

在上述範例中 he 的代碼是 2、good 的代碼是 5，但是在其他案例中，同樣的單
字可能被編為不同的代碼，例如 he 的代碼可能變成 3 或其他阿拉伯數字。英文單
字的代碼並非固定不變的，而是根據欲處理的文本來機動調整，文本中不同的單字
越多，所需的代碼就越多，文本中不同的單字越少，則所需代碼就會越少。保持彈
性，可避免代碼過大，同時避免新生單字要如何編碼的困擾。

表 8-1 第 8 列使用 texts_to_sequences 轉換文本代碼，亦即由文字轉成數字代碼。
第 9 ～ 10 列使用 pad_sequences 序列填充模組使句子等長，其主要參數說明如下。

括號內第一個參數指定處理對象，本例為 M_Codes。

padding 參數指定填充的位置，pre 為前面（內定），post 為後面。例如前述文本
第一句 He is your friend，長度為 4（四個單字），轉換後的代碼為 [2 3 6 7]，如果
我們要將文本中的每一句的長度都固定為 5，則本句轉換後的代碼變成 [2 3 6 7 0] 或
[0 2 3 6 7]。原句長度為 4，補 0 之後長度變成 5，0 要補在最前面或最後面，就是由
padding 參數值來決定。

truncating 參數指定裁切的位置，pre 為前面（內定），post 為後面。舉例來說，
前述文本第二句 He is a good man，長度為 5（五個單字），轉換後的代碼為 [2 3 4 5
8]，如果我們要將文本中的每一句的長度都固定為 4，則本句轉換後的代碼變成 [2 3
4 5] 或 [3 4 5 8]。原句長度為 5，裁切之後長度變成 4，切掉最前面的單字或最後面
的單字，就是由 truncating 參數值來決定。

maxlen 參數指定每一句的最大長度，若設為 None（不指定），則以最長句子的長
度為準。舉例來說，若文本中最長句子的長度為 10，則長度小於 10 的句子要補上
若干個 0，使轉換後的代碼長度為 10；長度大於 10 的句子，則要裁切若干個單字，
使轉換後的代碼長度為 10。

value 參數可指定填充值，預設值為 0，亦即長度小於 maxlen 參數指定之值的句子，則要補上若干個 0，使其長度合於指定。本參數之值亦可設為字串，例如 A，但 dtype 資料型態參數亦須設為 str，而且轉換後的代碼都會變成字串型態。dtype 參數的預設值為 int32，亦即介於 -2147483648 至 2147483647 之間的整數。

pad_sequences 序列填充模組可使文本中每一個句子的長度都相同，長度相同之主要目的在使每個時點都有數值可用，以便循環神經網路能夠處理。因為 RNN 需要根據前面時點的資料來決定目前時點的輸出（而非僅考慮目前時點的資料），所以時間步的每一個時點都必須有資料，tensorflow 所建立的模型才能處理。

8.4　嵌入層與詞向量

如前述，自然語言的處理（包括機器翻譯、情緒分析及文本分類等）需先將單字轉成數字代碼，神經網路模型才能運算處理，例如 He is a good man 轉換為 [2 3 4 5 8]。然而這種數字代碼沒有特殊意義，神經網路模型雖可處理，但很難訓練出高績效的模型，故通常會進一步加工，將這些數字代碼以多維度的空間座標來表示，這個加工程序稱為 word to vector 單字轉成向量，簡稱詞向量（word vector）。

圖 8-1 就是詞向量的三維空間示意圖，文本中的每一個單字都有一個座標，例如 good 這個單字的三軸座標（x 軸、y 軸、z 軸）分別為 [0.215, 0.299, -0.167]。

文本中的每一個單字在多維空間中都有一個特定位置，就好像把每一個字詞嵌入 vector space 向量空間，所以詞向量亦稱為 word embedding 詞嵌入。每一個字詞的位置（多維度的空間座標）是經由神經網路模型訓練出來的（如同權重之訓練），相似詞（在文本中關係較密切的單字）的座標會比較接近（空間距離較近），反之，則距離較遠，因而使得字詞與字詞之間會有親疏遠近的關係，而不再是莫不相關的代碼而已。從圖 8-1 可看出，man 與 a、is 的距離較近，man 與 friend、good 等字的距離較遠。這種遠近親疏關係可訓練出較高績效的文本處理模型。

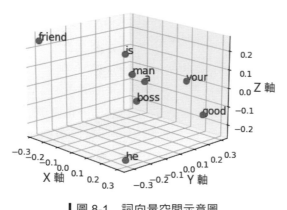

　　前述每一個單字是以三維空間來表示，然而實際上我們可使用更高維度的空間來標示這些字詞，例如 32 維、64 維、128 維，甚至數百維都可以。維度越多，越能區隔相似字，但模型複雜度越高，耗用記憶體及時間會越多，維度小，則耗用記憶體較少且處理速度較快，但各個字詞之間的區隔（相似度或相異程度的區隔）可能不明顯。然而維度大，模型績效也不見得會比較好，如何拿捏？需用試誤法來找出適當的維度。

　　word vector 通常譯為「詞向量」而不稱之為「字向量」，是因 word to vector 的範疇不限單字，還包括多個單字組成的詞彙，例如 Long Beach City 長灘市、degrees Fahrenheit 華氏溫度等，分拆之後意義不同，在某些文本中必須合併處理。在文本預處理時，可將這些相關的單字組合起來，稱為 n-gram「n 元語法」，或譯為「n 元詞組」，當 n 分別為 1、2、3 時，分別稱為 unigram 一元語法、bigram 二元語法、trigram 三元語法。gensim 套件提供了這樣的功能。

　　另外，nltk 套件可執行 stemming 字根提取。字根提取（或稱為詞幹提取）也是文本預處理的程序之一，它可簡化單詞，例如 fishing、fished、fish、fisher 的字根都是 fish，在自然語言處理中，通常將它們視為同一單字，因為它們對語意的判斷是有相關性的。

　　詞向量空間座標的計算方式有兩種架構，第一種稱為 skip-gram 跳耀語法（簡稱 SG），它是使用 target word 目標字來預測其 context 前後字（或稱為脈絡字、上下文），以下句為例，當 AI 為目標字時，can learn 與 for free 就是前後字。

　　You *can learn* **AI** *for free* from our online course.

第二種計算架構稱為 CBOW 連續詞袋（發音 see-bo，Continuous Bag Of Words 之縮寫），它是使用前後字來預測目標字。gensim 套件的 Word2Vec 類別可幫助我們建立詞向量，User 可在其參數中指定空間座標的計算架構、詞向量空間的維度、移動視窗的大小、重複訓練的次數、同一單字要出現多少次才納入詞向量、CPU 核心數量等。藉由該套件，我們可以查出特定詞彙的向量座標或與其關係較密切的詞彙。

在 TensorFlow 中，只需於神經網路模型的第一層加入 Embedding Layer 嵌入層，就可建立 Word Vector 詞向量（將欲處理文本的單字代碼轉成多維度的空間座標）。範例如下：

```
Model.add(tf.keras.layers.Embedding(input_dim=1000, output_dim=32,
input_length=1200))
```

Embedding 類別有三個主要參數，input_dim 輸入維度、output_dim 輸出維度、input_length 輸入長度。input_dim 輸入維度，就是欲處理文本的唯一字符數 + 2。假設我們要處理的文本有 3 句話（如下）：

```
['He is your friend.', 'He is a good man.', 'Is he a good boss?' ]
```

去除標點符號，並轉為小寫之後，唯一字符（不重複的單字）有 8 個：he、is、your、friend、a、good、man、boss。另外要加 2，是因為還有兩個可能出現的字符，第一個是 Tokenizer 斷詞器之 oov_token 參數所指定的非保留字的字符。在文本預處理時，並非所有的單字都要轉成對應的代碼，此時不轉換的單字就以 oov_token 參數所指定符號來替換。

說明 可能有多個不同單字都替換成相同的字符。

第二個是 pad_sequences 序列填充函數之 value 參數所指定的數字（內定值為 0），在文本預處理時，若句子的實際長度小於指定長度，就以 value 參數所指定的數字來填補，使每一個句子等長。以前述範例而言，input_dim 輸入維度應設定為 8+2=10。

當文本很長的時候，唯一字符數（不重複單字的數量）要如何計算？很簡單，利用 Tokenizer 斷詞器之 word_index（單字索引）方法，建立文本字典，再以 len 函數計算字典的元素數量，即可得知唯一字符數（包括 oov_token 參數所指定的替換字符），前述範例（三個句子）的字典如下：

```
{'OOV': 1, 'he': 2, 'is': 3, 'a': 4, 'good': 5, 'your': 6, 'friend': 7,
'man': 8, 'boss': 9}
```

　　實務上，文本的唯一字符數（不重複單字的數量）非常龐大，數萬字是很常見的，但我們通常不會將所有的單字都轉成對應的代碼，因為在很多案例中只轉換部分單字，反而可提高模型的正確率並加快處理速度。所以 input_dim 輸入維度也無需設定為唯一字符數＋2（字典字數＋1），而是依照 Tokenizer 斷詞器之 num_words 參數值來設定即可。假設我們將 num_words 參數值設定為 1000，則斷詞器只將文本中出現頻率最高的 1000 個單字轉成對應的代碼，其餘出現頻率較低的單字都轉成 OOV 的代碼 1，因此，input_dim 輸入維度應設為 1000。若 Tokenizer 斷詞器的 num_words 參數值設為 0 或 None，則代表文本的各個單字都要轉成對應的代碼，此時需將 input_dim 輸入維度設為唯一字符數＋2（亦即字典字數＋1）。

　　Embedding 類別的第二個參數是 output_dim 輸出維度，output_dim 可指定詞向量空間的維度，亦即以多少個值來表示一個詞彙。例如前述以 [0.215, 0.299, -0.167] 這三個座標值來代表 good 這個單字，就是將 output_dim 輸出維度設為 3 而產生的，若設為 32，就會以 32 個數值來代表這個單字。output_dim 輸出維度通常設定為 32 的倍數（例如 32、64、128 等），維度越多，越能區隔相似字，但模型複雜度也越高，記憶體及時間之耗用亦會較多。維度小，則耗用記憶體較少且處理較快，但各個字詞之間的區隔（相似度或相異程度的區隔）可能不明顯。然而維度大，模型績效也不一定比較好，故如何拿捏維度，還是需要依靠經驗及試誤法來找出適當之值。

　　Embedding 類別的第三個參數是 input_length 輸入長度，也就是在文本預處理時所決定的每句話之長度，該長度由 pad_sequences 序列填充模組之 maxlen 參數決定，若句子的實際長度小於該值，則填補 0，若句子的實際長度大於該值，則裁切掉。我們只需將 input_length 參數值設定為 maxlen 參數相同之值即可。

另需注意，如果丟入模型進行訓練的資料（輸入文本）已使用 batch 等函數組成批次，則 Embedding 類別的第三個參數必須改用 batch_input_shape 指定輸入批次資料的形狀，此參數有兩個超參數，第一個超參數是 batch_size 批次大小，第二個超參數為每一個序列的長度，但亦可設為 None（不指定）。假設輸入文本以 64 個序列組成一個批次，每一個序列的長度為 50（個單字或個字符），則應將 batch_input_shape 設定為 [64, 50] 或 [64, None]。

接下來，我們以實際的例子來說明 Embedding Layer 嵌入層的用法。當我們完成文本預處理，包括移除停用字、輸入文本轉成代碼序列及填充（或裁切）使句子等長，且目標文本（分類標籤）也已轉成單熱編碼，則可開始建立神經網路模型。模型建構之範例如表 8-2，完整程式請見本章習題之解答 AI_0802.py。

程式第 1 列使用 Sequential 類別建構順序型的模型。程式第 2 ～ 3 列建立嵌入層，其參數的用法如前所述，嵌入層必須設定為模型的第一層，以便先將文本代碼轉成詞向量，再交給後續的網路層來處理。第 4 列為 Flatten Layer 展平層，其目的是將嵌入層的多維輸出轉成一維，後續的全連結層（隱藏層及輸出層）才能接收處理，詳細說明請見附錄 A 的問答集 QA_10。

▌表 8-2　程式碼：嵌入層與展平層的使用方式

```
01    MyModel=tf.keras.models.Sequential()
02    MyModel.add(tf.keras.layers.Embedding(input_dim=1200, output_dim=32,
03                                        input_length=800))
04    MyModel.add(tf.keras.layers.Flatten(data_format=None))
05    MyModel.add(tf.keras.layers.Dense(units=64, activation='relu'))
06    MyModel.add(tf.keras.layers.Dense(units=Labels_No, activation='softmax'))
07    MyModel.compile(loss='categorical_crossentropy', optimizer='adam',
08                                metrics=['accuracy'])
09    My_FitHistory=MyModel.fit(X_Train, Y_Train, epochs=12,
10            validation_data=(X_Validation, Y_Validation), verbose=1, batch_size=32)
```

程式第 5 列加入 Hidden Layer 隱藏層，units 指定輸出神經元數量為 64 個，activation 激發函數指定為 relu 線性整流函數。程式第 6 列加入 Output Layer 輸出

層，units 指定的輸出神經元數量需與分類標籤的種類數相同（本例取自 Labels_No 變數），activation 激發函數指定為適用於多分類預測的 softmax 歸一化指數函數。程式第 7 ～ 8 列使用 compile 函式編譯模型，loss 參數指定損失函數，本例使用適合於多分類的 categorical_crossentropy 分類交叉熵函數。optimizer 參數指定優化器，本例使用 adam。mertrics 參數指定績效衡量指標，本例使用 accuracy 訓練集的正確率。程式第 9 ～ 10 列使用 fit 方法來訓練模型。

8.5　預訓練的詞向量

另一種建立 Word Vector 詞向量的方式是使用已經訓練好的模型，而無需經由 Embedding Layer 嵌入層來建立。這種訓練好的詞向量是一種預先訓練的 Text Embedding 文本嵌入層，可節省重新建立詞向量的時間，而且這種預訓練的詞向量通常是使用大型 corpus 語料庫所訓練出來的，涵蓋較多種的單字組合，故只要運用得當，可大幅提升模型的績效。

本書介紹三種 Google 所建立的文本預訓練模型，這些模型都是使用 130GB 的英文新聞資料所訓練出來的，差別在詞向量的維度，該等模型為 gnews-swivel-20dim/1（20 維）、nnlm-en-dim50/1（50 維）、nnlm-en-dim128/1（128 維）。此等模型可自 TensorFlow Hub 預訓練模型網站下載（網址： URL https://tfhub.dev/ ）。TensorFlow Hub 是已訓練機器學習模型的存放區，儲存了許多已訓練且經過充分驗證的模型，包括 Text 文本、Image 圖像、Audio 音頻及 Video 影音等四大類，使用這些模型可節省大量的訓練時間及計算資源（記憶體）。這些訓練好的模型可直接部署，或進行遷移學習（Transfer Learning）。

進入網站首頁（如圖 8-2），可於左側看見 Image、Text、Video 及 Audio 等選項，請敲所需項目，即可看見相關的預訓練模型。舉例來說，如果我們需要 20 維度的文本預訓練模型，應先敲 Text，再將視窗右方的卷軸往下拖曳，即可看見該模型（如圖 8-3）。此時請敲 tf2-preview/gnews-swivel-20dim，即可進入該模型的說明頁面，並可下載該模型來使用。但因其為壓縮檔，處理上較麻煩，故通常在程式中下載，即可自動解壓縮。

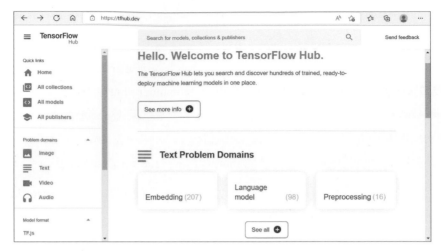

圖 8-2　TensorFlow Hub 首頁

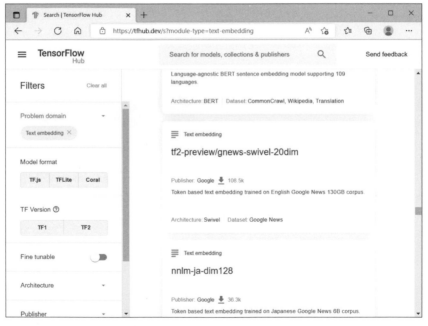

圖 8-3　20 維度文本預訓練模型

　　以下說明文本預訓練模型的使用方法，程式摘要如表 8-3 及表 8-4，完整程式請見本章習題 AI_0816.py。本例使用 TensorFlow 開放數據集之 imdb_reviews 電影評論之情緒分析為例，此資料集的每一筆含有「文本＋標籤」兩組資料，第一組為電影評論（文字），第二組為情緒判斷（0 代表負面、1 代表正面），訓練集與測試集各

25000 筆。表 8-3 程式第 2 ～ 4 列使用 tfds.load 下載該資料集，包括訓練集與測試集，並將訓練集後面 20% 的資料作為驗證集。程式第 5 ～ 7 列使用 batch 函數分別設定訓練集、驗證集與測試集的批次資料，括號內第一個參數指定 batch_size 批次大小，本例以 512 筆資料為一個批次；第二個參數 drop_remainder 可設定不足一個批次的資料之處理方式，設為 True，代表要丟棄，設為 False，則將不足一個批次的資料保留為最後一個批次。建立批次資料時可搭配 shuffle 函數，以便打亂資料集的原始順序，但因前述載入時已打亂過（程式第 4 列 shuffle_files=True），故此處省略。

　程式第 9 ～ 13 列下載所需的預訓練模型，使用此等模型需先安裝 tensorflow-hub 套件，然後使用程式第 9 列程式將其載入。程式第 10 ～ 11 列指定預訓練模型之下載位址，tf2 是指其適用於 tensorflow 2.0 版，網址最後一個阿拉伯數字 1，為該模型的版本編號。預訓練模型下載之後的內定資料夾如下：「C:/ 使用者 / 使用者名稱 /AppData/Local/Temp/tfhub_modules」，如果執行之後出現錯誤訊息，請將 tfhub_modules 之內的暫存資料全部刪除，再重新執行即可。

　程式第 12 ～ 13 列使用 KerasLayer 類別建立預訓練網路層，括號內第一個參數指定預訓練模型的來源，第二個參數 output_shape 指定詞向量維度，本例下載的是 20 維度的預訓練模型，故此處指定為 20，參數值外圍可用括號或中括號，第三個參數 input_shape 無需指定，由程式自動判斷，第四個參數 dtype 指定資料型態，本例為 tf.string 字串，第五個參數 trainable 是否重新訓練，內定值為 False，若設定為 True，代表要根據輸入資料產生新的詞向量，耗用時間較多，但可能提高模型的正確率。如果要使用內定的參數值，則第 2 ～ 5 個參數可全部省略，只書寫第一個參數，指定預訓練模型的來源即可。

　本範例之預訓練模型非僅有嵌入層的功能（建立詞向量），還可替代 Tokenizer「斷詞器」及 pad_sequences「序列填充模組」，故無需斷詞、轉成序列代碼，也無需填充或裁切句子長度等繁瑣的預處理程序。

　預訓練網路層（本例取名 My_HubLaye）建立之後要如何使用呢？很簡單，使用 add 方法將其加入順序型網路模型的第一層即可（如程式第 16 列）。隨後加入一個 128 個神經元的密集層作為隱藏層（如程式第 17 列）。最後加入輸出層（如程式第 18 列）。模型建構之後進行編譯（如程式第 19 ～ 20 列），編譯之後即可進行模型訓練（如程式第 21 ～ 22 列）。

為了節省重複訓練時間，通常會將訓練之後的模型儲存起來，等到要用時，再以 load_model 函數將其載入，但須注意，本例的神經網路模型含有特殊的網路層，所以在載入時，必須使用 custom_objects 客製化物件參數指定預先訓練好的文本嵌入層（本例為 My_HubLayer），程式如表 8-4 的第 1 ～ 2 列。

表 8-3 的網路模型之架構很簡單，屬於一般的神經網路層（Multilayer perceptron 多層感知機），如果要使用較複雜的循環網路層（例如 SimpleRNN、LSTM、GRU 等），則需要作些資料形狀的改變。因為不同網路層對輸入資料的形狀會有不同的要求，此時可用 tf.keras.layers.Reshape 類別來改變資料維度，以便銜接不同要求的網路層。本例因為預訓練模型 gnews-swivel-20dim 的輸出固定為 20 個元素的一維陣列，故需將其轉成 20 列 1 行的二維陣列，程式如表 8-4 的第 4 列。資料形狀改變之後，即可加入 GRU 閘門循環網路層（程式第 5 ～ 6 列）。使用複雜的模型，正確率不一定提升，以本例而言，使用較複雜的 SimpleRNN、LSTM、GRU 等循環網路層，測試集的正確率反而下降（不如簡易的一般網路層）。本例若改用 50 維度的預訓練模型，正確率也沒提高，耗用時間反而大幅增加，故需多方測試，才能找出最適宜的神經網路模型。

預訓練的詞向量雖然好用，但非萬能，亦即尚無萬用的預訓練詞向量。因為同樣單字在不同領域會有不同的用法及語意，故我們只能使用同樣領域所訓練出來的詞向量進行相關的文本處理。舉例來說，餐飲業者在開業初期，想要對顧客留言進行情緒分析，但因累積的留言不多，無法訓練出好的模型，此時即可借助同領域的預訓練詞向量。有關文本預訓練模型的更多應用實例，請見本章最後一節。

表 8-3　程式碼：文本預訓練模型之一

01	import tensorflow_datasets as tfds
02	Train_data, Validation_data, Test_data=tfds.load(name="imdb_reviews",
03	split=['train[0%:80%]','train[80%:100%]', 'test'],
04	shuffle_files=True, as_supervised=True, with_info=False)
05	Train_set=Train_data.batch(512, drop_remainder=False)
06	Validation_set=Validation_data.batch(512, drop_remainder=False)
07	Test_set=Test_data.batch(512, drop_remainder=False)
08	

```
09    import tensorflow_hub as hub
10    embedding="https://hub.tensorflow.google.cn/google/tf2-preview/
11                                    gnews-swivel-20dim/1"
12    My_HubLayer=hub.KerasLayer(embedding, output_shape=[20], input_shape=(),
13                                    dtype=tf.string, trainable=True)
14
15    MyModel=tf.keras.Sequential()
16    MyModel.add(My_HubLayer)
17    MyModel.add(tf.keras.layers.Dense(units=128, activation='relu'))
18    MyModel.add(tf.keras.layers.Dense(units=1, activation='sigmoid'))
19    MyModel.compile(optimizer=tf.keras.optimizers.Adam(learning_rate=0.001),
20                        loss='binary_crossentropy', metrics=['accuracy'])
21    TrainingRecords=MyModel.fit(Train_set, validation_data=Validation_set,
22                        epochs=20, verbose=1)
```

表 8-4　程式碼：文本預訓練模型之二

```
01    My_BestModel=tf.keras.models.load_model('D:/Test_BestModel_NLP_03.h5',
02                        custom_objects={'KerasLayer':My_HubLayer})
03
04    MyModel.add(tf.keras.layers.Reshape((20, 1)))
05    MyModel.add(tf.keras.layers.GRU(units=32, activation='tanh',
06                        return_sequences=False, return_state=False))
```

8.6　文本分類的意義與程序

　　分辨一則新聞報導是屬於政治類或財經類，判斷一篇電影評論是正面評價或是負面評價，分析一個貼文是真訊息還是假訊息等，都是文本分類的具體案例。如果

資料量龐大，要進行這種分類工作是十分困難的，因為文本是一種非結構化的數據，它沒有特徵欄位，難以排序及分類。以往對於這些工作（包括顧客留言、產品評論、服務評價、法律文件、電子郵件及新聞報導等之真假辨識或分類）需由專人逐字閱讀分析，才能作後續的處理（包括回應顧客、分配專責部門或據以改善決策等），不但耗時且易發生錯誤（可能因為承辦人情緒不穩或承辦人更換而導致標準不一），故需改用神經網路模型來進行分類辨識，以便大幅改善此等缺失。

　　早期的電腦文本分類採用 Word-matching method「詞匹配法」，該法根據文本中是否出現了同類詞來判斷文本的類別，這種方法過於簡單，效果當然很差。後來改用 Knowledge Engineering method「知識工程法」，該方法由專業人員為每種分類找出推理規則，雖然比「詞匹配法」進步，但規則的制定因人而異，進而影響規則的品質，當然也就影響分類的效果，更糟糕的是這些規則無法應用於不同領域的文本，造成時間與金錢的浪費。而現今文本分類的主流方法則是機器學習，亦即讓電腦從已標註類別的大量文本中自動找出分類規則，這個過程稱為訓練，訓練出來的神經網路模型就可對未曾處理過的文本進行分類辨識。CNN 卷積神經網絡及 RNN 循環神經網絡（包括 SimpleRNN、LSTM 及 GRU 等）是處理文本分類的主要模型。文本分類的主要程序如下：

1. 讀取資料檔（通常為 csv 或 tensor 格式之檔案）。

2. 移除停用字。

3. 文本資料預處理，包括英文字母轉成小寫、文字轉成數字代碼、填充（或裁切）使句字長度相同等。

4. 將分類標籤由字串轉成代碼，如有需要則進行單熱編碼。

5. 劃分訓練集與驗證集（若有需要）。

6. 建構神經網路模型（通常第一層使用嵌入層，以便建立詞向量）。

7. 訓練及評估模型。

8.7 文本分類資料集簡介

欲了解文本分類的作法,需先了解一些經典的文本資料集,茲簡介如下:

8.7.1 英國廣播公司的新聞資料集

bbc-text.csv 英國廣播公司的新聞資料,內含 2225 則不同類別的新聞,每一則新聞都已標註其類別,包括 tech 工藝與科技、business 商業、sport 運動、entertainment 演藝與娛樂、politics 政治等五大類別。這個資料集要如何使用呢?茲隨機選取其中兩則新聞如下:

UK athletics agrees new kit deal. UK athletics has agreed a new deal with Adidas to supply Great Britain squads of all ages with their kit for the next four years.

英國田徑隊同意新的球衣協議。英國田徑隊與「愛迪達」達成了一項新協議,在未來四年為英國各個年齡層的球隊提供他們的球衣。

US aircraft firm Boeing has unveiled its new long-distance 777 plane as it tries to regain its position as the industry's leading manufacturer. Boeing said it expected to sell about 500 of its 777-200lr planes over the next 20 years. It already has orders from Pakistan international airlines and EVA of Taiwan.

美國波音飛機公司推出了新的長程 777 飛機,試圖重獲該行業領導製造商的地位。波音表示,預計未來 20 年將售出約 500 架 777-200lr 飛機。它已經接到巴基斯坦國際航空公司及台灣長榮航空公司的訂單。

從上文可看出,第一則屬於 sport 運動類的新聞,第二則屬於 business 商業類的新聞。我們的目的就是要利用此等資料訓練出一個神經網路模型,往後利用該模型就能對新聞報導作出快速正確的分類(辨識新聞是屬於哪一種類別)。

8.7.2 電影評論資料集

Imdb reviews 電影評論資料集，有多種版本可用，但都源自 Internet Movie Database 網路電影資料庫（簡稱 IMDb），該資料庫內含電影、電視、演藝人員及製作小組等資訊。1990 年創辦，1998 年被亞馬遜公司收購。該網站也開放用戶評分（1 ~ 10 分），且可留下個人的評論。

美國史丹佛大學的 AI 實驗室整理出數萬則評論置於下列網址： URL https://ai.stanford.edu/~amaas/data/sentiment/，敲 Large Movie Review Dataset v1.0 超連結，可下載 aclImdb_v1.tar.gz，解壓縮之後可看見文字評論，一則評論一個 txt 文字檔且已分類，包括正面評價的訓練集、負面評價的訓練集、正面評價的測試集、負面評價的測試集，各有 12500 則，分別儲存於不同的資料夾，另有未標註評價類別（正面或負面）的評論 5 萬則。

這個資料集要如何使用呢？舉例來說，La La Land「樂來越愛你」是 2016 年上映的歌舞愛情片，由「萊恩‧葛斯林」及「艾瑪‧史東」主演，獲得第 89 屆奧斯卡金像獎的最佳導演及最佳女主角等六項大獎。該片的評論有 2 千多則，茲隨機選取其中兩則如下：

The scenes and colors of the movie are very beautiful, and I also like its discussion about dreams and love. After watching the movie, I listened to the songs in the movie in a loop.

這部電影的場景及色彩都很漂亮，我也喜歡它關於夢想和愛情的討論。看完之後，我循環播放聽取電影裡的歌曲。

La La Land is a cute story, mediocre movie and has some nice dance and music scenes, but THAT IS ABOUT IT!

I can not understand the hype and accolades this movie gets!

Most overrated and boring movie of all time!

「樂來越愛你」是個可愛的故事，平庸的電影，有一些不錯的舞蹈和音樂場景，但僅此而已！我無法理解這部電影得到的炒作和讚譽！有史以來最被高估和無聊的電影！

從評論文字可看出，前一則對「樂來越愛你」持高度肯定，故屬正面評價，後一則顯然屬於負面評價。我們的目的就是要利用此等資料訓練出一個神經網路模型，往後利用此模型就能對新的電影評論作出快速而正確的分類（辨識留言是正面評價或負面評價）。

如前所述，電影評論資料集有多個版本，其用法也不同，茲分別介紹如下：

✤ 從 keras.datasets 載入 imdb

這個電影評論的資料集已經過整理，評論文字已轉成數字代碼，故可省去許多文本預處理的工作。另外，每一則評論已標註其評價的類別，0 代表負面評價，1 代表正面評價，正面與負面的評論各有 25000 則。

表 8-5 是載入 imdb 資料集的摘要程式，第 1 ～ 3 列程式使用 load_data 函數從 tf.keras.datasets 載入 imdb 電影評論資料集（範例檔請見 Prg_0804_TensorFlow 小型資料集之一 _imdb.py，位於 Z_Example 資料夾）。tf.keras.datasets 為測試用的小型資料集，內含七種 numpy 格式的 dataset，資料量雖少，但「眉角」不少，需要花點時間說明如下。

▎表 8-5　程式碼：從 keras.datasets 載入 imdb

01	(X_Train, Y_Train), (X_Test, Y_Test)=tf.keras.datasets.imdb.load_data(
02	path='imdb.npz', num_words=1200, start_char=1, skip_top=0,
03	maxlen=None, oov_char=2, seed=7, index_from=3)
04	
05	X_Train=tf.keras.preprocessing.sequence.pad_sequences(X_Train,
06	padding='pre', truncating='pre', maxlen=1000, dtype='int32', value=0)
07	
08	My_dictionary=tf.keras.datasets.imdb.get_word_index(
09	path='imdb_word_index.json')
10	Out_IMDB=pd.DataFrame.from_dict(My_dictionary, orient='index')
11	Out_IMDB.to_excel("D:/Test_IMDB_01.xlsx", sheet_name="電影評論集字典")
12	
13	My_dictionary_Index_Word=dict((i, w) for (w, i) in My_dictionary.items())

| 14 | Review_01=" ".join(My_dictionary_Index_Word[i] for i in X_Train[0]) |
| 15 | print(Review_01) |

load_data 函數的 path 參數指定所需載入的壓縮檔，本例為 imdb.npz，此參數可省略不寫。num_words 指定需要轉換為代碼的字數，假若設定為 1200，則只有出現最頻繁的 1200 字會轉換為數字代碼，其他的單字則轉換成 oov_char 參數指定的代碼。我們舉實例來說明，下列第一句是原始的評論文字，假設我們將 num_words 的參數值設定為 None，則所有的單字都會轉成對應的代碼，本句轉換後的代碼如下第二列：

as on after one will is **highly child** on what either **wanted**

[14, 20, 100, 28, 77, 6, 542, 503, 20, 48, 342, 470]

如果將 num_words 的參數值設定為 450，則轉換後的代碼及其對應的單字如下：

as on after one will is **and and** on what either **and**

[1, 14, 20, 100, 28, 77, 6, 2, 2, 20, 48, 342, 2]

原始文本的 highly、child、wanted 等三個單字沒有轉成對應的代碼 542、503、470，而是轉為 2，2 是 oov_char 參數指定的代碼，2 在本字典中對應的單字為 and。

num_words 的參數值若設定為 None，則所有的單字都要轉成其在字典中的代碼，本評論集不同的單字高達 8 萬 8 千多個，其中許多單字並不常用，若不排除這些罕用字，則神經網路模型的參數量會變得非常龐大，增加模型訓練時間，而所提高的正確率又非常有限（甚至降低正確率），故有必要限制轉換的字數。

説明 這個資料集並未整理得很好，故在編製字典時，產生許多非預期的單字（包含了 16 進制的字符），例如 \x97and、\x91free、élan、är、âme、¿acting 等。

本例 highly、child、wanted 等三個單字的代碼分別為 542、503、470，都超出了 num_words 參數的設定值 450，故都不轉換為該等單字所對應的代碼，而轉為 oov_char 參數指定的代碼。本字典的代碼是按單字出現的頻率來編碼，越常用的單字，其編碼越小。若要取得字典的內容，可使用表 8-5 第 8 ～ 11 列的程式，其中第 8 ～

9 列使用 get_word_index 函數取出 imdb 資料集的字典（單字及其代碼對照表），path 參數指定字典的檔名，但可省略不寫。第 10 列使用 pandas 套件的 from_dict 方法將字典格式轉成資料框格式，括號內第一個參數指定欲轉換的字典，第二個參數 orient 指定資料呈現方式，本例設定為 index，是以「鍵」作為索引（列名稱），「鍵」（亦即單字）列於工作表的 A 欄、「值」（亦即代碼）列於工作表的 B 欄。第 11 列使用 pandas 套件的 to_excel 函數將資料框匯出為 Excel 檔。

我們繼續說明 load_data 函數的其他參數。start_char 參數指定起始字符（作為標誌），若設為內定值 1，則每一則評論的第一個單字都是 the，因為 the 在本字典的代碼為 1。

skip_top 參數可指定略過最常見的若干個單字，內定值為 0（不略過任一字），假設此參數值設定為 5，則最常用的 the、and、a、of、to 等單字都不會轉成其對應的代碼，而是轉為 oov_char 參數所指定的代碼。maxlen 參數的用法很容易被誤解，TensorFlow 官網的解說如下：

int or None. Maximum sequence length. Any longer sequence will be truncated. Defaults to None, which means no truncation.

整數或無。最大序列長度。任何更長的序列都將被截斷。預設值為 *None*，這意味著不截斷。

假設 maxlen 參數值設為 100，則只匯入長度小於 100 的評論，其他長度大於 100 的評論不會被匯入。官網所說的 truncation 截斷，其實是過濾掉或排除掉的意思，而不是將每一則評論超過 100 個單字的部分截斷。maxlen 參數值可設定為大於任一則評論長度的數字，例如 9999999，但不能小於 12（亦即需大於等於 12），因為 imdb 資料集之中最短的評論為 10 個單字，加上 start_char 起始字符（內定為 1）及 oov_char 省略字替代碼（內定為 2），故長度至少需要 12，否則會出現 no sequence was kept 的訊息而中斷處理。maxlen 參數的內定值為 None，亦即不設限，任何長度的評論都要匯入。

oov_char 參數可指定省略字替代碼，內定值為 2，oov_char 是 out-of-vocabulary character 超過字典的字符之意，若使用 num_words 或 skip_top 等參數而使得某些單字不會被轉換成對應的代碼，則該等單字會轉成 oov_char 參數所指定的代碼。oov_char 參數可設定為任一數字，正負數皆可，小數亦可。

seed 參數可設定隨機種子，若指定了同一種子，則每次匯入評論集的順序與劃分方式（訓練集與測試集之劃分）都會相同，其作用在方便模型績效的比較與改進。

index_from 參數可指定單字編碼的起始數字，內定值為 3（0 作為填補長度之值，1 作為起始字符，2 作為省略字或截斷字之代碼）。此參數值若變更為其他數字，則每一則評論之代碼亦隨之改變，舉例來說，下一列是某一則評論之代碼（index_from=3）：

[1, 14, 20, 9, 394, 21, 12, 47, 49, 52, 302]

若將 index_from 的參數由 3 改為 4，則前述評論之代碼顯示如下：

[1, 15, 21, 10, 395, 22, 13, 48, 50, 53, 303]

第一字的代碼為 1，由 start_char 參數所決定，不會受 index_from 參數變更的影響，但其他單字的代碼都會增加 1，例如 14 變 15，20 變 21 等。index_from 參數值可設定為任一數字，正負數皆可。字典內容不受 index_from 參數的影響，但因轉換後的代碼已變更，故由代碼轉換為文字的結果會完全不同。代碼雖然不同，但是代碼之間的關係未變，故對模型績效（分類辨識能力）的影響不大。

若要將 imdb 的代碼轉成單字可使用表 8-5 第 13 ～ 15 列的程式，其中第 13 列使用 for 迴圈建立反轉字典，亦即鍵值互換的字典，以方便後續的轉換。該列程式使用 for 迴圈搭配 items 方法逐一取出字典的每一組元素，w 代表該組之中的單字，i 代表該組之中的索引（數字代碼），然後交換位置，最後再使用 dict 函數轉成字典格式。第 14 列程式將訓練集第一則評論由代碼轉成單字，該列程式使用 for 迴圈逐一取出代碼，作為反轉字典的下標，以便取出該代碼所對應的單字（以鍵取值）。第 15 列程式將轉換的文字評論顯示於螢幕。

從 tf.keras.dataset 匯入的 imdb 電影評論資料集已經過整理，包括去除標點符號及轉換為數字代碼等，故匯入之後只需使用 pad_sequences 序列填充模組使每一則評論等長（填充或裁減），程式如表 8-5 第 5 ～ 6 列，即可丟入模型展開訓練。

load_data 函數相當複雜，故若不是很熟悉，各個參數最好使用內定值，亦即不指定任何參數（seed 隨機種子除外）。表 8-5 第 1 列的等號左方為 (x_train, y_train), (x_test, y_test)，此四個物件分別接收 load_data 函數匯入的訓練集自變數（輸入文本）、訓練集因變數（目標文本）、測試集自變數（輸入文本）、測試集因變數（目標文

本），此等物件名稱可自訂。load_data 函數所匯入的自變數（輸入文本）之格式為 numpy.ndarray，由串列組成的陣列，每一個陣列元素為 list 格式，長度不等（每一則評論的字數不同）；因變數（目標文本）之格亦為 numpy.ndarray（一維陣列），其中 0 代表「負面評價」，1 代表「正面評價」。

✤ 從 tensorflow_datasets 載入 imdb_review

前述的 tf.keras.datasets 為測試用的小型資料集，只有七個 dataset，tensorflow_datasets 則是含有數百個不同類型的大型資料集（包括含圖片及文本等），本節說明其中的 imdb_reviews 電影評論資料集的用法。此資料集同樣含有評論及評價兩項資料，但「評論」欄為文字敘述（尚未轉成數字代碼），故有較多的文本預處理工作需要我們執行，「評價」欄則無不同，0 代表「負面評價」，1 代表「正面評價」。另外在資料型態上亦有差異，從 tf.keras.datasets 載入的電影評論資料集為陣列格式，從 tensorflow_datasets 載入的則是張量格式。

表 8-6 是該資料集的處理摘要，前三列程式用來查看 imdb_reviews 電影評論資料集的結構等資訊，之後的程式是該資料集的預處理工作，完成之後即可丟入模型展開訓練。程式第 1 列匯入 tensorflow_datasets 套件，第 2 列使用 load 函數載入 imdb_reviews 電影評論資料集，此處應將 with_info 參數設為 True，後續 print 時才會顯示資料集的相關資訊。

茲摘述其資訊要項如下：

❑ name='imdb_reviews' 指出資料集名稱。

❑ full_name='imdb_reviews/plain_text/1.0.0' 指出資料集全名，plain_text 是指純文本格式，1.0.0 是版本編號。

❑ supervised_keys=('text', 'label') 指出資料集為監督式的二元組，由「文本＋標籤」的形式組成。

❑ label': ClassLabel(shape=(), dtype=tf.int64, num_classes=2) 指出「標籤」類別有 2 種，資料型態為 64 位元整數。

❑ 'text': Text(shape=(), dtype=tf.string) 指出「文本」為字串格式。

❑ splits={'test': <SplitInfo num_examples=25000, …….

'train': <SplitInfo num_examples=25000, ······.

'unsupervised': <SplitInfo num_examples=50000, num_shards=1>

指出資料集可分割為 test、train 及 unsupervised 三部分,測試集與訓練集的樣本數(亦即資料量)各有 25000 筆,非監督資料集的樣本數有 50000 筆,其 label 標籤欄都標示為 -1(未標示正面評價或負面評價)。num_shards 是指分散式執行的機器數。

▌表 8-6　程式碼:從 tensorflow_datasets 載入 imdb_review 之一

01	import tensorflow_datasets as tfds
02	Temp_ds_1=tfds.load(name="imdb_reviews", with_info=True)
03	print(Temp_ds_1)
04	
05	IMDB_TrainTest=tfds.load(name="imdb_reviews", split='train + test',
06	as_supervised=True, with_info=False, shuffle_files=False)
07	X=IMDB_TrainTest.map(lambda x,y: x)
08	Y=IMDB_TrainTest.map(lambda x,y: y)
09	My_tokenizer=tf.keras.preprocessing.text.Tokenizer(num_words=1200,
10	split=' ', lower=True, oov_token="OOV", char_level=False)
11	X_data=[]
12	Y_data=[]
13	for i in X:
14	Temp_X=i.numpy().decode()
15	X_data.append(Temp_X)
16	
17	for j in Y:
18	Y_data.append(j.numpy())
19	
20	My_tokenizer.fit_on_texts(X_data)
21	My_dictionary=My_tokenizer.word_index
22	X_Codes=My_tokenizer.texts_to_sequences(X_data)
23	X_padded=tf.keras.preprocessing.sequence.pad_sequences(X_Codes,

24	padding='pre', truncating='pre', maxlen=1000, dtype='int32', value=0)
25	
26	DS_01=tf.data.Dataset.from_tensor_slices((X_padded, Y_data))
27	DS_01=DS_01.shuffle(buffer_size=9999, reshuffle_each_iteration=False)
28	DS_Train=DS_01.skip(0).take(45000)
29	DS_Test=DS_01.skip(45000).take(5000)
30	DS_Train=DS_Train.batch(batch_size=128, drop_remainder=True)
31	DS_Test=DS_Test.batch(batch_size=128, drop_remainder=True)

　　第 5 列程式使用 load 函數載入 imdb_reviews 電影評論資料集，name 參數指定資料集名稱，split 參數指定切割資料集的方式。如前述，imdb_reviews 資料集有test、train 及 unsupervised 三部分，我們可利用 split 參數指定需要載入的部分，程式如表 8-7，其中第 1 ～ 5 列示範了四種不同的載入方式，第 1 列程式可載入訓練集與測試集，tfds.load 左邊是存放資料集載入後的物件，物件名稱可自訂。第 2 列程式可載入非監督資料集，請注意，unsupervised 需使用單引號括住，且不能再外加中括號。如果我們要將訓練集的一部分切割出來，作為驗證集，則請用第 3 ～ 4 列的程式，該程式將 train 後面的 20% 作為驗證集。如果我們要將訓練集與測試集合併匯入，則請用第 5 列的程式，使用加號將 train 及 test 合併，請注意，train + test 需使用單引號括住，且不能再外加中括號，以免載入資料的型態變成只有一個元素的串列。

　　使用 load 函數載入 imdb_reviews 電影評論資料集之後，若要查看其內容，可利用表 8-7 第 7 ～ 9 列的程式，有關資料集的擷取與匯出的詳細說明，請見附錄 A 的問答集 QA_11。

　　資料集載入之後使用表 8-6 第 7 ～ 8 列的程式，將其劃分為輸入文本與目標文本，本例使用資料集的 map 函數搭配 lambda 匿名函數來達成。map 函數可逐一處理資料集的每一筆資料，lambda 匿名函數是一種無需名稱的自訂函數，程式碼只有一列，冒號左邊的 x 與 y 分別代表監督式資料集的兩組資料，x 代表 text 輸入文本（文字評論），y 代表 label 目標文本（評價類別），冒號右邊為運算式，第 7 列的運算式取出text 輸入文本，再存入 X，第 8 列的運算式取出 label 目標文本，再存入 Y。

表 8-6 第 9 ～ 10 列程式定義斷詞器，第 20 列使用 Tokenizer 的 fit_on_texts 方法設定斷詞器處理對象，因為第 7 ～ 8 列程式所產生的 X 輸入文本與 Y 目標文本的資料型態都是 MapDataset，fit_on_texts 不能處理，所以我們先使用第 11 ～ 18 列的程式將其資料型態轉成串列。第 21 列程式建立字典，第 22 列程式將文字轉成數字代碼，第 23 ～ 24 列程式使用 pad_sequences 序列填充模組使句子等長。

第 26 列程式使用 from_tensor_slices 函數將輸入文本 X_padded 及目標文本 Y_data 轉成張量資料集（合併轉換，使每一筆資料含有 text 及 label 兩個項目）。第 27 列程式使用 shuffle 函數將資料集重新洗牌（打亂順序），此函數有兩個參數值，第一個 buffer_size 緩衝區大小，此值的大小會影響打亂的程度。打亂資料集的順序是為了增加模型的泛化性，使模型能夠適用於更多的狀況。使用 tfds.load 函數載入資料集的時候，將 shuffle_files 參數值設定為 True，即可打亂順序，但本例在載入時未打亂順序，而於預處理工作完成後，再使用 shuffle 函數將資料集重新洗牌。shuffle 函數的第二個參數是 reshuffle_each_iteration，若設定為 True，則每次迭代（指訓練的 epoch）會重新洗牌（打亂順序）一次，若設定為 False，則訓練時不會重新洗牌，有關此參數的更多說明請見附錄 A 的問答集 QA_12。

資料集重新洗牌（打亂順序）之後，需劃分為訓練集與測試集，本例將 90% 的資料列入訓練集，剩餘的資料列入測試集。本範例使用資料集的 skip 及 take 函數來劃分，第 28 列程式從第 1 筆開始取 45000 筆列入訓練集，第 29 列程式從第 45000 筆開始取 5000 筆列入測試集。

第 30 ～ 31 列程式使用 batch 函數分別重組訓練集與測試集的批次，每批次 128 筆資料，由 batch_size 參數設定，另外，務必將 drop_remainder 參數值設定為 True，將最後一批不足 128 筆的資料拋棄，否則訓練時會發生輸入形狀不符的錯誤。

表 8-7　程式碼：tensorflow_datasets 切割與擷取

```
01    Train, Test=tfds.load(name="imdb_reviews", split=['train', 'test'])

02    Unsupervised=tfds.load(name="imdb_reviews", split='unsupervised')

03    Train, Validation, Test=tfds.load(name="imdb_reviews",

04                      split=['train[0%:80%]','train[80%:100%]', 'test'])

05    IMDB_TrainTest=tfds.load(name="imdb_reviews", split='train + test')

06
```

```
07    Temp_01=next(iter(IMDB_TrainTest.skip(99).take(1)))
08    print(Temp_01[0].numpy().decode())
09    print(Temp_01[1].numpy())
```

　　一般文本分類之預處理需要移除停用字，但本節範例未採用，主因是處理麻煩且未必能增加模型績效。移除停用字是移除一些經常出現，但沒有什麼實際含義的功能詞，例如 the、is、are、at、which、who、on 等，而在 Tokenizer 斷詞器中使用 num_words 參數限定文字轉成對應代碼的數量，亦有類似移除的功能，但其所移除的是罕見字，與前述移除停用字的對象並不相同。假設 num_words 參數值設定為 1200，則最常用的 1200 字（在同一資料集之中出現次數最多的字符）會被轉成對應的代碼，其他字符一律轉為特定的代碼（例如 1）。

　　從 tensorflow_datasets 載入的 imdb_review 電影評論資料集經過前述之處理，即可丟入模型，展開訓練。文本分類模型除了自行建立之外，還可運用預訓練模型，以省去大量的處理工作。從 tensorflow_hub 下載的文本預訓練模型，不但可建立詞向量，還可對文本進行斷詞、建立字典、轉成代碼序列、填充使句子長度相同等文本預處理工作，故從 tensorflow_datasets 載入的 imdb_review 電影評論資料集使用前述預訓練模型來處理，則只需重組批次，即可丟入模型，展開訓練，程式摘要如表 8-8。

表 8-8　程式碼：文本預訓練模型之使用

```
01    import tensorflow_hub as hub
02    My_HubLayer=hub.KerasLayer("https://hub.tensorflow.google.cn/google/
03                              tf2-preview/gnews-swivel-20dim/1")
04
05    MyModel=tf.keras.Sequential()
06    MyModel.add(My_HubLayer)
07    MyModel.add(tf.keras.layers.Dense(units=16, activation='relu'))
08    MyModel.add(tf.keras.layers.Dense(units=1, activation='sigmoid'))
09
10    My_BestModel=tf.keras.models.load_model('D:/BM_0816.h5',
11                              custom_objects={'KerasLayer':My_HubLayer})
```

第 1 列程式匯入 tensorflow_hub 套件。第 2 ～ 3 列程式使用 KerasLayer 類別指定所需要的預處理模型，括號內為其網址，20 維、50 維及 128 維的網址已存入範例檔 AI_0816.py 的第 3 段，讀者可逕自其中複製使用，無需逐字輸入。此等預訓練模型下載之後會存入「C:/ 使用者 / 使用者名稱 /AppData/Local/Temp/tfhub_modules」之內的暫存資料夾，如果執行之後出現錯誤訊息（找不到下載檔），請將 tfhub_modules 之內的子資料夾全部刪除，再重新執行即可。KerasLayer 類別有兩個參數，output_shape 指定輸出形狀之維度，例如 output_shape=[20]，另一個參數 input_shape 等同自行建構的 Embedding Layer 嵌入層之中的 input_dim 參數，input_shape 無需指定參數值，可寫成 input_shape=[] 或 input_shape=()。output_shape 及 input_shape 這兩個參數都可省略不用。

欲使用此預訓練模型，請使用 add 方法將其加入模型的第一層（如表 8-8 第 6 列）。其後可接密集層（如第 7 列），若其後要接 LSTM 等循環層或 CNN 卷積層，則需使用 Reshape 重塑形狀層，將 tensorflow_hub 的文本預訓練模型之輸出資料的形狀轉為三維，否將會發生錯誤而中斷程式，有關 Reshape 重塑形狀層之使用說明請見附錄 A 的問答集 QA_13「如何銜接不同維度的模型層」。另外需注意，如果要載入此種已訓練完成的模型檔（程式如第 10 ～ 11 列），load_model 函數之中必須使用 custom_objects 參數指定預先訓練好的文本嵌入層（本例為 My_HubLayer），否則會發生錯誤。

✤ 載入 IMDB Dataset.csv

前述的電影評論資料集是從 tf.keras.datasets 或 tensorflow_datasets 等套件載入，本節則是直接取自 csv 檔，處理這種類型的檔案需經過完整的預處理程序，比較接近實務上的作業，故練習此類型的檔案才能培養出真正的實力。由於其作業方式與前述 BBC 英國廣播公司的新聞分類辨識相同，故本節不再贅述。

8.7.3　路透社新聞資料集

Reuters 路透社新聞資料集內含的 11,228 條新聞，46 個主題，我們要利用這些資料來訓練神經網路模型，讓模型能夠辨識新聞是屬於哪一個主題，亦為文本分類的自然語言處理。本節的資料取自 tf.keras.datasets 套件，新聞內容已從文字轉成代

碼，故可節省許多文本預處理的工作，因其處理程序與前述 imdb 電影評論資料集相同（亦從 tf.keras.datasets 載入），故本節不再贅述。

8.7.4 真假新聞資料集

文本分類的另一種應用是分辨新聞的真假，我們以實例來說明。Data_FakeNews.csv 是從 BBC 及 CNN 等公司的網站所收集的新聞報導，內含 4009 則新聞，每一筆資料包括 URLs 網址、Headline 新聞標題、Body 新聞內容、Label 標籤等四欄資料，這個檔案可從 Kaggle 數據分析及競賽平台下載（網址請見範例檔 AI_0828.py）。每一則新聞都已在 Label 欄標註其真假，0 代表假新聞，1 代表真新聞。真假新聞舉例如下：

✤ 真的新聞

Seeing US presidents in a different light（標題）

以不同的眼光看待美國總統。

A new exhibition in Washington gives visitors the chance to rethink how history has judged them.（內容）

華盛頓的一個新展覽讓參觀者有機會重新思考歷史是如何評斷他們的。

✤ 假的新聞

SpaceX Launched 10 Satellites Monday（標題）

太空探索公司週一發射了 10 顆衛星。

SpaceX Launched 10 Satellites Monday is original content from Conservative Daily News – Conservative Daily News – Where Americans go for news, current events and commentary they can trust.（內容）

太空探索公司週一發射了 10 顆衛星是來自保守日報的原創內容—保守日報—美國人去那裡尋找他們可以信任的新聞、時事和評論。

此檔 Label 欄的標註是根據新聞的來源加以區分，例如 www.bbc.com 及 www.cnn.com 等網站的新聞都歸屬於真新聞，beforeitsnews.com 等網站的新聞則歸屬於假新聞。前者是全球知名的傳統媒體，後者則是新興的新聞網站，它們接受來自世界各地人士（不一定是記者）的投稿，以補捉漏網之魚，但也可能含有偏見或是不夠精確的報導。我們不必在意新聞的真實性，而是要讓神經網路模型從這些文字敘述中找出可能的規則，進而使其具有辨識的能力。

真假新聞的辨識與前述電影評論的情緒分析之方式極為相近，但有幾個重點需要注意。IMDB 電影評論資料集只能根據「評論」欄來預測其「評價」是正面或負面，Data_FakeNews.csv 真假新聞資料集則可根據「Headline 新聞標題」、「Body 新聞內容」或「Headline 及 Body 的合併資料」來判斷。另一重點在 Embedding 嵌入層之參數設定，input_dim 輸入維度以所有字數為準，input_length 輸入長度則以每一則新聞的平均長度為準，那麼這兩個參數值要如何計算？詳細方法請見本章習題 AI_0828.py ～ AI_0830.py，這三個範例以不同的欄位作為辨識之依據，並且以不同類型的 layer 層來建構模型。

8.7.5 雙主題之真假消息資料集

另一個真假消息的辨識案例出現於 WSDM 2019 年的競賽中，這個資料集的結構較為複雜（有兩個輸入），需要建構較複雜的模型來處理。請先下載所需資料集，詳細網址請見範例檔 AI_0831.py。訓練集有 320552 筆資料，每一筆資料有 8 個欄位：

id 序號、tid1 主題一的編號、tid2 主題二的編號、title1_zh 主題 1_ 中文、title2_zh 主題 2_ 中文、title1_en 主題 1_ 英文、title2_en 主題 2_ 英文、label 標籤。標籤有三種：unrelated 不相關、agree 表示主題 2 的消息是假的、disagreed 表示主題 2 的消息不是假的。

資料集同時納入簡體中文及其英文翻譯兩種版本的資料，我們把焦點集中於英文版，簡體中文（title1_zh 及 title2_zh）可忽略不管。title1_en 欄都是假消息，例如 tid1「主題一的編號」116100（註：同一編號可能有多筆），它的 title1_en「主題 1_英文」的內容如下：

The Chengdu Giant Panda Base Abuse Giant Pandas.

成都大熊貓基地虐待大熊貓。

　　這一則是已知的假消息，其所對應的 title2_en「主題 2_英文」有多則，其中有假消息，也有真消息，還有無關的消息，茲分別各舉一例如下：

✤ tid2「主題二的編號」32827

Chengdu Research Base for Giant Panda Breeding: While wearing panda cures, the panda cures panda.

成都大熊貓繁育研究基地：披著愛大熊貓的皮，卻幹著虐待大熊貓的事。

　　（這一則消息的 label 欄標註為 agree，代表「**同意**」title2_en 所談論的消息與 title1_en 一樣是假消息）

✤ tid2「主題二的編號」32825

Late night stand-up in Chengdu panda base: internet "abuse giant panda" is seriously inconsistent with the facts.

成都大熊貓基地深夜闢謠：網傳「虐待大熊貓」與事實嚴重不符。

　　（這一則消息的 label 欄標註為 disagree，代表「**不同意**」title2_en 所談論的消息與 title1_en 一樣假，亦即不是假消息）

✤ tid2「主題二的編號」32823

Chengdu scenic spot not to the giant panda base not a good man!

成都景點不到大熊貓基地非好漢！

　　（這一則消息的 label 欄標註為 unrelated，代表 title2_en 所談論的消息與 title1_en「**無關**」，亦即無從判斷 title2_en 的真假）

　　前述 Data_FakeNews.csv 真假新聞的辨識較簡單，只須根據 Headline「新聞標題」或 Body「新聞內容」一欄的資料就可辨識其真假（單一輸入）。本例的結構較複雜，

神經網路模型必須根據兩個成對的輸入 title1_en 及 title2_en 來判斷 title2_en 這一欄的消息是真的，或是假的，還是不相關。另外，這個資料集的英文翻譯很不理想，如果以現今的 AI 來翻譯會有不同的結果，我們將就使用吧！

因為在本例中，辨識消息的真假需比對兩個輸入，以決定其相似度（相似度高者為假消息），故須使用 Siamese Network 孿生神經網路來處理，且需使用 Functional API 函數式應用程式介面來建構此模型，詳細程式碼請見本章習題 0831。有關「函數式應用程式介面」及「孿生神經網路」的詳細說明請見附錄 A 的問答集 QA_14 及 QA_15。

8.8 文本預訓練模型之運用

本章 8.5 節介紹了三種文本預訓練模型，其實還有一種 20 維度的預訓練模型，其中 2.5% 的詞彙未轉換為對應的代碼，而是列入 OOV buckets 超出字彙桶。就理論而言，將罕用字列入 OOV，轉成固定代碼（例如 1），可提高模型的正確率並加快處理速度，但此模型能否提高正確率，還是需要視處理對象而定。本模型的網址及其應用實例請見本章習題 0840，另請注意，載入文本預訓練模型時，可將 trainable 參數設定為 True（內定值為 False），以便根據輸入資料產生新的詞向量，耗用時間會增加，但可能提高模型的正確率。

一般情緒分析為二分類，即正面評價或負面評價，但亦有三分類的情緒分析，例如 Tweets.csv 航空公司評價之情緒分析，該資料取自 Twitter「推特」社群網路平台之「Tweets」推文，資料集源自 Figure 8 Federal（ URL https://f8federal.com/company/，原名 Crowdflower），下載位址請見範例檔 AI_0841.py。茲隨機選取其中三種評價如下：

✤ positive 正面評價

Loved the service from the staff at Newark today. Good service goes along way.

今天很喜歡紐華克工作人員的服務。良好的服務走得遠（會有成就）。

✤ negative 負面評價

Please improve business extra flight reservation process. Can't book online? What century are we in? 25 min+ on hold.

請改進商務額外航班預訂流程。不能網上預約嗎？我們在哪個世紀？等待了 25 分鐘以上。

✤ neutral 中立評價

Can I bring my dog on board?

我可以帶我的狗登機嗎？

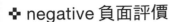 **説明** 沒有評論傾向，只是與評論無關之詢問或敘述。

Tweets.csv 這個檔案比較特別，有幾點值得我們注意。該檔為拉丁編碼，讀取該檔時務必使用 encoding 參數指定正確的編碼（latin-1 或 iso-8859-1）。另外，該檔的評論文字含有 @ 及 http 開頭的字串（前者為航空公司名稱，後者為特定網頁），這些特殊字串對於情緒分析沒有幫助，應予移除，我們可使用 re 套件的 sub 函數搭配 for 迴圈來移除，程式如下：

```
M_texts=[re.sub(r'http\S+|@\S+', '', x) for x in M_texts]
```

re 是 regular expression 正則表示式（正則運算式）的縮寫，sub 是 substitute 的縮寫，表示替換之意，其替換功能比 Python 的內建函數 replace 更強大。re.sub 的第一個參數指定被替換的字串，可同時指定多個字串，各字串之間以垂直線分隔，最外層以單引號括住，前置碼 r 可省略不寫。\S+ 代表其後的字串，以本例而言，http\S+ 代表 http 開頭的字串都會被替換，包括 http:// 與 https:// 開頭的網址；@\S+ 代表 @ 開頭的字串都會被替換，例如 @AmericanAir 美國航空、@JetBlue 捷藍航空等。re.sub 的第二個參數指定替換的字串，本例為空字串，此種指定方式可將第一個參數指定的字串移除，而不被任何字串替換。re.sub 的第三個參數指定處理對象，本例為 for 迴圈逐一從 M_texts 評論串列中取出的一則評論。

以拉丁編碼讀取 Tweets.csv 這個檔案後，其內有許多 16 進制的特殊字符，例如 ð\x9f\x98￠、â\x80\x9d 等，它們是原檔案之中的 emoji 表情符號，這些字符對於情緒分析沒有幫助，應予移除，我們可使用 encode 編碼及 decode 解碼函數搭配 for 迴圈來移除，程式如下：

```
M_texts=[x.encode('utf-8', 'ignore').decode('utf-8') for x in M_texts]
```

for 迴圈逐一從 M_texts 評論串列中取出評論，然後進行編碼及解碼即可移除。encode 編碼函數的第一個參數為編碼格式，本例為 utf-8，第二個參數為錯誤處理方式，本例使用 ignore 忽略，其他可用參數值有 strict、replace、xmlcharrefreplace 等。

另須注意模型編譯時，loss 參數值之設定，因本例之評價為三分類，故若目標文本（評價）已轉為單熱編碼，則 loss 參數值應使用 categorical_crossentropy 分類交叉熵函數，若未轉為單熱編碼（只進行標籤編碼），則 loss 參數值應使用 sparse_categorical_crossentropy 稀疏分類交叉熵函數。有關 Tweets.csv 航空公司評價之情緒分析，請參考範例檔 AI_0841.py ～ AI_0847.py。

8.9 文本分類的進階處理

前述文本分類的過程很麻煩，如果使用 ChatGPT 是否可行呢？我們試著將下列問題丟給 ChatGPT：

下面三則是顧客對某一家航空公司的評論，請問他們的評論是正面的還是負面的？

❑ 第 1 則：Loved the service from the staff at Newark today. Good service goes along way.

❑ 第 2 則：Please improve business extra flight reservation process. Can't book online? What century are we in? 25 min+ on hold.

❑ 第 3 則：Can I bring my dog on board?

ChatGPT 的回答如下：

根據這些評論，我們可以進行分析：

第 1 則評論：正面的。評論者對紐華克機場的服務印象良好，並強調良好的服務對他們來說非常重要。

第 2 則評論：負面的。評論者提到了商務額外航班預訂流程的問題，並抱怨無法在線上預訂，並且他們花了 25 分鐘以上的時間等待。

第 3 則評論：無法確定。這則評論只是一個簡單的問題，詢問是否可以帶狗上飛機，但沒有提供足夠的信息來確定是正面還是負面的評論。

總的來說，第 1 則評論是正面的，第 2 則評論是負面的，第 3 則評論無法確定正負面。

　　分析的結果很正確，User 也沒有任何負擔，不必經過「移除停用字」、「斷詞與建立字典」、「轉成代碼序列」、「填充或裁切使句子等長」等麻煩的程序，只需把問題丟給聊天機器人就可解決了。但省略了這些程序就無法了解自然語言處理的原理，而且 ChatGPT 有字數的限制（付費版亦同），故處理大型的文本分類仍須仰賴 TensorFlow 等架構所建立的模型。

　　ChatGPT 在自然語言處理上有令人驚艷的成績，其中的關鍵因素之一是使用了 Self-Attention Mechanism 自注意力機制。在文本分類上，若能改用自注意力層來取代（或併用）LSTM 及 GRU 等循環網路層，則模型的辨識能力可大幅提高，有關自注意力層的詳細說明及範例檔，請見本書附錄 A 的問答集 QA_41。

習 題

試題 0801

請建構神經網路模型，以便能對 bbc-text.csv 英國廣播公司的新聞進行分類辨識，訓練集正確率需達 99% 以上、驗證集正確率需達 59% 以上。模型使用 Embedding Layer 嵌入層與 SimpleRNN 簡單循環網路層，訓練集資料的形狀為二維陣列。範例檔為 AI_0801.py，提示如下：

❑ 第 0 段：資料檔取得方式請見範例檔 AI_0801.py 開頭處之說明。

❑ 第 1 段：讀取資料檔，分開「新聞分類」欄及「新聞內容」欄，並轉成串列格式。

❑ 第 2 段：移除「新聞內容」之中的停用字。

❑ 第 3 段：使用 Tokenizer 斷詞器進行文本資料預處理，將「新聞內容」轉成小寫、轉成代碼的字數為 1200、移除標點符號、建立字典、將單字轉成代碼、填充或裁切使句字等長（長度 800）、在前填充與在前裁切。

❑ 第 4 段：將「新聞分類」由字串轉成代碼（標籤編碼），計算分類數。

❑ 第 5 段：劃分訓練集與驗證集（使用分層抽樣法，90% 資料列入訓練集）。

❑ 第 6 段：將訓練集與驗證集的「新聞分類」轉為單熱編碼。

❑ 第 7 段：建構神經網路模型（Embedding Layer 與 SimpleRNN）。

❑ 第 8 段：訓練及評估模型。

試題 0802

同 0801，但模型使用 Embedding Layer 嵌入層與 MLP 多層感知機（兩個密集層及兩個丟棄層）建構。訓練集正確率需達 99% 以上、驗證集正確率需達 92% 以上。範例檔為 AI_0802.py。

試題 0803

同 0801，但模型使用 Embedding Layer 嵌入層、卷積層、池化層、一個全連結層及一個丟棄層建構。訓練集正確率需達 99% 以上、驗證集正確率需達 97% 以上。範例檔為 AI_0803.py。

試題 0804

同 0801，但模型使用 Embedding Layer 嵌入層、兩個 LSTM 長短期記憶層及一個丟棄層建構。訓練集正確率需達 84% 以上、驗證集正確率需達 77% 以上。範例檔為 AI_0804.py。

試題 0805

同 0801，但模型使用 Embedding Layer 嵌入層、兩個 GRU 閘門循環單元及一個丟棄層建構。訓練集正確率需達 99% 以上、驗證集正確率需達 83% 以上。範例檔為 AI_0805.py。

試題 0806

請建構神經網路模型，以便能對 tf.keras.datasets 匯入的 imdb 電影評論資料集進行情緒分析，訓練集正確率需達 99% 以上、驗證集正確率需達 85% 以上。範例檔為 AI_0806.py，提示如下：

❏ 第 1 段：匯入資料集。

❏ 第 2 段：填充或裁切使每一則評論等長。

❏ 第 3 段：使用 Embedding Layer 嵌入層與一個展平層、一個密集層及兩個丟棄層建構模型，並訓練模型。

❏ 第 4 段：評估模型。

試題 0807

同 0806，但模型使用 Embedding Layer 嵌入層、卷積層、池化層、一個展平層、一個全連結層及兩個丟棄層建構。訓練集正確率需達 94% 以上、驗證集正確率需達 87% 以上。範例檔為 AI_0807.py。

試題 0808

同 0806，但模型使用 Embedding Layer 嵌入層及 SimpleRNN 簡單循環層建構。訓練集正確率需達 79% 以上、驗證集正確率需達 76% 以上。範例檔為 AI_0808.py。

試題 0809

同 0806，但模型使用 Embedding Layer 嵌入層、兩層 LSTM 及兩個丟棄層建構。訓練集正確率需達 89% 以上、驗證集正確率需達 87% 以上。範例檔為 AI_0809.py。

試題 0810

同 0806，但模型使用 Embedding Layer 嵌入層及 GRU 閘門循環單元建構。訓練集正確率需達 89% 以上、驗證集正確率需達 87% 以上。範例檔為 AI_0810.py。

試題 0811

同 0806，但模型使用 Embedding Layer 嵌入層、卷積層、池化層、一個 LSTM 層及兩個丟棄層建構。訓練集正確率需達 89% 以上、驗證集正確率需達 87% 以上。範例檔為 AI_0811.py。

試題 0812

同 0806，但模型使用 Embedding Layer 嵌入層及兩個雙向 LSTM 長短期記憶層建構。訓練集正確率需達 90% 以上、驗證集正確率需達 86% 以上。範例檔為 AI_0812.py。本程式耗時較久，建議使用 Google Colab 之 GPU 執行。

試題 0813

請建構神經網路模型，以便能對 tensorflow_datasets 匯入的 imdb_review 電影評論資料集進行情緒分析，訓練集正確率需達 73% 以上、驗證集正確率需達 70% 以上。範例檔為 AI_0813.py，提示如下：

❑ 第 1 段：匯入資料集、劃分輸入文本與目標文本。

❑ 第 2 段：使用斷詞器建立字典，並將文字轉成代碼，再填充（或裁切）使每一則評論等長。

❑ 第 3 段：將輸入文本及目標文本轉成張量資料集，然後打亂順序，再劃分為訓練集與測試集（90% 列入訓練集），並重組批次（每批次 128 筆）。

❏ 第 4 段：使用 Embedding Layer 嵌入層與 SimpleRNN 簡單循環層建構模型，並訓練模型。

❏ 第 5 段：評估模型。

試題 0814

　　同 0813，但模型使用 Embedding Layer 嵌入層及 GRU 閘門循環單元建構。訓練集正確率需達 89% 以上、驗證集正確率需達 87% 以上。範例檔為 AI_0814.py。本程式耗時較久，建議使用 Google Colab 之 GPU 執行。

試題 0815

　　同 0813，但模型使用 Embedding Layer 嵌入層、CNN 卷積層及 LSTM 長短期記憶層建構。訓練集正確率需達 90% 以上、驗證集正確率需達 88% 以上。範例檔為 AI_0815.py。本程式耗時較久，建議使用 Google Colab 之 GPU 執行。

試題 0816

　　請建構神經網路模型，以便能對 tensorflow_datasets 匯入的 imdb_review 電影評論資料集進行情緒分析，訓練集正確率需達 72% 以上、驗證集正確率需達 71% 以上。範例檔為 AI_0816.py，提示如下：

> **説明**　0813 ～ 0815 使用 Embedding Layer 嵌入層，本題改用 tensorflow_hub 之 20 維度文本預訓練模型。

❏ 第 1 段：匯入資料集。

❏ 第 2 段：打亂資料集順序（重新洗牌），並重組批次（批次大小 512）。

❏ 第 3 段：從 tensorflow_hub 匯入 20 維度詞向量之文本預訓練模型。

❏ 第 4 段：使用 tensorflow_hub 之 20 維度文本預訓練模型及密集層建構模型，並訓練模型。

❏ 第 5 段：評估模型。

試題 0817

同 0816，但模型使用 tensorflow_hub 之 20 維度文本預訓練模型及 GRU 閘門循環單元建構。訓練集正確率需達 72% 以上、驗證集正確率需達 72% 以上。範例檔為 AI_0817.py。

試題 0818

同 0816，但模型使用 tensorflow_hub 之 20 維度文本預訓練模型及兩個雙向 LSTM 長短期記憶層建構。訓練集正確率需達 73% 以上、驗證集正確率需達 72% 以上。範例檔為 AI_0818.py。

試題 0819

同 0816，但模型使用 tensorflow_hub 之 20 維度文本預訓練模型及 CNN 卷積層建構。訓練集正確率需達 72% 以上、驗證集正確率需達 72% 以上。範例檔為 AI_0819.py。

試題 0820

請建構神經網路模型，以便能對 IMDB Dataset.csv 電影評論資料集進行情緒分析，訓練集正確率需達 93% 以上、驗證集正確率需達 86% 以上。範例檔為 AI_0820.py，提示如下：

❏ 第 0 段：資料檔取得方式請見範例檔 AI_0820.py 開頭處之說明。

❏ 第 1 段：讀取資料檔，分開「評論文字」及「評價」欄，並轉成串列格式。

❏ 第 2 段：移除「評論文字」之中的停用字。

❏ 第 3 段：使用 Tokenizer 斷詞器進行文本資料預處理，將「評論文字」轉成小寫、轉成代碼的字數為 1200、移除標點符號、建立字典、將單字轉成代碼、填充使句字等長（長度 1000）、在前填充與在前裁切。

❏ 第 4 段：將「評價」由字串轉成代碼（標籤編碼）。

❏ 第 5 段：劃分訓練集與驗證集（使用分層抽樣法，80% 資料列入訓練集）。

❏ 第 6 段：建構網路模型（Embedding Layer、兩個密集層與三個丟棄層）。

❏ 第 7 段：訓練及評估模型。

試題 0821

　　同 0820，但模型使用 Embedding Layer 嵌入層及 GRU 閘門循環單元建構。訓練集正確率需達 94% 以上、驗證集正確率需達 88% 以上。範例檔為 AI_0821.py。本程式耗時較久，建議使用 Google Colab 之 GPU 執行。

試題 0822

　　同 0820，但模型使用 Embedding Layer 嵌入層及兩個雙向 LSTM 長短期記憶層建構。訓練集正確率需達 94% 以上、驗證集正確率需達 89% 以上。範例檔為 AI_0822.py。本程式耗時較久，建議使用 Google Colab 之 GPU 執行。

試題 0823

　　同 0820，但模型使用 Embedding Layer 嵌入層、一維卷積層、一維池化層及密集層建構。訓練集正確率需達 99% 以上、驗證集正確率需達 86% 以上。範例檔為 AI_0823.py。

試題 0824

　　請建構神經網路模型，以便能對 tf.keras.datasets 匯入的 reuters 路透社新聞進行分類辨識，訓練集正確率需達 94% 以上、驗證集正確率需達 72% 以上。範例檔為 AI_0824.py，提示如下：

❏ 第 1 段：匯入訓練集與測試集，同時劃分輸入文本與目標文本。
❏ 第 2 段：使用 pad_sequences 模組填充（或裁切）使每一則新聞等長。
❏ 第 3 段：將目標文本轉成單熱編碼。
❏ 第 4 段：使用 Embedding Layer 嵌入層、兩個密集層及三個丟棄層建構模型，並訓練模型。
❏ 第 5 段：評估模型。

試題 0825

同 0824，但模型使用 Embedding Layer 嵌入層及兩個 GRU 閘門循環單元建構。訓練集正確率需達 79% 以上、驗證集正確率需達 74% 以上。範例檔為 AI_0825.py。本程式耗時較久，建議使用 Google Colab 之 GPU 執行。

試題 0826

同 0824，但模型使用 Embedding Layer 嵌入層及兩個雙向 LSTM 長短期記憶層建構。訓練集正確率需達 61% 以上、驗證集正確率需達 60% 以上。範例檔為 AI_0826.py。本程式耗時較久，建議使用 Google Colab 之 GPU 執行。

試題 0827

同 0824，但模型使用 Embedding Layer 嵌入層及一維卷積層、一維池化層及密集層建構。訓練集正確率需達 96% 以上、驗證集正確率需達 71% 以上。範例檔為 AI_0827.py。本程式耗時較久，建議使用 Google Colab 之 GPU 執行。

試題 0828

請建構神經網路模型，以便能對 Data_FakeNews.csv 進行真假新聞之辨識，根據 Headline「新聞標題」來判斷新聞之真假。訓練集正確率需達 99% 以上、驗證集正確率需達 82% 以上。範例檔為 AI_0828.py，提示如下：

❑ 第 0 段：資料檔取得方式請見範例檔 AI_0820.py 開頭處之說明。

❑ 第 1 段：匯入資料，新增 Length 欄，並將各筆新聞標題的長度（單字數）置入其中。

❑ 第 2 段：80% 列入訓練集，20% 列入測試集，並劃分輸入文本與目標文本，輸入文本包括 Headline、Body、Length 等三欄，Label 欄作為目標文本。請依據 Label 欄進行分層抽樣。

❑ 第 3 段：取出 Headline 欄作為訓練集與測試集的輸入文本（自變數）。

❑ 第 4 段：使用 Tokenizer 斷詞器進行文本資料預處理，將「新聞標題」轉成小寫、去除標點符號、將單字轉成代碼、填充使句字等長（長度以新聞標題的平均長度為準，本例為 10）、在前填充及在前裁切。

❏ 第 5 段：使用 Embedding Layer 嵌入層、兩個密集層及三個丟棄層建構模型，並訓練模型。

❏ 第 6 段：評估模型。

試題 0829

請建構神經網路模型，以便能對 Data_FakeNews.csv 進行真假新聞之辨識，根據 Body「新聞內容」之來判斷新聞之真假。訓練集正確率需達 99% 以上、驗證集正確率需達 98% 以上。範例檔為 AI_0829.py，提示如下（資料集取得方式與 0828 相同）：

❏ 第 1 段：匯入資料，刪除空值欄，新增 Length 欄，並將各筆新聞標題的長度（單字數）置入其中。

❏ 第 2 段：80% 列入訓練集，20% 列入測試集，並劃分輸入文本與目標文本，輸入文本包括 Headline、Body、Length 等三欄，Label 欄作為目標文本。請依據 Label 欄進行分層抽樣。

❏ 第 3 段：取出 Body 欄作為訓練集與測試集的輸入文本（自變數）。

❏ 第 4 段：使用 Tokenizer 斷詞器進行文本資料預處理，將「新聞內容」轉成小寫、去除標點符號、將單字轉成代碼、填充使句字等長（長度以新聞標題的平均長度為準，本例為 489）、在前填充及在前裁切。

❏ 第 5 段：使用 Embedding Layer 嵌入層及雙向 GRU 建構模型，並訓練模型。

❏ 第 6 段：評估模型。

試題 0830

請建構神經網路模型，以便能對 Data_FakeNews.csv 進行真假新聞之辨識，根據 Headline「新聞標題」及 Body「新聞內容」之合併資料來判斷新聞之真假。訓練集正確率需達 99% 以上、驗證集正確率需達 98% 以上。範例檔為 AI_0830.py，提示如下（資料集取得方式與 0828 相同）：

❏ 第 1 段：匯入資料，將 Headline「新聞標題」及 Body「新聞內容」合併為 text 欄，刪除空值欄，新增 Length 欄，並將各筆新聞標題的長度（單字數）置入其中。

❏ 第 2 段：80% 列入訓練集，20% 列入測試集，並劃分輸入文本與目標文本，輸入文本包括 Headline、Body、Length 等三欄，Label 欄作為目標文本。請依據 Label 欄進行分層抽樣。

❏ 第 3 段：取出 text 欄作為訓練集與測試集的輸入文本（自變數）。

❏ 第 4 段：使用 Tokenizer 斷詞器進行文本資料預處理，將 text「新聞標題及新聞內容合併資料」轉成小寫、去除標點符號、將單字轉成代碼、填充使句字等長（長度以新聞標題的平均長度為準，本例為 499）、在前填充及在前裁切。

❏ 第 5 段：使用 Embedding Layer 嵌入層、一維卷積層、一維池化層及密集層建構模型，並訓練模型。

❏ 第 6 段：評估模型。

試題 0831

　　請建構神經網路模型，以便能對 News_train.csv 進行真假消息之辨識，根據 title1_en 主題 1 及 title2_en 主題 2 兩欄的資料來判斷消息的真假。訓練集正確率需達 95% 以上、驗證集正確率需達 83% 以上。範例檔為 AI_0831.py，提示如下：

❏ 第 0 段：資料檔取得方式請見範例檔 AI_0831.py 開頭處之說明。

❏ 第 1 段：匯入訓練集與測試集資料。

❏ 第 2 段：擷取所需資料，title1_en 主題 1、title2_en 主題 2、label 標籤。

❏ 第 3 段：訓練集資料的 20% 列入驗證集，title1_en 主題 1、title2_en 主題作為輸入文本，Label 欄作為目標文本。請依據 Label 欄進行分層抽樣。

❏ 第 4 段：使用 Tokenizer 斷詞器進行文本資料預處理，需先合併 News_train.csv 及 News_test.csv 之中的 title1_en 主題 1 及 title2_en 主題 2，再建立字典。訓練集、驗證集與測試集的輸入文本都需轉成小寫、去除標點符號、單字轉成代碼、填充使句字等長（長度以主題的平均長度為準，本例為 16 個單字）、在前填充及在前裁切。

❏ 第 5 段：訓練集與驗證集的目標文本轉成單熱編碼。

❑ 第6段：使用 Functional API 建構神經網路模型，使用 Embedding Layer 嵌入層與 Siamese LSTM 孿生長短期記憶層建構模型，並訓練模型。以「字典字數＋1」作為嵌入層 input_dim 輸入維度參數之值。

❑ 第7段：評估模型。

❑ 第8段：進行測試集的真假辨識，並將辨識結果匯出為 Excel 檔。

試題 0832

請建構神經網路模型，以便能對 IMDB Dataset.csv 電影評論資料集進行情緒分析，訓練集正確率需達 81% 以上、驗證集正確率需達 80% 以上。範例檔為 AI_0832.py，提示如下：

❑ 第0段：資料檔取得方式請見範例檔 AI_0832.py 開頭處之說明。

❑ 第1段：讀取資料檔、擷取「評論文字」及「評價」欄，並轉成串列格式、目標文本由文字轉成數字代碼、轉成張量流資料集、重新洗牌，再劃分為訓練集與測試集（8:2）、建立批次（批次大小 512）。

❑ 第2段：下載所需要的預訓練模型。

❑ 第3段：建構神經網路模型（128 維文本預訓練模型、兩個密集層）。

❑ 第4段：訓練及評估模型。

試題 0833

同 0832，但模型使用 128 維文本預訓練模型及 GRU 閘門循環單元建構。訓練集正確率需達 79% 以上、驗證集正確率需達 80% 以上。範例檔為 AI_0833.py。

試題 0834

同 0832，但模型使用 128 維文本預訓練模型及一維卷積層、一維池化層建構。訓練集正確率需達 80% 以上、驗證集正確率需達 80% 以上。範例檔為 AI_0834.py。

試題 0835

同 0832，但模型使用 128 維文本預訓練模型及兩個雙向 LSTM 長短期記憶層建構。訓練集正確率需達 80% 以上、驗證集正確率需達 80% 以上。範例檔為 AI_0835.py。

試題 0836

請建構神經網路模型，以便能對 bbc-text.csv 英國廣播公司的新聞進行分類辨識，訓練集正確率需達 99% 以上、驗證集正確率需達 95% 以上。範例檔為 AI_0836.py，提示如下：

❏ 第 0 段：資料檔取得方式請見範例檔 AI_0836.py 開頭處之說明。

❏ 第 1 段：讀取資料檔、擷取「新聞內容」及「分類」欄，並轉成串列格式、目標文本由文字轉成數字代碼、計算分類數量（標籤種類數）、目標文本轉成單熱編碼。

❏ 第 2 段：將「新聞內容」及「分類」的格式由串列轉成張量，合併「新聞內容」及「分類」，形成監督式的二元組資料集。

❏ 第 3 段：打亂資料集的原先排列順序，再劃分為訓練集與驗證集（8:2）。

❏ 第 4 段：建立批次（批次大小 64）。

❏ 第 5 段：下載所需要的預訓練模型。

❏ 第 6 段：建構網路模型（50 維文本預訓練模型、兩個密集層），訓練模型。

❏ 第 7 段：評估模型。

試題 0837

同 0836，但模型使用 50 維文本預訓練模型及 GRU 閘門循環單元建構。訓練集正確率需達 96% 以上、驗證集正確率需達 95% 以上。範例檔為 AI_0837.py。

試題 0838

同 0836，但模型使用 50 維文本預訓練模型及一維卷積層、一維池化層建構。訓練集正確率需達 96% 以上、驗證集正確率需達 94% 以上。範例檔為 AI_0838.py。

試題 0839

同 0836，但模型使用 50 維文本預訓練模型及兩個雙向 LSTM 長短期記憶層建構。
訓練集正確率需達 98% 以上、驗證集正確率需達 95% 以上。範例檔為 AI_0839.py。

試題 0840

請建構神經網路模型，以便能對 tensorflow_datasets 匯入的 imdb_review 電影評論
資料集進行情緒分析，訓練集正確率需達 95% 以上、驗證集正確率需達 87% 以上。
範例檔為 AI_0840.py，提示如下：

> **説明**　0816 使用 tensorflow_hub 之 20 維度文本預訓練模型，本題亦使用 20 維度文
> 本預訓練模型，但有 2.5% 的詞彙轉換為 OOV buckets 超出字彙桶。

❏ 第 1 段：匯入資料集。

❏ 第 2 段：打亂資料集順序（重新洗牌），並重組批次（批次大小 512）。

❏ 第 3 段：從 tensorflow_hub 匯入 20dim-with-oov 之文本預訓練模型。

❏ 第 4 段：使用 tensorflow_hub 之 20dim-with-oov 文本預訓練模型及密集層建構模
型，並訓練模型。

❏ 第 5 段：評估模型。

試題 0841

請建構神經網路模型，以便能對 Tweets.csv 航空公司評論資料集進行情緒分析，
訓練集正確率需達 98% 以上、驗證集正確率需達 75% 以上。範例檔為 AI_0841.
py，提示如下：

❏ 第 0 段：資料檔取得方式請見範例檔 AI_0841.py 開頭處之說明。

❏ 第 1 段：匯入資料集（拉丁編碼），擷取所需資料（text 評論內容、airline_
sentiment 評價）。

❏ 第 2 段：去除表情符號（\x 開頭的 16 進制特殊字符），移除 @ 及 http 開頭的字串
（前者為航空公司名稱，後者為特定網頁）。

❑ 第 3 段：使用 Tokenizer 斷詞器進行文本資料預處理，將「評論內容」轉成小寫、轉成代碼的字數為 1200、移除標點符號、建立字典、將單字轉成代碼、填充或裁切使句字等長（長度 32）、在後填充與在後裁切。

❑ 第 4 段：將「評價」由文字轉成代碼，計算評價種類數。

❑ 第 5 段：劃分訓練集與驗證集（使用分層抽樣法，80% 資料列入訓練集）。

❑ 第 6 段：使用 Embedding Layer 嵌入層與一個展平層、兩個密集層及三個丟棄層建構模型，並訓練模型。

❑ 第 7 段：評估模型。

試題 0842

同 0841，但模型使用 Embedding Layer 嵌入層、卷積池化層與 GRU 閘門循環單元建構。訓練集正確率需達 92% 以上、驗證集正確率需達 77% 以上。範例檔為 AI_0842.py。

試題 0843

同 0841，但模型使用 Embedding Layer 嵌入層與兩個雙向 LSTM 長短期記憶層建構。訓練集正確率需達 97% 以上、驗證集正確率需達 74% 以上。範例檔為 AI_0843.py。

試題 0844

請建構神經網路模型（需使用 20 維文本預訓練模型），以便能對 Tweets.csv 航空公司評論資料集進行情緒分析，訓練集正確率需達 99% 以上、驗證集正確率需達 77% 以上。範例檔為 AI_0844.py，提示如下：

❑ 第 0 段：資料檔取得方式請見範例檔 AI_0844.py 開頭處之說明。

❑ 第 1 段：匯入資料集（拉丁編碼），擷取所需資料（text 評論內容、airline_sentiment 評價）。

❑ 第 2 段：去除表情符號（\x 開頭的 16 進制特殊字符），移除 @ 及 http 開頭的字串（前者為航空公司名稱，後者為特定網頁）。

❑ 第3段：將「評價」由文字轉成代碼，再轉成單熱編碼，計算評價種類數。

❑ 第4段：將「評論內容」及「評價」轉成張量格式，合併「評論內容」及「評價」，形成監督式的二元組資料集。打亂張量資料集的原先排列順序，再劃分為訓練集與驗證集（8:2）。建立批次（批次大小32）。

❑ 第5段：下載所需要的預訓練模型，trainable 參數設定為 True。

❑ 第6段：建構網路模型（20維文本預訓練模型、兩個密集層），並訓練之。

❑ 第7段：評估模型。

試題 0845

同 0844，但模型使用 20 維文本預訓練模型及 GRU 閘門循環單元建構。訓練集正確率需達 97% 以上、驗證集正確率需達 76% 以上。範例檔為 AI_0845.py。

試題 0846

同 0844，但模型使用 20 維文本預訓練模型及卷積池化層建構。訓練集正確率需達 98% 以上、驗證集正確率需達 77% 以上。範例檔為 AI_0846.py。

試題 0847

同 0847，但模型使用 20 維文本預訓練模型及兩個雙向 LSTM 長短期記憶層建構。訓練集正確率需達 96% 以上、驗證集正確率需達 79% 以上。範例檔為 AI_0847.py。

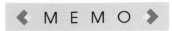

文本生成

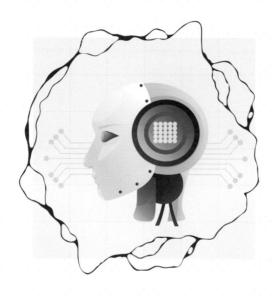

9.1　文本生成概要

9.2　文本預處理

9.3　建構模型兩種

9.4　文本生成自訂函數

9.5　文本生成之斷句

9.6　自然語言處理的新發展

Text Generation 文本生成是自然語言處理的要項之一，文本生成最常見的運用就是手機上的輸入法，它可根據當前輸入的內容推薦下一個詞彙，以簡化輸入，例如當您輸入「桃」之後，螢幕會顯示「園市」、「園人」等詞彙供您挑選。除此外，文本生成能使電腦為我們撰寫故事、詩歌、歌詞及新聞摘要等，但要使電腦生成的文本看起來像是人類所寫並非易事。

文本生成無法憑空而來，必需有所「本」，這個「本」可以是結構化資料、圖片或影音等不同類型的資料，本章探討的是 Text-to-Text，也就是根據既有文本來產生新文本。既有文本可以是一句話或一篇文章，但是要訓練出好的模型（能夠產出近似自然語言之神經網路模型），必須是擁有大量文本的訓練集。

9.1　文本生成概要

文本生成是讓電腦根據既有的人類作品，來產生相同風格的文本（字數可長可短）。舉例來說，我們使用美國創作歌手 Taylor Alison Swift「泰勒‧艾莉森‧絲薇芙特」歷年的歌詞來訓練模型，模型訓練完成之後，我們以 we were both young when i first saw you「我第一次見到你時，我們都很年輕」作為起始字串，模型就會接續產出如下的歌詞：

scarred there like you made me your flames

on my own

and that's all i know is

lights went in brown pool off the scene to

let you go free back to me like

（中譯如下）

傷痕累累，就像你讓我成為你的火焰

我自己

這就是我所知道的

燈光在場景外的棕色水池中亮起

讓你自由地回到我身邊

> 説明 歌詞資料取自 taylor_swift_lyrics.csv，該資料檔由 PromptCloud 公司使用 Genius.com 公開的 API 創建，公司網址： URL https://www.promptcloud.com/。

　　新生文本是否理想與您所建構的模型及所用的訓練資料有很大的關係，模型適當及訓練資料量足夠是其中的關鍵，否則所生文本可能不知所云。欲產生新文本需經過下列三個主要程序（各程序分段說明如後）：

❏ 準備文本資料，並經妥適處理。

❏ 建構合適的神經網路模型，並利用前述文本來訓練模型。

❏ 使用前述已訓練的模型來產出新文本。

9.2 文本預處理

　　如前述，文本生成需有所「本」，這個「本」通常是 txt 格式的檔案，例如本書使用的 shakespeare.txt 英國大文豪莎士比亞的作品、nietzsche.txt 德國哲學家尼采的作品、republic_clean.txt 古希臘哲學家柏拉圖的理想國、Iliad_v3.txt 古希臘詩人荷馬的史詩「伊利亞德」等都是此類型的文字檔；另外，taylor_swift_lyrics.csv 則是 csv 格式的文字檔（逗號分隔），它是美國創作歌手 Taylor Alison Swift「泰勒‧艾莉森‧絲薇芙特」歷年的歌詞。

　　這些文本資料要用來訓練模型，讓模型具有預測的能力，也就是讓模型能夠根據任一段話，來產生一個新單字或一段文字。然而在訓練模型之前，這些文本資料要經過適當的處理，亦即預處理，其主要工作如下：

❏ 轉為小寫、移除標點符號及其他特殊字元。

❏ 分割單字（按空白劃分），由字串格式轉成串列。

❏ 建立字典，再據以將單字轉成對應的數字代碼。

❏ 切割序列，再劃分為輸入文本與目標文本。

❏ 轉換為模型所能接受的格式，例如二維陣列或張量資料集。

　　文本生成本可分為 character level 字符層級與 word level 單字層級兩種方式，前者根據若干個字符（例如 40 個）來預測下一個字符（例如某一個英文字母），後者則是根據若干個單字（例如 30 個）來預測下一個單字。這兩種文本生成方式稍有差異，字符層級的處理較為簡易，但可能產生錯字，單字層級則無此問題。本章習題 AI_0901.py 及 AI_0902.py 為字符層級的文本生成，其餘習題則為單字層級的文本生成。文本預處理的程式摘要如表 9-1 及 9-2。

▌表 9-1　程式碼：文本預處理之一

01	MyFile=open('./MyData/shakespeare.txt', mode='r', encoding="utf-8")
02	My_Text=My_File.read().lower()
03	MyFile.close()
04	
05	doc=My_Text.replace('--', ' ')
06	tokens=doc.split()
07	M_punctuation="!#$%&()*+,-./:;<=>?@[\]^_`{|}~"+'""'
08	table=str.maketrans('', '', M_punctuation)
09	tokens=[w.translate(table) for w in tokens]
10	tokens=[word for word in tokens if word.isnumeric()==False]
11	
12	My_characters=sorted(list(set(tokens)))
13	My_dictionary_char_indices={c:i for i, c in enumerate(My_characters)}
14	My_dictionary_indices_char={i:c for i, c in enumerate(My_characters)}
15	text_as_int=[My_dictionary_char_indices[c] for c in tokens]

　　表 9-1 第 1 列程式開啟 shakespeare.txt，第 2 列程式使用 read 及 lower 函數讀取檔案並將大寫字母轉成小寫。第 5 列程式使用 replace 函數將 -- 連字號以一個空白取

代。第 6 列程式使用 split 函數分割單字，也就是將文本資料按空白切開，此一動作同時會將文本由字串格式轉為串列格式，split 函數的括號內可指定切割符號，若不指定，則以空白符號作為切割的依據。

第 7 ～ 9 列程式可移除標點符號及其他特殊字元，其中第 7 列程式指定要移除的符號，共計 31 個，包括逗號及句號等標點符號，但不包含 '（撇號、省略號、單引號），此符號代表縮寫，若將其移除，會失去原意，例如 don't 會變成 dont、What's 會變成 Whats。另外，" 雙引號要移除，但因其會與字串標示符號衝突，故使用 + 號附加於尾端。使用 string 套件的 punctuation 函數可輕鬆產生 32 個標點符號，但包括 '（撇號、省略號、單引號），故不予採用，而以手動方式建立所需移除的符號。

第 8 列程式使用 Python 內建的 str 之 maketrans 方法，建立一個如下的字典：

```
{33: None, 35: None, 36: None, 37: None, ...... 126: None, 34: None}
```

33、35、36 等「鍵」分別為 !#$ 等三個符號的 Unicode 統一碼，其對應的「值」一律為 None。

第 9 列程式使用 for 迴圈從已切割的原始文本 tokens 之中逐一取出單字，然後使用 translate 函數根據前述已建立的字典進行轉換，本例會將所有標點符號轉成 None 空值（等同移除）。有關標點符號移除的更多說明，請見附錄 A 的問答集 QA_03。第 10 列程式可移除完全由數字組成的字串（段落編號），使用 for 迴圈逐單字處理，每一迴圈使用 if word.isnumeric()==False 判斷單字是否為數字，若非，則會被併入 tokens。

第 12 列程式建立單字的清單，先使用 set 函數唯一單字（篩出不重複的單字），然後使用 list 函數轉成串列，再使用 sort 函數進行排序。第 13 及 14 列程式分別建立兩種字典，供後續使用，第 13 列建立「單字在前、代碼在後」的字典，亦即以單字作為「鍵」，以阿拉伯數字代碼作為「值」，例如：{'a': 0, 'abasement': 1, 'abbe': 2, ..., 'zone': 10206, 'zones': 10207}

第 14 列建立「代碼在前、單字在後」的字典，亦即以阿拉伯數字代碼作為「鍵」，以單字作為「值」，樣本如下：

```
{0: 'a', 1: 'abasement', 2: 'abbe', ....... , 10206: 'zone', 10207:
'zones'}
```

第 13 及 14 列程式都是使用 for 迴圈搭配 enumerate 列舉函數來建立字典,有關字典建立的更多說明請見附錄 A 的問答集 QA_04。第 15 列程式將文本的單字轉成對應的代碼,該程式使用 for 迴圈逐一取出文本中的單字,再將其置於中括號之內,以切片法從「單字在前、代碼在後」的字典 My_dictionary_char_indices 之中取出該單字對應的代碼,亦即「以鍵取值」,取出資料置於中括號之內,以便轉為串列格式。

文本資料為序列資料,沒有自變數(特徵)也沒有因變數(標籤),不符監督式學習的要求,所以我們需將其切割為多組,每一組再劃分輸入文本與目標文本,模型才能根據輸入文本來預測目標文本。表 9-2 是文本切割的範例程式。

▌表 9-2 程式碼:文本預處理之二

01	def window_split(series, window_size):
02	ds=tf.data.Dataset.from_tensor_slices(series)
03	ds=ds.window(size=window_size+1, shift=1, drop_remainder=True)
04	ds=ds.flat_map(lambda w: w.batch(window_size + 1))
05	ds=ds.map(lambda w: (w[0:seq_length], w[-1]))
06	return ds
07	
08	tr_dataset_A=window_split(text_as_int, window_size=50)

第 1 ~ 6 列為文本切割的自訂函數,取名為 window_split,有兩個接收參數,第一個是欲切割的文本(已轉成代碼),第二個是切割視窗的大小(亦即序列長度)。原始文本經過此自訂函數處理後,會產生多個序列,每個序列分為輸入文本及目標文本。第 8 列程式設呼叫自訂函數 window_split,同時傳遞兩個參數(text_as_int 文本與 window_size 序列長度,本例為 50)。

自訂函數 window_split 先使用 from_tensor_slices 函數將文本的資料格式由串列轉成張量資料集(第 2 列)。然後使用 dataset.window 資料集視窗函數切割文本(第 3 列)。第 4 列程式使用 flat_map 展平映射函數搭配 lambda 匿名函數及 batch 批次函數組成批次(亦即序列)。第 5 列程式使用 map 映射函數搭配 lambda 匿名函數,將每一序列都劃分為輸入文本與目標文本。

本自訂函數是非常實用的文本切割程式，User 只需調整第 3 列 shift 位移量參數及第 5 列第二個中括號切片法的擷取索引，就可切割出下列 4 大類型的文本序列：

❏ 多對一且位移量為 1。

❏ 多對多且位移量為 1。

❏ 多對一且位移量大於 1。

❏ 多對多且位移量大於 1。

更詳細的說明，請見附錄 A 的問答集 QA_05。前述切割方式適用於 Nietzsche、Shakespeare、Plato 等人的文學作品，整編文章視為一個字串，不分句，作連續的切割。但歌詞作品（例如 Taylor Alison Swift 歷年歌曲）則需使用不同的切割方法，每一句歌詞都會被切割為多組，然後使用 pad_sequences 填充每一組，使每一組歌詞的長度都相同。一般文學作品會跨句切割（同一序列可能含有不同句的單字），但是歌詞則不跨句切割，同一序列一定是同一句的單字，輸入文本與目標文本亦屬與同一句的歌詞。詳細說明，請見附錄 A 的問答集 QA_06。

本段所用的範例檔 taylor_swift_lyrics.csv 為 latin1 編碼而非 Unicode，在 Python 中若未使用 encoding 參數指定正確的編碼就會發生錯誤，有關檔案編碼的偵測及轉換說明，請見附錄 A 的問答集 QA_07。

9.3　建構模型兩種

文本生成通常需要建構兩個神經網路模型，一個用來訓練，一個用來預測，表 9-3 是其範例程式。

▌表 9-3　程式碼：文本生成的神經網路模型

01	MyModel=tf.keras.models.Sequential()
02	MyModel.add(tf.keras.layers.Embedding(input_dim=1200, output_dim=256,
03	batch_input_shape=[64, None]))
04	MyModel.add(tf.keras.layers.GRU(units=256, stateful=True,

05	recurrent_initializer='glorot_uniform', return_sequences=False))
06	MyModel.add(tf.keras.layers.Dense(units=1200))
07	MyModel.compile(optimizer=tf.keras.optimizers.Adam(learning_rate=0.001),
08	loss='sparse_categorical_crossentropy', metrics=['accuracy'])
09	
10	MyModel_2=tf.keras.models.Sequential()
11	MyModel_2.add(tf.keras.layers.Embedding(input_dim=1200, output_dim=256,
12	batch_input_shape=[1, None]))
13	………………………………………
14	MyModel_2.load_weights('D:/Test_BestModel_01.h5')

　　此類神經網路模型需於第一層加入 Embedding Layer 嵌入層，以便建立 Word Vector 詞向量（將欲處理文本的單字代碼轉成多維度的空間座標）。範例程式如表 9-3 第 2 ～ 3 列，有三個參數需要設定，第一個參數 imput_dim 輸入維度需指定所有可能用到的字符數量，通常為文本的唯一字符數（不重複的字符數量），但若使用了 Tokenizer 斷詞器處理文本，且其 oov_token 參數指定了非保留字的替代字符，則需納入此一數量，另外若使用 pad_sequences 模組指定填充值，則亦需納入此一數量。第二個參數 output_dim 輸出維度是指「詞向量」的維度，如何設定較妥當？並無一定的規則，需視字符數量而定，且需靠試誤法找出較適當之值。第三個參數 batch_input_shape 指定輸入資料的批次數，此參數值的中括號內有兩個超參數，第一個超參數是批次大小，第二個超參數可設為 None（不指定），或每一個序列的長度。如果輸入資料未建立批次，則第三個參數應改用 input_length 指定輸入文本的長度。

　　嵌入層之後可加入 LSTM 或 GRU 等循環層，最後為輸出層（第 4 ～ 6 列）。表 9-3 第 10 列開始建構第二個神經網路模型，以便用於預測，與前一個模型的差異在 Embedding Layer 嵌入層 batch_input_shape 參數之設定，因為模型的訓練資料有多個批次（本例為 64），而文本生成的起始字串只有一個序列，故第二個神經網路模型的 batch_input_shape 參數值應設為 [1, None]（第 12 列），其他各層的結構與參數值都與第一個神經網路模型相同。第二個神經網路模型無需訓練，而是載入第一個神經網路模型所訓練出來的最佳權重來使用（第 14 列）。

9.4　文本生成自訂函數

　　模型建構之後，即可開始產生新文本，為便於掌控，我們將文本生成的過程寫成自訂函數，範例程式如表 9-4。程式第 1 列設定新生文本的長度（單字數），程式第 2 列設定所需的溫度，本例共設定了 6 個溫度參數值，稍後再說明溫度的作用，這兩個參數值都可由 User 自行調整。第 3 ～ 26 列是文本生成的自訂函數，取名為 F_GenerateText，它有一個接收參數，接收呼叫自訂函數時所傳遞過來的起始字串，起始字串（亦稱初始字串）是模型產生第一個新單字（或第一句新單句）的依據。

▎表 9-4　程式碼：文本生成自訂函數之一

01	Num_Generate=120
02	M_temperature=[0.2, 0.5, 0.7, 0.8, 1.0, 1.2]
03	def F_GenerateText(start_string):
04	input_eval=[My_dictionary_char_indices[s] for s in start_string]
05	Temp_sentence=input_eval
06	input_eval=tf.expand_dims(input_eval, axis=0)
07	for t in M_temperature:
08	print()
09	print("-" * 72)
10	print('Text generated as below, --- temperature: ', t)
11	Mcount=0
12	for i in range(Num_Generate):
13	predictions=MyModel_2(input_eval)
14	predictions=predictions / t
15	predicted_id=tf.random.categorical(predictions, num_samples=1)
16	.numpy()[0][0]
17	Temp_sentence=Temp_sentence[1:]+[predicted_id]
18	input_eval=tf.expand_dims(Temp_sentence, axis=0)
19	next_char=Unique_Character[predicted_id]
20	if Mcount < (Num_Generate - 1):

21	sys.stdout.write(next_char + " ")
22	sys.stdout.flush()
23	Mcount += 1
24	else:
25	sys.stdout.write(next_char)
26	sys.stdout.flush()

自訂函數首先根據字典將起始字串轉成對應的代碼（第 4 列），然後將其置入變數 Temp_sentence（第 5 列）。第 6 列程式使用 expand_dims 函數擴展一個維度，經過此程序，可將初始字串的格式由「串列」轉成「張量」。然後使用雙層 for 迴圈處理，外迴圈控制溫度，每一圈處理一種溫度，不同溫度會產生不同的新文本；內迴圈產生新文本，每一圈產生一個新單字，外迴圈每跑一圈，內迴圈要執行若干圈（圈數由新生文本的長度決定）。

第 10 列程式在螢幕上顯示新生文本之標題（列示不同的溫度），第 8 ～ 9 列程式分別為換行及顯示分隔線，以利螢幕資訊的區分。為使初學者易於了解，本自訂函數只將新文本顯示於螢幕，至於新文本儲存為 txt 文字檔的程式碼，請參考本章各習題的解答。

外層 for 迴圈程式從第 7 列開始，每次取一種溫度，因為本例有 6 種溫度（0.2 ～ 1.2），故會產生六種不同的新文本，內層 for 迴圈程式從第 12 列開始，每一圈產生一個新單字，本例會執行 120 圈，產生 120 個新單字，外層 for 迴圈每執行一次，內層 for 迴圈會執行 120 次。

內層 for 迴圈先將起始字串（已轉成代碼）丟入第二個模型，模型會傳回一個序列的單字預測機率，樣本如下：

```
tf.Tensor([[0.02  0.05 …….  0.07]], shape=(1, 1200), dtype=float32)
```

假設文本所有可能的單字數量為 1200 個（亦即嵌入層的輸入維度或輸出層的神經元數量），那麼模型就會傳回這 1200 個單字每一個單字的預測機率，通常機率最大者即為所需，但在文本生成的案例中，為避免死板，會經過溫度調節及分類分佈中抽樣，才決定新生單字為何，而不是逕取機率最大的單字。第 14 列程式將模型輸

出除以溫度，相當於以不同的權重來調整模型的輸出，溫度離 1 越遠，調整幅度越大。模型輸出 predictions 為張量格式，可進行張量運算，故會自動處理張量中的每一個元素（本例會自動將每一個預測機率除以某一溫度），而不必使用 for 迴圈逐一計算。

第 15 ～ 16 列程式使用 tf.random.categorical 函數從一個分類分佈中抽取樣本，以本例而言，就是從模型輸出的 1200 個機率之中抽取一個，作為新生的單字（而不是取機率最高者）。因為 tf.random.categorical 函數的輸出為張量格式，所以程式末尾使用 numpy 函數及兩個中括號切片法取出其值，以利後續程式的使用。有關 tf.random.categorical 函數的用法及分類分佈中抽樣的更多說明，請見附錄 A 的問答集 QA_08。

第 17 列程式重組起始字串，該程式去除第一個單字，再於末尾併入一個新生的單字，然後由第 18 列的 expand_dims 函數擴展其維度，將資料型態由串列轉成二維張量，以便下一迴圈丟入模型，再產生（預測）下一個新單字。第 19 列程式根據新生單字代碼從 Unique_Character 單字清單中找出其對應的單字，例如 4541 轉成對應的 incessantly，然後併入 next_char。第 20 ～ 26 列程式將新單字顯示於螢幕，若該單字並非新文本的最後一字，則需加上空白，以便做為單字之間的區隔，sys.stdout.flush() 是強制「刷新」緩衝區，將緩衝區中的所有內容寫入終端。

▌表 9-5　程式碼：文本生成自訂函數之二

01	Temp_StartString="What's in a name that which we call a rose
02	By any other name would smell as sweet"
03	
04	print('Start string : ', Temp_StartString)
05	print()
06	print('Length of start string : ', len(Temp_StartString.split()))
07	
08	M_StartString=np.array(Temp_StartString.split())
09	F_GenerateText(M_StartString)

自訂函數建構之後，接著說明其用法，範例程式如表 9-5。第 1 ～ 2 列程式是起始字串，本例中譯為「名稱有什麼關係呢？玫瑰不叫玫瑰，依然芳香如故」。起始字串可取自原始文本的任一段話（亦可自行撰寫，但是單字必須為原始文本所存在的），起始字串的長度不可超過所訂序列的長度，而且預處理方式要一致，例如是否轉成小寫、是否移除標點符號等。第 4 ～ 6 列程式將起始字串及其長度顯示於螢幕。第 9 列程式呼叫自訂函數，同時傳遞起始字串，起始字串需先使用 split 函數按空白分割，並轉成陣列格式。

9.5　文本生成之斷句

　　一般文本生成的範例都沒有斷句功能，整篇新文本連成一片，以致不知所云，本書提供的 AI_0914.py 及 AI_0915.py 可改善此缺點。AI_0914.py 允許 User 指定每一句歌詞的長度及整個新歌曲的總句數，並有斷句的功能，每一句歌詞都換行顯示，新生歌詞的樣本如下：

saying i let you in a permanent mistakes

dress i don't always have to shake it

　　上述範例雖有斷句功能，但是每一句歌詞的長度是固定的（字數都相同），AI_0915.py 所產生的每一句歌詞之長度則不同，這種新文本較符合實際狀況，也更貼近原創風格，新生歌詞的樣本如下：

scarred there like you made me your flames

on my own

and that's all i know is

　　新歌詞各句的長度決定於原始文本各句的長度，假設起始字串取自原歌曲第 3 句，則新生歌詞第一句的長度取決於原歌曲第 4 句的長度，新生歌詞第二句的長度取決於原歌曲第 5 句的長度，餘類推。如果起始字串由 User 自行撰寫（非取自原歌

曲），則 User 需設定起始句的索引順序，亦即需指定原歌曲第幾句作為起始句，假設起始句為原歌曲第 10 句，則新生歌詞第一句的長度等於原歌曲第 10 句的長度，新生歌詞第二句的長度等於原歌曲第 11 句的長度，餘類推。

9.6 自然語言處理的新發展

2017 年 Google 學者提出了 Transformer 架構，此架構之特色在 Self-Attention mechanism 自注意力機制（詳本書附錄 A 的 QA_41），它跳脫了循環網路（RNN、LSTM、GRU 等）依序執行訓練的傳統，能夠專注於重點單字或特殊部位。遵循 Transformer 架構所開發的模型，在績效及準確度方面都超過循環網路，已成為自然語言處理的主流，另外在影像辨識領域也已使用此種架構。

transformers 套件有數十種此類架構之模型可用，包括 BERT、GPT、XLNet 等，此等套件非常龐大，包含上千億的權重及偏權值，需要高效能的電腦來訓練模型，一般電腦只能使用其預訓練模型，經過微調，再應用於特殊領域。此等議題非認證考試之範圍，但為使讀者了解 AI 的最新發展，故本書蒐錄 4 個範例，以便了解此等模型如何進行文本生成、文本摘要及情緒分析等工作，範例檔請見 AI_0917.py ～ AI_0920.py。

> 説明　BERT 模型由 Google 所發展，全名為 Bidirectional Encoder Representations from Transformers「基於變換器的雙向編碼器表示技術」。可應用於問答系統、資訊搜尋及文本摘要等領域。XLNet 亦為 Google 開發的模型，效能上優於 BERT。GPT 模型是新創公司 OpenAI 的產品，GPT 的全名為 Generative Pre-trained Transformer 基於轉換器的生成式預訓練模型，主要功能為文本生成，已陸續推出 gpt、gpt-2、gpt-3 等多個版本。OpenAI 由「伊隆・馬斯克」等人於 2015 年創立，2019 年微軟挹注 10 億美元，雙方展開合作。2022 年底 OpenAI 推出 ChatGPT，迅速爆紅，並引發各界的關注，它的背後就是調用了 GPT 大型語言模型。ChatGPT 除了可協助搜尋、文本分類、文本摘要、文本翻譯及文本生成（例如詩歌及信件）之外，還可進行程式之撰寫（包括 Python 及 Excel VBA 等）。

習 題

試題 0901

　　請根據 shakespeare.txt 產生沙士比亞風格之文本。以 64 個字符（非單字）作為一個序列，用以預測下一個字符，亦即 character level 字符層級之預測而非 word level 單字層級的 text generation 文本生成。每一個序列間隔 3 個字符。請建構 LSTM 長短期記憶網路模型，適用多對一模式，模型沒使用嵌入層，請將輸入文本及目標文本都轉成單熱編碼。請將模型輸出（預測）經過溫度調節及多項式抽樣，再作為新生文本，新生文本之長度為 120 個字符，溫度設定為 0.2、0.5、0.7、0.8、1.0、1.2 等六種。請將新生文本顯示於螢幕，並存入 txt 檔。範例檔為 AI_0901.py，提示如下：

❏ 第 1 段：讀取資料檔（不移除標點符號及換行等符號）。資料來源請見 AI_0901. py 開頭處的說明。

❏ 第 2 段：建立字典。

❏ 第 3 段：切割輸入文本（劃分輸入文本與目標文本）。

❏ 第 4 段：將輸入文本及目標文本都轉為單熱編碼。

❏ 第 5 段：建立及訓練神經網路模型（輸入形狀為三維陣列）。

❏ 第 6 段：抽樣及溫度調節自訂函數。

❏ 第 7 段：新生文本的自訂函數。

❏ 第 8 段：設定起始字串、文本寫入準備、呼叫新生文本的自訂函數。設定起始字串有 8-1 及 8-2 兩種方式（請擇一使用），8-1 節隨機選取原始文本一個序列（本例為 64 個字符），8-2 節自行從原始文本挑選經典名言。

試題 0902

　　請根據 nietzsche.txt 產生尼采風格之文本。以 40 個字符（非單字）作為一個序列，用以預測下一個字符，亦即 character level 字符層級之預測而非 word level 單字層級的 text generation 文本生成。每一個序列間隔 3 個字符。請建構 LSTM 長短期記憶

網路模型，適用多對一模式，模型沒使用嵌入層，請將輸入文本及目標文本都轉成單熱編碼。請將模型輸出（預測）經過溫度調節及多項式抽樣，再作為新生文本，新生文本之長度為 300 個字符，溫度設定為 0.2、0.5、0.7、0.8、1.0、1.2 等六種。請將新生文本顯示於螢幕，並存入 txt 檔。範例檔為 AI_0902.py，提示如下：

❏ 第 1 段：讀取資料檔（不移除標點符號及換行等符號）。資料來源請見 AI_0902.py 開頭處的說明。

❏ 第 2 段：建立字典。

❏ 第 3 段：切割輸入文本（劃分輸入文本與目標文本）。

❏ 第 4 段：將輸入文本及目標文本都轉為單熱編碼。

❏ 第 5 段：建立及訓練神經網路模型（輸入形狀為三維陣列）。

❏ 第 6 段：抽樣及溫度調節自訂函數。

❏ 第 7 段：新生文本的自訂函數。

❏ 第 8 段：設定起始字串、文本寫入準備、呼叫新生文本的自訂函數。

試題 0903

請根據 shakespeare.txt 產生沙士比亞風格之文本。以 50 個單字作為一個序列，用以預測下一個單字，亦即 word level 單字層級的 text generation 文本生成。每一個序列間隔 1 個單字。請建構 Embedding 及 GRU Layer 之多對一模型，請將訓練資料轉成張量資料集。請將模型輸出（預測）經過溫度調節及分類分布抽樣，再作為新生文本，新生文本之長度為 120 個單字，溫度設定為 0.2、0.5、0.7、0.8、1.0、1.2 等六種。請將新生文本顯示於螢幕，並存入 txt 檔。範例檔為 AI_0903.py，提示如下：

❏ 第 1 段：讀取資料檔（大寫英文字母不轉成小寫）。資料來源請見 AI_0903.py 開頭處的說明。

❏ 第 2 段：資料清理及字典建立（移除標點符號及完全由數字組成的字串）。

❏ 第 3 段：設定參數值。

❏ 第 4 段：將單字轉成對應的代碼。

❏ 第 5 段：資料格式轉成張量，使用 dataset.window 切割，再組成批次。

❏ 第 6 段：建立類神經網路模型之一（使用 Embedding 及 GRU Layer）。

❏ 第 7 段：建立類神經網路模型之二（預測用）。

❏ 第 8 段：建立新生文本的自訂函數。

❏ 第 9 段：設定起始字串、文本寫入準備、呼叫新生文本的自訂函數。如果要隨機選取起始字串，則需使用 9-2-1 節的程式，如果要自行輸入起始字串，則需使用 9-2-2 節的程式。

試題 0904

請根據 shakespeare.txt 產生沙士比亞風格之文本。以 50 個單字作為一個序列，用以預測下 50 個單字，亦即 word level 單字層級的 text generation 文本生成。每一個序列間隔 51 個單字。請建構 Embedding 及 GRU Layer 之多對多模型，請將訓練資料轉成張量資料集。請將模型輸出（預測）經過溫度調節及分類分布抽樣，再作為新生文本，新生文本之長度為 120 個單字，溫度設定為 0.2、0.5、0.7、0.8、1.0、1.2 等六種。請將新生文本顯示於螢幕，並存入 txt 檔。範例檔為 AI_0904.py，提示如下：

❏ 第 1 段：讀取資料檔（大寫英文字母不轉成小寫）。資料來源請見 AI_0904.py 開頭處的說明。

❏ 第 2 段：資料清理及字典建立（移除標點符號及完全由數字組成的字串）。

❏ 第 3 段：設定參數值。

❏ 第 4 段：將單字轉成對應的代碼。

❏ 第 5 段：資料格式轉成張量，使用自訂函數切割序列，再組成批次。

❏ 第 6 段：建立類神經網路模型之一（使用 Embedding 及 GRU Layer）。

❏ 第 7 段：建立類神經網路模型之二（預測用）。

❏ 第 8 段：建立新生文本的自訂函數。

❏ 第 9 段：設定起始字串、文本寫入準備、呼叫新生文本的自訂函數。如果要隨機選取起始字串，則需使用 9-2-1 節的程式，如果要自行輸入起始字串，則需使用 9-2-2 節的程式。

試題 0905

　　請根據 republic_clean.txt 產生柏拉圖風格之文本。以 50 個單字作為一個序列，用以預測下 1 個單字，亦即 word level 單字層級的 text generation 文本生成。每一個序列間隔 1 個單字。請建構 Embedding 及 GRU Layer 之多對一模型，請將訓練資料轉成陣列，目標文本需轉成單熱編碼。請將模型輸出（預測）經過溫度調節及分類分布抽樣，再作為新生文本，新生文本之長度為 120 個單字，溫度設定為 0.2、0.5、0.7、0.8、1.0、1.2 等六種。請將新生文本顯示於螢幕，並存入 txt 檔。範例檔為 AI_0905.py，提示如下：

❏ 第 1 段：讀取資料檔（大寫英文字母須轉成小寫）。資料檔取得方式請見範例檔 AI_0905.py 開頭處之說明。

❏ 第 2 段：資料清理及字典建立（移除標點符號及完全由數字組成的字串）。

❏ 第 3 段：設定參數值。

❏ 第 4 段：將單字轉成對應的代碼，再切割序列。

❏ 第 5 段：劃分輸入文本及目標文本，目標文本轉成單熱編碼。

❏ 第 6 段：建立類神經網路模型（使用 Embedding 及 GRU Layer）。

❏ 第 7 段：建立新生文本的自訂函數。

❏ 第 8 段：設定起始字串、文本寫入準備、呼叫新生文本的自訂函數。

試題 0906

　　請根據 Iliad_v3.txt 荷馬的史詩「伊利亞德」產生新文本。以 30 個單字作為一個序列，用以預測下一個單字，亦即 word level 單字層級的 text generation 文本生成。每一個序列間隔 1 個單字。請建構 Embedding 及雙向 GRU Layer 之多對一模型，請將訓練資料轉成張量資料集。請將模型輸出（預測）經過溫度調節及分類分布抽樣，再作為新生文本，新生文本之長度為 120 個單字，溫度設定為 0.2、0.5、0.7、0.8、1.0、1.2 等六種。請將新生文本顯示於螢幕，並存入 txt 檔。範例檔為 AI_0906.py，提示如下：

❏ 第 1 段：讀取資料檔（大寫英文字母轉成小寫）。資料檔取得方式請見範例檔 AI_0906.py 開頭處之說明。

❏ 第 2 段：資料清理及字典建立（移除標點符號）。

❏ 第 3 段：設定參數值。

❏ 第 4 段：將單字轉成對應的代碼。

❏ 第 5 段：資料格式轉成陣列，再使用 dataset.window 切割，再組成批次。

❏ 第 6 段：建立類神經網路模型之一（使用 Embedding 及雙向 GRU Layer）。

❏ 第 7 段：建立類神經網路模型之二（預測用）。

❏ 第 8 段：建立新生文本的自訂函數。

❏ 第 9 段：設定起始字串、文本寫入準備、呼叫新生文本的自訂函數。如果要隨機
選取起始字串，則需使用 9-2-1 節的程式，如果要自行選取起始字串，則需使用
9-2-2 節的程式。

試題 0907

請根據 Iliad_v3.txt 荷馬的史詩「伊利亞德」產生新文本。以 30 個單字作為一個
序列，用以預測下 30 個單字，亦即 word level 單字層級的 text generation 文本生
成。每一個序列間隔 31 個單字（每個序列不重疊）。請建構 Embedding 及雙向 GRU
Layer 之多對多模型，請將訓練資料轉成張量資料集。請將模型輸出（預測）經過溫
度調節及分類分布抽樣，再作為新生文本，新生文本之長度為 120 個單字，溫度設
定為 0.2、0.5、0.7、0.8、1.0、1.2 等六種。請將新生文本顯示於螢幕，並存入 txt 檔。
範例檔為 AI_0907.py，提示如下：

❏ 第 1 段：讀取資料檔（大寫英文字母轉成小寫）。資料檔取得方式請見範例檔
AI_0907.py 開頭處之說明。

❏ 第 2 段：資料清理及字典建立（移除標點符號）。

❏ 第 3 段：設定參數值。

❏ 第 4 段：將單字轉成對應的代碼。

❏ 第 5 段：資料格式轉成陣列，使用 batch 及自訂函數切割序列，組成批次。

❏ 第 6 段：建立類神經網路模型（使用 Embedding 及雙向 GRULayer）。

❏ 第 7 段：修改網路模型，以便可用於預測。

❏ 第 8 段：建立新生文本的自訂函數。

❏ 第 9 段：設定起始字串、文本寫入準備、呼叫新生文本的自訂函數。如果要隨機
選取起始字串，則需使用 9-2-1 節的程式，如果要自行選取起始字串，則需使用
9-2-2 節的程式。

試題 0908

請根據 nietzsche.txt 產生尼采風格之文本。以 50 個單字作為一個序列，用以預測
下一個單字，亦即 word level 單字層級的 text generation 文本生成。每一個序列間隔
51 個單字。請建構 Embedding 及 GRU Layer 之多對一模型，請將訓練資料轉成張量
資料集。請將模型輸出（預測）經過溫度調節及分類分布抽樣，再作為新生文本，
新生文本之長度為 120 個單字，溫度設定為 0.2、0.5、0.7、0.8、1.0、1.2 等六種。
請將新生文本顯示於螢幕，並存入 txt 檔。範例檔為 AI_0908.py，提示如下：

❏ 第 1 段：讀取資料檔（大寫英文字母轉成小寫）。資料來源請見 AI_0908.py 開頭
處的說明。

❏ 第 2 段：資料清理及字典建立（移除標點符號及段落編號等）。

❏ 第 3 段：設定參數值。

❏ 第 4 段：將單字轉成對應的代碼。

❏ 第 5 段：資料格式轉成張量，再使用自訂函數切割序列，再組成批次。

❏ 第 6 段：建立類神經網路模型之一（使用 Embedding 及 GRU Layer）。

❏ 第 7 段：建立類神經網路模型之二（預測用）。

❏ 第 8 段：建立新生文本的自訂函數。

❏ 第 9 段：設定起始字串、文本寫入準備、呼叫新生文本的自訂函數。如果要隨機
選取起始字串，則需使用 9-2-1 節的程式，如果要自行選取起始字串，則需使用
9-2-2 節的程式。

試題 0909

請根據 nietzsche.txt 產生尼采風格之文本。以 50 個單字作為一個序列，用以預測
下 50 個單字，亦即 word level 單字層級的 text generation 文本生成。每一個序列間

隔 51 個單字。請建構 Embedding 及雙向 GRU Layer 之多對多模型，請將訓練資料轉成張量資料集。請將模型輸出（預測）經過溫度調節及分類分布抽樣，再作為新生文本，新生文本之長度為 120 個單字，溫度設定為 0.2、0.5、0.7、0.8、1.0、1.2 等六種。請將新生文本顯示於螢幕，並存入 txt 檔。範例檔為 AI_0909.py，提示如下：

❏ 第 1 段：讀取資料檔（大寫英文字母轉成小寫）。資料來源請見 AI_0909.py 開頭處的說明。

❏ 第 2 段：資料清理及字典建立（移除標點符號及段落編號等）。

❏ 第 3 段：設定參數值。

❏ 第 4 段：將單字轉成對應的代碼。

❏ 第 5 段：資料格式轉成張量，再使用自訂函數切割序列，再組成批次。

❏ 第 6 段：建立類神經網路模型（使用 Embedding 及雙向 GRU Layer）。

❏ 第 7 段：修改網路模型，以便可用於預測。

❏ 第 8 段：建立新生文本的自訂函數。

❏ 第 9 段：設定起始字串、文本寫入準備、呼叫新生文本的自訂函數。如果要隨機選取起始字串，則需使用 9-2-1 節的程式，如果要自行選取起始字串，則需使用 9-2-2 節的程式。

試題 0910

請根據 nietzsche.txt 產生尼采風格之文本。以 50 個單字作為一個序列，用以預測下一個單字，亦即 word level 單字層級的 text generation 文本生成。每一個序列間隔 1 個單字，序列之間有部分重疊。請建構 Embedding 及雙向 GRU Layer 之多對一模型，請將訓練資料轉成張量資料集。請將模型輸出（預測）經過溫度調節及分類分布抽樣，再作為新生文本，新生文本之長度為 120 個單字，溫度設定為 0.2、0.5、0.7、0.8、1.0、1.2 等六種。請將新生文本顯示於螢幕，並存入 txt 檔。範例檔為 AI_0910.py，提示如下：

❏ 第 1 段：讀取資料檔（大寫英文字母轉成小寫）。資料來源請見 AI_0910.py 開頭處的說明。

❏ 第 2 段：資料清理及字典建立（移除標點符號及段落編號等）。

❏ 第 3 段：設定參數值。

❏ 第 4 段：將單字轉成對應的代碼。

❏ 第 5 段：資料格式轉成陣列，使用 dataset.window 切割序列，組成批次。

❏ 第 6 段：建立類神經網路模型（使用 Embedding 及雙向 GRU Layer）。

❏ 第 7 段：修改網路模型，以便可用於預測。

❏ 第 8 段：建立新生文本的自訂函數。

❏ 第 9 段：設定起始字串、文本寫入準備、呼叫新生文本的自訂函數。如果要隨機選取起始字串，則需使用 9-2-1 節的程式，如果要自行選取起始字串，則需使用 9-2-2 節的程式。

試題 0911

　　請根據 taylor_swift_lyrics.csv 產生「泰勒・艾莉森・絲薇芙特」風格之歌詞。以 17 個單字作為一個序列，用以預測下一個單字，亦即 word level 單字層級的 text generation 文本生成。每一句歌詞切割為多組，每一組的字數由 2 開始，逐字遞增至該句的長度。使用在前填充，使句子等長，以最長一句歌詞的長度為準（本例為 18 個單字）。請建構 Embedding、雙向 LSTM 及單向 GRU 之多對一模型，請將輸入文本轉成二維陣列（不組批次），目標文本轉成單熱編碼。請將模型輸出（預測）經過溫度調節及分類分布抽樣，再作為新生文本，新生文本之長度為 120 個單字，溫度設定為 0.2、0.5、0.7、0.8、1.0、1.2 等六種。請將新生文本顯示於螢幕，並存入 txt 檔。範例檔為 AI_0911.py，提示如下：

❏ 第 0 段：資料檔取得方式請見範例檔 AI_0911.py 開頭處之說明。

❏ 第 1 段：讀取資料檔（編碼轉成 utf-8、移除標點符號、轉小寫、轉串列）。

❏ 第 2 段：文本預處理（以斷詞器建立字典、轉成代碼、切割序列、填充）。

❏ 第 3 段：劃分輸入文本與目標文本，目標文本轉成單熱編碼。

❏ 第 4 段：設定所需參數值。

❏ 第 5 段：建立網路模型之一（Embedding、雙向 LSTM 及 GRU Layer）。

❏ 第 6 段：建立網路模型之二，用於預測。

❏ 第 7 段：建立新生文本的自訂函數。

❏ 第 8 段：設定起始字串、文本寫入準備、呼叫新生文本的自訂函數。

試題 0912

　　請根據 taylor_swift_lyrics.csv 產生「泰勒‧艾莉森‧絲薇芙特」風格之歌詞。以 17 個單字作為一個序列，用以預測下一個單字，亦即 word level 單字層級的 text generation 文本生成。每一句歌詞切割為多組，每一組的字數由 2 開始，逐字遞增至該句的長度。使用在前填充，使句子等長，以最長一句歌詞的長度為準（本例為 18 個單字）。請建構 Embedding、雙向 LSTM 及雙向 GRU 之多對一模型，請將輸入文本轉成二維陣列（不組批次），目標文本轉成單熱編碼。不使用溫度調整，也不使用分類分布抽樣，直接以模型輸出作為新生文本，新生文本之長度為 60 個單字。請將新生文本顯示於螢幕，並存入 txt 檔。範例檔為 AI_0912.py，提示如下：

❏ 第 1 段：讀取資料檔（編碼轉成 utf-8、移除標點符號、轉小寫、轉串列）。資料檔取得方式請見範例檔 AI_0912.py 開頭處之說明。

❏ 第 2 段：文本預處理（以斷詞器建立字典、轉成代碼、切割序列、填充）。

❏ 第 3 段：劃分輸入文本與目標文本，目標文本轉成單熱編碼。

❏ 第 4 段：設定所需參數值。

❏ 第 5 段：建立網路模型之一（Embedding、雙向 LSTM 及雙向 GRU）。

❏ 第 6 段：建立網路模型之二，用於預測。

❏ 第 7 段：建立新生文本的自訂函數。

❏ 第 8 段：設定起始字串、文本寫入準備、呼叫新生文本的自訂函數。

試題 0913

　　請根據 taylor_swift_lyrics.csv 產生「泰勒‧艾莉森‧絲薇芙特」風格之歌詞。以 17 個單字作為一個序列，用以預測下 17 個單字，亦即 word level 單字層級的 text generation 文本生成。每一句歌詞切割為多組，每一組的字數由 2 開始，逐字遞增至

該句的長度。使用在前填充，使句子等長，以最長一句歌詞的長度為準（本例為 18 個單字）。請建構 Embedding、雙向 LSTM 及單向 GRU 之多對多模型，請將輸入文本轉成二維陣列（不組批次），目標文本轉成單熱編碼。請將模型輸出（預測）經過溫度調節及分類分布抽樣，再作為新生文本，溫度設定為 0.2、0.5、0.7、0.8、1.0、1.2 等六種。請將新生文本顯示於螢幕，並存入 txt 檔。範例檔為 AI_0913.py，提示如下：

❏ 第 1 段：讀取資料檔（編碼轉成 utf-8、移除標點符號、轉小寫、轉串列）。資料檔取得方式請見範例檔 AI_0913.py 開頭處之說明。

❏ 第 2 段：文本預處理（以斷詞器建立字典、轉成代碼、切割序列、填充）。

❏ 第 3 段：劃分輸入文本與目標文本，目標文本轉成單熱編碼。

❏ 第 4 段：設定所需參數值。

❏ 第 5 段：建立網路模型之一（Embedding、雙向 LSTM 及單向 GRU）。

❏ 第 6 段：建立網路模型之二，用於預測。

❏ 第 7 段：建立新生文本的自訂函數。

❏ 第 8 段：設定起始字串、文本寫入準備、呼叫新生文本的自訂函數。

試題 0914

　　請根據 taylor_swift_lyrics.csv 產生「泰勒・艾莉森・絲薇芙特」風格之歌詞。以 17 個單字作為一個序列，用以預測下一個單字，亦即 word level 單字層級的 text generation 文本生成。每一句歌詞切割為多組，每一組的字數由 2 開始，逐字遞增至該句的長度。使用在前填充，使句子等長，以最長一句歌詞的長度為準（本例為 18 個單字）。請建構 Embedding、雙向 LSTM 及單向 GRU 之多對一模型，請將輸入文本轉成二維陣列（不組批次），目標文本轉成單熱編碼。不使用溫度調整，不使用分類分布抽樣，直接以模型輸出作為新文本。可指定每一句歌詞的長度及整個新生文本的總句數，有斷句的功能。請將新生文本顯示於螢幕，並存入 txt 檔。範例檔為 AI_0914.py，提示如下：

❏ 第 1 段：讀取資料檔（編碼轉成 utf-8、移除標點符號、轉小寫、轉串列）。資料檔取得方式請見範例檔 AI_0914.py 開頭處之說明。

❏ 第 2 段：文本預處理（以斷詞器建立字典、轉成代碼、切割序列、填充）。

❏ 第 3 段：劃分輸入文本與目標文本，目標文本轉成單熱編碼。

❏ 第 4 段：設定所需參數值。

❏ 第 5 段：建立網路模型之一（Embedding、雙向 LSTM 及單向 GRU）。

❏ 第 6 段：建立網路模型之二，用於預測。

❏ 第 7 段：建立新生文本的自訂函數。

❏ 第 8 段：設定起始字串、文本寫入準備、呼叫新生文本的自訂函數。

試題 0915

請根據 taylor_swift_lyrics.csv 產生「泰勒・艾莉森・絲薇芙特」風格之歌詞。以 17 個單字作為一個序列，用以預測下一個單字，亦即 word level 單字層級的 text generation 文本生成。每一句歌詞切割為多組，每一組的字數由 2 開始，逐字遞增至該句的長度。使用在前填充，使句子等長，以最長一句歌詞的長度為準（本例為 18 個單字）。請建構 Embedding、雙向 LSTM 及單向 GRU 之多對一模型，請將輸入文本轉成二維陣列（不組批次），目標文本轉成單熱編碼。不使用溫度調整，不使用分類分布抽樣，直接以模型輸出作為新文本。有斷句功能，每一句歌詞的長度不固定（非等長），User 可決定新生文本總句數。請將新生文本顯示於螢幕，並存入 txt 檔。範例檔為 AI_0915.py，提示如下：

❏ 第 1 段：讀取資料檔（編碼轉成 utf-8、移除標點符號、轉小寫、轉串列）。資料檔取得方式請見範例檔 AI_0915.py 開頭處之說明。

❏ 第 2 段：文本預處理（以斷詞器建立字典、轉成代碼、切割序列、填充）。

❏ 第 3 段：劃分輸入文本與目標文本，目標文本轉成單熱編碼。

❏ 第 4 段：設定所需參數值。

❏ 第 5 段：建立網路模型之一（Embedding、雙向 LSTM 及單向 GRU）。

❏ 第 6 段：建立網路模型之二，用於預測。

❏ 第 7 段：建立新生文本的自訂函數。

❏ 第 8 段：設定起始字串、文本寫入準備、呼叫新生文本的自訂函數。

試題 0916

　　請根據 republic_clean.txt 產生柏拉圖風格之文本。以 50 個單字作為一個序列,用以預測下 1 個單字,亦即 word level 單字層級的 text generation 文本生成。每一個序列間隔 51 個單字。請建構 Embedding 及雙層 SimpleRNN 之多對一模型,請將訓練資料轉成批次張量資料集。請將模型輸出(預測)經過溫度調節及分類分布抽樣,再作為新生文本,新生文本之長度為 100 個單字,溫度設定為 0.2、0.5、0.7、0.8、1.0、1.2 等六種。請將新生文本顯示於螢幕,並存入 txt 檔。範例檔為 AI_0916.py,提示如下:

❏ 第 1 段:讀取資料檔(大寫英文字母須轉成小寫)。資料檔取得方式請見範例檔 AI_0916.py 開頭處之說明。

❏ 第 2 段:資料清理及字典建立(移除標點符號及完全由數字組成的字串)。

❏ 第 3 段:設定參數值。

❏ 第 4 段:將單字轉成對應的代碼。

❏ 第 5 段:將文本代碼轉成張量,切割序列,再劃分輸入文本及目標文本。

❏ 第 6 段:建立類神經網路模型(使用 Embedding 及雙層 SimpleRNN)。

❏ 第 7 段:修改網路模型,以便可用於預測。

❏ 第 8 段:建立新生文本的自訂函數。

❏ 第 9 段:設定起始字串、文本寫入準備、呼叫新生文本的自訂函數。如果要隨機選取起始字串,則需使用 9-2-1 節的程式,如果要自行選取起始字串,則需使用 9-2-2 節的程式。

試題 0917

　　請使用 OpenAI 新創公司的 gpt2 預訓練模型產生新文本。使用 transformers 套件的 pipeline 函數指定工作類別及預訓練模型,並以該套件的 set_seed 函數設定隨機種子。生新文本的起始字串指定為 "He is a good man but",新生文本的長度指定為 18,新文本的組數(序列數)指定為 3,此三個參數值可自行修改,以觀測不同的產出。範例檔為 AI_0917.py。

試題 0918

　　請使用 gpt_2_simple 套件，並根據 nietzsche.txt 產生相同風格的新文本。請先下載 gpt2，並將其載入記憶體，然後使用 gpt2 模型之 finetune 函數進行權重之微調（訓練 30 次），最後使用 generate 函數新生文本。生新文本的起始字串指定為 "what is done out of love always takes place beyond good and evil"，新生文本的長度指定為 50，新文本的組數（序列數）指定為 3，溫度設定為 0.5，隨機種子設定為 10，執行名稱設定為 run1，傳回格式設訂為 list。範例檔為 AI_0918.py。

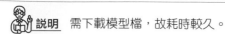

> **說明**　需下載模型檔，故耗時較久。

試題 0919

　　請使用「臉書」所發布的預訓練模型進行文本摘要。請先載入 transformers 套件之 pipeline 模組，並指定工作類別為 summarization，指定模型為 facebook/bart-large-cnn。以「168 斷食法」為處理對象，文本摘要的最大長度請設定為 39 個 token，最小長度請設定為 20 個 token。範例檔為 AI_0919.py。

試題 0920

　　請使用 transformers 的相關模型進行情緒分析。請先載入 transformers 套件之 pipeline 模組，指定模型為 sentiment-analysis 或 text-classification。先以 "He is a good man." 單句作為分析對象，再以 IMDB 電影評論集之中的 "It looked like a wonderful story." 及 "You can find better movies at YouTube." 多句作為分析對象，請將分析結果（正負標籤及其分數）顯示於螢幕。範例檔為 AI_0920.py。

博碩文化

博碩文化